高等学校应用型本科创新人才培养计划指定教材

高等学校工业信息化类专业“十三五”课改规划教材

智能制造信息系统开发

青岛英谷教育科技股份有限公司　编著

西安电子科技大学出版社

内 容 简 介

智能制造信息系统的开发在智能制造中占有很重要的地位，是推动工业化与信息化融合的重要技术之一。

本书分为理论篇和实践篇。理论篇主要介绍了智能制造信息系统的形成、发展概要以及智能制造信息系统的设计和数据库设计等相关知识。实践篇重点介绍了信息系统开发的流程，包括搭建开发环境、编写登录页面和注册页面、创建登录主页面模块等相关内容。通过本书的学习，读者可以迅速理解并掌握信息系统开发的必备知识，全面提升实际动手能力。

本书结构清晰、内容精简、实用性强，可作为高校智能制造专业的教材使用，也可为有志于从事智能制造工作的读者提供理论参考。

图书在版编目(CIP)数据

智能制造信息系统开发/青岛英谷教育科技股份有限公司编著. —西安：西安电子科技大学出版社，2017.8(2017.9 重印)

ISBN 978-7-5606-4611-4

Ⅰ. ① 智… Ⅱ. ① 青… Ⅲ. ① 智能制造系统—信息系统—系统开发—研究 Ⅳ. ① TH166

中国版本图书馆 CIP 数据核字(2017)第 169919 号

策　　划　毛红兵

责任编辑　刘炳桢　毛红兵

出版发行　西安电子科技大学出版社(西安市太白南路 2 号)

电　　话　(029)88242885　88201467　　邮　　编　710071

网　　址　www.xduph.com　　电子邮箱　xdupfxb001@163.com

经　　销　新华书店

印刷单位　陕西天意印务有限责任公司

版　　次　2017 年 8 月第 1 版　2017 年 9 月第 2 次印刷

开　　本　787 毫米×1092 毫米　1/16　印　张 29

字　　数　691 千字

印　　数　301～3300 册

定　　价　73.00 元

ISBN 978-7-5606-4611-4/TH

XDUP 4903001-2

高等学校工业信息化类专业
“十三五”课改规划教材编委会

❖❖❖ 前　　言 ❖❖❖

随着以智能制造为代表的新一轮产业变革的迅猛发展，数字化、网络化、智能化日益成为制造业发展的主要趋势。为加速我国制造业的转型升级、提质增效，国务院提出了《中国制造 2025》战略目标，意将智能制造作为主攻方向，加速培育我国新的经济增长动力，力争抢占新一轮产业竞争的制高点。

智能制造包含智能制造技术和智能制造信息系统。智能制造信息系统是由人、计算机和其他外围设备等组成的对制造信息进行收集、传递、分析、存储、加工、维护和使用的管理系统。

制造企业运用智能制造信息系统后，再结合物联网技术和设备监控技术，可以清楚地掌握产销流程，提高生产过程的可控性，减少生产线上人工的干预，即时正确地采集生成数据、合理地掌控生产计划与生产进度。智能制造信息系统能实现从单机智能设备的互联到不同类型、不同智能生产线间的互联，使得智能车间和智能工厂可以自由地、动态地组合，以满足不断变化的制造需求。

本书涉及四个方面内容：智能制造信息系统基础知识的普及，技术知识的讲解，信息系统基础模块的开发和核心模块的开发。这四个方面的知识合理分布于整本书，章节间衔接流畅，由浅入深，让读者既能对智能制造信息系统有一个整体清晰的认识，又能掌握基础的计算机编程。经过系统的学习后，能具备开发智能制造信息系统的能力。

本书是面向高等院校智能制造专业方向的标准化教材。理论篇内容涵盖了智能制造信息系统的定义、组成、架构以及集成的各个子系统等，这些子系统包括企业资源计划(ERP)、制造执行系统(MES)、辅助设计单元、智能制造信息系统的规划和软件系统开发的 Java Web 基础知识等。本书理论与实践相结合，旨在使读者在掌握智能制造信息系统专业知识的同时，学以致用，提高解决实际问题的能力。

本书由青岛英谷教育科技股份有限公司编写，参与本书编写工作的有金振、刘伟伟、卢玉强、孙锡亮、袁文明、邓宇等。在本书即将出版之际，要特别感谢给予我们开发团队帮助和鼓励的领导及同事，感谢各合作院校的专家及师生给予我们的支持和协作，更要感谢开发团队每一位成员所付出的艰辛劳动。

书中难免有不当之处，读者在阅读过程中如有发现，可以通过邮箱(yinggu@121ugrow.com)与我们联系，以期进一步完善。

本书编委会

2017 年 5 月

❖❖❖ 目　　录 ❖❖❖

理　论　篇

实 践 篇

理论篇

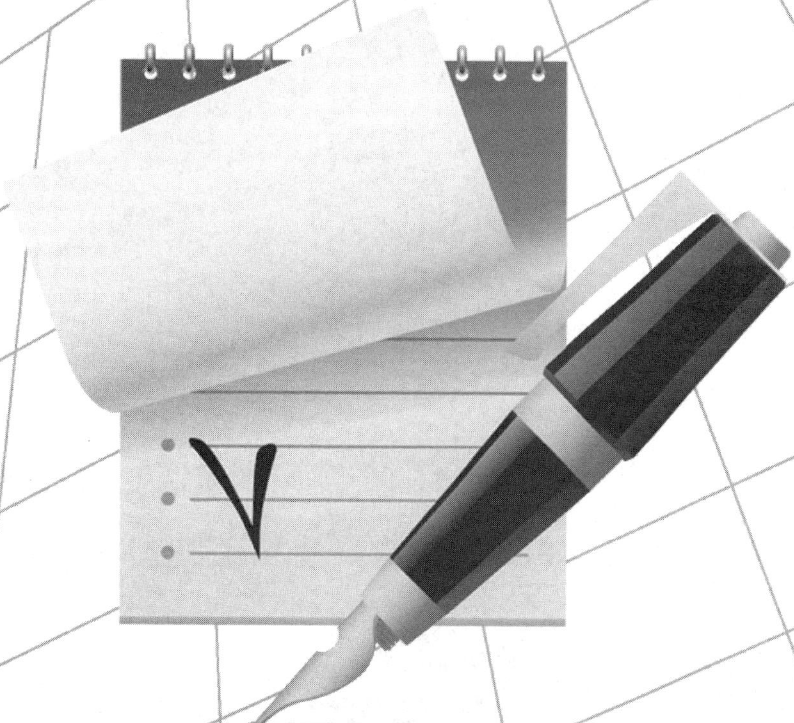

第1章 智能制造信息系统概论

本章目标

- 掌握智能制造信息系统的定义
- 了解智能制造信息系统的发展
- 掌握智能制造信息系统的架构
- 了解企业资源计划的各项功能
- 了解制造执行系统的各项功能
- 了解智能制造信息系统的各辅助设计单元

随着微电子、计算机、通信、网络、信息、自动化等科学技术的不断发展，人类的生存和生产方式发生了深刻的变革，这些科学技术在制造领域中的广泛渗透、应用和衍生，极大地拓展了制造活动的广度和深度，使制造业向着高度智能化、绿色化、自动化、网络化与虚拟化的方向发展。

近年来，由于市场竞争的加剧和科技进步的推动，制造企业正经历着一场重大变革。产品市场呈现出品种规格越来越多、产品更新换代速度越来越快、交货期越来越短、批量越来越少、产品的技术含量和附加值越来越高等特点，这就对产品的制造、销售和服务等方面提出了更高的要求。建立在信息技术基础上的智能制造信息系统，能够实现企业制造活动中的计算机化、信息化、智能化和集成化，同时更加注重效率、质量、成本、服务，达到产品上市快、高质、低耗、服务好的要求，进而提高企业的市场竞争力。

1.1 智能制造信息系统的形成和发展概要

智能制造信息系统是企业信息化的最直观的表现形式，它不仅是一个信息系统，还是对整个企业生产经营活动进行综合管理的一个平台。智能制造信息系统是信息技术在制造领域的深入应用而形成的综合管理系统，是信息系统在工业领域的深度发展和应用。

1.1.1 智能制造信息系统的定义

智能制造信息系统是由人、计算机和其他外围设备等组成的对制造信息进行收集、传递、分析、存储、加工、维护和使用的管理系统。通过制造信息系统，可以实现用户、制造企业与制造过程的信息交互，使制造企业在接受订货、开发、设计、生产、物流直至经营管理的全过程中，做到各种生产装备和生产线在整体上的协调和集成，进而提高生产效率，减少资源浪费。

从其功能角度来说，智能制造信息系统可以看做是若干复杂子系统的一个功能融合，包括企业资源计划系统、制造执行系统、过程控制系统、分散控制系统，以及与辅助设计系统交换数据的接口。常用的计算机辅助设计系统包括计算机辅助设计(CAD)、计算机辅助制造(CAM)、计算机辅助工艺设计(Computer Aided Process Planning，CAPP)、产品数据管理(PDM)等。

1.1.2 智能制造信息系统的发展

伴随着信息科技的不断发展，智能制造信息系统经历了从诞生、发展到逐步成熟的动态过程。

1. 发展阶段

智能制造信息系统的发展如图 1-1 所示。

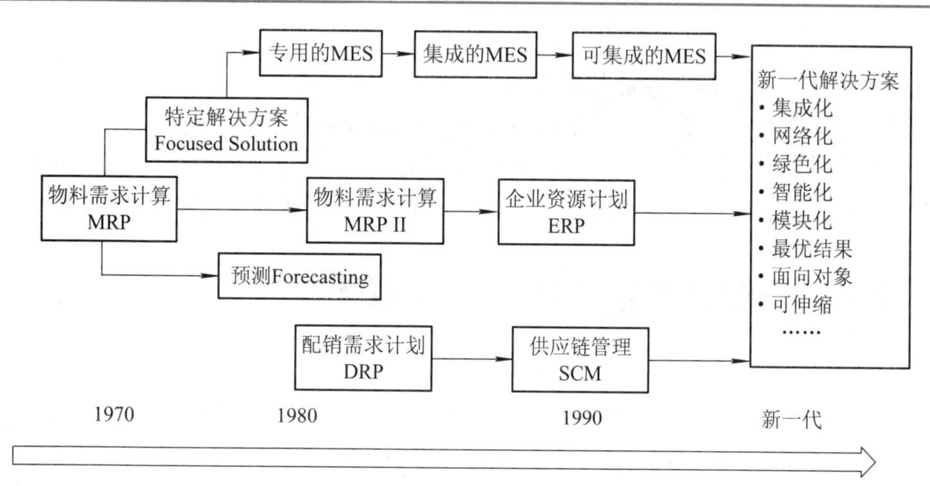

图 1-1　智能制造信息系统的发展历程

20 世纪 60 年代，为了打破“发出订单，然后催办”的计划管理模式，制造企业设置了安全库存，在需求和订货前期提供缓冲；70 年代制定了协助工厂管理物料清单的物料需求计划(MRP)，MRP 能够协助工厂做好物料需求规划。80 年代初期，MRP 进一步发展为 MRPⅡ，后者具有现场报表和采购等功能，但缺乏预测、需求分配及现场管理功能。

为了解决 MRPⅡ在车间管理方面存在的薄弱问题，强化车间的执行功能，“专用 MES”应运而生。专用 MES 只针对特定领域的问题进行管理，功能单一，比如监控设备状态、管理质量、跟踪生产进度等。由专用 MES 逐步发展到“集成 MES”，集成 MES 在功能上实现了上层 MRPⅡ事务处理和下层生产控制系统的集成，但集成 MES 只针对特定的行业，缺少通用性和广泛的集成能力。“可集成 MES”应用了模块化和组建技术，是专用 MES 和集成 MES 的结合，既具有专用 MES 可重用组建单独销售的优点，又具有集成 MES 实现上下层之间集成的特点。可集成 MES 还具有客户化、可重构、可扩展和互操作等特性，方便实现不同厂商之间的集成和对原有系统的保护。计算机集成制造的概念在 1973 年被提出来，智能制造信息系统运用计算机集成制造的概念对各种相互分离的技术和信息系统(如 ERP、MES、SCM、数据采集和控制等)进行有效集成。

2. 发展趋势

经历了上述几个发展阶段，随着处理器芯片的微型化以及电子信息技术的发展，智能制造信息系统逐渐向集成化、智能化、绿色化、网络化等趋势发展。

(1) 集成化。智能制造信息系统的集成是“多集成”，即不仅包括信息技术的集成，而且包括管理、人员和环境的集成。智能制造信息系统将人、信息、技术、管理和环境融合成一个统一的整体，最大限度地发挥系统的综合能力。

(2) 智能化。近年来，智能制造信息系统正在由原先的能量驱动型转变为信息驱动型，使得现在的智能制造信息系统不仅具备柔性，而且还会借助计算机模拟人类的智能活动，如分析、判断、推理、构思和决策，取代或延伸制造环境中的部分脑力劳动，以便应对大量的信息、瞬息万变的市场需求和竞争激烈的复杂环境。

(3) 绿色化。智能制造信息系统将综合考虑环境影响和资源效益，可以在产品从设计、制造、包装、运输、使用到报废处理的整个生命周期中，降低对环境的影响，提高资源利用率，协调优化企业经济效益和社会效益。智能制造信息系统的目标是实现绿色制造，这也是人类社会可持续发展战略在现代制造业中的体现。

(4) 网络化。智能制造信息系统的网络化将满足大规模个性化定制生产的模式。这一模式能实现产品的异地定制和配送。电子商务、网上商店和虚拟公司有一个完整的数字化网络体系，网络化的智能制造信息系统将实现企业内部网、企业外部网和互联网的有机结合。

1.2 智能制造信息系统的组成和架构

智能制造信息系统最基本的功能之一就是收集制造活动中的各种有用的数据，并将数据进行传输、分析、存储和管理，从而实现资源利用的最大化。这些制造数据是非常重要的制造资源，是系统最基本的组成要素，也是连接智能制造信息系统中各子系统的纽带。

1.2.1 制造数据

在智能制造信息系统中，支撑制造活动的各种指令、数据、图形、文件等被称为制造数据，它们以二进制数据的形式在智能制造信息系统网络中进行传递，是智能制造信息系统运行的重要驱动源。

从宏观上看，制造信息数据主要包括以下几类：

✧ 市场客户信息，如需求市场信息、供应市场信息、客户信息等。
✧ 产品数据，如产品图纸、物料清单(Bill Of Material，BOM)数据、零件几何特征编码等。
✧ 生产控制数据，如生产计划、调度命令、控制指令等。
✧ 质量信息，如质量检验报告、质量统计数据等。
✧ 工艺信息，如工艺文件、数控程序、加工过程状态等。
✧ 生产状况数据，如设备数据、物料数据、人员信息数据等。
✧ 经营管理信息数据，如预测信息数据。

除此之外，制造信息数据还有决策信息数据、财务信息数据和企业状况信息数据等。

制造过程的实质可看做是对制造过程中各种信息数据资源的采集、传输和加工处理的过程，其最终形成的产品是信息数据的物质表现，即信息数据的物化。智能制造信息系统研究和开发的重点之一是如何提高系统的数据处理能力。产品在制造过程中的信息数据投入已逐步成为决定产品竞争力的关键因素。因此，必须为智能制造信息系统的运行提供一个良好的信息环境，以保证完成制造任务所需的信息数据获取、处理、存储、传递等过程能够高效完成。

制造信息系统运行中所采集、传输和处理的制造信息，来自支撑智能制造信息系统运行的软/硬件环境。

1.2.2 硬件环境

智能制造信息系统运行的硬件环境是构建智能制造信息的基础，对智能制造信息系统

的运行提供了必要的支持。智能制造信息系统的硬件环境包含服务器、控制系统、生产现场设备以及工业网络设备等硬件。

✧　服务器：运行智能制造信息系统软件的载体。

✧　控制系统：可编程控制器、计算控制系统等。

✧　生产现场设备：工业机器人、数控机床等。

✧　工业网络设备：包括现场总线、工业以太网和工业无线等各方式的通信设备。

其中，生产现场设备包括各种传感器、无线射频识别(Radio Frequency Identification，RFID)设备、工业机器人等。控制系统包括可编程控制器和分散控制系统，它们是目前工业控制领域使用最广泛的两种控制系统，各有优劣势。工业网络把底层的传感器、现场控制系统和生产现场的智能仪表设备的数据传递给智能制造信息系统。图 1-2 清晰地表明了各硬件在智能制造信息系统中发挥的作用。

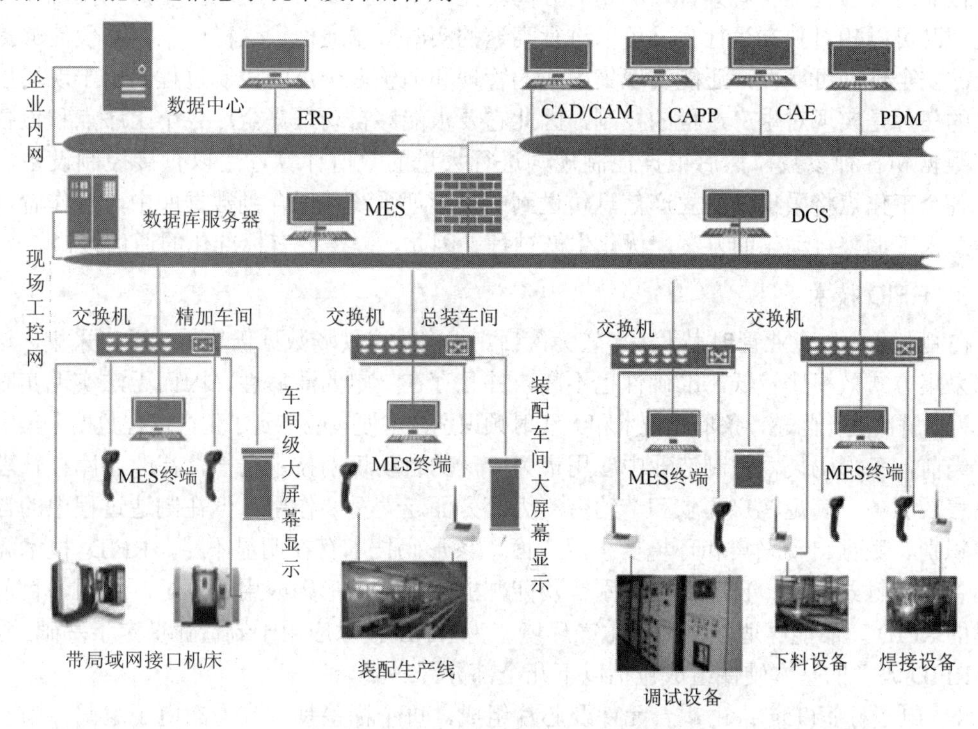

图 1-2　智能制造信息系统的组成

下面简要介绍一下可编程控制器、分散控制系统以及 RFID 技术的概念。

1．可编程控制器

可编程控制器(Programmable Logic Controller，PLC)是指以计算机技术为基础的新型工业控制装置。PLC 的基本硬件组成包括微处理器(CPU)、存储器(RAM/ROM)、输入和输出部件(I/O 部件)、电源部件。

非数控类设备大多数由 PLC 控制。PLC 获得设备的状态和运行信息，智能制造信息系统通过串口直接读取 PLC 中的相关信息，包括各种状态的 I/O 点信息和模拟量信息(如温度、压力等)，实时、准确、自动地为整个智能制造信息系统提供及时、有效、真实的数据，以实现管理层与执行层信息的交流和协同工作。

2. 分散控制系统

分散式控制系统(Distributed Control System，DCS)是一个由过程控制级和过程监控级组成的以通信网络为纽带的多级计算机系统，综合了计算机(Computer)、通信(Communication)、显示(CRT)和控制(Control)等 4C 技术，其基本功能有分散控制、集中操作、分级管理、灵活配置以及方便组态等。

DCS 系统主要面向生产作业现场，用于设备状态采集、车间工况数据采集和生产数据交换等。其数据采集软件、工况数据采集器可以最大程度地采集满足生产管理所需的工况数据，实现生产、管理所需的数据以及工夹具装备等资源信息的共享。它在整个制造过程中承担着支撑平台的作用，是构建智能制造信息系统的基石。

分散式控制系统的精髓是集中管理和分散控制。该系统在制造业的生产现场能够实现自动控制过程与管理者对其管理的相对分离功能。中央控制与各现场控制点以及现场控制点之间既可以相对独立运行，又可以进行高速的实时数据通信。这样一来，不仅能够提高系统的安全性和可靠性，还能实现集中式的管理和调整多个点的控制过程。由于现场控制系统的任务是实现对生产过程的控制，因此它要求能够自动采集全厂各个工序点和设备的生产数据和各种参数，然后根据控制规则进行大量的数值计算，用以直接控制设备。另外，各个工作点将采集到的生产信息传送到中央管理系统并保存到数据库中，操作者可根据信息人工调整自动化的方案，优化生产过程。因此，它需要有标准化的通信接口。

3. RFID 技术

在制造业中，企业管理水平大多较为落后，很多生产现场数据仍然需要手工采集，这种数据采集方式效率比较低，准确性也不高，并且存在一定的滞后性，因而无法实现实时跟踪。为了解决这一问题，条形码技术和无线射频识别技术便被应用到了生产过程数据采集中。

当前，条形码技术是制造业中应用最为广泛的自动识别技术之一，在改善库存管理、改进售后服务、满足客户要求和节约劳动力等方面起着重要作用。但在制造过程中的自动对象识别、数据自动采集和环境要求等方面，条形码技术存在明显不足。RFID 技术凭借其具备非接触式读写、自动对象识别等功能，能够弥补条形码应用的不足。并且，目前有大量的 RFID 产品能够适应制造业生产环境，为 RFID 技术应用于制造业奠定了基础。

RFID 设备的基本硬件组成包括以下几个部分：

✧ 电子标签(Tag)：由耦合元件及芯片组成，每个标签具有唯一的电子编码，附在物体上用以标识目标对象。

✧ 阅读器(Reader)：读取(有时还可以写入)标签信息的设备，可设计为手持式或固定式。

✧ 天线(Antenna)：在标签和读取器间传递射频信号。

RFID 原理如图 1-3 所示。阅读器通过发射天线发送定频率的射频信号，当电子标签进入有效工作区域后便会产生感应电流，获得能量后被激活，电子标签便将自身的编码信息通过内置射频天线发射出去；阅读器的接收天线接收到从电子标签发送来的调制信号，经调节器传送至阅读器信号处理模块，经解调后将数据信息送至主机系统进行相关处理；主机会根据逻辑运算识别该标签的身份，对不同的信息做出相应处理和控制，最后发出指令信号控制阅读器完成各种读写操作。

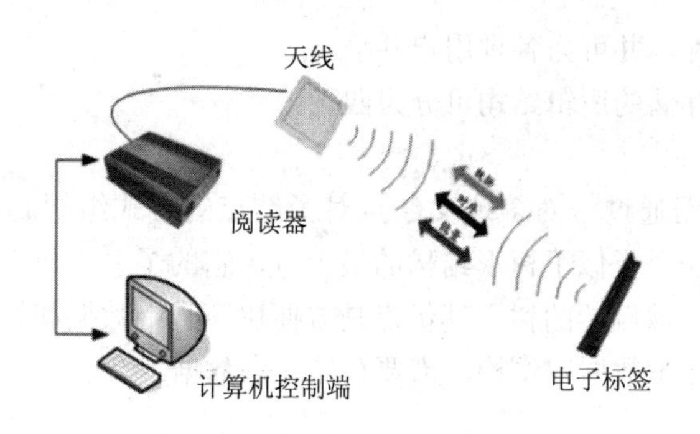

图 1-3　RFID 原理

通过 RFID 可采集人员、物料、设备、工装等的编码及位置、状态信息，使得智能制造信息系统时刻动态掌握生产状态。实际生产应用中，需要事先将相关信息写入 RFID 中，并把 RFID 绑定在相应的人员、物料、设备工装上。

1.2.3　软件基础

除了必要的硬件支持，智能制造信息系统的正常运行还需要完善的计算机网络和稳定可靠的数据库软件。

1. 计算机网络

计算机网络是指将地理位置不同的、具有独立功能的多台计算机及其外部设备通过通信线路连接起来，在网络操作系统、网络管理软件及网络通信协议的管理和协调下实现资源共享和信息传递的计算机系统。

计算机网络有很多用处，其中最重要的三个功能是数据通信、资源共享和分布处理。数据通信是计算机网络最基本的功能，用来快速传送计算机与终端、计算机与计算机之间的各种信息，包括文字信件、新闻消息、咨询信息、图片资料、报纸版面等。利用这一功能，可实现将分散在各个地区的单位或部门用计算机网络联系起来，进行统一的调配、控制和管理。

在制造信息系统中，计算机网络的应用有三种：

(1) 系统网络：用来执行企业的计划、组织、人员管理与领导。领导层通过这些管理对企业的各项工作作出决策。计算机网络可以实现企业管理全程信息化，提高工作效率。在企业运营方面，系统网络可以在市场分析、经营决策、产品开发、科技创新、生产销售、售后服务以及售后反馈等方面实现网络管理，使企业真正达到一个较高的等级。

(2) 生产网络：用来执行制订生产计划、管理生产、调控生产过程、设计工程、保证质量等工厂级任务。

(3) 现场工业网络：用来执行监控车间生产、控制设备、管理车间信息等任务。

2. 数据库

数据库(Data Base，DB)是指长期存储在计算机内、有组织、可共享的大量数据的集合。数据库中的数据按照一定的数据模型组织、描述和存储，具有较小的冗余度、较高的数据独立性和易扩展性，并可为各种用户共享。

数据库按照数据存储的逻辑结构可分为四种：

(1) 层次数据库。

层次数据库将数据通过一对多或父结点对子结点的方式组织起来。一个层次数据库中，根表或父表位于一个类似于树形结构的最上方，它的子表中包含相关数据。层次数据库模型的结构就像是一棵倒转的树。其优点是方便快速查询数据和管理数据的完整性。其缺点是用户必须十分熟悉数据库结构，需要存储冗余数据。

(2) 网状数据库。

网状数据库使用连接指令或指针的方式来组织数据，数据间为多对多的关系。矢量数据描述时多用这种数据结构。其优点是能快速访问数据、用户可以从任何表开始访问其他表数据，便于开发更复杂的查询来检索数据。其缺点是不便于用户修改数据库结构，对数据库结构的修改将直接影响访问数据库的应用程序。此外，用户必须掌握数据库结构。

(3) 关系数据库。

数据存储的主要载体是表或相关数据组，有一对一、一对多、多对多三种表关系。表的关联是通过引用完整性定义的，主要通过主码和外码(主键或外键)约束条件来实现。其优点是访问数据非常快，便于修改数据库结构，数据通过逻辑化进行表示，因此用户不需要知道数据是如何存储的；容易设计复杂的数据查询来检索数据、实现数据完整性，数据通常具有更高的准确性；支持标准 SQL 语言。其缺点是在很多情况下，用户必须将多个表的不同数据关联起来实现数据查询，必须熟悉表之间的关联关系和掌握 SQL 语言。

(4) 面向对象数据库。

面向对象数据库允许用对象的概念来定义与关系数据库的交互。值得注意的是，面向对象数据库设计思想与面向对象数据库管理系统理论不能混为一谈。前者是数据库用户定义数据库模式的思路，后者是数据库管理程序的思路。面向对象数据库中有两个基本的结构：对象和字面量。对象是一种具有标识的数据结构，这些数据结构可以用来标识对象之间的相互关系。字面量是与对象相关的值，它没有标识符。面向对象数据库的优点是程序员只需要掌握面向对象的概念，而不需要掌握与面向对象概念以及关系数据库有关的存储；对象具有继承性，可以从其他对象继承属性集；大量应用软件的处理工作可以自动完成。其缺点是由于面向对象数据库不支持传统的编程方法，所以用户必须理解面向对象概念，目前面向对象数据库模型还没有统一的标准；由于面向对象数据库出现的时间还不长，稳定性还是一个值得关注的焦点。

智能制造信息系统中的制造信息数据一般架构在关系数据库系统中，称之为 SQL 数据，这部分数据的价值密度很高。

1.2.4 功能架构

智能制造信息系统按功能可分为五层，如图 1-4 所示。

企业计算与数据中心层
生产设计单元系统层
企业资源计划系统层
制造执行系统层
生产控制单元系统层

图 1-4　智能制造信息系统功能架构

1. 企业计算与数据中心层

企业计算与数据中心层包括网络、数据中心设备、数据存储和管理系统、应用软件等，可提供企业实现智能制造所需的计算资源、数据服务及具体的应用功能，并具备可视化的应用界面。企业为识别用户需求而建设的各类平台，包括面向用户的电子商务平台、产品研发设计平台、生产执行系统运行平台、服务平台等都需要以该层为基础，方能实现各类应用软件的有序交互工作，从而实现全体子系统的信息共享。

2. 生产设计单元系统层

生产设计单元系统层有许多子系统软件，包括完成产品设计的计算机辅助设计软件、制定机械加工工艺过程的计算机辅助工艺设计软件、对生产过程进行控制的计算机辅助制造软件以及对数据进行管理的产品数据管理系统软件等。

3. 企业资源计划系统层

企业资源计划系统层包含战略管理、投资管理、财务管理、人力资源管理、资产管理、库存管理、销售管理等功能。

4. 制造执行系统层

制造执行系统层的基本功能有资源分配及状态管理、工序详细调度管理、生产单元分配管理、过程管理、人力资源管理、维修管理、计划管理、文档控制、生产的跟踪及历史、执行分析、数据采集等。

5. 生产控制单元系统层

生产控制单元系统层主要包括生产现场设备及其控制系统。其中生产现场设备主要包括传感器、智能仪表、可编程逻辑控制器(PLC)、机器人、机床、检测设备、物流设备等。控制系统主要包括适用于流程制造的过程控制系统、适用于离散制造的单元控制系统和适用于运动控制的数据采集与监控系统。

在智能制造信息系统的功能结构中，比较重要的一层是企业资源计划系统层，它位于智能制造信息系统的中间层，起着承上启下的作用。

1.3　企业资源计划(ERP)

ERP 将工作计划下达至相应的车间制造执行系统 MES 中，并将 MES 的反馈信息提交给管理人员，供管理人员进行决策。

1.3.1 ERP 概述

ERP 是建立在信息技术的基础上，全面管理客户订单、销售预测、物料需求等信息，并根据市场需求和销售计划制定工作计划。ERP 包含物料种类、生产数量、完工日期、标准物料清单和工艺设计文档等数据信息。ERP 软件将工作计划下达至相应的车间制造执行系统 MES，MES 根据这些工作计划生成相应的生产计划。底层的 DCS 系统会把收集到的生产现场信息反馈给 MES，MES 对这些信息进行处理，合成生产订单完成情况、设备故障报告、实际物料清单和工艺、次品信息、库存资源状态等，并把这些信息进一步反馈给 ERP 软件。根据 ERP 显示的这些实时信息，企业的管理人员能够进行更可靠的成本计算，更直观地了解库存状态和设备状态，还能实时调整物料清单和生产工艺以适应实际生产要求。

ERP 软件主要模块有主生产计划、物料需求计划、能力需求计划、车间管理、库存管理、成本管理、销售管理和采购管理。

ERP 软件总体框架如图 1-5 所示。

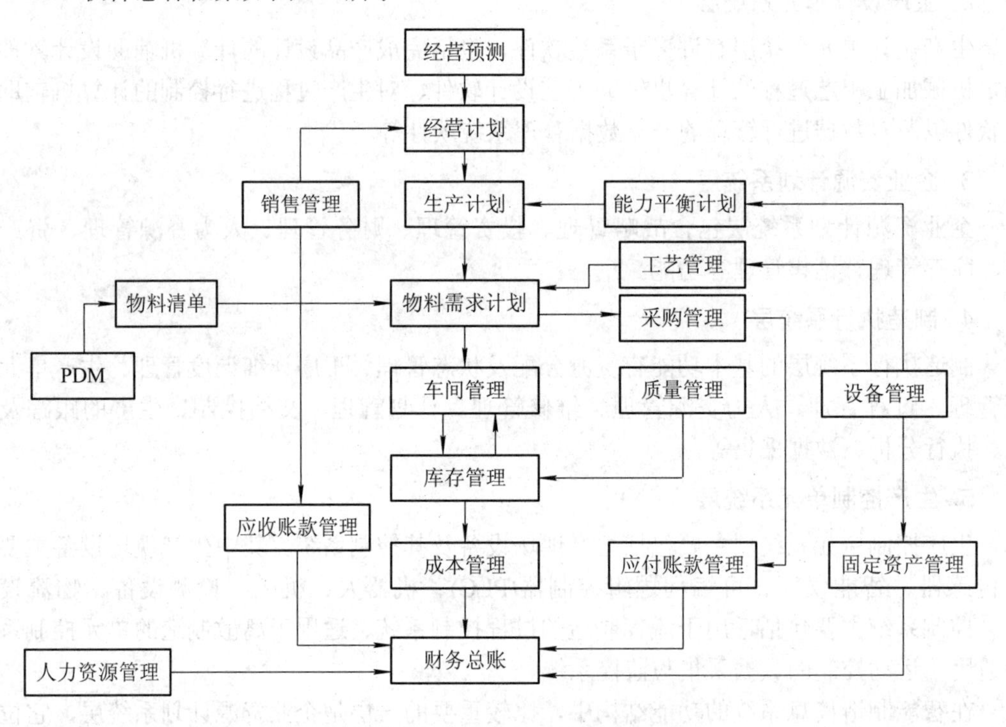

图 1-5 ERP 软件总体框架

以上这些模块的功能虽各有不同，但其设计及开发的实现有相似之处，因此本书选择具有代表性的车间管理、设备管理两个模块进行设计开发。

1.3.2 ERP 的基本概念

要进行 ERP 模块的开发，不仅需要熟悉 ERP 的流程，还要对 ERP 理论的基本概念有

所了解。首先要了解的是 ERP 软件运行所需要的基础数据：物料信息和能力计划基础信息。其中，物料信息有物料编码、物料清单(Bill of Material，BOM)；能力计划基础信息有工作中心(Working Center，WC)和工艺路线(Routing)。

1．物料编码

ERP 运行时所有的物料都要进行物料编码。物料编码是计算机系统对物料的唯一识别代码，它是用一组代码来代表一种物料。物料编码必须是唯一的，即一种物料不能有多个物料编码，一个物料编码不能代表多种物料，就如同每个公民只有一个身份号码。物料编码除了唯一性要求外，作为一个数据类型的字段有字段长度的限制，物料编码采用英文字母、数字、数字与英文组合的方式进行编码，位数一般为 6～20 位。物料编码一旦确定并且在 ERP 中应用，就发生业务流程，一般不允许删除或者修改。要删除某物料编码，需等相关业务结清并进入历史资料库后，同时删除系统内所有库和表文件中该物料编码。物料编码内涵是否丰富以及对行业物料的包容性，在一定程度上反映了 ERP 的生存能力及应用范围。

2．物料清单

物料清单是 ERP 中最重要的基础数据，也是构成 ERP 的核心，直接关系到整个 ERP 能否正常、高效地运转。BOM 表明了组装成最终产品的各分装件、组件、零部件和原材料之间的结构关系以及每个组装件所需要的下属部件的数量。在 ERP 系统中，要正确地计算出物料需求数量和时间，必须有一个准确而完整的产品结构表来反映生产产品与其组件的数量和从属关系。在所有数据中，物料清单的影响面最大，其准确性要求也相当高。BOM 信息贯穿于产品的整个生命周期之中，是企业生产运行所需的基础数据。物料需求计划、主生产计划、月生产计划、周生产计划的生成都离不开 BOM，工艺部门随时都会根据生产实际调整 BOM，各生产车间时时刻刻都要查询 BOM 信息以协助生产。因此 BOM 不仅是一种技术文件，还是一种管理文件，在智能制造信息系统中起到联系与沟通各部门的纽带作用。

BOM 又被称为产品结构树，用树形结构图表示产品的结构组成，其简单的表现形式如图 1-6 所示。

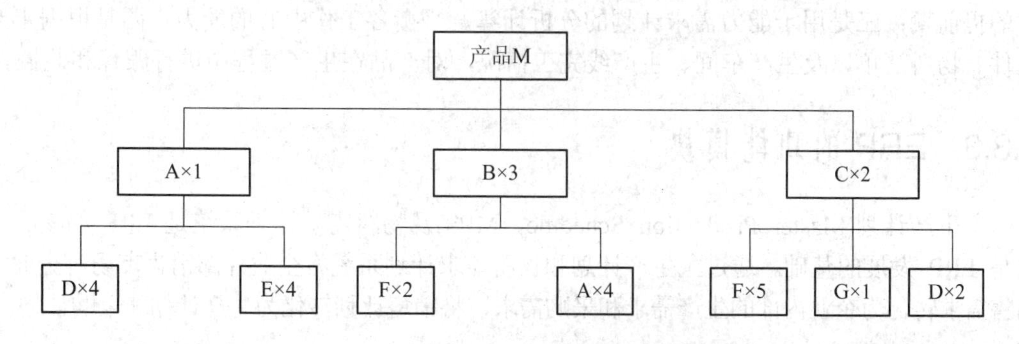

图 1-6　BOM 结构图

在图 1-6 中，BOM 从形状上来看是一棵树根在上面、树杈在下面的倒长的树，树根为第一层(最终产品)，向下递增依次类推树状结构的其余各层；第一层为最高层，第二层其次，数越大层次越低。方框中的数字代表所需零部件的个数。可见，产品 M 由 1 个部件 A、3 个部件 B 和 2 个部件 C 组成；部件 A 由 4 个零件 D 和 4 个零件 E 组成；部件 B 由 2 个零件 F 和 4 个零件 A 组成；部件 C 由 5 个零件 F、1 个零件 G 和 2 个零件 D 组成。BOM 包含了一个产品在生产或装配时所需的各种组件、零件及原材料的清单，它不仅反映了一个产品的物料构成项目，同时还指出了这些项目之间的实际结构关系，即从原材料、零件、组件、部件直到最终产品每一层次间的隶属关系。

3. 工作中心

工作中心是 ERP 的基本加工单位，是进行物料需求计划与能力需求计划运算的基本资料。工作中心指的是直接改变物料形态或性质的生产作业单元。在 ERP 中，工作中心的数据是工艺路线的核心组成部分，是运算物料需求计划、能力需求计划的基础数据之一，如一条流水线、CNC 加工机床等。工作中心是一种资源，它的资源可以是人，也可以是机器。一个工作中心由一个或多个直接生产人员、一台或几台功能相同的机器设备所组成，也可以把整个车间当作一个工作中心，车间内设置不同的机器类型。关键工作中心(Critical Work Center)在 ERP 中是专门进行标识的，是运行粗能力计划(Rough-Cut Capacity Planning，RCCP)的计算对象。根据约束理论指出，关键工作中心决定产量，因此，ERP 的主生产计划只能进行粗能力计划的计算。

工作中心的作用：一是作为平衡任务负荷与生产能力的基本单元，运行能力需求计划(CRP)时以工作中心为计算单元，分析 CRP 执行情况时也是以工作中心为单元进行投入、产出分析的；二是作为车间作业分配任务和编排详细进度的基本单元，派工单是按每个工作中心来说明任务的优先顺序的；三是作为计算加工成本的基本单元，计算零件加工成本，是以工作中心数据记录中的单位时间费率(元/工时或台时)乘以工艺路线数据记录中占用该工作中心的时间定额得出的。

4. 工艺路线

ERP 中的工艺路线主要是为了说明物料在生产加工和装配的工序顺序、每道工序使用的工作中心、各项时间定额以及外协工序的时间和费用。

工艺路线的作用：一是根据加工顺序和各种提前期(提前期指的是某一工作的工作时间周期，即从工作开始到工作结束的时间)进行的车间作业安排；二是计算 BOM 的有关物料的提前期；三是用于能力需求计划的分析计算、平衡各工作中心的能力；四是根据工艺文件、物料清单以及生产车间、生产线完工情况，对产品在生产过程中进行跟踪和监控。

1.3.3 ERP 的功能模块

主生产计划(Master Production Schedule，MPS)及物料需求计划系统是 ERP 的核心，也是 ERP 发展的基础。通过主生产计划和物料需求计划系统将企业外部销售市场对企业的销售需求转化为企业内部的生产需求和采购需求，将销售计划转化为生产计划和采购计划。

1. 主生产计划

ERP 计划的真正运行是从主生产计划开始的。主生产计划是确定每一具体的最终产品在每一具体时间段内生产数量的计划。它要具体到产品的品种和型号。在主生产计划中详细规定生产什么以及什么时段应该产出，它是独立需求计划。在制造业中，可根据其生产方式或

它们的组合来决定主生产计划的安排。现以备货生产和订货生产为例加以说明。备货生产通常安排的是最终产品，企业根据对市场需求的预测和成品库需要补充的数量来决定生产什么产品，企业从现有的库存中销售产品。订货生产是根据收到的销售订单来确定生产的产品。

主生产计划的可行性主要是通过粗能力计划进行校验的。粗能力计划的处理过程直接将主生产计划与执行这些生产任务的加工和装配工作中心联系起来，所以它可以在能力的使用方面评价主生产计划的可执行性。顾名思义，粗能力计划仅对主生产计划所需的关键生产能力做一粗略的估算，给出一个能力需求的概貌。粗能力计划的处理一般只考虑每月在主生产计划中的主要变化。尽管主生产计划的计划周期为周，但粗能力计划可以每月做一次。将主生产计划中每周的生产量汇总为当月的生产量，这样当以月为计划周期的主生产计划编制粗能力计划时更加便于进行能力管理。

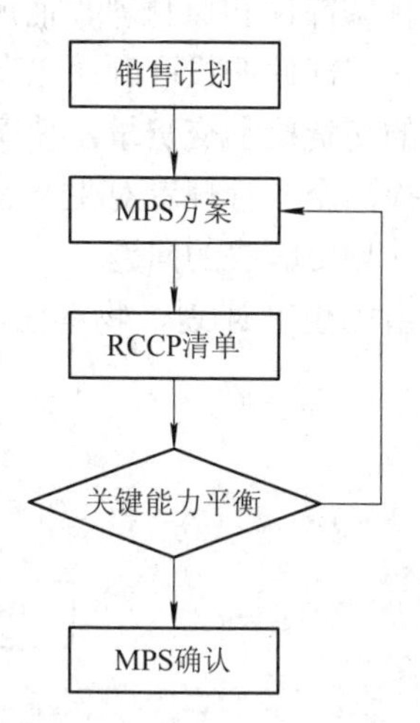

图 1-7　主生产计划制订程序

主生产计划来源于销售计划(客户订单、预测、综合计划)，它的制定过程是一个不断平衡关键能力、进行粗能力计划运算的反复过程，它在审批确认后，就进入物料需求计划的制订过程，运行流程图如图 1-7 所示。

主生产计划以出厂产品为对象，按产品种类分别显示计划报表。报表的生成主要根据预测和合同信息来显示该产品在未来各时段的需求量、库存量和计划生产量。这里主要对主生产计划需求计算的特点作些说明。毛需求量是指初步的需求数量。必须明确的是，毛需求量不是预测信息而是生产信息。如何把预测值和实际的合同值组合起来得出毛需求量，在各个时区的取舍方法是不同的。有的设定需求时界以内各时段的毛需求量以合同为准，需求时界以外时段的毛需求量以预测值或者合同值中较大的数值为准，有时在软件屏幕上还单独列出“其他需求”。计划接收量是指前期已经下达的正在执行中的订单将在某个时段上的产出数量。计划产出量若经确认，由软件设置显示在计划接收量项目中。最初显示的数量往往是在计划日期前执行中的下达订单在计划日期之后到达的数量，人工添加的接收量也可在此行显示。

在制订了初步的 MPS 后，再进行粗能力平衡，最后提出 MPS 方案。经过审核和批准过的 MPS 方案，能最大限度地符合企业的经营规则。确认 MPS 方案有以下三个步骤：

(1) 初步分析 MPS，搞清楚生产规划和 MPS 之间的所有差别。MPS 中产品大类的总数应基本等于相应时期内销售计划的数量。如果不一致，一般情况要改变 MPS。MPS 应尽量与销售计划保持一致。

(2) 向负责部门提交初步 MPS 及其分析文件。由企业高层领导负责 MPS 的审核工作，并组织销售、工程技术、生产制造、财务和物料采购等部门参加审核。

(3) 通过各部门讨论和协商，解决 MPS 中的有关问题。

2. 物料需求计划

物料需求计划(Material Requirement Planning，MRP)与主生产计划处于 ERP 的计划层，由 MPS 驱动 MRP 的运行。MRP 的基本原理是根据 MPS 对最终产品的需求数量和交货期，依据产品结构、物料清单、库存信息及其他(如工艺、日历等)数据，推导出零部件及原材料的需求数量和需求日期，再导出自制零部件的投产日期和完工日期、原材料和采购件的订货日期和入库日期，并进行需求资源与可用资源之间的进一步平衡。

主生产计划的对象是最终产品，但产品的结构是多层次的，一个产品可能会包含成百上千种零部件和原材料，而所有物料的提前期(加工时间、准备时间及采购时间等)各不相同，各零部件的投产顺序也有差别，在生产中如何配置和协调，才能有效地保证产品和零部件的交货期和交货量，使库存量保持最低水平，同时使企业生产过程的组织和控制规范化，提高企业管理者对生产过程的控制能力，真正实现“以销定产”的目的，这就是物料需求计划要解决的问题。

由主生产计划、物料清单和库存信息这些关键信息来决定 MRP，流程图如图 1-8 所示。

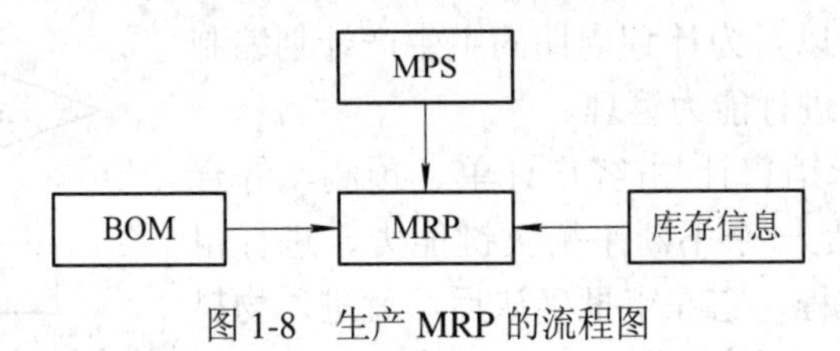

图 1-8　生产 MRP 的流程图

3. 能力需求计划

能力需求计划(Capacity Requirement Planning，CRP)是对物料需求计划所需能力进行核算的一种计划管理方法。具体地讲，CRP 就是对各生产阶段和各工作中心(工序)所需的各种资源进行精确计算，得出人力负荷、设备负荷等资源负荷情况，并做好生产能力与生产负荷的平衡工作。物料需求计划的对象是物料，物料是具体的、形象的和可见的，而能力需求计划的对象是能力，这里考虑的生产能力仅指硬件设备资源，即生产车间的工作中心，作为研究能力需求计划的对象。能力是抽象的，且随工作效率、人员出勤率、设备完好率等而变化，通过能力需求计划把物料需求计划转换为能力需求，把 MRP 的计划下达生产订单和已下达但尚未完工的生产订单所需求的负荷小时，按工厂日历转换为每个工作中心各时区的能力需求。

在 ERP 中，能力需求计划的制订方法有以下两种。

1) 无限能力计划

无限能力计划是指不考虑能力的限制，对各工作中心的能力和负荷进行计算，产生出工作中心能力和负荷报告。当负荷大于能力时称为超负荷(能力不足)状态，此时对超过的部分进行调整。在采取措施无效的情况下，可以延期交货或取消订单。无限能力计划只是暂时不考虑能力的约束，尽量去平衡和调度能力，发挥最大能力，或进行能力扩充，目的是为了满足市场的需求，体现企业以“市场为中心”的战略管理思想。

2) 有限能力计划

有限能力计划是指工作中心的能力是不变的或有限的，计划的安排按照优先级进行。先把能力分配给优先级高的物料，当工作中心负荷已满时，优先级低的物料被推迟加工，即订单被推迟。这种方法由于是按照优先级分配负荷，不会产生超负荷，可以不做负荷调整。

这里的优先级是指物料加工的紧迫程度，优先级数字越小说明优先级越高。对能力需求计划做研究分析只说明能力需求情况，并提供信息，但是不能直接提供解决方案。生产实际中，处理能力与需求的矛盾还是要靠计划人员的分析与判断及对系统掌握和应用的熟练程度来解决。能力计划有助于找出真正的瓶颈问题，是一种非常有用的计划工具。通过理论探索发现，能力需求计划问题中，物料和工作中心是多对多关系，即一个工作中心可能会加工多种物料，而一种物料也可以在不同的工作中心都能加工。

ERP 处于智能制造信息系统的上层部分，是对整个企业业务的管理，对企业的内部价值链和供应链的管理(包括销售、采购、库存、财务、人力资源)，强调销售计划、生产计划、采购计划等的协调和控制。对于企业车间或生产分厂的计划管理，则由智能制造信息系统中间层的制造执行系统，即 MES 来执行。

4．采购管理

采购是企业为完成自己的最终产品，从企业外安全、及时和满意地获取原材料、半成品、成品和服务的行为。本书所讲的是企业采购中的制造业采购。

(1) 接受物料需求或采购指示。

物料需求大部分来自生产计划产生的需求，部分物料是由库存部门提出，因为这部分物料是按订货点控制需求的，多为固定消耗料。对要求外协加工的物料，由生产技术部门和采购部门共同确定外加工方案。

(2) 供货源调查。

通过各种渠道(比如上网搜索)寻找供货源，调查供应商的声誉、生产规模和其他的重要信息，这些信息可以记录在 ERP 的供应商关系管理子系统中。

(3) 选择供应商。

企业在选择供应商时一般考虑三个因素：价格、质量、交货期。现代企业管理者们意识到供应商对企业的重要影响，把建立和发展与供应商的关系作为企业整个经营战略的重要部分。

(4) 下达订单。

要求采购人员与供方签订协议，确定规格、数量、价格、交货批次、运输装卸方式、交货地点、验收条件与付款条件等。为了避免可能出现的不确定因素，对采购件往往采用安全提前期，合同协议上的交货时间要早于需用时间。如果采用电子商务，采购订单下达给供应商后，必须得到供应商的确认才算生效。

(5) 订单跟踪。

发出订单后，为了保证订单按期、按质及按量交货，要对采购订单进行跟踪，控制采购进度。如果双方都实施了 ERP，可以按照权限进入对方系统查询采购材料的加工进展情况，或通过电子数据交换控制进度，做好运输安排。

(6) 验收货物。

采购部门要协助库存与检验部门对供应商来料进行验收，按需收货，不能延期也不能提前，做到平衡库存物流。在出现不合格产品时，要及时采取补救措施。

(7) 退货处理。

到货后发现有不合格产品时，有不同的退货处理流程，例如未付款退货、退货退款、补齐、返修、撤销合同等。

(8) 结清。

由财务部进行付款结清。

1.3.4 案例

1. 公司简介及组织架构

DD 公司属于电子元器件行业，专注于中高档通信设备配套的各 DC/DC 模块化电源类产品的生产，目前主要生产各种中高档电子元器件、通信仪器设备配套电源产品，如 DC/DC 模块电源、AC/DC 电源、LCD 电源、大型设备电源以及通信用机站控制面板等。经过了十多年的不断发展，DD 公司形成了以生产为中心的组织架构，如图 1-9 所示。

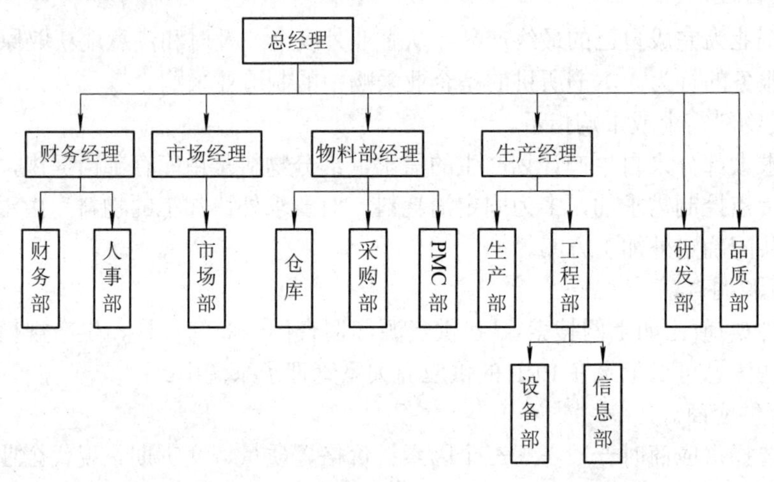

图 1-9　DD 公司组织架构图

2. ERP 实施前面对的问题

从业务角度来看，DD 公司面临如下主要问题。

(1) 财务管理方面。

传统的财务手工账已经无法满足企业的生产需要，而面对激烈的市场竞争，必须提高财务工作水平，改变过去单一的会计核算职能，转变为财务管理职能，建立健全各项财务指标，通过财务指标的分析找出企业的问题，才能制订解决问题的措施，提高企业的效益。

企业是各种资源的组合，为了提高企业经营的效率与效益，就必须将各种资源充分利用起来。譬如，财务部门和物流部门是企业中两个不同的职能部门，财务部门需要保证资金安全，符合规定条件才可以付款，物流部门则希望在需要付款时能随时付款；财务部门希望尽量降低公司库存以提高资金周转效率，物流部门为了避免缺料，不可避免地会多采购一些物料或积压一些物料。企业迫切需要一个平台协调企业各项资源，为企业各部门、企业与供应商、企业与客户提供一个畅通交流的信息平台，使得财务与业务可以紧密集成，财务能通过系统随时查看每一项物料的收、发、存等，还可以进一步进行营运综合分析。

DD 公司实际生产当中的收料、发料非常频繁，常常有换料、退料、补料等工作。实际业务中，由仓库管理者填写日常的收发料单据，而目前物流与财务不是用一个系统，财务则需要重新处理大量的单据，对企业的人力资源是极大的浪费，工作效率也非常低。财务与业务的信息全面集成，不仅有助于更加全面地管理与控制企业内部，实现对财务状况和经营成果及未来前景的评价和决策分析，此集成还为企业决策层提供方便、快捷地了解企业财务、业务全貌的平台，使企业领导人无论何时何地都能及时了解企业运营状况，从而知己知彼，做出正确决策。

(2) 供应链方面。

提升供应链响应速度是 DD 公司所面临 ERP 项目最重要的任务之一。产品电源模块制造厂常常需要紧密配合整机厂快速更新的产品，在短时间内选择一个成本可控、交货及时、设计成熟且可靠有竞争实力的方案。同时，要求成品电源模块生产企业以更快的市场响应速度满足订货产品的交货期。DD 公司是典型的面向订单、多品种、小批量的生产制造企业。目前，DD 公司的电源产品品种有数百种，许多品种涉及的物料数都达数百。相当一部分产品的生产组织周期高达 10 周，其中大部分时间是备货，实际最终生产制造的周期仅为 1～2 周。因此，市场销售、库存、采购、质检等业务环境的高效协同运作，是提高 DD 电子整体供应链响应速度的重要环节。

整体来讲，DD 公司拥有数条自动化程度很高的制造生产线，生产能力没有问题，但订单所需物料的齐套备货是其瓶颈。因此，在市场需求快速变化的环境下，就要求 DD 公司能做到更加及时地按订单采购。同时，需要密切关注采购订单的具体作业、跟催、采购收货以及结算。对于及时且经济的采购来讲，全面细致的库存管理是重要的基础条件。除了全面管理各种物料的出入库的基本业务外，DD 公司还需对受托加工业务、物料的保质期、库存 ABC 分类、最高与最低安全库存、普通盘点与循环盘点、库存账龄、呆滞料进行深入地管理，更好地降低与优化库存。

(3) 生产管理方面。

能否满足快速市场变化的订单的交货期和及时备齐订单所需物料是 DD 公司生产运行需要解决的主要难题之一。企业需要对产品的物料建立准确的物料清单，根据订单需要迅速进行 MPS 与 MRP 运算，为采购计划和生产计划提供较准确的决策依据。没有 MRP 系统，DD 公司的生产主管会比较被动，如果不知道库存信息、交货期、未来一段时间的生产计划等，就不能合理地安排设备与加班，更无法对波动的市场进行快速的响应。

DD 公司产品的生产组织周期比较长，常常一个订单生产计划投放下去，需两三个月才能组织和生产出成品。企业的竞争优势依赖于计划过程的高度灵活性、产品交付的准确及时性、强有力的质量保障体系以及快速的新产品开发能力，这些都对 DD 公司的生产管理提出了挑战。总而言之，DD 公司的生产管理瓶颈主要集中在生产计划的制订上。同时，还需对生产任务、生产投料与领料、物料报废、委外生产、生产产品入库等进行管理。

3．实施过程

DD 公司购买了 ERP 的财务核算、供应链管理和生产制造模块，准备实现一体化管理。模块应用状况如表 1-1 所示。

表 1-1　模块应用状况表

产品模块	用户数	产品模块	用户数
销售管理系统	4	K/3 BOS、K/3 BOS SDK	15
采购管理系统	5	Citrix 标准版	5
仓库管理系统	10	存货核算	3
总账系统	3	生产数据管理	3
报表管理	1	物料需求计划	1
现金管理系统	1	细能力计划	2
现金流量表	1	生产任务管理	5
财务分析	1	委外加工管理	1
固定资产	1	车间作业管理	5
应收款管理	2	质量管理	2
应付款管理	2	设备管理	1
成本管理	1		

DD 公司在 ERP 实施过程中使用的单据如表 1-2 所示。

表 1-2　DD 公司使用的单据

序号	单据名称	序号	单据名称
1	外购入库单	16	生产任务单汇总
2	购货发票	17	产品入库单
3	费用发票	18	销售出库单
4	付款单	19	销售发票
5	产品预测单	20	收款单
6	销售订单	21	退货通知单
7	计划订单	22	退料通知单
8	采购申请单	23	委外加工入库单
9	采购订单	24	其他入库单
10	生产任务单	25	委外加工出库单
11	生产投料单	26	其他出库单
12	生产领料单	27	调拨单
13	生产任务变更单	28	盘盈入库单
14	生产任务改制单	29	盘亏损毁单
15	生产物料报废单		

ERP 的功能架构如图 1-10 所示。

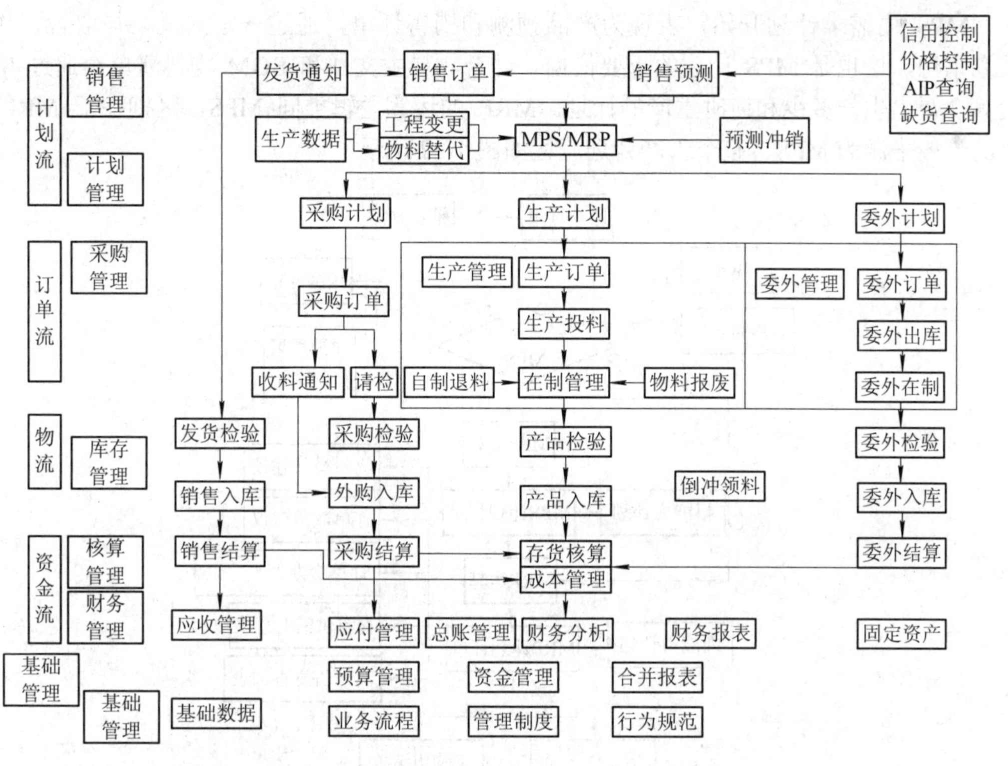

图 1-10　ERP 功能架构

通过 ERP 这一管理工具，DD 公司设立了新的业务流程。新的业务流程涵盖了销售、生产、采购和仓库等主要环节。

(1) 销售和收款的流程。

ERP 处理销售报价单并下推生成销售订单，销售订单保存后下推生成发货通知，仓库根据发货通知做出库单，财务根据出库单下推生成销售发票，销售发票形成企业应收款，出纳收到对应的款项时做收款单。这个过程形成了销售业务循环。ERP 通过此销售业务循环进行信用控制及价格管理，实现全过程的弹性监控。销售和收款流程如图 1-11 所示。

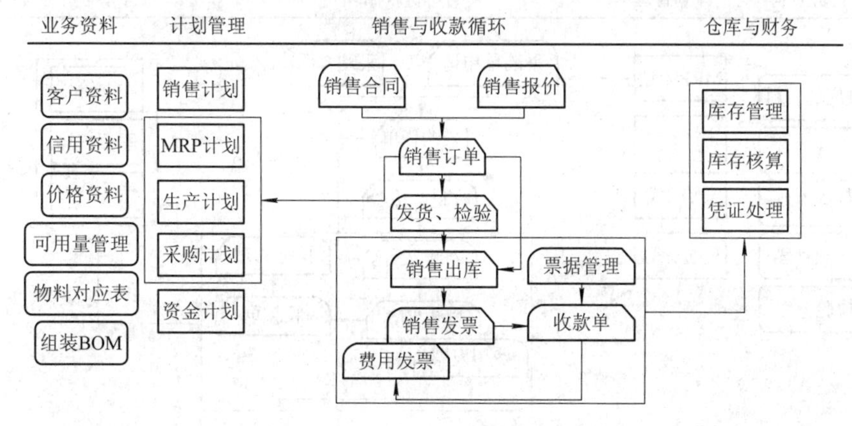

图 1-11　销售与收款流程

(2) 生产计划流程。

MPS 由需求计划开始，表现为产品预测和销售订单，通过一定的策略与取舍，作为计划来源，这也是 MPS 计划的重要依据。结合物料主文件和 BOM 物料清单，通过 MPS 运算，得出生产多少和何时生产的计划。MRP 的运算逻辑类同 MPS，区别在于 MRP 运算的一般来源为 MPS，整个生产计划流程如图 1-12 所示。

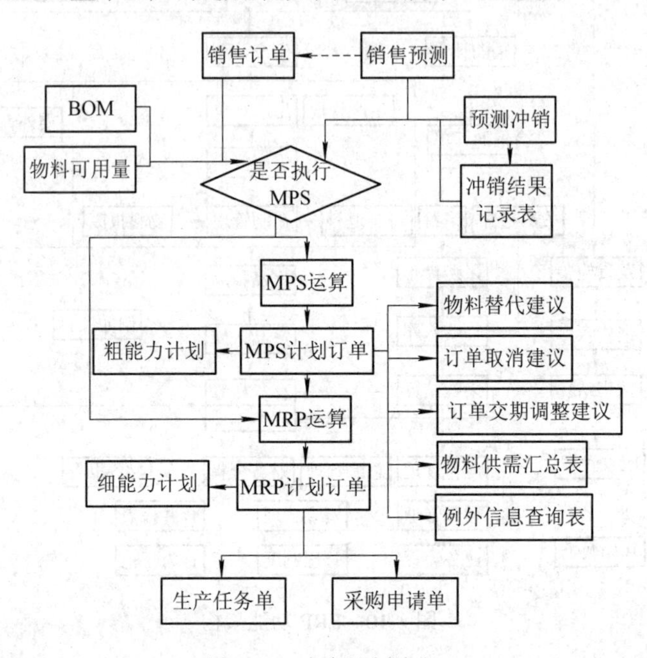

图 1-12　生产计划流程

(3) 采购业务流程。

准备采购前，首先要在 ERP 做采购申请单，根据采购申请单下推采购订单，到货后采购根据订单生成收料通知或检验，仓库做入库单，财务根据入库单生成采购发票，形成应付款，出纳做付款单，这个过程形成采购业务循环。采购业务循环无缝连接物料需求计划，通过订单驱动，实现物流与资金流的双向管控。采购业务流程如图 1-13 所示。

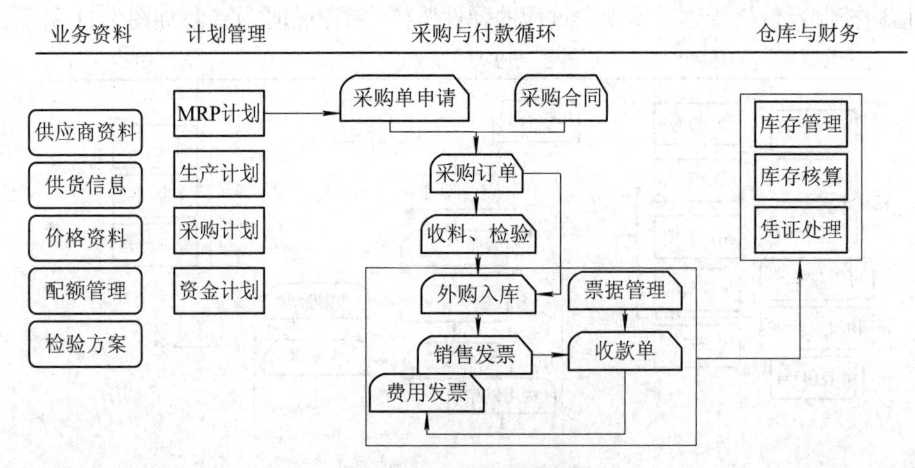

图 1-13　采购业务流程图

(4) 仓库业务流程。

实际采购收货时，根据采购入库单进到仓库系统。发货时根据发货的类型，通过出库单做相应的出库。业务流程如图 1-14 所示。

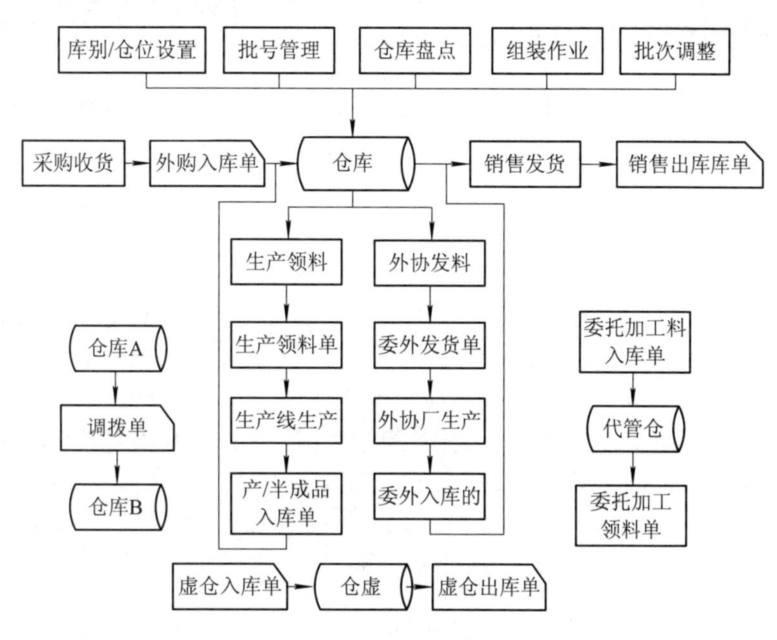

图 1-14　仓库业务流程图

4．ERP 实施带来的价值

(1) 解决信息孤岛。

全面应用 ERP 之前，公司层面的整体规划不能准确传达到各部门，导致某些岗位各自为政，形成信息孤岛。公司内部最基本的信息缺乏统一和共享，如物料、BOM 等，严重影响车间的生产效率和 ERP 的应用顺畅。各自为政的信息化建设方式，导致 DD 公司内部形成信息壁垒，形成部门割据化趋势，无法实现公司统一的战略协调、资源共享、风险共担。全面应用 ERP 后，这些问题得以全部解决。

(2) 库存可视化管理。

公司实现了库存可视化管理。库管员摆脱了通过记录物料收发的手工账，其他业务部门能通过 ERP 方便地查询到各种物料的即时库存情况。

(3) 财务业务一体化管理。

实现了财务业务一体化管理，业务人员录入各种业务单据，财务人员通过业务系统的原始单据自动生成记账凭证，使物流流动能及时在资金流上体现。财务人员能方便查询采购、销售、库存等业务数据，通过 ERP 打通了财务部和业务部门(物资、销售、仓储)的业务衔接。DD 公司全部外购物料以供货日期作为批次、仓库划分了仓位，查询库存时更清晰明确。

ERP 全面实施后业务流程得到规范、固化、优化，加强了流程的内控点；实现了企业基础信息统管和库存可视化管理；建立了敏捷计划体系，快速响应市场变化，提高按时交付能力；强化了三大订单管理，打通了企业内部供需链，加强了企业内部各运营环节之间的刚性衔接，使企业物流处于全面受控状态；精细化成本核算，并建立成本控制体系和财务业务一体化管理。

1.4 制造执行系统(MES)

在智能制造信息系统中，MES 是连接底层 DCS 与上层 ERP 的桥梁，通过它，制造系统可以有效掌控生产数据，并提升生产效率，实现精细化生产。

1.4.1 MES 概述

MES 的主要功能是实现生产调度、生产管理以及执行调度计划。一方面，MES 把 DCS 传上来的生产现场数据信息进行归集、整理，传送至上层 ERP 子系统中；另一方面对 ERP 子系统下达的生产计划生成相应的作业计划，并下达至生产现场。生产作业调度、质量监督、物料跟踪、物料平衡、生产事故分析、生产记录报表等功能都可以通过生产执行系统集成在智能制造信息系统平台上。MES 与 ERP、DCS 的关系如图 1-15 所示。

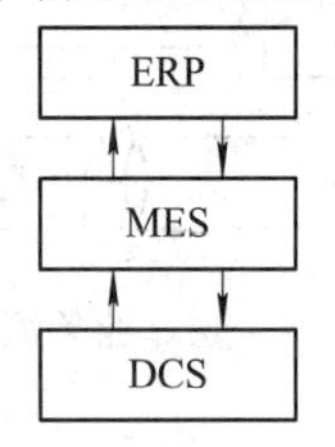

图 1-15　MES 与 ERP、DCS 的关系

1.4.2 MES 的基本概念

MES 能通过信息传递对从订单下达到产品完成的整个生产过程进行优化管理。当工厂发生实时事件时，MES 能对此及时做出反应、报告，并用当前的准确数据对它们进行指导和处理。这种对状态变化的迅速响应使 MES 能够减少企业内部没有附加值的活动，有效地指导工厂的生产运作过程，从而使其既能提高工厂及时交货能力，改善物料的流通性能，又能提高生产回报率。MES 还通过双向的直接通信，在企业内部和整个产品供应链中提供有关产品行为的关键任务信息。

同样地，要进行 MES 模块的开发，不仅需要熟悉 MES 的流程，还需要对 MES 中的一些基本概念有所了解。与 ERP 长期发展相对比较稳定的情况不同，制造企业车间的生产管理具有各自的差异，从而使得 MES 呈现出强烈的定制特点。

MES 通用的一些基本概念有以下几点：

(1) 企业的组织结构。

一个企业包括一个或者多个工厂，工厂又细化分割为不同的部门组织，组织则被定义为拥有不同工作职能的业务实体。

(2) 人员及角色。

人员是生产制造过程中重要的基础性单元，根据员工的角色规划不同的系统权限，根

据参数设定区分员工的角色和能力，根据信息制订完善的人员分配和调度计划。

(3) 设备资源。

设备资源是企业进行生产的主要物质技术基础，企业的生产率、产品质量、生产成本都与设备的技术水平直接相关。根据企业生产实际情况以及业务流程规划每一个工作中心的设备资源分配，包括产量、生产节奏、维护计划、状态监控规则、故障诊断机制、设备数据采集与分析方法等。

(4) 核操作规范。

根据业务实际对产品生产的流程进行定义，即用来定义制造产品的步骤顺序，作为一个标准化的指导，并根据工作流中的每一个工作中心或者工作站的工序标准和要求制定统一化的操作流程，形成唯一的规范。

(5) 产品及产品谱系。

定义工厂内部的产品属性，有零件、组装件、配件等，归集同系列产品，分组成产品组，形成不同的产品谱系信息。

(6) 制造 BOM 和工艺路线。

根据产品搭建产品 BOM 架构，并根据产品设计配合工作流定义和物理模型的设备定义合理设计产品的工艺路线。规划定义的范围包括：数据记录、变更、版本追溯、工艺监控、纠错、报警机制等。

(7) 在制品状态。

定义范围包含在制品数量、产线位置、生产时间、状态等。

1.4.3　MES 的功能模块

MES 子系统有多个通用的功能模块，即资源分配及状态管理(Resource Allocation and Status)、工序详细调度管理(Operations/Detail Scheduling)、生产单元分配管理(Dispatching Production Unit)、文档管理(Document Control)、数据采集(Data Collection/Acquisition)、人力资源管理(Labor Management)、质量管理(Quality Management)、过程管理(Process Management)、维护管理(Maintenance Management)、生产的跟踪及历史(Product Tracking and Genealogy)、性能分析(Performance Analysis)等。下文将详细介绍一下各功能模块。

(1) 资源分配及状态管理：管理机床、工具、人员物料、设备以及其他生产实体，满足生产计划对资源分配及状态管理所作预定和调度的要求，用以保证生产的正常进行；提供资源使用情况的历史记录和实时状态信息，确保设备能够正确安装和运转。

(2) 工序详细调度：提供与指定生产单元相关的优先级(Priorities)、属性(Attributes)、特征(Characteristic)以及处方(Recipes)等，通过基于有限能力的调度，生产中的交错、重叠和并行操作来准确计算出设备上下料和调整时间，实现良好的作业顺序，最大限度减少生产过程中的准备时间。

(3) 生产单元分配：以作业、订单、批量、成批和工作单等形式管理生产单元间的工作流。通过调整车间已制订的生产进度，对返修品和废品进行处理，用缓冲管理的方法控制任意位置的在制品数量。当车间有事件发生时，要提供一定顺序的调度信息并按此进行相关的实时操作。

(4) 文档管理：控制、管理并传递与生产单元有关工作指令、配方、工程图纸、标准工艺规程、零件的数控加工程序、批量加工记录、工程更改通知以及各种转换操作间的通信记录。文档控制模块可以提供信息编辑及存储功能，可以向操作者提供操作数据，也可以向设备控制层提供生产配方等生产指令，还包括对其他重要数据(例如与环境、健康和安全制度有关的数据以及 ISO 信息)的控制与完整性维护。

(5) 数据采集：通过数据采集接口来获取并更新与生产管理功能相关的各种数据和参数，包括产品跟踪、维护产品历史记录以及其他参数。这些现场数据可以从车间手工方式录入或由底层的 DCS 系统提供。

(6) 人力资源管理：为单位提供每个人的状态。通过时间对比、出勤报告、行为跟踪及行为(包含资财及工具准备作业)为基础的费用为基准，实现对人力资源的间接行为的跟踪能力。

(7) 质量管理：对从制造过程收集来的数据进行实时的测量分析，确保产品质量以及标记一些需要被注意的问题。质量管理可以提出一些建议来纠正问题，包括一些有关联的症状、操作和结果来确定问题的来源。

(8) 过程管理：监控生产过程、自动纠正生产中的错误并向用户提供决策支持以提高生产效率。这些监控主要是针对被监视和被控制的机器上。过程管理模块还应包括报警功能，使车间人员能够及时察觉到超出允许误差的加工过程。通过数据采集接口，过程管理模块还可以实现智能设备与 MES 之间的数据交换。

(9) 维护管理：跟踪和直接引导维护设备或工具的作业行为，确保设备或工具在制造过程中的可用性，实现设备和工具的最佳利用效率。

(10) 生产的跟踪及历史：可以看出作业的位置和在什么地方完成作业，通过状态信息了解谁在作业、供应商的资财、关联序号、现在的生产条件、警报状态及再作业后跟生产联系的其他事项。

(11) 性能分析：通过过去记录和预想结果的比较提供以分为单位报告实际的作业运行结果。执行分析结果包含资源活用、资源可用性、生产单元的周期、日程遵守及标准遵守的测试值。利用从不同功能模块收集到的信息来测量作业参数。这些结果可以被准备成一份报告或在线呈现出当前的性能评估。

在智能制造信息系统中，处于中间层的 MES 除了与顶层的 ERP、底层的 DCS 进行信息交互，也与产品数据管理系统、计算机辅助工艺设计系统进行信息交换。

1.4.4 案例

××有限公司是一家典型的钢板装备制造企业，其产品广泛适用于多种行业，且性能达到了国内先进水平。此公司所使用的制造执行系统可以有效监控生产过程的控制，包括生产作业计划的产生、以车间为核心的生产作业控制、在制品控制、生产进度监控及预警、生产执行过程的动态监控等。可根据监控信息进行实时调整、生产过程成本转移、生产过程质量信息统计与分析、生产进度及成本的多角度监控与统计分析。解决材料使用的控制，从而最大限度地控制成本。

其 MES 可具体分解为如下功能模块：技术数据管理、工艺设计与规划，生产系统的

计划、执行、监控预警、高级排程与实时调度，生产过程的质量体系与控制，生产系统中的实时物流控制与实时成本转移分析与控制，质量监控与统计分析，生产过程的质量体系管理与追溯系统、下料车间的下料管理与材料利用率控制、快速报价与工期估计、工程与发货管理。系统还可与公司正在使用的 PDM 和 ERP 接口，建立以生产过程执行控制为核心的综合信息化系统。

1．公司业务部门配置

与生产系统相关的业务部门配置如表 1-3 所示。

表 1-3　业务部门配置

序号	部门	业务描述	使用系统
1	销售市场部	管理销售订单	ERP：管理销售业务 MES：查看生产进度
2	项目管理部	依据销售意向，提供销售初步方案、报价及工期估计信息 接入销售订单和研发计划 立项，确定项目的主计划，向设计部门及生产部门下达任务 调整项目的优先级 跟踪项目进度	MES
3	技术开发部	依据销售订单和初步方案，进行产品的详细设计 提供产品 BOM、图档及变更信息	SOLIDWORK/PDM
4	工艺部	工艺路线设计 工艺规程设计 材料定额计算 工时定额计算 工艺工装 工艺统计分析	MES/CAPP
5	生产计划部	制订生产计划 物料需求分析计算 向车间下达作业计划 向采购外协下达采购计划 监控生产进度 调整生产能力 确认批准生产件补废	MES
6	采购外协部	执行采购外协业务	MES
7	车间设备管理部	管理设备台账 管理设备状态	MES

续表

序号	部门	业务描述	使用系统
8	各车间	执行车间计划 领料 入库	MES
9	各仓库	收货：接收采购入库物料和车间入库物料 发货：向车间发送物料和向工地发货	MES
10	质量管理部	处理采购外协部门的质检单 处理车间工序报检单 确认车间之间的转移单 处理不良品处置单 质量问题分析与解决	MES
11	工程管理部	管理工程计划 监控工程进度 工程发货监控	MES
12	财务总账会计	处理发票 处理总账	ERP
13	财务成本会计	管理工作中心费率 管理计划价格 分析生产成本 计算车间成本 计算产品成本	MES

2. 系统接口集成

1) 与 SOLIDWORK PDM 集成

当 SOLIDWORK 图档经过审核批准归档时，由 PDM 自动将零件的标题栏属性信息和明细表信息以及版本信息传送到数据库的临时表中，由 MES 自动检测并加入到 MES 数据库中。如果属于更改的图档，除了上述信息，还需要附加项目号、更改类型(临时更改或永久更改)信息，同时，将图档(包括轻量化三维图和二维工程图)的存放路径，以图号及版本号传入数据库中，以备生产过程中的浏览使用。

2) 与 ERP 集成

(1) MES 自动从 ERP 的销售管理系统中获取订单信息(不包括价格)。

(2) MES 在采购入库及车间领料过程中所产生的单据(入库单、出库单、退库单)自动传送到 ERP 中，单据上带有物料编码、数量、价格、供应商编号。

(3) MES 库存盘点信息自动传送到 ERP 中。

3. 业务流程

MES 管理流程如图 1-16 所示。

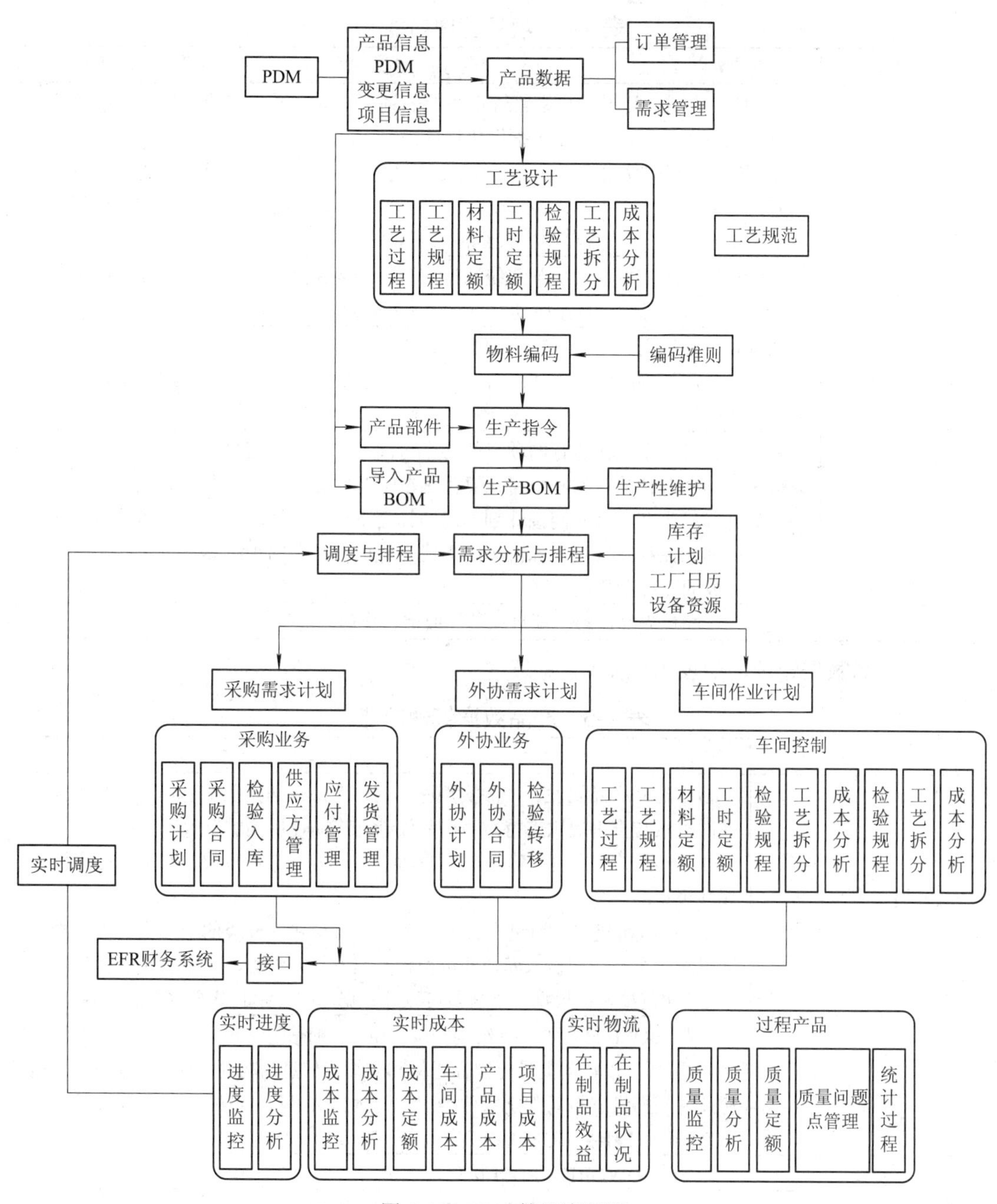

图 1-16　MES 管理流程图

4．功能描述

MES 的主要功能有项目管理、产品数据管理、工艺设计与管理、生产过程控制、车间执行控制、监控看板、库存与物流管理、质量管理、设备资源管理以及各种统计分析、异常处理等。下面简要介绍一下主要的几个功能。

(1) 项目管理，具体如表 1-4 所示。

表 1-4　项目管理功能

管理条目	管 理 内 容
需求管理	(1) 订单管理：订单来自销售管理系统的销售合同，系统支持销售系统集成提取ERP中的订单信息或者手工维护销售订单； (2) 需求预测：使用于以库存生产方式为主的生产模式，基于历史数据预测生产内容； (3) 研发项目：以内部订单方式维护需要研发的项目信息
订单驱动	系统根据订单信息自动检测系统数据信息，当存在产品数据时，直接驱动生产；当有库存可用信息时，直接驱动发货；当不存在产品数据时，驱动项目和设计
项目主计划	由项目管理部门管理全部项目的主要运作，制订项目主计划，包括项目的技术准备时间、生产计划时间、毛坯准备时间、车间半成品完成时间、部装和总装完成时间及发货时间
项目进度监控	系统支持对每个正在运行的项目的各个时间节点的监控信息，其中：技术设计的完成率按图档归档的时间和数量计算；工艺准备的完成率按工艺设计完成的时间和品种数计算；生产计划时间按计划部门的计划下达时间计算；外协毛坯按毛坯外协到货的时间、品种及数量计算；车间半成品完成率按车间工时完成率计算；部装和总装按完成的品种和数量计算
项目操作	支持项目的优先级调整、项目冻结、取消、暂停、终结

(2) 产品数据管理，如表 1-5 所示。

表 1-5　产品数据管理功能

管理条目	管 理 内 容
产品分类与属性管理	通过建立产品属性、产品实例库，建立产品快速索引信息模型，从而为产品的检索与查询提供支持，为产品设计与产品使用提供有效工具。 (1) 产品属性建模：建立产品的功能、行为、工艺参数、结构特征方面的属性模型； (2) 产品库建立：通过产品属性模型，自动建立分类的产品实例库模型，即只要一个产品归档入库，即可根据其属性划分为类，同时建立信息索引； (3) 实例检索：根据产品参数可以从数据库中检索到符合定义的产品
产品 BOM 管理	产品 BOM 描述了产品结构构成。BOM 的信息来源于设计图纸，对设计 CAD 图形可以自动批量提取标题栏和明细表信息，自动构成产品 BOM 结构树，并根据设置自动判别零件类型。同时提供了从 DBF、Excel 等文件导入 BOM 和手工维护 BOM 的方法
产品图档管理	与 SOLIDWORK、PDM 接口，查询、浏览 PDM 所产生的图档
工程变更管理	与 SOLIDWORK、PDM 接口，分析并产生变更信息
零部件管理	根据 BOM 输出各类自定义报表，包括零件明细表、外购件明细表等。 按零件方式管理所有的零部件，对每一个零件赋予了特征属性，可以按属性类别查询统计所有使用零件的情况：支持零部件借用查询、零部件特征属性查询、零部件版本查询、标准外购件查询、标准外购件库管理等
权限管理	系统对数据实施有效的权限控制，保证技术资源得到合理的使用和安全访问。使管理员可以定义不同的角色并赋予这些角色不同的数据访问权限和范围，通过给用户分配相应的角色使数据只能被经过授权的用户获取或修改

(3) 生产过程控制，具体如表 1-6 所示。

表 1-6　生产过程控制功能

控制条目	控　制　内　容
生产指令	基于项目管理主计划或厂内自制的生产主计划，支持按部装制订生产工作指令，并按项目进行管理。建立按部装产生和管理生产计划，并与项目关联，所有的计划进度、监控、成本、物流都分别管控到部装和项目上，并进行纵横向分析
生产 BOM	生产 BOM 确定了生产指令中所涉及的产品 BOM 构成，描述了产品零部件的基本属性、数量和所属关系，是物料需求计算的重要依据。首先根据生产指令所规定的产品，直接导入 PDM 中的产品 BOM，然后根据生产制造过程的需要，对 BOM 进行维护和调整。调整包括增加、删除、更改零件的类别，确定外包、外协、外购、用户自备以及自制等，同时根据设计 BOM 的情况对 BOM 进行处理
自动物料编码	物料编码确定物料描述的规范性和唯一性。确定物料编码准则，然后根据生产 BOM 或产品 BOM 所描述的零部件信息和类别以及工艺数据信息，由软件系统根据编码规则自动产生各类标准件编码和原材料编码，提交人工审核，提供编码规则维护与管理
物料需求分解计算	生产部门在准备了制造数据后，进行生产指令分解，计算并生成作业计划。 根据产品结构树和产品工艺路线、工艺定额数据进行物料需求的分解，分解为自制件、采购件和外协件，计划人员在经过最终确定各类零件的转换(外协、外购、自制之间的相互转换)后，进一步根据自制件的情况分解原材料需求、辅料需求、设备工时需求、加班需求，形成企业的能力需求计划和物料需求计划
作业计划与排程	生产部门在准备了制造数据后，通过对 BOM 数据和工艺数据的分析，依据预先确定的排程策略，进行生产作业计划的分解计算与作业排程，并根据生产能力和工艺路线，进一步分析并生成车间生产作业计划。该计划确定了每个车间、每道工序应完成的品种、数量和时间，并同时生成了日、周、旬和月度作业计划，对于零件数量较多的品种自动在时间段内进行分批，并同时将作业任务分配到设备和操作者
计划执行进度调整	计划进度调整是生产部日常性工作。一方面系统自动产生的计划进度和装配进度，计划员可以根据生产情况进行调整；另一方面，在车间执行过程中，难免出现实际执行时间与计划要求不准确的情况，此时如果不及时调整，势必影响后期计划的执行。计划调整分为静态的和动态的调整两部分：静态调整主要由计划人员根据经验调整；动态调整则由软件系统根据监控的结果对计划的时间进度自动调整。此外计划调整还包括数量和转外协、转自制之间的调整
计划下达	计划经生产部确认后下达到车间部门、采购部门、外协部门，并根据车间完工登记信息随时查询加工进度情况。根据采购、外协登记入库信息，随时查询到货缺货信息。生产计划制订并进行作业计划分解后，向各个部门发布

(4) 车间执行控制。车间执行控制即针对车间进行全方位管理和生产跟踪与控制，对全生产过程进行记录分析，实现对生产进展情况的跟踪与监控，确保生产作业计划的按时完成。车间作业流程由工艺路线确定。车间作业执行的主要功能包括：接收生产计划部门下达的车间作业计划、输出工艺路线单或作业票、管理车间领用、过程产品准转和过程产品入库及过程不良品；在制品管理、毛坯和配套产品的缺件管理、工时管理的同时提供生产进度的管理和查询。

车间计划为车间调度提供调度依据，根据计划内容分派任务，并生成派工单和工票，下发给车间工序和班组，工序完工后(或经过质检)由班组登记完工报检，标明工序已经完工，同时将实动工时录入。依此，生产管理系统可完全了解和控制生产进度。车间完工入库或车间之间转移都在系统内部完成。

车间执行控制功能如表 1-7 所示。

表 1-7　车间执行控制功能

控制条目	控 制 内 容
车间过程准转控制	车间按作业进程实现过程准转，按限额领用实现物料投放
工序看板	操作者通过扫描工艺流转卡或工序作业票，系统界面上会自动显示出该工序的作业任务和作业指导卡，其中包括在工艺设计阶段所规定的质量控制参数，以及上工序完成的尺寸参数
过程产品入库管理	车间过程准转完毕，自动搜索可以入库的产品，选择办理入库单。可以选择入到成品库或半成品库，其中的物料编码因为半成品和成品不同由系统自动调整
车间在制品管理	车间执行过程中自动产生并管理在制品；提供在制品台账管理、在制品现存量管理与查询、车间在制品盘点管理
车间完成率查询	可以查询已完成和未完成品种

5. 总结

针对公司装备制造产品的情况，MES 对生产制造过程进行信息化管理，优化了生产计划与生产执行过程，为生产系统的准确运行与及时生产提供有利地保证。项目最终目标是通过项目的实施，使生产执行各个系统在统一共享和集中的网络平台上运行，最大限度地提高生产计划与管理的效率和准确性，使生产进度、质量、成本处于控制之中。

1.5　辅助设计系统

本节主要介绍了智能制造信息系统的生产设计单元系统层，有对数据进行管理的产品数据管理系统，完成产品设计的计算机辅助技术、对生产过程进行控制的计算机辅助制造，以及制订机械加工工艺过程的计算机辅助工艺设计。

1.5.1　产品数据管理

产品数据管理是一门用来管理所有产品相关信息和所有产品相关过程的技术。与产品相关的信息包括 CAD/CAE/CAM 的文件、物料清单、零件信息、产品配置、文档等。通

过图 1-17 可以表明 PDM 与各系统之间的联系。与产品相关的过程包括审批、发放过程、一般工作流程等。PDM 的基本原理是在逻辑上将各个 CAD 信息化孤岛集成起来，利用计算机系统控制整个产品开发设计过程，通过逐步建立虚拟的产品模型，最终形成完整的描述(生产过程描述以及生产过程控制数据)。通过建立虚拟的产品模型，系统可以有效、实时、完整地控制从产品规划到产品报废处理的整个产品生命周期中的各种复杂的数字化信息。

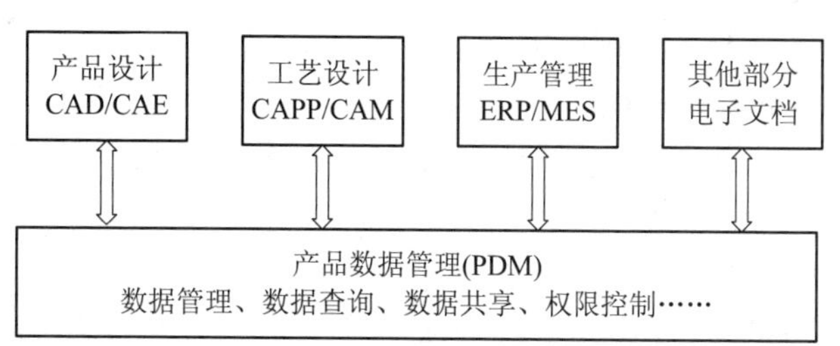

图 1-17　PDM 架构图

PDM 技术的发展经历了三个主要的阶段：第一代产品仅在一定程度上缓解了“信息孤岛”问题，仍然普遍存在系统功能较弱、集成能力和开放程度较低等问题；第二代 PDM 可以提供完整的产品开发设计过程管理、更改控制能力，可管理复杂的产品配置；第三代 PDM 管理的时间范围从产品开发设计阶段扩展到需求管理、概念设计、制造质量管理维护等方面，管理的空间范围从一个企业的技术部门扩展到联盟式企业和整个供应链，强调协同能力。

PDM 系统包含许多基本功能，如电子数据保存和管理、产品结构和配置管理、工程更改管理、工作流程设计及管理等。电子数据保存和管理提供了对分布式异构数据的存储、检索和管理功能。在 PDM 中，数据的访问对用户来说是完全透明的，用户无需关心电子数据存放的具体位置和是否是最新版本，这些工作均由 PDM 系统来完成。产品结构和配置管理主要是管理产品的结构和类型，而工作流程设计及管理则主要负责定义设计步骤以及在处理过程中定义相关步骤的规则，批准每一步骤的规定，支持技术人员的工作分配。

PDM 系统需要和智能制造信息系统进行信息的交互，因此保证这些信息的同步和一致非常必要，这些信息包括原材料信息、产品结构信息、制造流程数据、市场发展战略等。

1.5.2　计算机辅助设计与制造

计算机辅助设计(CAD)完成产品的设计工作，其定义为 CAD 利用计算机及其图形设备帮助设计人员进行设计工作。在工程和产品设计中，计算机可以帮助设计人员担负计算、信息存储和制图等项工作。计算机辅助设计技术的水平成了衡量一个国家工业技术水平的重要标志。

作为一种设计工具，CAD 技术核心目标是帮助工程技术人员设计出更好、更具市场竞争力的产品。在控制产品的设计过程、应用工程设计知识，实现优化设计和智能设计的同时，也需具有丰富的图形处理功能，实现产品的“结构描述”与“图形描述”之间的

转换。

CAD 的基本功能有：① 平面绘图、编辑图形；② 标注尺寸；③ 书写文字；④ 图层管理功能；⑤ 三维绘图；⑥ 网络功能；⑦ 数据交换。

计算机辅助制造(CAM)是利用计算机来进行生产设备管理控制和操作的过程。它的输入信息是零件的工艺路线和工序内容，输出信息是刀具加工时的运动轨迹(刀位文件)和数控程序。

CAD/CAM 系统具有以下处理能力。

(1) 交互图形输入和输出功能。

在 CAD/CAM 作业过程中，一般都要用交互方法来生成和编辑图形。为了实现上述功能，系统必须具有合适的硬件和软件。

(2) 几何造型功能。

几何造型功能是 CAD/CAM 系统图形处理的核心。因为 CAD/CAM 作业的后续处理是在几何造型的基础上进行的，所以，几何造型功能的强弱，在较大程度上反映了 CAD/CAM 系统的功能。通常几何造型又分为曲线、曲面造型与实体造型等。

(3) 有限元分析功能。

在产品和工程设计过程中对整个产品(工程)及其中重要受力零部件必须进行静、动力(应力、应变和系统固有频率)的分析计算；对高温下工作的产品除了进行上述分析计算外，还要进行热变形(热应力、应变)分析计算；在电子工程设计中，有时还要进行电磁场的分析计算，在飞行器和水利工程设计中，还要对流场及其流动特性进行分析计算。现在一般都采用有限元法对上述的各种要求进行分析计算，特别是对一些复杂构件用此方法分析计算不仅简单，而且精度较高。一个较好的、完善的有限元分析系统应包括前处理、分析计算和后处理三个部分：前处理就是对被分析的对象进行有限元网格自动划分；分析计算就是计算应力、应变、固有频率等数值；后处理就是对计算的结果用图形(等应力线、等温度线)或用深浅不同的颜色来表示应力、应变、温度值等。这些功能在设计过程中是十分重要的。

(4) 优化设计功能。

优化设计是现代设计方法学的一个组成部分。一个产品或工程的设计实际上就是寻优的过程，是在某些条件的限制下使产品和工程的设计指标达到最佳。在 CAD/CAM 系统中应具有优化求解功能。

(5) 处理数控加工信息功能。

系统应具有处理(2)～(5)坐标数控机床加工零件的处理能力，其中包括自动编程和动态模拟加工过程的功能。

(6) 统一的数据管理功能。

一个 CAD/CAM 系统在设计过程中要处理的数据不仅数量大，而且类型也较多，其中包括数值型和非数值型数据，有些数据还是动态的，即随着设计过程不断变化。为了统一管理这批数据，在 CAD/CAM 系统中必须具有一个工程数据库管理系统(EDBMS)以及在此系统管理之下的工程数据库。否则，如果用数据文件来存储，就可能产生一些不必要的麻烦。

(7) 二维绘图功能。

在产品生产过程中，二维工程图纸是传递产品信息的一种方式。CAD/CAM 系统具有二维绘图能力。

CAD/CAM 软件能辅助工程师从概念设计到功能工程分析，直到制造的整个产品开发过程，并通过接口与智能制造信息系统交换信息。

1.5.3　计算机辅助工艺过程设计

计算机辅助工艺过程设计(CAPP)是指通过计算机输入被加工零件的原始数据、加工条件和加工要求，由计算机自动地进行编码、编程、绘图直至最后输出经过优化的工艺规程卡片。使用 CAPP 不仅克服了传统工艺设计中的各项缺点，适应当前日趋自动化的现代制造环节的需要，而且是智能制造信息系统必要的技术基础。

工艺数据(知识库)是 CAPP 系统的支撑工具，包含了工艺设计所要求的所有工艺数据(比如加工方法、余量、切削用量、机床、刀具、夹具、量具、辅具，以及材料、工时、成本核算等多方面的信息)和规则(包括工艺决策逻辑、决策习惯、经验等众多内容，如加工方法选择规则、排序规则等)。

工艺数据同时是企业编排生产计划、制定采购计划、生产调度的重要基础数据，在企业的整个产品开发及生产中起着重要的作用。

CAPP 系统的主要功能有：

✧ 接收或生成零件信息。
✧ 检索标准工艺文件。
✧ 选择加工方法。
✧ 安排加工路线。
✧ 选择机床、刀具和夹具等。
✧ 确定切削用量。
✧ 计算切削参数、工时定额和加工费用等。
✧ 计算工序尺寸和公差，确定毛坯类型和尺寸。
✧ 绘制工序图。
✧ 生成工艺文件。
✧ 刀具路径规划和 NC 编程。
✧ 加工过程的仿真。

当 CAPP 系统修改了产品数据时，系统可以立即获取更改后的数据。CAPP 系统也可以与 PDM 集成，将工艺工作纳入 PDM 的管理之下，从而充分利用 PDM 的权限管理、流程管理等功能规范工艺工作的流程，提高工艺设计的规范化和标准化。企业管理人员也可以通过 PDM 管理工具对工艺工作进行掌控。

在智能制造信息系统中，CAPP 是连接计算机辅助设计 CAD 和计算机辅助制造 CAM 的桥梁和纽带。理想状态下，CAPP 系统能够直接接受 CAD 系统的信息，进行工艺设计，生成工艺文件，并以工艺设计结果和零件信息为依据，经过适当的后置处理后生成 NC 代码，从而实现 CAD/CAPP/CAM 的集成。

CAPP 系统通过接口不仅可以直接从 CAD/CAM 系统中获取二维图形、质量、材料等产品的设计信息，也可以为智能制造信息系统提供加工工序、工艺路线、工装汇总这些生产过程信息。不再需要人工把这些生产信息输入到系统中，避免了人为错误。

小　　结

✧ 智能制造信息系统是由人、计算机和其他外围设备等组成的对制造信息进行收集、传递、分析、存储、加工、维护和使用的管理系统。

✧ 在智能制造信息系统中，支撑制造活动的各种指令、数据、图形、文件等被称为制造数据，它们以二进制数据的形式在智能制造信息系统网络中进行传递，是智能制造信息系统运行的重要驱动源。

✧ 智能制造信息系统的硬件环境包含服务器、控制系统、生产现场设备以及工业网络设备等硬件。

✧ ERP 是建立在信息技术的基础上，全面管理客户订单、销售预测、物料需求等信息，并根据市场需求和销售计划制订的工作计划。

✧ MES 能通过信息传递对从订单下达到产品完成的整个生产过程进行优化管理。

练　　习

1．写出智能制造信息系统的定义。

2．制造信息有哪些？

3．分别简述 ERP 和 MES 在信息系统中的作用。

第2章　智能制造信息系统的设计

本章目标

- 了解离散型企业生产特点
- 掌握系统分析和设计业务逻辑的方法
- 掌握数据库的设计过程
- 掌握数据库表的实体关系图
- 熟悉各模块的开发设计
- 掌握RFID追踪模块的开发设计
- 掌握原型设计的基本原则

智能制造信息系统的开发首先要贴合企业的信息化需求，不同类型的企业往往对信息系统有不同的需求。作为一个系统，智能制造信息系统具备系统的基本特征，可以分解为相互关联的子系统，子系统各自具有独立的功能，但是彼此之间又相互联系配合，共同实现信息系统的总体目标。对智能制造信息系统进行开发之前，必须对系统进行总体的规划，理顺系统与子系统之间、子系统与子系统之间的相互关系。从总体到部分去把控信息系统的设计规划。

2.1 智能制造信息系统的规划

第 1 章介绍了智能制造信息系统的各单元系统及其功能。本章将介绍该系统的体系架构、数据库设计、主要功能模块以及系统原型的开发设计。

2.1.1 企业需求分析

制造企业根据生产原理分为两类，即连续型制造企业和离散型制造企业。两种类型的企业具有不同的生产流程和生产过程。离散型制造企业主要是通过原材料进行机械加工、并对零部件进行组装成产品的过程，例如机械制造、仪器仪表、电子等工业的生产流程。本书涉及的智能制造信息系统主要是针对离散型制造企业的。

离散型企业具有以下五个特点。

1. 以产品 BOM 为核心的生产模式

离散制造型企业产品的构成比较明确，产品都是由固定数量的零件和部件组成，产品结构和零部件配套关系也比较明确且固定，因此用 BOM 就可以清晰表明零部件之间的配套关系和产品结构。BOM 中零部件的来源方式多样，如自制、外协加工、采购等，且制造周期长短不一。零部件的加工可在不同的生产单元进行，过程彼此独立，产品的整体生产过程不连续。同时，离散制造业产品种类的变化较多，如变型产品和非标准产品，要求设备和工人必须有足够灵活的适应能力。产品种类的多样使得车间在制品的种类和数量较多，且部分在制品物料之间存在复杂的结构工艺约束，造成了车间物料流、信息流等管理和协调困难。

2. 产品加工周期长，工艺复杂

离散制造型企业不同产品通常具有不同的加工工艺，因而生产设备通常按照工艺布置。一个产品的复杂生产过程是由不同零部件加工子过程并联或串联组成的，工作流伴随着零部件的加工工艺经过不同的加工车间，因每个生产任务对同一车间能力的需求不同，因此工作流经常出现不平衡。许多自制零件具备柔性工艺或替代工艺，即同一零件可能有多个不同的加工工艺，便于在调整计划或生产环境改变时灵活地调整零部件工艺以适应生产环境。零部件加工和最终产品组装过程对于工艺之间连续性的要求不高，但物料供应的时序约束关系和成套性要求比较严格。

3. 面向订单生产或面向订单装配(Assemble To Order，ATO)的生产方式

离散制造型企业在生产类型上多为多品种、小批量生产和单件小批生产，对于大型复

杂产品甚至采用面向订单设计的一次性生产方式。大型产品工艺设计的周期较长，且经常存在工艺更改的问题。不同于在大批量生产方式下通过提高车间设备的负荷以达到降低生产成本的方式，在离散生产方式下，车间的产能是由加工要素配置的合理性决定的，因此离散制造生产方式的车间要求具有良好的计划能力，计划方法的科学性、合理性和效率对于缩短生产周期、减少在制品库存、降低成本具有直接的影响，因此对智能制造信息系统的车间计划能力提出了比较高的要求。

4．生产环节呈现动态多变性

车间生产的任务较多，生产过程中包含着更多的变化和不确定因素，如生产过程中的需求变更、临时插单、材料短缺、设备故障、工艺变更、返修返工等问题时有发生，因此，生产环境呈动态多变性。生产计划、设备等变更的几率非常大，使得对生产过程的控制更为复杂和多变，生产计划的灵活性和严肃性难以兼顾，车间生产实时准确管理十分困难。生产过程涉及的部门、人员和设备多样，生产过程中的协作关系复杂且生产环境动态多变，造成车间计划、组织、协调任务相当繁重，因此，生产调度问题成为制造业管理水平的瓶颈。

5．生产数据采集困难

生产现场聚集有大量的对车间生产管理和经营决策有重要作用的生产数据，数据的数量和采集点较多，由于企业控制层的自动化主要体现在单元级上(如数控机床、柔性制造系统)，自动化水平较低，因而需要依赖于人工进行数据的收集、维护和检索，工作量非常大。数据更新困难和难以保证一致性，给实时准确跟踪生产进度和预测完成时间造成了困难。

离散型制造企业对智能制造信息系统提出了以下的要求。

(1) 各部门间信息共享。系统中采购、库存、生产、财务环节数据必须紧密衔接，及时共享，才能避免盲目采购、库存成本加大、生产过剩或生产跟不上等问题。以客户下发一个需要生产产品的订单为例。系统应根据订单需求，查询仓库库存情况，为管理员合理编制系统采购计划提供依据。同时，对于采购计划的制订要有据可循。通过对以往采购信息的查询，系统应能优化供应商的选择及考核、合同的拟定及鉴定和采购合同的执行等。

(2) 良好的生产调度方法和优化技术。生产调度问题是离散制造业的难点，在目前生产企业中，生产调度和控制的工作基本是车间管理人员凭借经验来安排。为了在激烈的竞争中生存下来，企业需要快速响应市场变化，有效组织企业的现有资源，使企业的生产能力和效率始终保持较高水平。有效的生产调度方法和优化技术是实现企业先进制造和提高效益的基础和关键。

(3) 生产数据实时采集并上传。离散制造的困难之一是现有的生产现场数据的采集手段很难满足生产需求，部分离散型制造企业仍然采用人工记录的方式采集生产现场数据。虽然有些企业采用了基于条码的自动对象标识和数据采集技术，但条码技术自身存在无法克服的缺陷，使其无法完全满足智能制造信息系统在数据采集方面的要求。随着 RFID 技术的发展，利用 RFID 技术在数据采集、自动对象标识以及数据存储等方面的优势，探索 RFID 技术和智能制造信息系统相结合，已经成为解决离散制造业智能制造信息系统开发与应用的可行途径之一。

2.1.2 系统业务流程设计

通过对企业产品生产业务流程进行详细的调研分析，并结合企业生产制造的需求，本书建立了离散型企业的系统业务流程图，分为计划阶段、设计阶段、工艺阶段、采购阶段、制造阶段、质量检验阶段、入库及配送阶段等主要环节，在后续的开发设计阶段只实现主要功能模块。业务流程如图 2-1 所示。

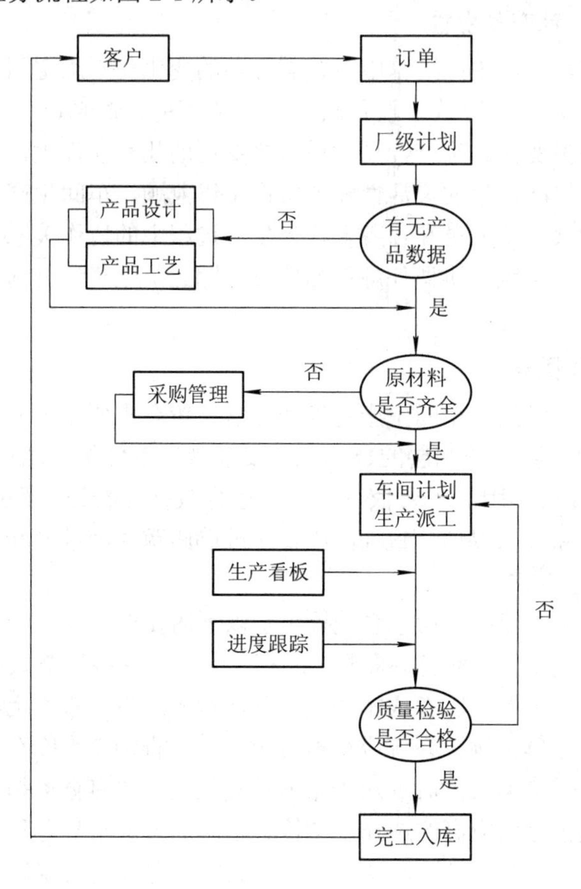

图 2-1 业务流程图

1. 计划阶段

企业收到客户订单后，依据订单需求制定厂级计划，经批准后下发到设计部、工艺部、生产制造部，同时启动相应的技术准备和制造准备。

2. 设计阶段

设计部接到相应计划后便进行产品方案设计，然后在产品方案基础上设计详细部件，其中包括零件建模与标注、零件可靠性分析、部件装配、部件 CAE 分析等，完成的设计数模和设计 BOM 将传到工艺部门进行工艺分析。

3. 工艺阶段

在工艺设计阶段，工艺部将根据设计部正式发放的设计 BOM 和设计数模，构建工艺

并划分工艺分离面，进行产品工艺仿真，同时制定工艺路线、材料定额和设计工艺结构，最后将形成的制造 BOM 顶层结构和工艺数据包发放到下游的生产制造等部门。

4. 采购阶段

智能制造信息系统结合订单中的产品信息和工艺部的工艺数据对订单进行分解计算得到物料需求计划，然后对库存数量进行查询，计算出实际的采购数量，下达到采购部，采购部选择相应企业采购物料，经过质检合格后存入相应的仓库。

5. 制造阶段

生产制造部接到生产计划后，根据车间制造资源、生产能力、成品库存等信息制定相应的主生产计划。车间生产计划员根据制造、工艺数据包等信息将主生产计划分解成车间作业计划，进而制定详细的工序作业计划并编辑相应的工序计划任务，最后下发到相应车间。调度人员接收工序计划任务，并对任务进行调度分配。班组长接收相应的调度任务，并进行任务下发，指派到具体的作业人员。

在生产准备过程中，工装设计部根据产品工艺数据包和设计数模进行工装设计。工装工具配送人员将相关的刀具、量具、夹具以及设计完的工装送达制造现场，物料配送人员根据物料配送任务进行物料配送。与此同时，操作人员做好加工前准备工作。

在制造执行阶段，现场操作人员接收生产任务并进行开工条件检查，主要检查制造资源的齐全性、制造资料技术状态的准确性等。若不符合开工条件，则反馈现场问题；若符合开工条件，操作人员则根据工艺文件和现场作业指导书进行加工。零件加工完成后进行完工报检、自检、互检、检验等操作。RFID 技术可以实现对生产过程进行监控等功能。

6. 质量检验阶段

质检部将对生产过程中的半成品、成品进行相应的检验，在智能制造信息系统中生成相应的检验单，系统根据检验单自动判断合格或不合格，对于不合格产品进行返工处理或者报废，对于合格产品进行下一道工序或者入库。

7. 入库及配送阶段

库管员对于质检合格的产品进行确认入库，并根据客户订单，进行发货处理。

2.1.3 系统的软件体系架构

综合考虑系统的业务模块可以看出，智能制造信息系统是以用户需求(也就是订单)为导向，以生产计划和进度追踪为核心，以客户、设备、车间、产品等数据为基础的综合性信息管理系统。

因此，智能制造信息系统必须实现高度集成化。系统的集成化不仅体现在对子信息系统(如 MES、ERP)的功能集成，还包括对生产线、生产设备、传感器、嵌入式终端系统、智能控制系统以及通信设备的集成。通过分析、处理来自智能生产线及高端智能设备的数据，系统可以实现对生产过程的透明监控(生产看板模块)，从而可以管理生产计划，追踪生产进度。

根据系统业务流程，结合软件开发的角度，本书所设计的智能制造信息系统的软件体系架构如图 2-2 所示。

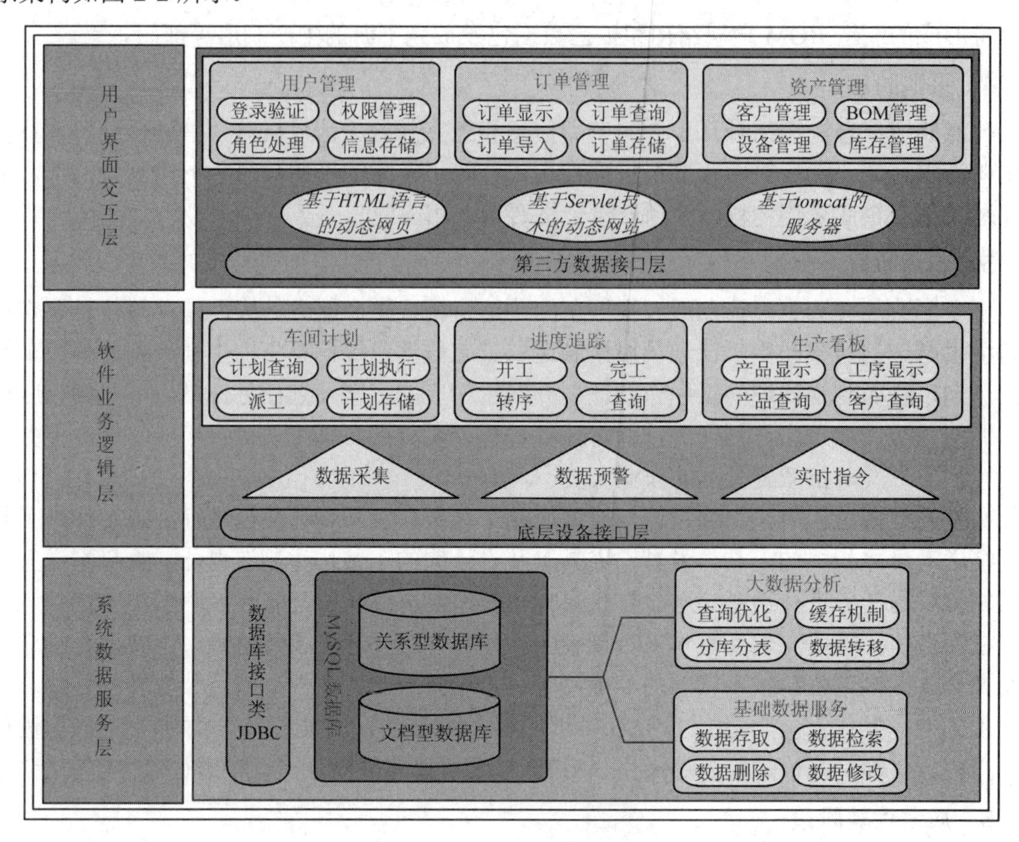

图 2-2　软件体系架构图

2.2　数据库设计

由图 2-2 可以看出，数据库是智能制造信息系统的核心，也是基础，它具有对信息进行收集、组织、存储、加工、抽取和分析的功能。通过对大量数据整理分析，提取出数据的共性，并将数据按一定的模型(数据库表设计)进行存储，可以使系统方便、准确、高效地从数据库中获得所需要的数据。

数据库设计是建立数据库模型及其应用系统的技术，通常包括结构设计(设计数据库结构或框架)和行为设计(设计应用程序、事务处理等)。设计数据库是一个复杂的过程，需要反复探寻，逐步求精。

智能制造信息系统所要管理和存储的数据对象有很多，包括用户、计划、工序、设备、车间和客户等信息，它们之间通常具有某些联系。数据库设计过程就是清楚描述这些关系，并将之转化为数据库表模型的过程。

2.2.1　设计原则

合理的数据库设计可以减少代码编程和维护的难度，并提高系统的性能。在进行数据

库设计时，应尽量满足以下原则。

1．设计风格规范化

不同的数据库，在对象的命名、对象名的长度、大小写敏感等规则上各有不同。在数据库设计时，应遵循最严格的规范，同时做好详细的注释。比如，有的数据库在命名对象名时，不区分大小写，即使如此，仍要按照区分大小写的规范进行对象名的设计。

规范化的设计风格有助于系统适应不同的数据库，提升系统性能。

2．合理设计表关联

若表格太多且关系复杂，可以增加映射表来维护表间关系，以降低表关联。若多张表涉及大量数据时，表结构尽量简单，表关联也要尽可能避免。

3．保证数据一致性

为了降低过多的表间关联，保持数据的一致性和完整性，允许合理的数据冗余。

以主车间计划表为例，表中的“客户编号”数据项来源于客户信息表。对主车间计划表来说，客户编号数据项并不是必须存在的，但为了保持数据一致性，避免频繁操作客户信息表，减少表间关联，特意在车间计划表中增加此数据项。

4．数据类型的选择

根据所选择的数据库以及数据的取值范围，合理选择数据类型。举例来说，ID 类型的字段(如客户 ID、工序 ID、订单 ID 等)，在数据库表中使用得较为频繁，在智能制造信息系统中，通常选择用数字来表示各种 ID。因此，在本书中，ID 字段的数据类型通常选择为整型。

同时，系统中的客户 ID 预计最多为 5 位数字，那么设计时选择字段的最大取值长度应能达到 8 位或更长，避免之后因客户数量增加而产生数据库重构问题。在本书中，类似客户 ID 类的字段，均设为无符号的 integer 类型，其取值范围是 0～4294967295。

2.2.2　设计步骤

数据库设计的一般步骤如下所述。

1．数据库需求分析

数据库需求分析是设计数据库的第一阶段。在这个阶段，主要是收集基本数据，给出各数据项之间的关系以及确定数据处理的流程，为数据库的概念设计、逻辑设计、物理设计奠定坚实的基础，为优化数据库的逻辑结构和物理设计结构提供可靠依据。

2．数据库概念结构设计

概念结构是对现实世界的一种抽象，独立于数据库逻辑结构。它是现实世界与机器世界的中介，一方面能够充分反映现实世界，包括实体和实体之间的联系，同时又易于向关系、层次等数据模型转换。因此，概念结构设计是整个数据库设计的关键所在，概念模型可以用实体关系图(即 E-R 图)表示。E-R 图是描述概念世界、建立概念模型的实用工具，包括实体、属性和联系 3 个基本要素。

3. 数据库逻辑结构设计

设计逻辑结构应该选择最适于描述与表达相应概念结构的数据模型，然后选择最合适的 DBMS。设计逻辑结构时一般要分三步进行：

(1) 将概念结构转换成一般的关系、网状、层次模型。

(2) 将转化来的关系、网状、层次模型向特定 DBMS 支持下的数据模型转换。

(3) 对数据模型进行优化。

关系模型的逻辑结构是一组关系模式的集合，将 E-R 图转换为关系模型就是要将实体、实体的属性和实体之间的联系转化为关系模式。

4. 数据库物理设计

数据库最终是要存储在物理设备上的。为给定的逻辑数据模型选取一个最适合应用环境的物理结构(存储结构与存取方式)的过程，就是数据库的物理设计。物理结构依赖于给定的 DBMS 和硬件系统，因此设计人员必须充分了解所用 DBMS 的内部特征，特别是存储结构和存取方法，充分了解应用环境以及外存设备的特性。

数据库的物理设计通常分为两步：

(1) 确定数据库的物理结构。

(2) 对物理结构进行评价，评价的重点是时间和空间效率。

5. 数据库实施阶段

数据库实施阶段的任务就是运用数据库语言及其宿主语言(例如 Java)，根据逻辑设计和物理设计的结果建立数据库，编制与调试应用程序，组织数据入库，并进行试运行。

6. 数据库运行和维护阶段

数据库运行和维护阶段是指数据库应用系统经过调试运行后即可投入正式运行，在数据库系统运行过程中必须不断地对其进行评价、调整与修改。

2.2.3 E-R 图设计

前面提过，E-R 图属于概念模型，是对系统中实体及其相互关系的抽象。概念模型是数据库设计的关键。设计 E-R 图时要求简单、清晰，并且易于理解。如图 2-3 所示，其中表头部分是数据库表名，还含有字段、数据类型、主键约束。

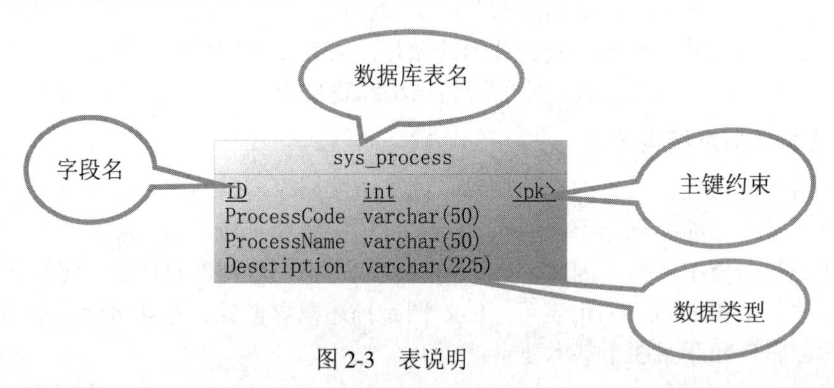

图 2-3 表说明

通过对智能制造信息系统功能需求的汇总和对各功能模块及业务流程的分析，可以抽象出其实体关系图，如图 2-4 所示。

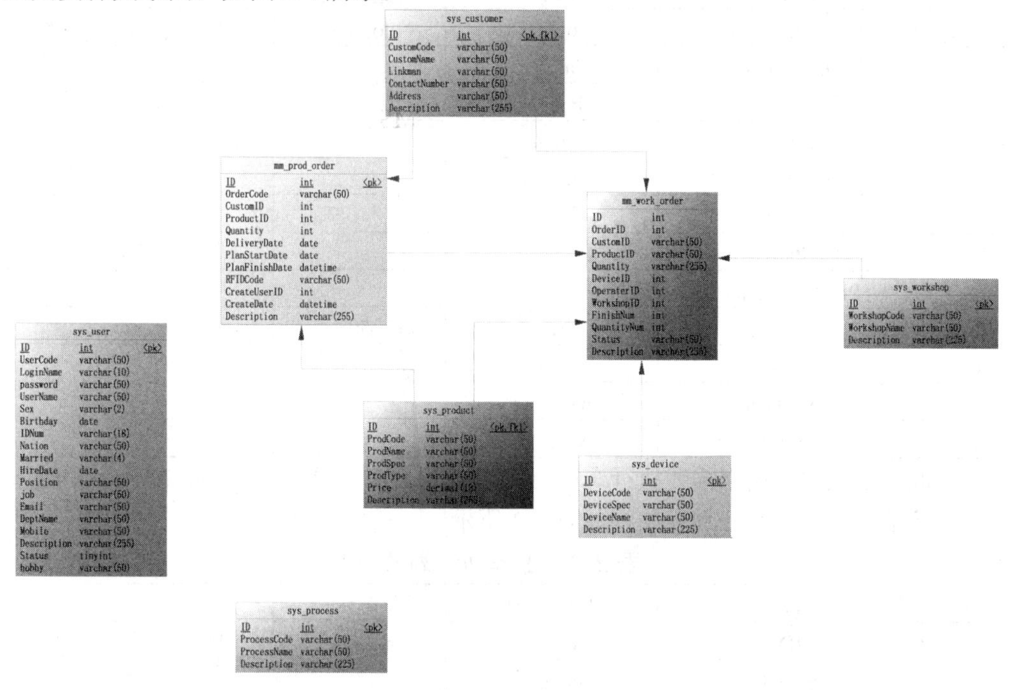

图 2-4　E-R 图

概念模型最终要转化为数据模型。根据 E-R 图，再结合所选择的数据库的语法和结构，就可以方便地进行数据库表的具体设计。

选择数据库时，应根据项目需求和客户要求来决定。目前主流的数据库有 MySQL、Oracle 和 SQLServer 等，它们各有优缺点。通常情况下，面向政府和银行的项目，可以选择 Oracle；而互联网项目多使用 MySQL，比如淘宝网站，就是使用的 MySQL 集群。

本书中所使用的是 MySQL 数据库，它具有开源、性能出色、架构丰富以及低成本等优点，并且支持分库分表、分布式数据存储，能满足智能制造信息系统的运行，并且有扩展和冗余。

2.2.4　数据库表设计

数据库表是用来描述智能制造信息系统中数据结构关系的数据模型。根据 E-R 图和功能需求，可设计出智能制造信息系统数据库的表结构。

智能制造信息系统中所涉及的数据库表主要有车间计划表、用户管理表、设备管理表、工序管理表、客户信息表等。通过设计这些表以及表之间的关联，可以进一步加深对智能制造信息系统的数据和程序流程的理解。

车间计划表主要用来描述车间计划的相关信息，如 ID、订单编号、数量、计划开始时间、计划结束时间等，表结构如表 2-1 所示。

表 2-1　车间计划表

编号	字段名	字段类型	大小	说明
1	ID	integer	not null	ID，主键，自动增量
2	OrderCode	varchar	50	订单编号
3	CustomID	integer		客户 ID
4	ProductID	integer		产品 ID
5	Quantity	integer		数量
6	DeliveryDate	date		交付时间
7	PlanStartDate	date		计划开始时间
8	PlanFinishDate	date		计划结束时间
9	RFIDCode	varchar	50	RFID 码
10	CreateUserID	integer		创建人 ID
11	CreateDate	datetime		创建时间
12	Description	varchar	255	备注

主车间计划表主要用来描述执行车间计划的车间 ID、设备 ID、工序 ID、完工数量、合格数量等信息。主车间计划表结构如表 2-2 所示。

表 2-2　主车间计划表

编号	字段名	字段类型	大小	说明
1	ID	integer	not null	ID，主键，自动增量
2	OrderID	integer		工序号
3	CustomID	varchar	50	客户 ID
4	ProductID	varchar	50	产品 ID
5	Quantity	varchar	255	数量
6	DeviceID	integer		设备 ID
7	OperaterID	integer		工序 ID
8	WorkshopID	integer		生产车间 ID
9	FinishNum	integer		完工数量
10	QuantityNum	integer		合格数量
11	Status	varchar	50	状态
12	Description	varchar	255	备注

客户信息表主要用来描述客户的相关信息，如名称(允许个人和单位)、联系人、联系电话、地址等信息。为了方便管理，增加客户 ID 和客户编号两项数据。客户信息表的结构如表 2-3 所示。

表 2-3　客户信息表

编号	字段名	字段类型	大小	说明
1	ID	integer	not null	ID，主键，自动增量
2	CustomCode	varchar	50	客户编号
3	CustomName	varchar	50	客户名称
4	Linkman	varchar	50	联系人
5	ContactNumber	varchar	50	联系电话
6	Address	varchar	50	地址
7	Description	varchar	255	备注

设备管理表主要用来描述企业所拥有的设备信息，如设备编号、型号和名称等。在智能制造信息系统中，此表仅用来作为主车间计划表的附属表，描述“设备 ID”项所代表设备信息。因此，其表结构较为简单，仅与主车间计划表有关联。设备管理表结构如表 2-4 所示。

表 2-4　设备管理表

编号	字段名	字段类型	大小	说明
1	ID	integer	not null	ID，主键，自动增量
2	DeviceCode	varchar	50	设备编号
3	DeviceSpec	varchar	50	设备型号
4	DeviceName	varchar	50	设备名称
5	Description	varchar	225	备注

工序信息表主要用来描述产品在加工过程中所经历的某道工序的详细信息，如工序编号、工序名称以及备注信息等。此表仅作为主车间计划表的附属表，描述“工序 ID”项所代表的工序信息。因此，其表结构较为简单，仅与主车间计划表有关联。工序信息表结构如表 2-5 所示。

表 2-5　工序信息表

编号	字段名	字段类型	大小	说明
1	ID	integer	not null	ID，主键，自动增量
2	ProcessCode	varchar	50	工序编号
3	ProcessName	varchar	50	工序名称
4	Description	varchar	225	备注

2.3　系统模块化设计

本节将对智能制造信息系统各功能模块的设计进行简述。图 2-5 为智能制造信息系统原型的主界面。

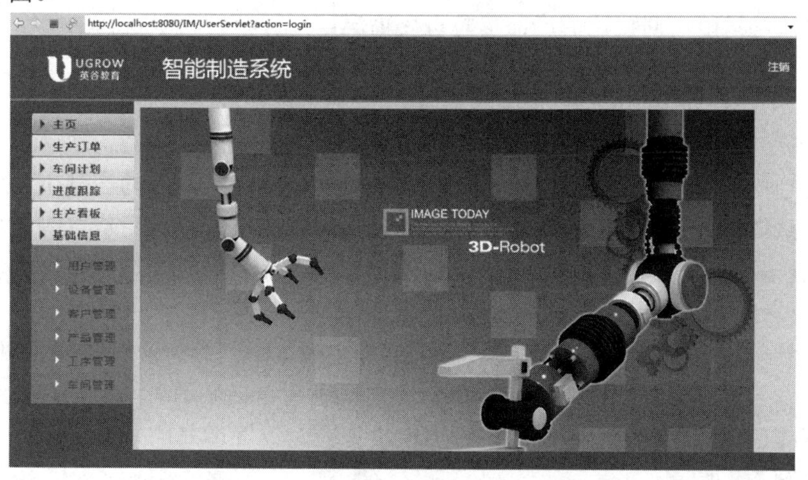

图 2-5　智能制造信息系统原型主界面

从图 2-5 可以看出，系统开发的主要模块包括生产订单、车间计划、进度跟踪、生产看板和基础信息等。

2.3.1 基础功能模块

尽管智能制造信息系统被设计为适合生产制造型企业的综合性系统，但其本质上仍然是一个信息管理系统，因此具有信息管理系统的基础功能模块，如与用户相关的有用户登录、注册、权限管理、信息管理等；与企业资产相关的有产品管理、库存管理和设备管理等。

其他功能模块还有订单管理、工序管理和车间管理等模块。其中，生产订单模块主要是管理客户订单，包括订单编号、客户信息、产品数量以及交货日期等。

设备管理模块的功能主要包括记录新增设备和查看已有设备。在新增设备中，需要记录新增设备的各项属性，包括设备编号、设备名称等。

这些模块在数据库表、功能实现上都有一定的相似性。下面以用户管理模块的设计为例，详细解释基础模块的功能以及业务属性。

用户管理模块主要对使用本系统的用户进行管理。用户要使用智能制造信息系统，首先要拥有系统的用户账号。用户账号可以通过注册，也可以由系统管理员进行分配。系统管理员还可以根据权限进行用户的增加、修改、删除等操作。用户管理模块主要包括以下功能。

(1) 登录验证：在登录系统时，只有已经注册或分配了账号的用户才有权限访问本系统，对系统进行操作。

(2) 信息存储：将用户在注册时所填写的信息，包括用户名、密码、职位、部门等信息保存到数据库中。

(3) 权限管理：系统用户主要有三个角色，分别是系统管理员、车间管理员和客户。各个角色具有的权限不同，系统管理员的权限最高，可以管理整个系统，包括对使用本系统的用户进行管理；车间管理员可以建立、查询生产线上的生产情况以及生产数据；而客户的权限最低，只能访问特定的产品信息进度情况。

2.3.2 生产计划模块

生产计划模块主要用来合理安排产品生产。智能制造信息系统的产品生产模式是订单驱动模式。系统根据订单信息自动检测产品数据信息，当有库存可用信息时，直接驱动发货；当存在产品数据时，直接驱动生产；而当不存在产品数据时，通过提示管理员来驱动项目研发和设计。生产计划模块业务流程如图 2-6 所示。

生产计划模块包括生产订单模块、车间计划模块和工序管理模块等。生产订单模块主要包括创建、显示、管理和查询订单；车间计划模块则包括显示车间计划和下发生产指令(车间计划页面上的派工按钮)等；工序管理模块主要是设置产品的工序过程。生产计划模块的结构如图 2-7 所示。

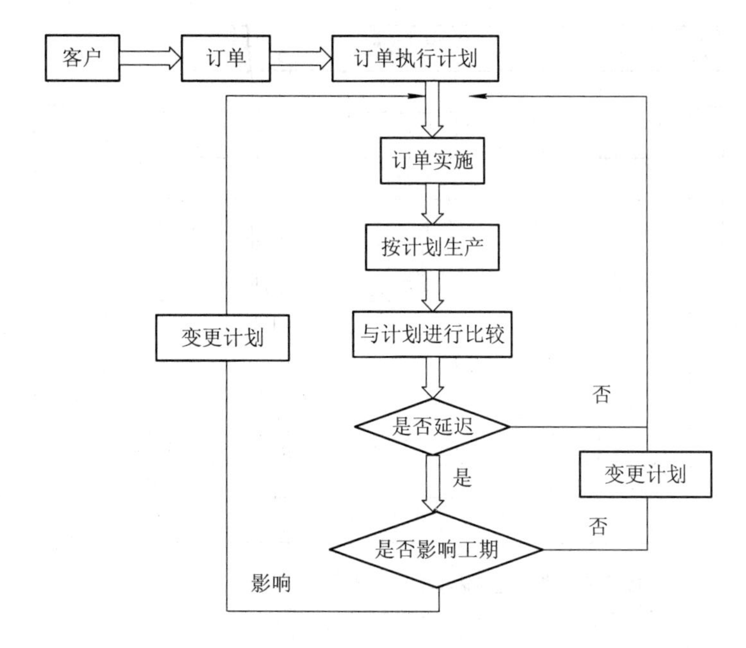

图 2-6　生产计划业务流程图

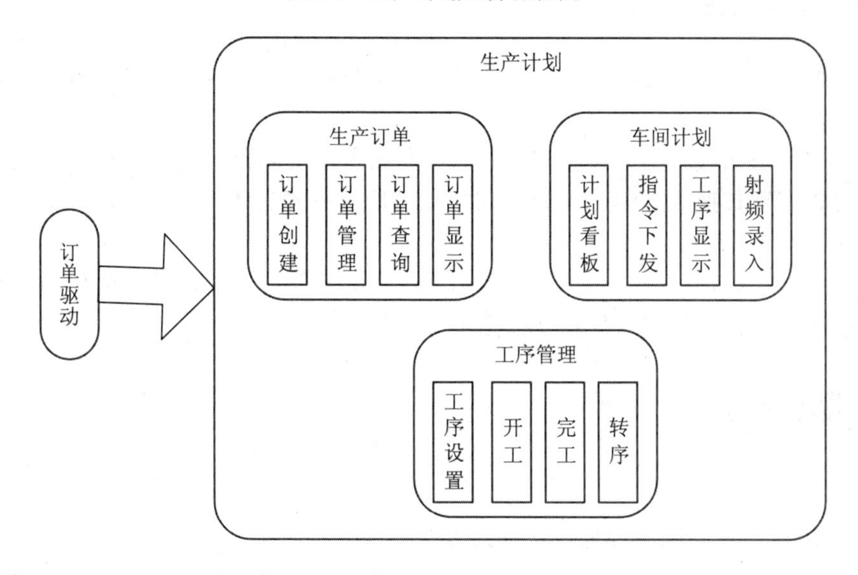

图 2-7　生产计划模块结构图

2.3.3　进度追踪及生产看板模块

进度跟踪模块通过运用 RFID 技术，实现对产品生产过程的跟踪。生产看板模块可以直观反映产品的完成状态，包括已经完工的工序和正在进行的工序等。

进度追踪模块与生产看板模块的业务关系如图 2-8 所示。

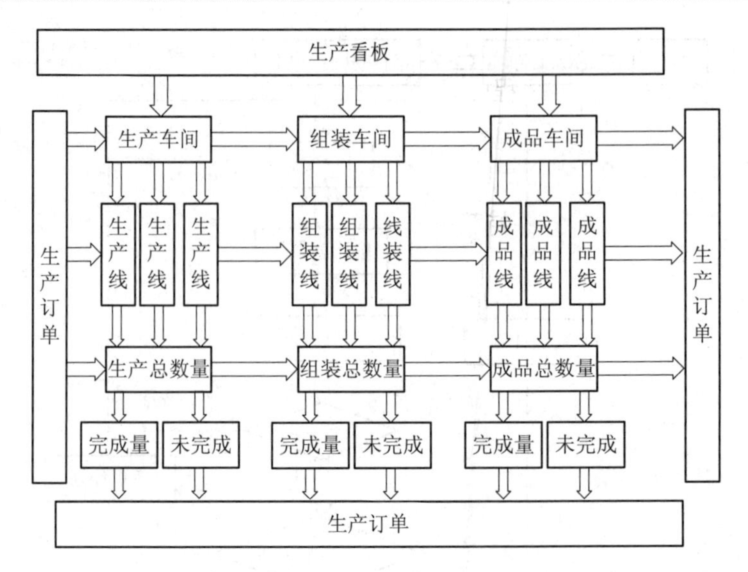

图 2-8　进度追踪模块与生产看板模块的业务关系图

2.4　系统原型设计

系统原型设计是一种提前向团队的设计师、工程师或用户展示产品的方式。原型设计的核心目的在于测试产品。

系统原型必须在项目的初期建立，并且应具备足够的功能，可以进行有意义的产品测试，这样可以在正式投入大量的人力、物力到项目研发的具体工作之前，确保所构建的系统是正确的。

因此，原型在识别问题、减少风险及节省成本等方面有着不可替代的作用。整个系统的分析、设计和实施必须在原型建立并完善后进行。

2.4.1　设计原则

原型设计需要遵循以下五个原则。

1. 了解用户需求，确定原型设计的必要性

产品的原型设计会耗费一定的人力、物力。因此，在进行原型设计之前，需要掌握好原型设计的复杂程度与投入成本间的平衡。举例来说，如果一个产品比较注重交互体验(如智能制造信息系统)，且结构较复杂，需要进行验证，则原型就需要设计得有一定深度。

2. 让用户参与进来，确保设计目标

产品的终端是用户，让用户参与到设计过程中， 能够降低需求的不确定性。

3. 原型设计应尽早开始，便于演示和讨论

原型通常需要设计师、工程师以及用户共同进行论证，越早开始原型设计，便能越早发现问题。

4. 模块化原型设计

模块化的原型设计指的是将程序分解成若干个相对独立的功能模块，每个模块完成一个子功能，然后用软件结构图或流程图将这些模块组成一个整体。这样便可以做到快速调整，以满足设计过程中团队或用户的需求变化。

5. 原型应避免过度设计，保持简单风格

原型设计应以传达想法和产品概念为目的，不必过度追求华丽效果，以减少投入的时间和精力。必要时可以删减某些模块，只对核心的功能做原型。

以智能制造信息系统原型为例，在某些页面中不必设计太多的可视化元素、标签和图片等，如图 2-9 所示。

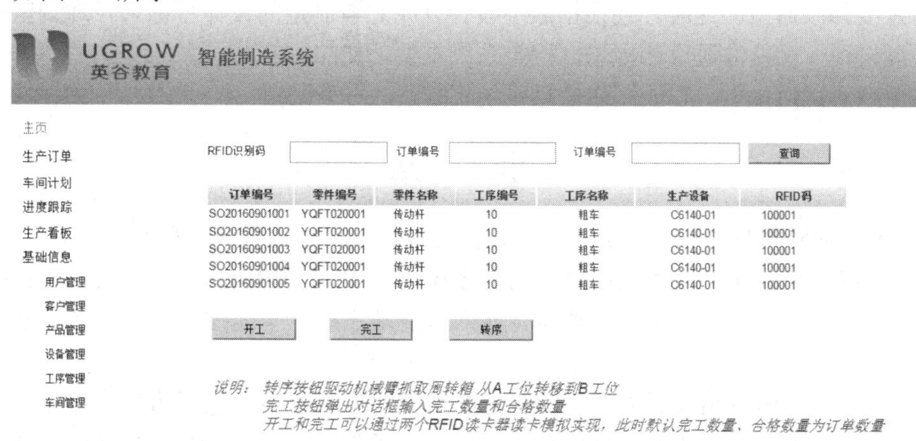

图 2-9　原型页面

而系统实际页面如图 2-10 所示。

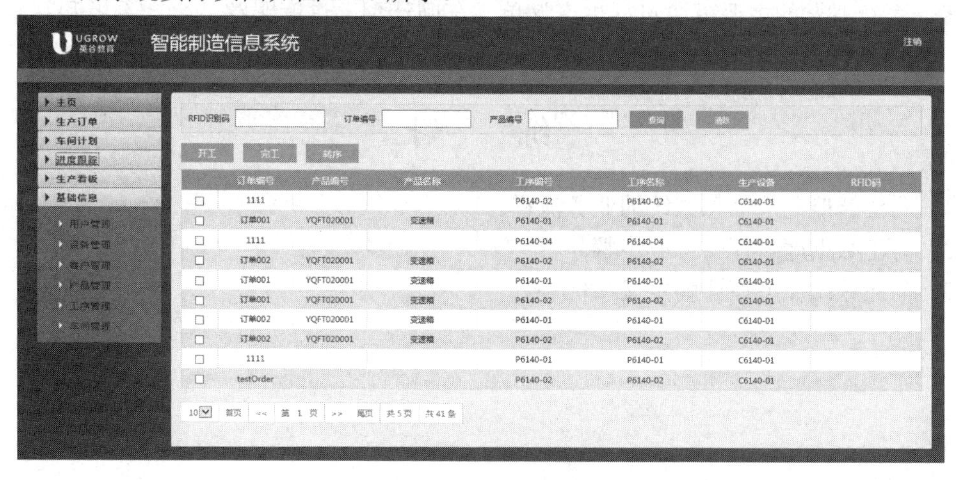

图 2-10　实际页面

2.4.2　设计工具与测试

原型设计工具有很多，在具体使用时要根据原型所演示的对象来进行选择。智能制造

信息系统在设计和研发时，跨越了两个项目组，因此，原型设计的主要目的是代替以线框图和文字为主的开发文档，展示更多内容和功能，方便设计师、软件工程师进行细节的交流，以提高开发效率。

面向开发人员的原型工具有 Axure RP、Justinmind、Mockplus 和 UXPin 等。在这四个工具中，Axure 的功能更加全面，不仅能满足原型设计的需要，还可以直接生成各种文档，如需求文档等。本书的智能制造信息系统就是选择 Axure 工具进行原型设计的。

原型设计完成后，要进行原型测试，这是设计阶段最关键的一个步骤。测试过程要包含原型设计的所有模块，并对关键的功能模块出具测试报告。根据测试报告，可能要对原型进行反复的修改，直到达到预期目标。在这个过程中，很容易陷入原型设计的一个误区，即过度修改原型。这时，要根据原型设计开始之前制定的设计目标来合理调整，实现既不过度设计，又能沟通设计构想，检验系统重要功能的目的。

在原型测试通过后，智能制造信息系统正式进入开发阶段。

小　　结

- ✧ 制造企业根据生产原理分为两类，即连续型制造企业和离散型制造企业。
- ✧ 系统的集成化不仅体现在对子信息系统(如 MES、ERP)的功能集成，还包括对生产线、生产设备、传感器、嵌入式终端系统、智能控制系统以及通信设备的集成。
- ✧ 智能制造信息系统所要管理和存储的数据对象有很多，包括用户、计划、工序、设备、车间和客户等信息，它们之间通常具有某些联系，数据库设计过程就是清楚描述这些关系，并将之转化为数据库表模型的过程。
- ✧ 数据库表是用来描述智能制造信息系统中数据的结构关系的数据模型。
- ✧ 系统开发的主要模块包括生产订单、车间计划、进度跟踪、生产看板和基础信息等。

练　　习

1. 写出智能制造信息系统的业务流程。
2. 写出数据库设计的一般步骤。
3. 简述系统原型设计的定义和优势。

第3章　系统前端开发技术基础

本章目标

- 掌握 HTML 语言的主要标签
- 熟悉 DIV 层的作用
- 掌握 CSS 样式
- 掌握 JavaScript 的基本结构
- 掌握 JavaScript 的基础语法
- 了解 DOM 编程技术
- 掌握 jQuery 技术
- 掌握 bootstrap 技术

在智能制造信息系统的开发中，用户在浏览器的支持下，应用程序呈现的是 Web 页面，用户根据页面的信息对生产数据进行相应的操作。因此，如何制作 Web 页面是系统开发的基础。在智能制造信息系统的前端开发中，网站页面的编写应用到的相关技术有 HTML、CSS、JavaScript、jQuery、bootstrap 等，接下来将一一做详细介绍。

3.1 界面编写语言

在界面编写语言中，HTML 语言是客户端技术的基础，用来显示网页的基础信息，不需要编译，由浏览器来解释执行即可。

3.1.1 超文本标签语言

1. HTML 文档结构

HTML 是以.html 或.htm 为扩展名的纯文本文件，一个基本的 HTML 文档由 HTML、HEAD 和 BODY 三部分组成，如图 3-1 所示。

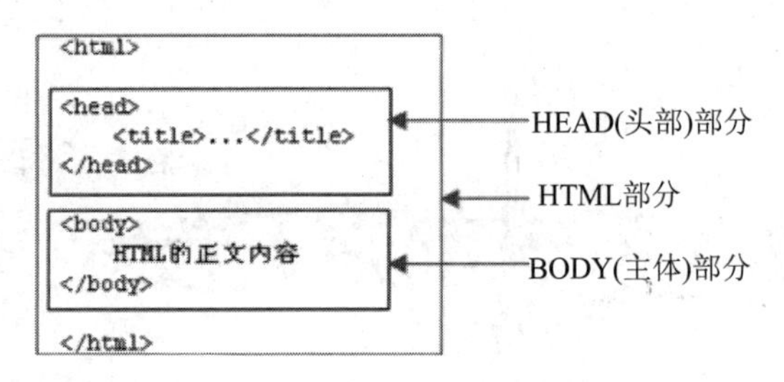

图 3-1　HTML 文档整体结构

(1) HTML 的文档以<html>标签开始，以</html>标签结束。HTML 文档的所有内容都在上述两个标签之间。Web 浏览器在收到一个 HTML 文件后，当遇到<html>标签时，就开始按照 HTML 的语法解释其后的内容，并将这些内容显示出来，直到遇到</html>标签为止。

(2) HEAD 部分以<head>标签开始，以</head>标签结束。通过在 HEAD 部分嵌入相应的标签(如<meta>、<style>、<title>、<script>等)，来实现页面中使用的字符集类型、标签的样式、窗口的标题以及包含的脚本语句或引用的脚本文件。除了位于<title>和</title>之间的内容，即窗口的标题显示在窗口的左上角除外，其他头部消息是不显示在浏览器中的。HEAD 部分也可以省略不写。

(3) BODY 部分以<body>标签开始，以</body>标签结束。该部分是 HTML 文档的主体，包含了绝大部分需要呈现给浏览者浏览的内容，如段落、列表、图像和其他元素等。HTML 页面元素都通过一些标准的 HTML 标签来描述。

2. HTML 语法

HTML 标签是组成 HTML 文档的元素，每一个标签都描述了一个功能。HTML 标签两端有两个角括号：“<”和“>”。HTML 标签一般都是成对出现的，比如<table>和

</table>，无斜杠的标签为开始标签，有斜杠的为结束标签，在开始和结束标签之间的对象是元素内容。HTML 标签虽然不区分大小写，但习惯上用小写。

HTML 属性一般都出现在标签中，属性包含了标签的额外信息，并且一个标签拥有多个属性，添加属性时要注意：属性的值需要在双引号中，且属性名和属性值是成对出现的。其语法格式如下：

```
<标签名属性名1="属性值"属性名2="属性值">
```

与其他编程语言一样，HTML 文档中插入了必要的注释，以方便阅读、查找、对比。当用浏览器查看 HTML 文档时，注释不显示在页面上。具体语法如下：

```
<! --注释内容-->
```

3．HTML 常用的基本标签

1) meta 标签

meta 标签作为子标签只出现在 head 标签内，可以为 HTML 文档提供额外的信息。meta 标签有两组属性：一是 name 与 content，用于描述网页，以名称/值的形式表示，其名称通过 name 属性表示，其值为所要描述的内容，通过 content 属性表示；二是 http-equiv 与 content，http-equiv 属性用于提供 HTTP 协议的响应报文头(MIME 文档头)，以名称/值的形式表示，其值为所要描述的内容，而内容的值则通过 content 属性表示。

2) 文本标签

(1) 标题标签。HTML 语言中的标题字体用<h#>表示，其语法如下：

```
<h#align="对齐方式">内容</h#>
```

其中，#代表了标题字体的大小，值为 1～6 之间的整数，随着取值的增大，字体逐渐缩小。align 属性用以设置标题的对齐方式：left(左对齐)、right(右对齐)和 center(居中)。

【示例 3.1】 BiaoTiEG.html。

```
<!DOCTYPEhtml>
<html>
<head>
<meta charset="UTF-8">
<title>Inserttitlehere</title>
</head>
<body bgcolor="lavender">
    <h1>一号标题</h1>
    <h2>二号标题</h2>
    <h3>三号标题</h3>
    <h4>四号标题</h4>
    <h5>五号标题</h5>
    <h6>六号标题</h6>
</body>
</html>
```

上述代码，通过 tomcat 运行后的效果如图 3-2 所示。

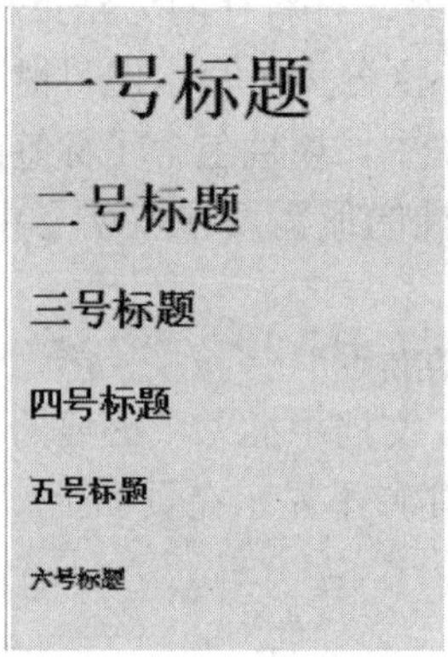

一号标题
二号标题
三号标题
四号标题
五号标题
六号标题

图 3-2　HTML 标题标签效果图

(2) 字体标签。字体标签<font>是 HTML 语言中很重要的一个标签，通过设置<font>标签的属性——face、size 和 color，来显示不同的字体风格、大小和颜色，其语法格式如下：

```
<fontface="字体类型"size="大小"color="颜色">内容</font>
```

(3) 分隔标签。HTML 分隔标签用于区分文字段落，其中文字分隔标签有两种：

① 强制换行标签
，语法为：

```
内容1<br/>内容2
```

② 强制分段标签<p>，用于把网页中的文字划分为段落，语法为：

```
<p>这是第一个段落</p>
<p>这是第二个段落</p>
```

(4) 列表。列表用于将相关信息集合在一起，使得条理清晰，便于人们阅读。在系统开发中，列表频繁用于导航和内容的显示中。HTML 语言中的列表分为四类：无序列表(<ul>)、有序列表(<ol>)、定义列表(<dl>)和嵌套列表。

① 无序列表中的项目可以以任意顺序进行排列。无序列表使用一组<ul></ul>标签，标签中有多组<li></li>，例如：

【示例 3.2】 UIEG.html。

```
<!DOCTYPEhtml>
<html>
<head>
<meta charset="UTF-8">
<title>Insert title here</title>
</head>
<body bgcolor="lavender">
        <ul>
                <li>汽车</li>
                <li>工件</li>
                <li>部件</li>
                <li>零件</li>
```

```
        </ul>
        <ul>
                <li>零件</li>
                <li>部件</li>
                <li>工件</li>
                <li>汽车</li>
        </ul>
</body>
</html>
```

运行结果如图 3-3 所示。

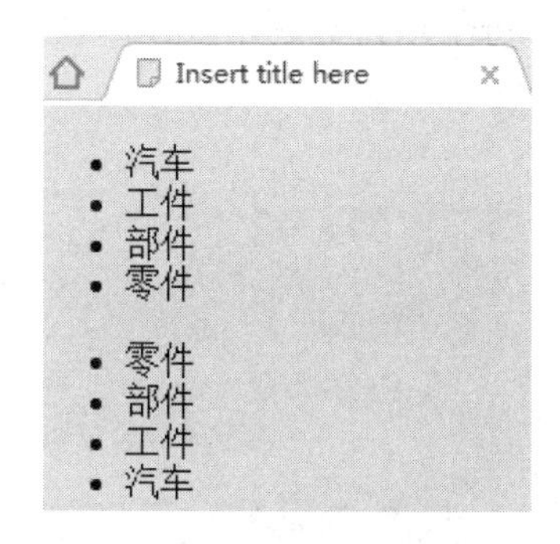

图 3-3　<ul>标签运行效果图

② 有序列表又称为编号列表，列表中的项目是按照先后顺序排列的。有序列表使用一组<ol>标签，该标签是成对出现的，以<ol>开始，以</ol>结束，例如：

【示例 3.3】 OLEG.html。

```
<!DOCTYPEhtml>
<html>
<head>
<meta charset="UTF-8">
<title>Insert title here</title>
</head>
<bodybgcolor="lavender">
        <ol>
        <li>工序一</li>
        <li>工序二</li>
        <li>工序三</li>
        <li>工序四</li>
        <li>工序五</li>
        </ol>
</body>
</html>
```

运行结果如图 3-4 所示。

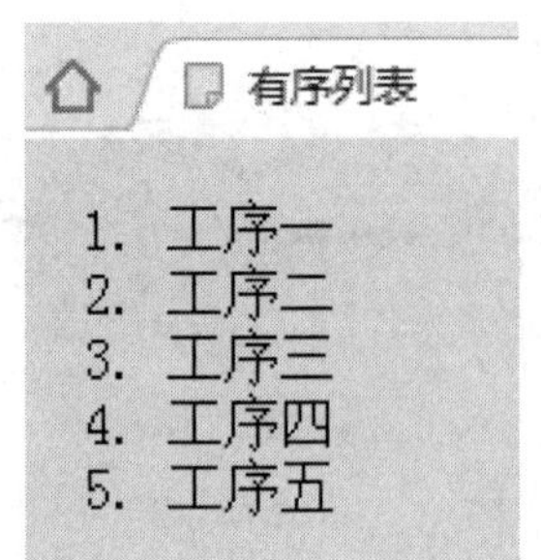

图 3-4　<ol>标签运行效果图

③ 定义列表将列表中的项目与其定义或描述配对显示。定义列表标签是成对出现的，以<dl>开始，以</dl>结束。每个项目标题用<dt>标签来修饰，其后紧跟<dd>标签，对项目标题进行描述，例如：

【示例 3.4】 DLEG.html。

```
<!DOCTYPEhtml>
<html>
<head>
<meta charset="UTF-8">
<title>定义列表</title>
</head>
<body bgcolor="lavender">
	<dl>
	<dt>工件</dt>
		<dd>制造过程中的一个产品部件</dd>
	<dt>零件</dt>
		<dd>机械中不可分拆的单个制件</dd>
	<dt>构件</dt>
		<dd>机器中每一个独立的运动单元体</dd>
	</dl>
</body>
</html>
```

运行结果如图 3-5 所示。

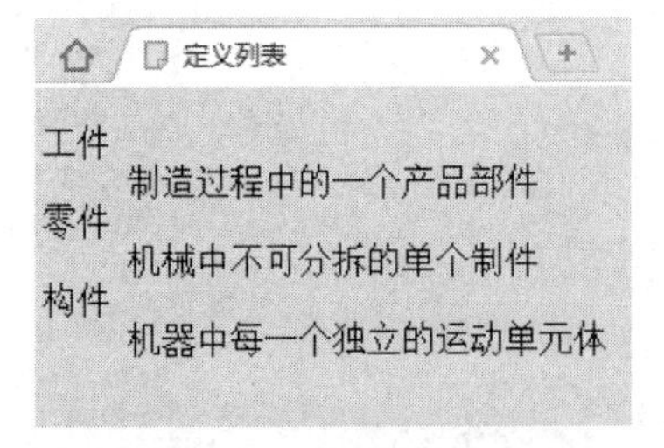

图 3-5　<dl>标签运行效果图

④ 一个列表中包含另一个完整的列表，这样的列表称为嵌套列表。嵌套列表就是多个有序列表或无序列表组合在一起使用的列表。在使用嵌套列表时，嵌套列表必须和一个

特定的列表项<li>相关联，即嵌套列表通常包含在某个列表项中，用以反映该嵌套列表和该列表项之间的联系，例如：

【示例 3.5】 NestLEG.html。

```
<!DOCTYPEhtml>
<html>
<head>
<meta charset="UTF-8">06
<title>嵌套列表</title>
</head>
<body bgcolor="lavender">
        <ol>
                <li>第一章</li>
                        <ol>
                                <li>第一节</li>
                                <li>第二节</li>
                                <li>第三节</li>
                        </ol>
                <li>第二章</li>
                <li>第三章</li>
        </ol>
</body>
</html>
```

运行结果如图 3-6 所示。

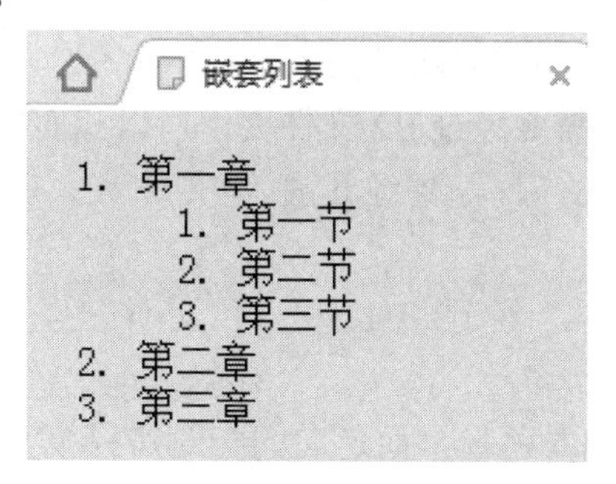

图 3-6　嵌套列表运行效果图

3) 超链接

网站的各个网页都是通过超链接来衔接的，浏览者通过点击这些链接可从一个网页跳转到另一个网页。常见的超链接有以下几种：

✧ 文字超链接：在文字上建立超链接。

✧ 图像超链接：在图像上建立超链接。

✧ 热区超链接：在图像的指定区域上建立超链接。

HTML 语言中超链接的标签用<a>表示，以<a>开始，以</a>结束。语法格式如下：

```
<a href="url" target="…" title="..">内容</a>
```

其中：

✧ href 属性：用于定义超链接的跳转地址，其取值 url 可以是本地地址、远程地址、一个网址或一个文件，甚至可以是 HTML 文件中的一个位置。url 可以是绝对路径，也可以是相对路径。

✧ target 属性：用于指定目标文件的打开位置。

✧ title 属性：鼠标悬停在超链接上时，用于显示超链接的文字注释。

✧ 内容：所定义的超链接的一个外套，浏览者只需点击内容就可以跳转到 url 所指定的位置。

超链接中最重要的一个概念就是链接地址，链接地址有绝对路径和相对路径两种方式。绝对路径就是指完整的路径，如访问一个域名为 abcd.com 的网站中名称为 abc.html 的网页，其绝对路径就是“http://www.abcd.com/abc.html”。而对于本地计算机上的文件路径，如“C:\Users\Administrator\Desktop\智能制造.html”就是绝对路径。

相对路径是指从一个文件到另一个文件所经过的路径。通过图 3-7 的几个 HTML 文件，来说明一下彼此之间的相对路径。

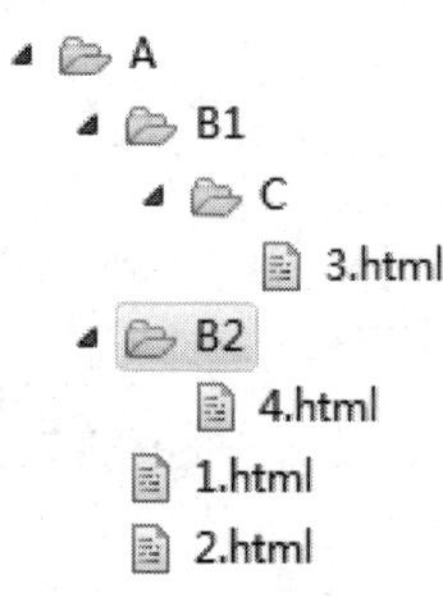

图 3-7 相对路径说明

图 3-7 中各个 HTML 之间的相对路径关系是：

✧ 从 1.html 到 4.html，需要经过 B2 文件夹，所以相对路径就是 B2/4.html。

✧ 从 1.html 到 2.html，不需要经过任何文件夹，所以它的相对路径就是 2.html。

✧ 从 2.html 到 3.html，经过 B1 和 C 文件夹，所以它的相对路径是 B1/C/3.html。

上述 3 种路径是正向的相对路径，而逆向的相对路径则是：

✧ 从 4.html 到 1.html 的相对路径是 ../1.html。

✧ 从 3.html 到 4.html 的相对路径是 ../../B2/4.html。

“./”代表的是目前所在的目录；“../”代表的是上一层目录。理解了绝对路径和相对路径的概念之后，我们再来根据实际情况设置 url 来实现页面的跳转。

4) 图像标签

在 HTML 中使用标签<img>把图像文件插入到文档中，语法格式：

```
<imgsrc="url"/>
```

url 表示图片的路径和文件名，其值可以是绝对路径，也可以是相对路径。图像标签的几个重要属性如表 3-1 所示。

表 3-1　图像表的属性

属性	说　明
alt	如果没有图片，浏览器就会转而显示 alt 属性的值
align	设置图片的对齐方式
height	设置图片的高度，缺省就显示图片的原始高度
width	设置图片的宽度，缺省就显示图片的原始宽度

4. HTML 中的表格

在智能制造信息系统的开发中，表格是网页制作中使用最多的标签之一，表格可以清晰明了地展现数据之间的关系。

1) 表格的结构

在 HTML 中使用<table>标签来创建表格，<table>标签内包含了表名和表格本身内容的代码。表格是由特定数目的行和列组成，其中行用标签<tr>表示，由若干单元格构成；列用标签<td>表示，嵌套在<tr>标签之中。表格的基本结构如下：

```
<table>
        <tr>
            <td>单元格内容</td>
            <td>单元格内容</td>
            <!--更多单元格-->
        </tr>
        <!--更多行-->
</table>
```

2) 表格标签

HTML 中有 8 个与表格相关的标签，各标签的含义及作用如下：

✧ <table>标签：定义一个表格。

✧ <caption>标签：定义一个表格标题，必须紧跟<table>标签之后，且每个表格只能包含一个标题，通常这个标题会居中显示于表格的上部。

✧ <th>标签：定义表格内的表头单元格。th 元素内部的文本通常会呈现为粗体。

✧ <td>标签：定义表格中的一个单元格，包含在<tr>标签中。

✧ <tr>标签：在表格中定义一行。

✧ <thead>标签：定义表格的表头。

✧ <tbody>标签：定义一段表格主体。使用<tbody>标签，可以将表格中的一行或几行合成一组，从而将表格分为单独的部分。

✧ <tfoot>标签：定义表格的页脚。

3) 表格的属性设置

为了使表格的外观更加符合要求，还可以对表格的属性进行设置，比较常用的表格属性如表 3-2 所示。

表 3-2　表格属性列表

表格属性	说　明
border	规定表格边框的宽度
cellpadding	规定单元边沿与其内容之间的空白
cellspacing	规定单元格之间的空白
width	表格的宽度
height	表格的高度
colspan	单元格水平合并，值为合并的单元格数目
rowspan	单元格垂直合并，值为合并的单元格数目

5. HTML 中的表单

HTML 表单 form 是 HTML 的一个重要部分，主要用于采集和提交用户输入的信息，如用户注册、调查反馈等。一个表单主要由三部分组成：

✧ 表单标签：包含了处理表单数据所用服务器端程序的 URL 及数据提交到服务器的方法。

✧ 表单域：包含了文本框、密码框、隐藏框、多行文本框、复选框、单选按钮、下拉选择框和文件上传框等表单输入控件。

✧ 表单标签：包括提交按钮、复位按钮和一般按钮。用于将数据传送到服务器上或者取消输入。

【示例 3.6】 FormEG.html。

```
<!DOCTYPEhtml>
<html>
<head>
<meta charset="UTF-8">
<title>Insert title here</title>
</head>
<body>
	<form action=""method="post">
		客户姓名:<br/>
		<input name="name" id="name" type="text" size="35"><br/>
		邮箱地址：<br/>
		<input type="text" name="email" id="email" size="35"><br/>
		产品评论：<br/>
		<inputname="comments"id="comments"type="textarea"size="35"><br/>
		<input type="submit" value="提交">


	</form>
</body>
</html>
```

运行效果如图 3-8 所示。

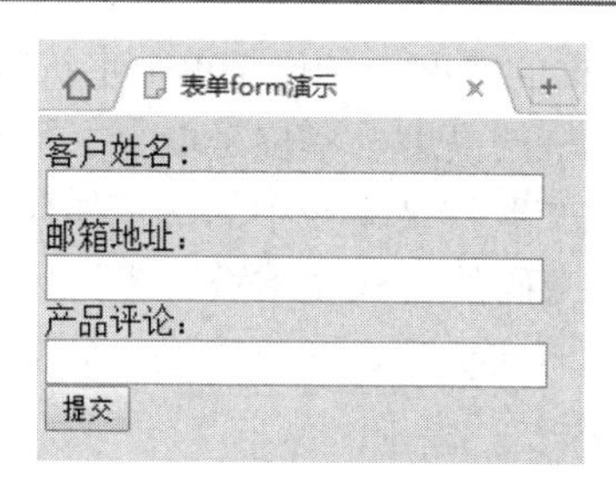

图 3-8　简单表单演示

1) 表单标签

表单标签<form>用于声明表单、定义采集数据的范围，同时也包含了处理表单数据的应用程序及数据提交到服务器的方法，其语法格式如下：

```
<formaction="url"method="get/post">
…
</form>
```

其中：

- ✧ action 表示指定处理表单中用户输入数据的 URL(URL 可为 Servlet、JSP 或 ASP 服务器端程序)。
- ✧ method 表示指定向服务器传递数据的 HTTP 方法，主要有 Get 和 Post 两种方法。默认的是 Get 方法，Get 是将表单控件的 name/value 信息经过编码之后，通过 URL 发送，可以在浏览器的地址栏中看到这些值。而采用 Post 方式传输信息则在地址栏中看不到表单的提交信息。需要注意的是，当只为取得和显示少量数据时可以使用 Get 方法，一旦涉及数据的保存和更新，即大量的数据传输时则应当使用 Post 方法。

2) 表单域

表单域包含了文本框、多行文本框、密码框、隐藏域、复选框、单选按钮、文件上传框、下拉选择框等。下面分别讲述这些表单域的代码格式。

(1) 文本框表示一种用来输入内容的表单对象，通常用来填写简单的内容，如姓名、地址等。其语法格式如下：

```
<input name="…" type="text" size="…" maxlength="…" value="…"/>
```

其中：

- ✧ name 表示定义文库的名称，一般需要保证名称是唯一的。
- ✧ type="text"表示定义单行文本输入框。
- ✧ size 表示定义文本框的宽度，单位是单个字符宽度。
- ✧ maxlength 表示定义输入最多的字符数。
- ✧ value 表示定义文本框的初始值。

(2) 多行文本框：用来输入一种较长内容的表单对象。其语法格式如下：

```
<textarea name="…"cols="…" rows=" " wrap="soft/hard"></textarea>
```

其中：

- ✧ name 表示指定文本域的名称。

✧ clos 表示定义多行文本框的宽度，单位是单个字符宽度。

✧ rows 表示定义多行文本框的高度，单位是单个字符宽度。

✧ wrap 表示规定在表单提交时，文本域中的文本如何换行。

(3) 密码框：一种用于输入密码的特殊文本域。当访问者输入文字，文字会被星号或其他符号代替，从而隐藏输入的真实文字，其语法格式如下：

```
<input type="password" name="…" size="…" maxlength="…">
```

其中：

✧ type="password"表示定义密码框。

✧ name 表示定义密码框的名称。

✧ size 表示定义文本框的宽度，单位是单个字符宽度。

✧ maxlength 表示定义输入最多的字符数。

(4) 隐藏域：用来收集或发送信息的不可见元素。网页的访问者无法看到隐藏域，但是当表单被提交时，隐藏域的内容同样会被提交，其语法格式如下：

```
<input type="hidden" name="…"value="">
```

其中：

✧ type="hidden"表示定义隐藏域。

✧ name 表示定义隐藏域的名称。

✧ value 表示定义隐藏域的值。

(5) 复选框：允许在待选项中选中一个以上的选项。每个复选框都是一个独立的元素，其语法格式如下：

```
<input type="checkbox" name="…" value="…">
```

其中：

✧ type="checkbox"表示定义复选框。

✧ name 表示定义复选框的名称。对于同一组的复选框的 name 值，推荐使用相同的值。

✧ value 表示定义复选框的值。

(6) 单选按钮：只允许访问者在待选项中选择唯一的一项。该控件允许用于一组相互排斥的值，组中每个单选按钮控件的名字相同，用户一次只能选择一个选项，其语法格式如下：

```
<input type="radio" name="" value=""/>
```

其中：

✧ type="radio"表示定义单选按钮。

✧ name 表示定义单选按钮的名称，name 相同的单选按钮为一组，一组内只能选中一项。

✧ value 表示定义单选按钮的值，在同一组中，单选按钮的值不能相同。

(7) 文件上传框：用于让用户上传自己的文件。文件上传框与其他文本域类似，但还包含了一个浏览按钮。访问者可以通过输入需要上传的文件的路径或者点击浏览按钮选择需要上传的文件，其语法格式如下：

```
<input type="file" name="…" size="15" maxlength="100"/>
```

其中：

✧ type="file"表示定义文件上传框。

✧ name 表示定义文件上传框的名称。

✧ size 表示定义文件上传框的宽度，单位是单个字符宽度。

✧ maxlength 表示定义最多输入的字符数。

(8) 下拉选择框：可以让浏览者快速、方便、正确地选择一些选项，同时可以节省页面的空间。它是通过<select>标签来实现的，该标签用于显示可供用户选择的下拉列表。每个选项由一个<option>标签标示，<select>标签至少包含一个<option>标签，其语法格式如下：

```
<select name="…"size=""multiple="2">
    <option value=""selected>…</option>
    …
</select>
```

其中：

✧ name 表示定义下拉选择框的名称。

✧ size 表示定义下拉选择框的行数。

✧ multiple 表示表示可以多选，如果不设置此属性，那么只能单选。

✧ value 表示定义选择项 option 的值。

✧ selected 表示本选项被选中。

3) *表单按钮*

在表单中，按钮的应用非常频繁，表单按钮主要分为三类：提交按钮、普通按钮和复位按钮。

(1) 提交按钮：用来将输入的表单信息提交到服务器。其语法格式如下：

```
<input type="submit" value="…"name="…">
```

其中：

✧ type="submit"表示定义提交按钮。

✧ name 表示定义提交按钮的名称。

✧ value 表示定义提交按钮的显示文字。

(2) 普通按钮：通常用来响应 javascript 事件(如 onclick)，用来调用相应的 JavaScript 函数来实现各种功能。其语法格式如下：

```
<input type="button" name="…" value="…" onclick=""/>
```

其中：

✧ type="button"表示定义普通按钮。

✧ name 表示定义按钮的名称。

✧ value 表示定义按钮显示的文字。

✧ onclick 表示通过指定脚本函数来定义按钮的行为。

(3) 复位按钮：用来重置表单，并不是清空表单信息，只是还原成默认值。其语法格式如下：

```
<input type="reset" name="…" value="…"/>
```

其中：

✧ type="reset"表示定义复位按钮。

✧ name 表示定义复位按钮的名称。

✧ value 表示定义复位按钮的显示文字。

6. DIV 层

<div>标签也称为区隔标签，为 HTML 文档内大块(block-level)的内容提供结构和背景的设置，其主要作用是用于设定文字、图片、表格等的摆放位置。当把文字、图片等放在<div>标签中时，该标签被称为"DIV 块""DIV 元素"或"DIV 层"。

<div>标签将 HTML 文档划分为独立的、不同的部分，使用<div>标签可以对 HTML 文档进行严格组织，并且使其相互之间没有任何关联。<div>标签是通过 CSS 进行定位的。其实，在网页中利用 HTML 来定位文字和图像比较困难，虽然可以采用表格标签来定位，但是因浏览器的不同会使显示的结果发生变化，这种方式并不能保证定位的精确性。因此使用 CSS 和 DIV 可以很好地解决图像或文字定位的难题，通过结合使用 DIV 和 CSS，网页设计人员可以精确地设定内容的位置，还可以将定位的内容上下叠放。下述代码通过使用 CSS 的定位属性演示 DIV 层的创建效果。

【示例 3.7】 DivEG.html。

```
<html>
<head>
        <title>DIV创建层</title>
        <style type="text/css">
                <!--
                        div
                        {
                                position:absolute;left:3px;top:4px;width:300px;z-index:-1;
                                background-color:gray;font-size:14px;color:yellow;
                        }
                -->
        </style>
</head>
<body>
        <div>
                <h3>三级标题，位于DIV层中</h3>
                <p>DIV层中的段落</p>
        </div>
        <p> </p>
        <p> </p>
        <p>DIV层外的段落</P>
</body>
</html>
```

在上述代码中，<div>标签内是层的内容，包括了标题<h3>和段落<p>，因此这两个元素的内容将采用<div>标签的样式。此外，在 CSS 样式中，将“z-index”属性值设置为–1，表示 DIV 层位于页面的下一层，如果不采用该属性，DIV 层之外的内容将会被覆盖，在页面上就不会被看到。通过 IE 查看该 HTML，结果如图 3-9 所示。

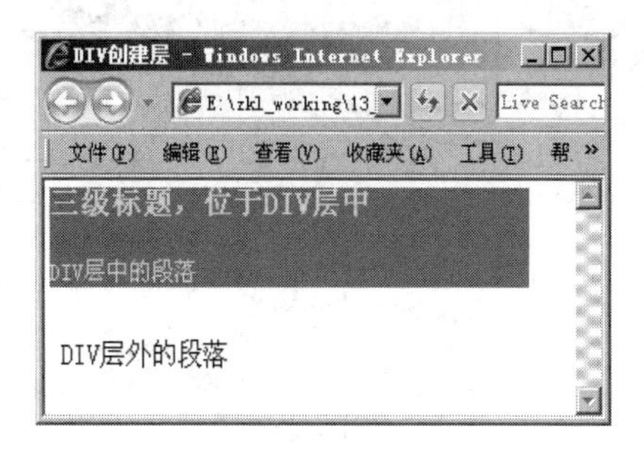

图 3-9　DIV 创建层

3.1.2　CSS 样式

层叠样式表(Cascading Style Sheets，CSS)是网页设计的一个突破。HTML 定义网页的结构和内容，主要让页面的内容结构化，而 CSS 则侧重于如何显示网页内容。CSS 控制一个文档中某一区域外观的一组格式属性设置，对页面的布局、字体、颜色、背景等实现更加精确地控制，从而制造出更加复杂和精细的网页。

1. CSS 基本语法

CSS 的基本语法包括样式规则、选择符以及 CSS 的使用方式。

1) 样式规则

样式表由样式规则组成，这些规则用于定义文档的样式，即告诉浏览器如何显示文档。CSS 的定义由三个部分构成：选择符(selector)、属性(properties)和属性的取值(value)。其语法格式如下：

```
selector
{
    property1:value;
    property2:value;
    ……
    propertyN:value;
}
```

其中：

- ✧ selector 是选择符，最普通的选择符就是 HTML 标签的名称，可以用逗号将选择符中的元素分开，把一组属性应用于多个元素，可以减少样式重复定义，如：

```
h1，h2，h3，h4，h5，h6{color:green}
p，table{font-size:9pt}
```

- ✧ property1，property2，…，propertyN 位属性名。
- ✧ value 是对应属性名制定的值。

【示例 3.8】 CSSBaseEG.html。

```
<!DOCTYPEhtml>
<html>
    <head>
```

```
            <metacharset="UTF-8">
            <title>CSS基础</title>
            <styletype="text/css">
            h1{color:blue;font-size:40px;font-family:impact}
            </style>
    </head>
    <bodybgcolor="lavender">
            <h1>CSS基础样式</h1>
    </body>
</html>
```

在上述代码中，通过 CSS 设定了<h1>标题的颜色为 blue，字号为 40px，字体族为 impact，并使用<style>标签将 CSS 语句嵌入到 HTML 中，运行结果如图 3-10 所示。

CSS基础样式

图 3-10　CSS 样式结构

2) 选择符

选择符用于定位所要修饰的元素。常用的选择符主要有三类：HTML 选择符、类选择符和 ID 选择符。

(1) HTML 选择符：任何 HTML 标签都可以是一个 CSS 的选择符。如果指定某个标签作为选择符，比如下面代码中的选择符是“P”，那么引用该样式的网页中所有 P 标签的样式都按照上述样式显示，其代码为：

```
P{text-indent:3em}
```

(2) 类选择符：可以把相同的元素分类定义为不同的样式。对于一篇文章，要求段落的显示有两种对齐方式：左对齐和居中。这就可以通过类选择符来实现。定义类选择符时，在指定类的名称前面加一个点号，具体语法如下：

```
selector.classname{property:value;…}
```

或者可以不指定选择符，直接用“.”加上类名称。在系统开发过程中，一般应用此方法，可以提高代码的灵活度和复用度，具体语法如下：

```
.classname{property:value;…}
```

【示例 3.9】 ClassCssEG2.html。

```
<!DOCTYPEhtml>
<html>
    <head>
            <meta charset="UTF-8">
            <title>类样式</title>
            <style type="text/css">
            <!--
            .left{text-align:left;background-color:green;}
```

```
			.center{text-align:center;background-color:yellow;}
			-->
			</style>
	</head>
	<body bgcolor="lavender">
			<pclass="center">好好学习</p>
			<h1class="left">努力工作</h1>
	</body>
</html>
```

运行效果如图 3-11 所示。

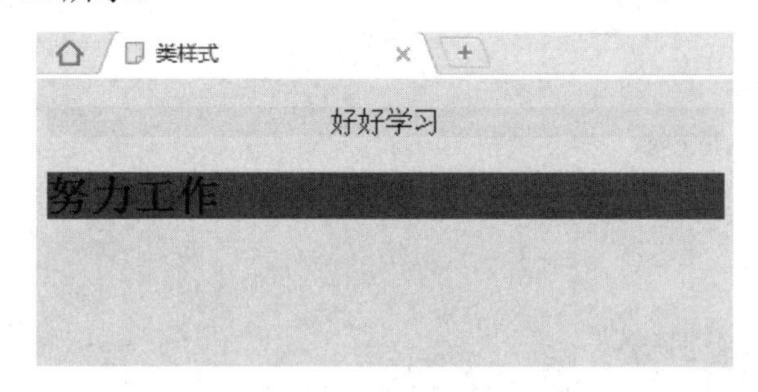

图 3-11　类选择符效果图

(3) ID 选择符：在 HTML 页面中可以通过 ID 选择符来为某个单一元素定义单独的样式。ID 选择符的语法格式如下：

```
#IDName{property:value;…}
```

其中：

✧ IDName 指定 ID 选择符的名称。

建议尽量少用 ID 选择符，因为该选择符具有一定的局限性——占用标签的 id 属性，而且标签的 id 属性可能用来唯一标识标签对象。

3) CSS 的使用方式

在 web 页面中，使用 CSS 的方法有内嵌样式(Inline Style)、内部样式表(Inter Style Sheet)和外部样式表(External Style Sheet)等三种。

当在同一个网页中同时使用多种方式引入 CSS 样式时，样式采用的优先级从高到低依次是内嵌样式>内部样式>外部样式。

(1) 内嵌样式是指 CSS 语句混合在 HTML 标签中使用的方式。CSS 语句只对其所在的标签有效，内嵌样式通过所在标签的 style 属性声明，例如可以将 CSSBaseEG.html 中的 CSS 语句写到<h1>标签，其显示效果和图 3-9 一样，但不会影响到 HTML 文档中的其他<h1>标签，其代码如下：

```
<h1 style="color:blue;font-size:40px;font-family:impact">CSS基础样式</h1>
```

(2) 内部样式表是指在 HTML 的<style>标签中声明样式的方式。内部样式通过<style>标签声明，只对所在的网页有效。在 HTML 中使用注释的方式(<!—CSS 语句-->)来书写 CSS 语句。

(3) 外部样式表是指将 CSS 样式保存成一个独立的文件，然后将该文件引用到网页中的方式。样式表文件名采用后缀“css”。这种方式适合于多个网页需要引用大量相同的CSS样式的情况。

【示例3.10】 style.css。

```
p{
    font-size:40px;
    color:yellow;
    background-color:lavender;
}
h1{
    font-size:60px;
    color:green;
}
```

【示例3.11】 style.css。

```
<!DOCTYPEhtml>
<html>
    <head>
        <meta charset="UTF-8">
        <title>外部样式表</title>
        <link href="../css/style.css" rel="stylesheet" type="text/css">
    </head>
    <body>
        <p>时光不会辜负你的努力啊</p>
        <h1>此标题引用了css文件中的h1样式</h1>
        <h2>这个标题没有引用css样式</h2>
    </body>
</html>
```

运行效果如图3-12所示。

图3-12　外部样式

在上述代码中，通过HTML语言中的<link>标签将style.css文件引入到网页中，只能位于<head>标签中。其主要属性解释如下：

✧ href：被引用样式文件的URL。

✧ rel：指定连接文件的类型，如rel="stylesheet"，表示外部文件的类型为CSS文件。

✧ type：链接文件的内容类型，如 type="text/css"。

相对于内嵌和内部样式，使用外部样式有几个要点：一是样式代码可以复用，一个外部 CSS 文件可以被很多网页公用；二是提高了网页的显示速度；三是便于修改。如果要修改样式，只需要修改 CSS 文件，而不用修改每个网页。

2. CSS 的样式属性

1) 文本属性

文本属性主要用于块标签中文本的样式设置，常用的属性有缩进、对齐方式、行高、文字或字母间隔、文本转换和文本修饰等。各属性主要功能和用法如表 3-3 所示。

表 3-3　文本属性列表

文本属性	功　能	取值方式
text-indent	实现文本的缩进	长度(length)：可以用绝对单位(cm，mm，in，pt，pc)或者相对单位(em，ex，px)； 百分比(%)：相对于父标签宽度的百分比
text-align	设置文本的对齐方式	left：左对齐； center：居中对齐； right：右对齐； justify：两端对齐
line-height	设置行高	数字或百分比，具体可参考文本缩进的取值方式
word-spacing	文字间隔，用来修改段落中文字之间的距离	缺省值为 0。word-spacing 的值可以为负数。当 word-spacing 的值为正数时，文字之间的间隔会增大，反之，文字间距就会减少
letter-spacing	字母间隔，控制字母或字符之间的间隔	取值同文字间隔类似
text-transform	文本转换，主要是对文本中字母大小写的转换	uppercase：将整个文本变为大写； lowercase：将整个文本变为小写； capitalize：将整个文本的每个文字的首字母大写
text-decoration	文本修饰，修饰强调段落中一些主要的文字	none、underline(下划线)、overline(上划线)、line-through(删除线)和 blink(闪烁)

下述代码用于实现定义 CSS 的任务和演示文本的各项属性的用法及效果。

【示例 3.12】 TextCssEG.html。

```
<html>
	<head>
		<title>CSS属性演示</title>
		<style type="text/css">
			/*文本属性设置*/
			p{line-height:40px;word-spacing:4px;text-indent:30px
				;text-decoration:underline;margin:auto}
		</style>
	</head>
```

```
<body>
    <div>
    <h3>再别康桥</h3>
    <p>
        轻轻的我走了，正如我轻轻的来；
        我轻轻的招手，作别西边的云彩。
        那河畔的金柳。是夕阳中的新娘，
        波光里的艳影，在我的心头荡漾。
    </p>
    </div>
```

上述代码实现了以下功能：段落首行缩进 30px，行高设置为 40px，文字间距为 4px，段落中文字使用下划线进行修饰。通过 IE 查看该 HTML，结果如图 3-13 所示。

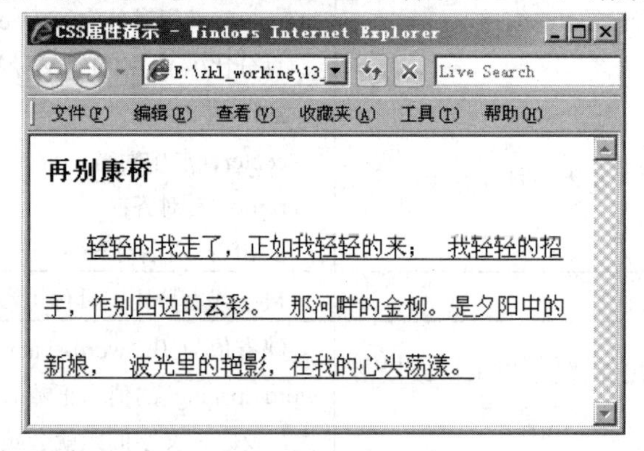

图 3-13　文本属性演示

2) 文字属性

CSS 中通过一系列的文字属性来设置网页中文字的显示效果，主要包括文字字体、文字加粗、字号、文字样式。各属性的功能和取值方式如表 3-4 所示。

表 3-4　文字属性表

文字属性	功　能	取值方式
font-family	设置文字字体	文字字体取值可以为：宋体、ncursive、fantasy、serif 等多种字体
font-weight	文字加粗	normal：正常字体； bold：粗体； bolder：特粗体； lighter：细体
font-size	文字字号	absolute-size：根据对象字体进行调节； relative-size：相对于父对象中字体尺寸进行调节； length：百分比。由浮点数字和单位标识符组成的长度值，不可为负值。百分比取值是基于父标签中字体的尺寸
font-style	文字样式	normal：正常的字体； italic：斜体； oblique：倾斜的字体

在示例 3.12 的基础上，通过设置文字属性来演示文字属性添加后的效果。

【示例 3.13】 FontCssEG.html。

```
......省略
/*文字属性设置*/
h3{font-family:隶书;font-weight:bolder;color:green;margin:auto}
p{font-size:14px;font-style:italic;color:#8B008B;font-weight:bold}
......省略
```

在上述代码中，标题<h3>中的字体设置为隶书、粗体，颜色设置为 green；段落(<P>)中文字的字号设置为 14px，颜色值设置为#8B008B，并且为斜体、加粗。通过 IE 查看该 HTML，结果如图 3-14 所示。

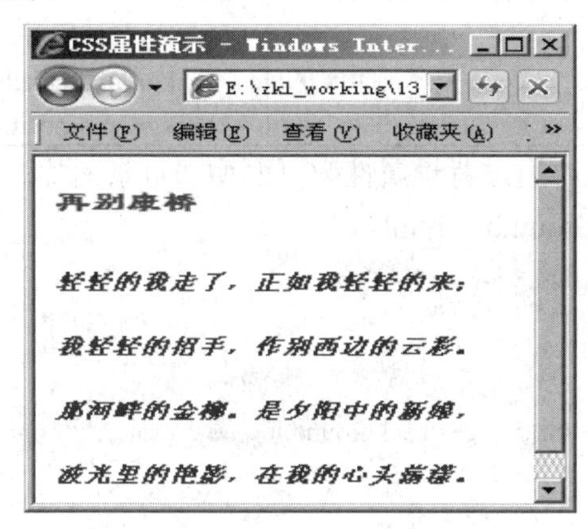

图 3-14　文字属性演示

3) 背景属性

CSS 样式中的背景设置共有六项：背景颜色、背景图像、背景重复、背景附加、水平位置和垂直位置。背景属性的功能和取值如表 3-5 所示。

表 3-5　背景属性列表

背景属性	功　　能	取值方式
background-color	设置对象的背景颜色	属性的值为有效的色彩数值
background-image	设置背景图片	通过为 url 指定绝对或相对路径的值来指定网页的背景图像，例如，background-image:url(xxx.jpg)，如果没有图像其值为 none
background-repeat	背景平铺，设置指定背景图像的平铺方式	repeat：背景图像平铺(有横向和纵向两种取值。repeat-x，图像横向平铺；repeat-y，图像纵向平铺)； norepeat：背景图像不平铺
background-attachment	背景附加，设置指定的背景图像是跟随内容滚动，还是固定不动	scroll：背景图像是随内容滚动； fixed：背景图像固定，即内容滚动图像不动

续表

背景属性	功　能	取值方式
background-position	背景位置，确定背景的水平和垂直位置	左对齐(left)、右对齐(right)、顶部(top)、底部(bottom)和值(自定义背景的起点位置，可对背景的位置做出精确的控制)
background	该属性是复合属性，即上面几个属性的随意组合，用于设定对象的背景样式	该属性的取值实际上对应上面几个具体属性的取值，如 background:url(xxx.jpg) 就等价于 background-image:url(xxx.jpg)。该属性的默认值为transparentnonerepeatscroll0%0%，等价于 background-color:transparent; background-image:none; background-repeat:repeat; background-attachment:scroll; background-position:0%0%;

在示例 3.13 的基础上，通过背景属性为页面增加背景图片。

【示例 3.14】 BackGroundEG.html。

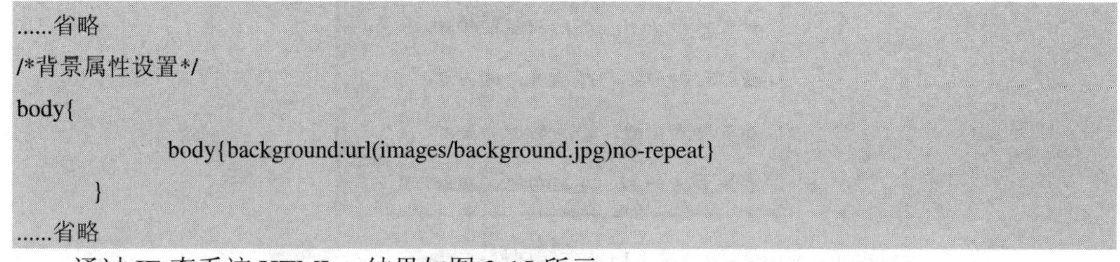

```
......省略
/*背景属性设置*/
body{
        body{background:url(images/background.jpg)no-repeat}
    }
......省略
```

通过 IE 查看该 HTML，结果如图 3-15 所示。

图 3-15　背景属性演示

4) 定位属性

定位属性主要从定位方式、层叠顺序、与父标签的相对位置等三个方面来设置。各属性的功能和取值方式如表 3-6 所示。

表 3-6　定位属性列表

定位属性	功　　能	取值方式
position	定位方式，设置对象是否定位，以及定位方式	static：无特殊定位； relative：对象不可层叠，但将依据 left、right、top、bottom 等属性在正常文档流中偏移位置； absolute：将对象从文档流中拖出，使用 left、right、top、bottom 等属性进行绝对定位
z-index	设置对象的层叠顺序	auto：遵循父对象的定位； 自定义数值：无单位的整数值，可为负值
top、right、bottom、left	父对象的相对位置	auto：无特殊定位； 自定义数值：由浮点数字和单位标识符组成的长度值或者百分数。必须定义 position 属性值为 absolute 或 relative，此取值方可生效

下述代码用于实现描述示例 3.14 的任务，通过设置 DIV 的定位属性来演示其用法及效果。

【示例 3.15】 PositionCssEG.html。

```
<html>
<head>
	<title>Position属性演示</title>
</head>
<body>
	<div id="div1"style="position:absolute;background-color:#66CCFF;
		border:#000000;width:50px;height:80px">
		DIV1
	</div>
	<div id="div2"style="position:relative;top:50px;left:50px;
		background-color:#CCCCCC;border:#FFFFCC;width:50px;height:80px">
		DIV2
	</div>
</body>
</html>
```

上述代码分别定义了 div1 和 div2 两个 DIV。其中 div1 的 position 属性设置为“absolute”，此时 div1 的位置为其默认的初始位置；而 div2 的 position 属性设置为“relative”，并设置其 top 和 left 属性，其位置是在初始位置的基础上按照 top 和 left 设定的值进行了偏移。通过 IE 查看该 HTML，结果如图 3-16 所示。

图 3-16　定位属性演示

3.2 JavaScript 语言基础

在开发过程中，网页开发人员通过使用 JavaScript 对网页进行管理和控制。JavaScript 可以嵌入到 HTML 文档中，当页面显示在浏览器中时，浏览器会解释并执行 JavaScript 语句，从而控制页面的内容和验证用户输入的数据。JavaScript 的功能十分强大，可以实现多种功能，如数学计算、表单验证、动态特效、游戏编写等，所有这些功能都有助于增强站点的动态交互性。

3.2.1 JavaScript 基本结构

JavaScript 代码是通过<script>标签嵌入 HTML 文档中的，可以将多个<script>脚本嵌入到一个文档中。浏览器在遇到<script>标签时，将逐行读取内容，直到遇到</script>结束标签为止。浏览器将边解释边执行 JavaScript 语句，如果有任何错误，就会在警告框中显示。JavaScript 脚本的基本结构如下：

```
<script language="javascript">
    JavaScript语句
</script>
```

其中：

✧ language 属性用于指定脚本所使用的语言，通过该属性还可以指定使用脚本语言的版本。

编写 JavaScript 的步骤如下：

(1) 利用任何编辑器创建 HTML 文档。

(2) 在 HTML 文档中通过<script>标签嵌入 JavaScript 代码。

(3) 将 HTML 文档保存为扩展名是“.html”或“.htm”的文件，然后通过浏览器查看该网页就可以看到 JavaScript 的运行效果。

下述代码通过<script>标签在网页中嵌入 JavaScript 代码，并输出“这是第一个 JavaScript 示例!”。

【示例 3.16】 FirstJSEG.html。

```
<html>
<head>
    <title>第一个JavaScript</title>
    <script language="javascript">
        document.write("这是第一个JavaScript示例，通过SCRIPT标签输出页面信息！");
    </script>
</head>
<body></body>
</html>
```

在上述代码中，通过<script>标签在网页中嵌入 JavaScript 代码，并通过 document.write()方法输出相应内容。通过 IE 查看该 HTML，结果如图 3-17 所示。

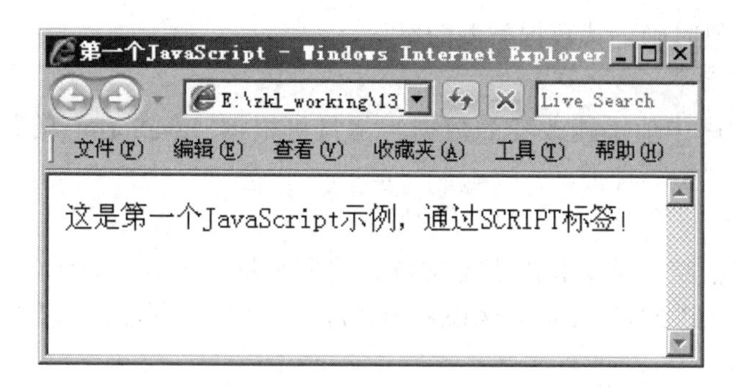

图 3-17　通过<script>标签嵌入 JavaScript 代码

此外，当 JavaScript 脚本比较复杂或代码过多时，可将 JavaScript 代码保存在以“.js”为后缀的文件中，并通过<script>标签把“js”文件导入到 HTML 文档中，其语法格式如下：

```
<script type="text/javascript" src="url"></script>
```

其中：

✧ type 表示引用文件的内容类型。

✧ src 表示指定引用的 JavaScript 文件的 URL，可以是相对路径或绝对路径。

3.2.2　JavaScript 的基础语法

JavaScript 语言同其他编程语言一样，有其自身的数据类型、表达式、运算符以及基本语句结构。JavaScript 在很大程度上借鉴了 Java 的语法，其语法结构与 Java 相似，对于学习过 Java 的编程人员而言，学好 JavaScript 不是一件困难的事。

1．数据类型

JavaScript 中有几种数据类型，如表 3-7 所示。

表 3-7　JavaScript 的数据类型

数据类型	说　明
数值型	JavaScript 语言本身并不区分整型和浮点型数值，所有的数值在内部都由浮点型表示
字符串类型	使用单引号或双引号括起来的 0 个或多个字符
布尔型	布尔型常量只有两种值，即 true 或 false
函数	JavaScript 函数是一种特殊的对象数据类型，因此函数可以被存储在变量、数组或对象中。此外，函数还可以作为参数传递给其他函数
对象型	已命名数据的集合，这些已命名的数据通常被作为对象的属性引用。常用的对象有 String、Date、Math、Array 等
null	JavaScript 中的一个特殊值，它表示“无值”，与 0 不同
undefined	表示该变量尚未被声明或未被赋值，或者使用了一个并不存在的对象属性

与大多数编程语言相比，JavaScript 的数据类型较少，但足够处理绝大部分复杂的应用。此外，由于 JavaScript 采用弱类型的形式，因而一个数据的常量或变量可不必先作声

明，而在使用或赋值时确定其数据类型即可。

1) 常量

常量是指在程序中值不能改变的数据。常量可根据 JavaScript 的数据类型分为数值型、字符串型、布尔型等种类。

2) 数值型常量

数值型常量包括整型常量和浮点型常量。整型常量是由整数表示(如 100、-100)，也可以用十六进制、八进制表示(如 0xABC、0567)。浮点型常量由整数部分加小数部分表示(如 12.24、-3.141)。

3) 字符串型常量

使用双引号(" ")或单引号(' ')括起来的一个字符或字符串，如"JavaScript"、"100"、'JavaScript'。

4) 布尔型常量

布尔型常量只有 true(真)或 false(假)两种值，一般用于程序中的判断条件。

5) 变量

变量是指程序中一个已经命名的存储单元，其主要作用是为数据操作提供存放数据的容器。

(1) 变量命名的规则。

在 JavaScript 中变量的命名需遵循以下规则：

✧ 变量名必须以字母或下划线开头，其后可以跟数字、字母或下划线等。
✧ 变量名不能包含空格、加号、减号等特殊符号。
✧ JavaScript 的变量名严格区分大小写。
✧ 变量名不能使用 JavaScript 中的保留关键字。

JavaScript 关键字如表 3-8 所示。

表 3-8 JavaScript 关键字

break	do	if	switch	typeof	case
else	in	this	var	catch	false
instanceof	throw	void	continue	finally	new
true	while	default	for	null	try
with	delete	function	return		

(2) 声明变量。

变量用关键字 var 进行声明，语法格式如下：

```
var变量1,变量2,...;
```

例如：

```
Var v1,v2;
```

在声明变量的同时可以为变量赋初始值，例如：

```
Var v1=2;
```

(3) 变量的类型。

JavaScript 是一种弱类型的语言，变量的类型不像其他语言一样在声明时直接指定，

对于同一变量可以赋不同类型的值，例如：

```
<script language="javascript">
        Var x=100;
        x="javascript";
</script>
```

在上述代码中，变量 x 在声明的同时赋予了初始值 100，此时 x 的类型为数值型。而后面的代码又给变量 x 赋了一个字符串类型的值，此时 x 又变成了字符串类型的变量。这种赋值方式在 JavaScript 中都是被允许的。

(4) 变量的作用域。

变量的作用域是指变量的有效范围。在 JavaScript 中根据变量的作用域可以分为全局变量和局部变量两种。

6) 全局变量

在函数之外声明的变量叫作全局变量，示例代码如下：

```
<script>
        Var x=5//定义全局变量
        function myFunction()
        {
                //函数体
        }
</script>
```

全局变量的作用域是该变量定义后的所有语句，可以在其后定义的函数、代码或同一文档中其他<script>脚本的代码中使用。

7) 局部变量

在函数体内声明的变量叫做局部变量，示例代码如下：

```
<script>
        function myFunction()
        {
                var x=5//定义局部变量
                ......省略
        }
</script>
```

局部变量只作用于函数内部，只对其所在的函数体有效。下述代码用于演示全局变量和局部变量的作用域范围。

【示例 3.17】 VariableEG.html。

```
<html>
<head>
<meta http-equiv="Content-Type" content="text/html;charset=gb2312"/>
<title>全局变量和局部变量</title>
<script type="text/javascript">
```

```
        Var x=2;//声明一个全局变量
        function OutPutLocaVar()
        {
                varx=3;//声明一个与全局变量名称相同的局部变量
                document.write("局部变量："+x);//输出局部变量
        }
        function OutPutGloVar()
        {
                document.write("全局变量："+x);//输出全局变量
        }
</script>
</head>
<body>
        <script type="text/javascript">
                //调用函数
                OutPutGloVar();
                document.write("<br>");
                OutPutLocaVar();
        </script>
</body>
</html>
```

在上述代码中，声明了名为“x”的全局变量和局部变量，并分别通过函数输出。通过 IE 查看该 HTML，结果如图 3-18 所示。

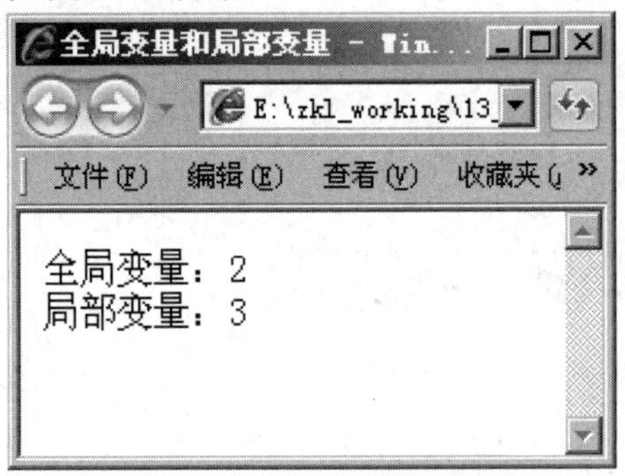

图 3-18　全局变量和局部变量

通过运行结果可以看出，如果函数中定义了和全局变量同名的局部变量，在此函数中全局变量被局部变量覆盖，不再起作用。

2．注释

在 JavaScript 中有两种注释方法：

(1) 单行注释，使用“//”符号进行标识，其后的文字都不被程序解释执行。其语法格式如下：

```
//这是单行程序代码的注释
```

(2) 多行注释，使用“/*…*/”进行标识，其中的文字同样不被程序解释执行。其语法格式如下：

```
/*
这是多行程序注释
*/
```

3. 运算符

1) 算术运算符

算术运算符是用于完成加法、减法、乘法、除法、递增、递减等运算的运算符。JavaScript 中的算术运算符如表 3-9 所示。

表 3-9　算术运算符

运算符	说　明
+	用于两个数相加
–	用于两个数相减
*	用于两个数相乘
/	用于两个数相除
%	除法运算中的取余数
++	递增值(即给原来的值加 1)
––	递减值(即给原来的值减 1)

2) 比较运算符

比较运算符用于比较数值、字符串或逻辑变量等，并将比较结果以逻辑值(true 或 false)的形式返回，如表 3-10 所示。

表 3-10　比较运算符

运算符	说　明
==	比较两边的值是否相等
!=	比较两边的值是否不相等
>	比较左边的值是否大于右边的值
<	比较左边的值是否小于右边的值
>=	比较左边的值是否大于等于右边的值
<=	比较左边的值是否小于等于右边的值
===	比较两边的值是否严格相等
!==	比较两边的值是否严格不相等

其中，“==”和“===”的主要区别是：“==”运算符是在类型转换后执行，而“===”是在类型转换前比较。

3) 逻辑运算符

逻辑运算符主要用于条件表达式中，采用逻辑值作为操作数，其返回值也是逻辑值，如表 3-11 所示。

表 3-11　逻辑运算符

运算符	说　明
&&	逻辑与：当左右两边的操作数都为 true 时，返回 true，否则返回 false
||	逻辑或：当左右两边的操作数都为 false 时，返回 false，否则返回 true
!	逻辑非：当操作数为 true 时返回 false，反之返回 true
?:	三目运算符：操作数?结果 1:结果 2，若操作数为 true 则返回结果 1，反之返回结果 2

4. 流程控制

JavaScript 程序通过控制语句来执行程序流，从而完成一定的任务。程序流是由若干条语句组成的，语句可以是单一的一条语句(如 c=a+b)，也可以是用大括号{}括起来的一个复合语句(程序块)。JavaScript 中的控制语句有以下几类：

✧　分支结构：if-else、switch。

✧　迭代结构：while、do-while、for、for-in。

✧　转移语句：break、continue、return。

1) if-else 语句

if-else 语句是最常用的分支结构。if-else 语句的语法结构如下：

```
if(condition)
statement1;
else statement2;
```

其中：

✧ condition 可以是任意表达式。

✧ statement1 和 statement2 都表示语句块。当 condition 满足条件时执行 if 语句块的 statement1 部分；当 condition 不满足条件时执行 else 语句块的 statement2 部分。

闰年的计算方法是：公元纪年的年数可以被四整除，即为闰年；被 100 整除而不能被 400 整除为平年；被 100 整除也可被 400 整除的为闰年。如 2000 年是闰年，而 1900 年不是。

下述代码用于实现输入一个年份，由程序判断该年是否为闰年。

【示例 3.18】 YearEG.html。

```
<html>
<head>
    <title>if-else-if分支</title>
</head>
<body>
<scriptlanguage="javascript">
    //手工输入一年份，判断是否是闰年
    varyear=prompt('请输入年份','');
    if(year%100==0){
        if(year%400==0){
            document.write(year+"是闰年");
```

```
            }
        }else if(year%4==0){
                document.write(year+"是闰年");
        }else{
                document.write(year+"不是闰年");
        }
</script>
</body>
</html>
```

通过 IE 查看该 HTML，结果如图 3-19 所示。

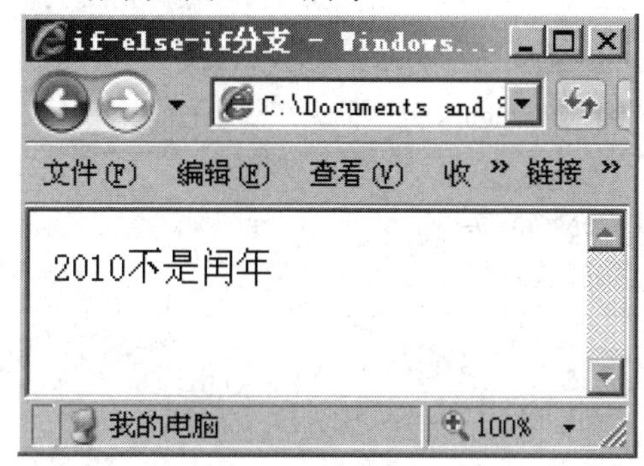

图 3-19　判断闰年

2) switch 语句

一个 switch 语句有一个控制表达式和一个由 case 标记表述的语句块组成。其语法如下：

```
switch(expression){
case value1:
        statement1;
        break;
case value2:
        statement2;
        break;
......
Case valueN:
        statemendN;
        break;
default:defaultStatement;
}
```

其中：

✧ switch 语句把表达式返回的值依次与每个 case 子句中的值相比较，如果遇到匹配的值，则执行该 case 后面的语句块。

✧ 表达式 expression 的返回值类型可以是字符串、整型、对象类型等任意类型。

✧ case 子句中的值 valueN 可以是任意类型(例如字符串)，而且所有 case 子句中的值应是不同的。

✧ default 子句是可选的。

✧ break 语句用来在执行完一个 case 分支后，使程序跳出 switch 语句，即终止 switch 语句的执行。而在一些特殊情况下，多个不同的 case 值要执行一组相同的操作，这时可以不用 break。

下述代码用于实现演示 switch 语句的用法。

【示例 3.19】 SwitchCaseEG.html。

```
<!DOCTYPEhtmlPUBLIC"-
//W3C//DTDXHTML1.0Transitional//EN""http://www.w3.org/TR/xhtml1/DTD/xhtml1-transitional.dtd">
<html xmlns="http://www.w3.org/1999/xhtml">
<head>
<meta http-equiv="Content-Type"content="text/html;charset=gb2312"/>
<title>JavaScript的SwitchCase语句</title>
</head>
<body>
<script type="text/javascript">
            document.write("a.青岛<br>");
            document.write("b.曲阜<br>");
            document.write("c.日照<br>");
            document.write("d.城阳<br>");
            document.write("e.济宁<br>");
            varcity=prompt("请选择您学校所在的城市或地区(a、b、c、d、e)：","");
            switch(city)
            {
                  case"a":
                        alert("您学校所在的城市或地区是青岛");
                        break;
                  case"b":
                        alert("您学校所在的城市或地区是曲阜");
                        break;
                  case"c":
                        alert("您学校所在的城市或地区是日照");
                        break;
                  case"d":
                        alert("您学校所在的城市或地区是城阳");
                        break;
                  case"e":
                        alert("您学校所在的城市或地区是济宁");
```

```
                    break;
            default:
                    alert("您选择的城市或地区超出了范围");
                    break;
        }
</script>
</body>
</html>
```

在上述代码中，当用户输入不同的字符串时，程序通过与 case 值比较，然后用 alert() 函数输出对应的的字符串。通过 IE 查看该 HTML，结果如下图所示。

图 3-20　switch-case 语句示例

3) while 语句

while 语句是常用的迭代语句，语法结构如下：

```
while(condition){
statement;
}
```

用 while 语句计算表达式时，如果表达式为 true，则执行 while 循环体内的语句；否则，结束 while 循环，执行 while 循环体以后的语句。下述代码用于实现计算 1 到 100 之间的和。

【示例 3.20】 SumEG.html。

```
<html>
<head>
<meta http-equiv="Content-Type"content="text/html;charset=gb2312"/>
<title>计算1-100之间的和</title>
</head>
<body>
<script language="javascript">
        Var i=0;
        Var sum=0;
        while(i<=100){
```

```
            sum+=i;
            i++;
        }
        document.write("1-100之间的和为："+sum);
</script>
</body>
</html>
```

通过 IE 查看该 HTML，结果如图 3-21 所示。

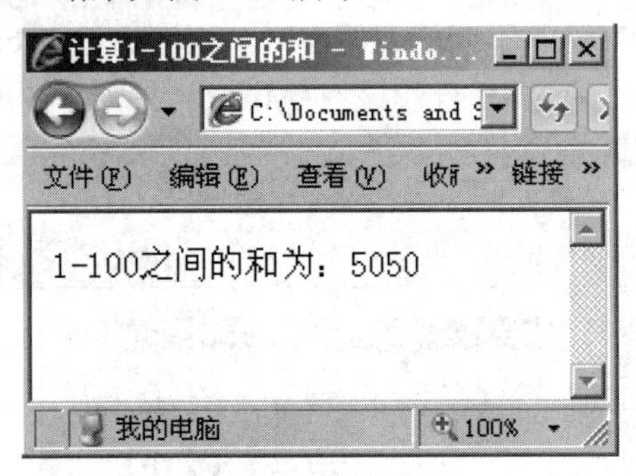

图 3-21　while 语句求和

4) do-while 语句

do-while 语句用于循环至少执行一次的情形，语句结构如下：

```
do{
statement;
}while(condition);
```

do-while 语句执行一次 do 语句块，然后计算表达式，如果表达式为 true，则继续执行循环体内的语句；如果表达式为 false，则结束 do-while 循环。

下述代码用于实现使用 do-while 结构来计算 1 到 100 之间的和。

【示例 3.21】 SumEG1.html。

```
<html>
<head>
<meta http-equiv="Content-Type"content="text/html;charset=gb2312"/>
<title>计算1-100之间的和</title>
</head>
<body>
<script language="javascript">
        Var i=0;
        varsum=0;
        do{
            sum+=i;
            i++;
        }while(i<=100);
```

```
    document.write("1-100之间的和为："+sum);
</script>
</body>
</html>
```

上述代码的运行结果如图 3-21 所示。

5) for 语句

for 语句是最常见的迭代语句，一般用在循环次数已知的情形。for 语句结构如下：

```
for(initialization;condition;update){
statements;
}
```

其中：

✧ for 语句执行时，首先执行初始化操作(initialization)，然后判断表达式(condition)是否满足条件，如果满足条件，则执行循环体中的语句，最后执行迭代部分。完成一次循环后，重新判断终止条件。

✧ 初始化、终止以及迭代部分都可以为空语句(但分号不能省略)，三者均为空的时候，相当于一个无限循环。

✧ 在初始化部分和迭代部分可以使用逗号语句来进行多个操作。逗号语句是用逗号分隔的语句序列。

```
for(i=0,j=10;i<j;i++,j--){
……
}
```

6) for-in 语句

for-in 是 JavaScript 提供的一种特殊的循环方式，用来遍历一个对象的所有用户定义的属性或者一个数组的所有元素。for-in 的语法结构如下：

```
for(propertyin Object)
{
    statements;
}
```

其中：

✧ property 表示所定义对象的属性。每一次循环，属性被赋予对象的下一个属性名，直到所有的属性名都使用过为止。当 Object 为数组时，property 指代数组的下标。

✧ Object 表示对象或数组。

下述代码用于实现数组的降序排列。

【示例 3.22】 RankEG.html。

```
<html>
<head>
<meta http-equiv="Content-Type"content="text/html;charset=gb2312"/>
<title>for-in的用法</title>
```

```
</head>
<body>
<script language="javascript">
        //直接初始化一个数组
        vara=[23,4,33,53,24,46,21];
        document.write("<li>排序前： "+a+"<br>");
        for(iina)
        {
                for(mina)
                {
                        if(a[i]>a[m])
                                vartemp;
                                //交换单元
                                temp=a[i];
                                a[i]=a[m];
                                a[m]=temp;
                        }
                }
        }
        document.write("<li>排序后： "+a+"<br>");
</script>
</body>
</html>
```

上述代码使用冒泡排序来对数据进行降序排列，通过 IE 查看该 HTML，结果如图 3-22 所示。

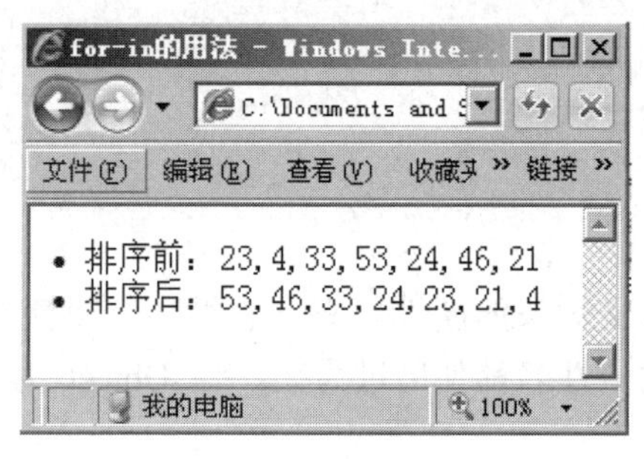

图 3-22　数组排序

7) break 语句

break 语句主要有两种作用：

✧ 在 switch 语句中，用于终止 case 语句序列，跳出 switch 语句。

✧ 在循环结构中，用于终止循环语句序列，跳出循环结构。

当 break 语句用于 for、while、do-while 或 for-in 循环语句中时，可使程序终止循环而执行循环后面的语句。通常 break 语句总是与 if 语句连在一起，即满足条件时便跳出循

环。现仍然以 for 语句为例来说明，其一般形式为：

```
for(表达式1;表达式2;表达式3){
......
if(表达式4)
        break;
......
}
```

其含义是：在执行循环体过程中，如 if 语句中的表达式成立，则终止循环，转而执行循环语句之后的其他语句。下述代码用于实现在 1 到 10 中查找是否有可以被 3 整除的数值。

【示例 3.23】 BreakEG.html。

```
<html>
<head>
        <title>Break语句</title>
        <script type="text/javascript">
                var target=3;
                for(i=1;i<10;i++){
                        if(i%target==0){
                                document.write('找到目标！');
                                break;
                        }
                }
                //打印当前的i值
                document.write(i);
        </script>
</head>
<body></body>
</html>
```

通过 IE 查看该 HTML，结果如图 3-23 所示。

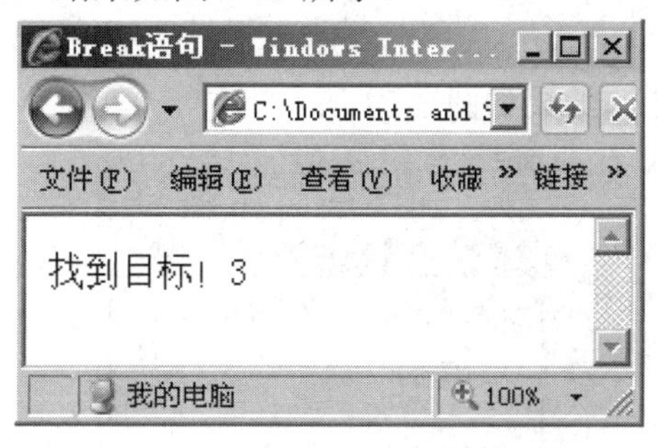

图 3-23　查找目标数字

8) continue 语句

continue 语句用于 for、while、do-while 和 for-in 等循环体中时，常与 if 条件语句一起

使用，用来加速循环。即满足条件时，跳过本次循环剩余的语句，强行检测判定条件以决定是否进行下一次循环。以 for 语句为例，其一般形式为：

```
for(表达式1;表达式2;表达式3)
{
......
if(表达式4)
        continue;
......
}
```

其含义是：在执行循环体过程中，如 if 语句中的表达式成立，则终止当前迭代，转而执行下一次迭代。下述代码用于实现在 1 到 10 中寻找可以被 3 整除的数值，如果找到则打印“找到目标”，否则打印当前值。

【示例 3.24】 ContinueEG.html。

```
<html>
<head>
        <title>Continue语句</title>
        <script type="text/javascript">
                vartarget=3;
                for(i=1;i<10;i++){
                if(i%target==0){
                        document.write('找到目标！ <br/>');
                        continue;
                }
                //打印当前的i值
                document.write(i+"<br/>");
        }
        </script>
</head>
<body></body>
</html>
```

通过 IE 查看该 HTML，结果如图 3-24 所示。

图 3-24　查找目标数字

9) return 语句

return 语句通常用在一个函数的最后，以退出当前函数，主要有以下两种格式：

✧ return 表达式。

✧ return。

当含有 return 语句的函数被调用时，执行 return 语句将从当前函数中退出，返回到调用该函数的语句处。如执行 return 语句的是第一种格式，将同时返回表达式执行结果；第二种格式执行后不返回任何值。下述代码用于实现计算任意两个数的乘积。

【示例 3.25】 ReturnEG.html。

```
<html>
<head>
    <title>Return语句</title>
    <script type="text/javascript">
        var v1=prompt("输入乘数：","");
        var v2=prompt("输入被乘数：","");
        document.write("输入的值分别是："+v1+","+v2+"<br/>");
        var sum=doMutiply(v1,v2);
        document.write("结果是："+v1+"×"+v2+"="+sum);
        //计算两个数的乘积
        function doMutiply(oper1,oper2){
            returnoper1*oper2;
        }
    </script>
</head>
<body></body>
</html>
```

通过 IE 查看该 HTML，结果如图 3-25 所示。

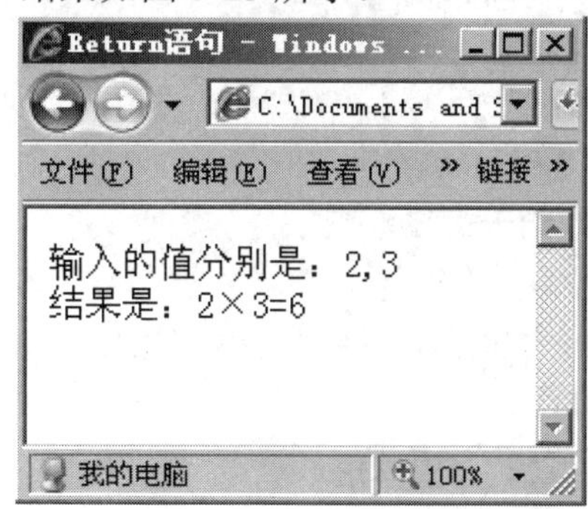

图 3-25　计算乘积

return 语句的作用是在一个函数中允许有多个 return 语句，但每次调用函数时只可能有一个 return 语句被执行，因此函数的执行结果是唯一的；如果函数不需要返回值，则在函数中可省略 return 语句。

3.2.3 函数

函数是完成特定功能的一段程序代码。函数为程序设计人员带来了很多方便，通常在进行一个复杂的程序设计时，总是根据所要完成的功能将程序划分为一些相对独立的部分，每一部分编写一个函数，从而使程序结构清晰，易于阅读、理解和维护。在JavaScript 中有两种函数：内置的系统函数和用户自定义函数。JavaScript 的常用函数如表3-12 所示。

表 3-12 常用函数

函数名	说　明
alert	显示一个较高对话框，包括一个 OK 按钮
confirm	显示一个确认对话框，包括 OK、Cancel 按钮
prompt	显示一个输入对话框，提示等待用户输入
escape	将字符转换成 Unicode 码
eval	计算表达式的结果
parseFloat	将字符串转换成符点型
parseInt	将字符串转换成整型
isNaN	测试是否为一个数字
unescape	返回对一个字符串编码后的结果字符串，其中，所有空格、标点以及其他非ASCII 码字符都用“%xx”(xx 等于该字符对应的 Unicode 编码的十六进制数)格式的编码替换

同其他语言(如 Java 语言)一样，JavaScript 除内置的系统函数可供调用之外，也可以自定义函数，然后调用执行。在 JavaScript 中，自定义函数的语法格式如下：

```
function funcName([param1][,param2…])
{
    //statements
    ......
}
```

其中：

✧ function 表示定义函数的关键字。

✧ funcName 表示函数名。

✧ param 表示参数列表，是传递给函数使用或操作的值，其值可以是任何类型(如字符串、数值型等)。

在自定义函数的时候需注意以下事项：

✧ 函数名必须唯一，且区分大小写。

✧ 函数命名的规则与变量命名的规则基本相同，以字母作开头，中间可以包括数字、字母或下划线等。

✧ 参数可以使用常量、变量和表达式。

✧ 参数列表中有多个参数时，参数间以“,”隔开。

✧ 若函数需要返回值，则使用“return”语句。

✧ 自定义函数不会自动执行，只有调用时才会执行。
✧ 如果省略了 return 语句中的表达式，或函数中没有 return 语句，函数将返回一个 undefined 值。

3.2.4　JavaScript 对象

JavaScript 语言是一种基于对象(object)的语言，其核心对象主要有数组对象、字符串对象、日期对象和数学对象等四种。

1. 数组对象

数组(Array)是编程语言中常见的一种数据结构，可以用来存储一系列的数据。与其他强类型语言不同，在 JavaScript 中，数组可以存储不同类型的数据。数组中的各个元素可以通过索引进行访问，索引的范围是从 0 到 length-1(length 为数组长度)。Array 对象表示数组，创建数组的方式有下列几种：

```
//不带参数，返回空数组。length属性值为0
newArray();
//数字参数，返回大小为size的数组。length值为size，数组中的所有元素初始化为undefined
newArray(size);
//带多个参数，返回长度为参数个数的数组。length值为参数的个数
newArray(e1,e2,...,eN);
```

其中：

✧ size 是数组的元素个数。数组的 length 属性将被设为 size 的值。
✧ 参数 e1…eN 是参数列表。使用这些参数来调用构造函数 Array()时，新创建的数组的元素就会被初始化为这些值，它的 length 属性也会被设置为参数的个数。

Array 对象的主要方法及功能如表 3-13 所示。

表 3-13　Array 的方法及说明

方法名	功 能 说 明
concat()	连接两个或更多的数组，并返回合并后的新数组
join()	把数组的所有元素放入一个字符串并返回此字符串。元素通过指定的分隔符进行分隔
pop()	删除并返回数组的最后一个元素
push()	向数组的末尾添加一个或更多元素，并返回新的长度
reverse()	颠倒数组中元素的顺序
sort()	对数组的元素进行排序
toString()	把数组转换为字符串，并返回结果

下述代码用于实现输入任意多个数，使用数组进行升序排序。

【示例 3.26】 ArrayEG.java。

```
<html>
<head>
```

```
        <title>数组排序</title>
<script language="javascript">
//初始化数组对象
var array=newArray();
//调用初始化方法
init();
//打印排序后的结果
if(array.length==0){
                document.write("数组中无任何合法数值");
}else{
                document.write("排序前的结果为：<br/>");
                document.write(array+"<br/>");
                document.write("排序后的结果为：<br/>");
                document.write(array.sort(sortNumber));
}
//比较函数
function sortNumber(a,b)
{
                if(a<b){
                        return-1;
                }elseif(a==b){
                        return0;
                }else{
                        return1;
                }
}
//任意输入多个数值
function init()
{
        while(true){
                        varv=prompt("输入数值，要结束时请输入'end'","");
                        if(v=='end'){
                                break;
                        }
                        //输入的值为非数值型
                        if(isNaN(v)){
                                break;
                        }
                        //保存到数组中
                        array.push(parseFloat(v));
```

```
        }
}
</script>
</head>
<body>
</body>
</html>
```

在上述代码中，首先创建了一个名为 array 的对象，通过调用 init()方法，输入任意多个数保存到该数组对象中，如果该数组的大小不为 0，则升序排序输出。输入对话框每次接收一个整数，可以输入任意多个整数，最后输入“end”。例如，输入以下数据：1、101、11、21、4、8、5、end。通过 IE 查看该 HTML，结果如图 3-26 所示。

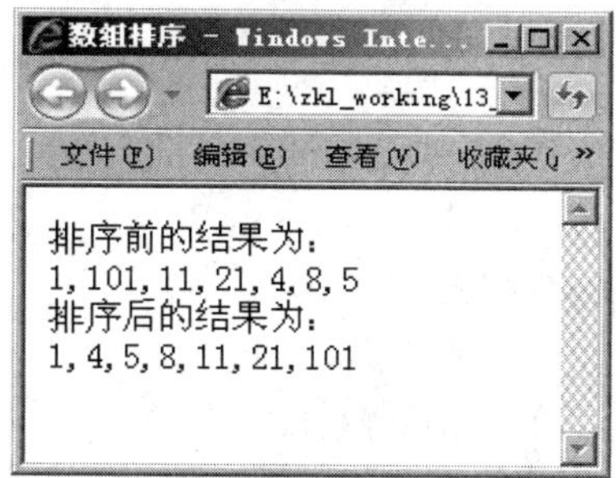

图 3-26　数组排序

2．字符串对象

字符串是 JavaScript 中的一种基本数据类型，而字符串对象则封装了一个字符串，并且提供了许多操作字符串的方法，例如：分割字符串、改变字符串的大小写、操作子字符串等。创建一个字符串对象有几种方法，最常见的方式是用引号将一组字符包含起来，可以将其赋值给一个变量。

```
var myStr="Hello,String!";
```

上面利用字面值创建的字符串，本质上并不是真正的字符串对象，实际上它只是字符串类型(基本数据类型)的一个值。要创建一个字符串对象，可以使用如下语句：

```
var strObj=newString("Hello,String!");
```

当使用 new 运算符调用 String()构造函数时，它返回一个新创建的 String 对象，该对象存放的是字符串“Hello，String！”的值。String 对象提供了多个方法用于操作字符串。其主要方法及功能描述如表 3-14 所示。

表 3-14　String 对象的方法及描述

方法名	功 能 简 述
charAt()	返回在指定位置的字符
concat()	连接字符串
indexOf()	检索指定的字符串位置
split()	把字符串分割为字符串数组
substring()	提取字符串中两个指定的索引号之间的字符
toLowerCase()	把字符串转换为小写
toUpperCase()	把字符串转换为大写
replace()	替换与正则表达式匹配的子串
anchor()	创建锚点

下面将对一些常用的方法进行详细的介绍。

1) charAt()方法

charAt()方法从字符串中返回一个字符，其语法格式如下：

```
str.charAt(index)
```

其中：

✧ index 指明返回字符的位置索引，起始索引是 0。

下述代码用于实现给定任意字符串，统计指定字母的个数。

【示例 3.27】 StringEG.java。

```
<html>
<head>
	<title>统计字符个数</title>
</head>
<body>
<script language="javascript">
	//给定源字符串
	var sourceStr=prompt("输入任意字符串：","");
	//指定待统计的字符
	var ch=prompt("输入指定的字符：","");
	//定义计数器
	var count=0;
	for(i=0;i<sourceStr.length;i++)
	{
		if(sourceStr.charAt(i)==ch)
		{
		count++;
		}
	}
	document.write(ch+"的个数为："+count);
</script>
</body>
</html>
```

在上述代码中，使用字符串对象的 charAt()方法来返回指定位置的字符，然后和指定的字符比较，如果相等则计数器加 1，最后打印指定字符的个数。通过 IE 查看该 HTML，网页会调用 prompt()方法弹出输入对话框，分别输入字符串“abcda”和指定字符“a”后，在页面上输出结果为：

```
a的个数为2
```

2) indexOf()方法

indexOf()方法从特定的位置起查找指定的字符串，其返回值是查找到的第一个位置，如果在指定位置后找不到，则返回-1，其语法格式如下：

```
str.indexOf(string,index)
```

其中：

✧ string 表示要查找的字符串。

✧ index 表示查找的起始位置。

下述代码用来演示 indexOf()的使用方法。

【示例 3.28】 IndexOfEG.html。

```
<html>
<head>
    <title>indexOf方法演示</title>
    <script language="javascript">
        var str="0123456789";
        document.write("str.indexOf('1')的执行结果为："+
            str.indexOf('1')+"<br/>");
        document.write("str.indexOf('45')的执行结果为："+
            str.indexOf('45')+"<br/>");
        document.write("str.indexOf('a')的执行结果为："+
            str.indexOf('a')+"<br/>");
    </script>
</head>
<body>
</body>
</html>
```

上述代码分别返回了字符串“0123456789”中“1”、“45”以及“a”位置。通过 IE 查看该 HTML，在页面上输出的结果如下：

```
str.indexOf('1')的执行结果为：1
str.indexOf('45')的执行结果为：4
str.indexOf('a')的执行结果为：-1
```

由上述结果得知，当字符串不包含指定的字符返回的值为“–1”。

3) substring()方法

substring()方法用于截取子字符，其语法格式如下：

```
str.substring(start,stop)
```

其中：

✧ start 表示必需。非负整数，规定要提取的子串的第一个字符在 str 中的位置。

✧ stop 表示可选。非负整数，如果省略该参数，会返回 start 后的所有字符。

下述代码用于演示 substring()的用法。

【示例 3.29】 SubstringEG.html。

```
<html>
<head>
    <title>substring方法演示</title>
    <script language="javascript">
        var str="字符串对象演示";
        document.write(str.substring(1,3)+"<br>");
```

```
            document.write(str.substring(3,1)+"<br>");
            document.write(str.substring(2));
        </script>
</head>
<body></body>
</html>
```

在上述代码中，分别演示了两个参数位置调换以及只有一个参数的情况。通过 IE 查看该 HTML，在页面上输出的结果如下：

```
符串
符串
串对象演示
```

4）toLowerCase()方法和 toUpperCase()方法

toLowerCase()方法是将给定的字符串中的所有字符转换成小写字母，而 toUpperCase()方法与其作用相反，会全部转换成大写字母。它们语法格式如下：

```
str.toLowerCase()
str.toUpperCase()
```

下述代码用于演示 toLowerCase()和 toUpperCase()方法的用法。

【示例 3.30】 ChartCaseEG.html。

```
<html>
<head>
        <title>toLowerCase和toUpperCase方法演示</title>
        <script language="javascript">
            var str="JavaScript";
            document.write("toLowerCase方法的输出："+str.toLowerCase()+"<br>");
            document.write("toUpperCase方法的输出："+str.toUpperCase());
        </script>
</head>
<body></body>
</html>
```

在上述代码中，分别使用 toLowerCase()和 toUpperCase()方法对字符串“JavaScript”进行大小写转换。通过 IE 查看该 HTML，在页面上输出的结果如下：

```
toLowerCase方法的输出：javascript
toUpperCase方法的输出:JAVASCRIPT
```

3．日期对象

在 JavaScript 中提供了处理日期的对象和方法。通过日期对象便于获取系统时间，并设置新的时间。Date 对象表示系统当前的日期和时间，下列语句创建了一个 Date 对象：

```
var myDate=newDate();
```

此外，在创建日期对象时可以指定具体的日期和时间，语法格式如下：

```
var myDate=newDate('MM/dd/yyyyHH:mm:ss');
```

其中：

✧ MM：表示月份，其范围为 0(一月)～11(十二月)。

✧ dd：表示日，其范围为 1～31。

✧ yyyy：表示年份，4 位数，如 2010。

✧ HH：表示小时，其范围为 0(午夜)～23(晚上 11 点)。

✧ mm：表示分钟，其范围为 0～59。

✧ ss：表示秒，其范围为 0～59。

例如：

```
var myDate=newDate('9/25/201018:36:42');
```

Date 对象提供了获取和设置日期或时间的方法，如表 3-15 所示。

表 3-15　Date 对象方法

方法	说　　明
getDate()	返回在一个月中的哪一天(1～31)
getDay()	返回在一个星期中的哪一天(0～6)，其中星期天为 0
getHours()	返回在一天中的哪一个小时(0～23)
getMinutes()	返回在一小时中的哪一分钟(0～59)
getMonth()	返回在一年中的哪一月(0～11)
getSeconds()	返回在一分钟中的哪一秒(0～59)
getFullYear()	以 4 位数字返回年份，如 2010
setDate()	设置月中的某一天(1～31)
setHours()	设置小时数(0～23)
setMinutes()	设置分钟数(0～59)
setSeconds()	设置秒(0～59)
setFullYear()	以 4 位数字设置年份

下述代码用于演示 Date 对象方法的应用。

【示例 3.31】 DateEG.html。

```
<script language="javascript">
    var date=newDate();
    document.write(date.getYear()+"年"
                +date.getMonth()+"月"
                +date.getDate()+"日");
    document.write('<br/>');
    document.writeln(date.getHours()+"时"
                        +date.getMinutes()+"分"
                        +date.getSeconds()+"秒");
</script>
```

在上述代码中，使用 Date 对象提供的方法输出了系统当前的日期和时间，结果如下：

```
2010年9月25日
14时33分38秒
```

4．数学对象

Math 对象提供了一组在进行数学运算时非常有用的属性和方法。Math 对象的属性是一些常用的数学常数，如表 3-16 所示。

表 3-16　常用 Math 的属性

Math 属性	说　明
E	自然对数的底
LN2	2 的自然对数
LN10	10 的自然对数
LOG2E	底数为 2，真数为 E 的对数
LOG10E	底数为 10，真数为 E 的对数
PI	圆周率的值
SORT1_2	0.5 的平方根
SORT2	2 的平方根

下述代码演示了 Math 对象属性的用法。

【示例 3.32】 MathPropertyEG.html。

```
<script language="javascript">
        function CalCirArea(r)
        {
                var x=Math.PI;
                var CirArea=x*r*r;
                document.write("半径为\""+r+"\"的圆的面积为："+CirArea);
        }
        var r=2;
        CalCirArea(r);
</script>
```

在上述代码中，使用了 Math 对象的 PI 属性，用以计算圆的半径。通过 IE 查看该 HTML，在页面上输出的结果如下：

```
半径为"2"的圆的面积为：12.566370614359172
```

Math 对象方法丰富，可直接引用这些方法来实现数学计算，常用的方法及说明如表 3-17 所示。

表 3-17　常用 Math 的方法

Math 方法	说　明
sin()/cos()/tan()	分别用于计算数字的正弦/余弦/正切值
asin()/acos()/atan()	分别用于返回数字的反正弦/反余弦/反正切值
abs()	取数值的绝对值，返回数值对应的正数形式
ceil()	返回大于等于数字参数的最小整数，对数字进行上舍入
floor()	返回小于等于数字参数的最大整数，对数字进行下舍入

续表

Math 方法	说　明
exp()	返回 E(自然对数的底)的 x 次幂
log()	返回数字的自然对数
pow()	返回数字的指定次幂
random()	返回一个[0，1)之间的随机小数
sqrt()	返回数字的平方根

3.3 jQuery 和 Bootstrap

jQuery 是一个快速、简洁的 JavaScript 框架，是继 Prototype 之后又一个优秀的 JavaScript 代码库(或 JavaScript 框架)。jQuery 设计的宗旨是"writeLess，DoMore"，即倡导写更少的代码，做更多的事情。它封装 JavaScript 常用的功能代码，提供一种简便的 JavaScript 设计模式，可优化 HTML 文档操作、事件处理、动画设计和 Ajax 交互。

3.3.1 jQuery

jQuery 的核心特性可以总结为：具有独特的链式语法和短小清晰的多功能接口、具有高效灵活的 CSS 选择器并且可对 CSS 选择器进行扩展、拥有便捷的插件扩展机制和丰富的插件。jQuery 兼容各种主流浏览器，如 IE6.0+、FF1.5+、Safari2.0+、Opera9.0+等。

jQuery 的下载地址为：http://jquery.com/download/。jQuery 有两种版本：一种是用于产品和项目的最小化的生产版本——jquery-3.1.1min.js；另一种是用于测试、学习和开发的完整版本——jquery-3.1.1.js。只需将需要的 js 文件引入到需要的 html 或 jsp 页面即可，引入代码如下：

```
<script type="text/javascript"src="../../../jquery-3.1.1.min.js"></script>
```

1. jQuery 选择器

jQuery 选择器允许用户对 HTML 元素组或单个元素进行操作。jQuery 选择器基于元素的 id、类、类型、属性、属性值等"查找"(或选择)HTML 元素。它基于已经存在的 CSS 选择器，除此之外，还有一些自定义的选择器。表 3-19 展示了 jQuery 选择器的一些实例。jQuery 中所有选择器都以美元符号开头：$()。$是 jQuery 的简写，$()与 jQuery()是等价的。

(1) jQuery 基本选择器。

我们可以通过 jQuery 选择器从网页文档中找到我们需要的 DOM 节点。jQuery 使用 CSS 选择器来选取 HTML 元素。$("p")选取<p>元素；$("p.intro")选取所有 class="intro"的<p>元素；$("p#demo")选取所有 id="demo"的<p>元素。

(2) jQuery 属性选择器。

jQuery 使用 XPath 表达式来选择带有给定属性的元素。$("[href]")选取所有带有 href 属性的元素；$("[href='#']")选取所有带有 href 值等于"#"的元素；$("[href!='#']")选取所有带有 href 值不等于"#"的元素；$("[href$='.jpg']")选取所有 href 值以".jpg"结尾的元素。

(3) jQuery 其他选择器。

jQuery CSS 选择器可用于改变 HTML 元素的 CSS 属性。

下面的例子把所有 p 元素的背景颜色更改为红色：

```
$("p").css("background-color","red");
```

表 3-18 选择器实例

语法	描　述
$(this)	当前 HTML 元素
$("p")	所有<p>元素
$("p.intro")	所有 class="intro"的<p>元素
$(".intro")	所有 class="intro"的元素
$("#intro")	id="intro"的元素
$("ulli:first")	每个<ul>的第一个<li>元素
$("[href$='.jpg']")	所有带有以".jpg"结尾的属性值的 href 属性
$("div#intro.head")	id="intro"的<div>元素中的所有 class="head"的元素

2. jQuery 操作 DOM 节点属性

jQuery 中非常重要的部分就是操作 DOM(Document Object Model，文档对象模型)的能力。jQuery 提供一系列与 DOM 相关的方法，这使访问和操作元素、属性变得很容易。DOM 定义访问 HTML 和 XML 文档的标准："W3C "文档对象模型独立于平台和语言的界面，允许程序和脚本动态访问和更新文档的内容、结构以及样式。

用于 DOM 操作的 jQuery 方法有：

✧ text()：设置或返回所选元素的文本内容。

✧ html()：设置或返回所选元素的内容(包括 HTML 标记)。

✧ val()：设置或返回表单字段的值。

下面的例子演示如何通过 text()、html()和 val()方法来获得内容。

【示例 3.33】

```
$("#btn1").click(function(){
alert("Text:"+$("#test").text());
});
$("#btn2").click(function(){
alert("HTML:"+$("#test").html());
});
$("#btn1").click(function(){
alert("Value:"+$("#test").val());
});
```

3. jQuery 操作 DOM 节点

运用 jQuery 的四个方法来增加 HTML 中的内容：

✧ append()：在被选元素的结尾插入内容。例如：

```
$("p").append("追加文本");
```

✧ prepend()：在被选元素的开头插入内容。例如：

```
$("p").prepend("在开头追加文本");
```

✧ after()：在被选元素之后插入内容。例如：

```
$("img").after("在后面添加文本");
```

✧ before()：在被选元素之前插入内容。例如：

```
$("img").before("在前面添加文本");
```

在上面的例子中，我们只在被选元素的开头/结尾插入文本/HTML。不过，append()和prepend()方法能够通过参数接收无限数量的新元素。可以通过 jQuery 来生成文本/HTML(就像上面的例子那样)。在下面的例子中，可以通过 text/HTML、jQuery 或者 JavaScript/DOM 来创建若干个新元素，然后通过 append()方法把这些新元素追加到文本中(对 prepend()同样有效)。

【示例 3.34】

```
function appendText(){
    var txt1="<p>文本。</p>";//使用HTML标签创建文本
    var txt2=$("<p></p>").text("文本。");//使用jQuery创建文本
    var txt3=document.createElement("p");
    txt3.innerHTML="文本。";//使用DOM创建文本textwithDOM
    $("body").append(txt1,txt2,txt3);//追加新元素
}
```

在下面的例子中，我们创建若干新元素。这些元素可以通过 text/HTML、jQuery 或者 JavaScript/DOM 来创建。然后我们通过 after()方法把这些新元素插到文本中(对 before()同样有效)。

【示例 3.35】

```
function afterText(){
    var txt1="<b>I</b>";//使用HTML创建元素
    var txt2=$("<i></i>").text("love");//使用jQuery创建元素
    var txt3=document.createElement("big");//使用DOM创建元素
    txt3.innerHTML="jQuery!";
    $("img").after(txt1,txt2,txt3);//在图片后添加文本
}
```

如需删除元素和内容，一般可使用以下两个 jQuery 方法：

✧ empty()：从被选元素中删除子元素。

```
$("#div1").empty();
```

✧ remove()：删除被选元素(及其子元素)。

```
$("#div1").remove();
```

jQueryremove()方法也可接受一个参数，允许对被删元素进行过滤。该参数可以是任何 jQuery 选择器的语法。下面的例子为删除 class="italic"的所有<p>元素：

```
$("p").remove(".italic");
```

4．jQuery 操作 DOM 节点样式

jQuery 对 CSS 样式进行操作的方法如下：

✧ addClass()：向被选元素添加一个或多个类。

✧ removeClass()：从被选元素删除一个或多个类。

✧ toggleClass()：对被选元素进行添加/删除类的切换操作。

✧ css()：设置或返回样式属性。

【示例 3.36】 创建一个样式表。

```
.important{
font-weight:bold;
font-size:xx-large;
}
.blue{
color:blue;
}
```

下面的例子展示如何向不同的元素添加 class 属性。当然，在添加类时，也可以选取多个元素。

```
$("h1,h2,p").addClass("blue");
$("div").addClass("important");
$("#div1").addClass("importantblue");
```

可以通过 removeClass 方法删除不同的元素中指定的 class 属性。

```
$("h1,h2,p").removeClass("blue");
```

下面的例子将展示如何使用 jQuerytoggleClass()方法。该方法对被选元素进行添加/删除类的切换操作。

```
$("h1,h2,p").toggleClass("blue");
```

5．jQuery 操作 DOM 节点 CSS

css()方法设置或返回被选元素的一个或多个样式属性。如需返回指定的 CSS 属性的值，则要使用以下语法：

```
css("propertyname");
```

下面的例子将返回首个匹配元素的 background-color 值。

```
$("p").css("background-color");
```

如需设置指定的 CSS 属性，要使用以下语法：

```
css("propertyname","value");
```

下面的例子将为所有匹配元素设置 background-color 值。

```
$("p").css("background-color","yellow");
```

如需设置多个 CSS 属性，要使用以下语法：

```
css({"propertyname":"value","propertyname":"value",...});
```

下面的例子将为所有匹配元素设置 background-color 和 font-size 值。

```
$("p").css({"background-color":"yellow","font-size":"200%"});
```

6. jQuery 事件操作

页面对不同访问者的响应叫作事件。事件处理程序指的是当 HTML 中发生某些事件时所调用的方法。事件包括在元素上移动鼠标、选取单选按钮、点击元素。

在事件中经常使用术语“触发”(或“激发”)，例如：“当您按下按键时触发 keypress 事件。”常见 DOM 事件如表 3-19 所示。

表 3-19　选择器实例

鼠标事件	键盘事件	表单事件	文档/窗口事件
click	keypress	submit	load
dblclick	keydown	change	resize
mouseenter	keyup	focus	scroll
mouseleave		blur	unload

在 jQuery 中，大多数 DOM 事件都有一个等效的 jQuery 方法。页面中指定一个点击事件：

```
$("p").click();
```

下一步是定义什么时间触发事件。可以通过一个事件函数实现：

```
$("p").click(function(){//动作触发后执行的代码!!});
```

1) $(document).ready()方法

$(document).ready() 方法允许我们在文档完全加载完后执行函数，简写为 $(function(){………..})，格式如下：

```
c$("p").click(function(){$(this).hide();});
```

2) hover()方法

hover()方法用于模拟光标悬停事件。当鼠标移动到元素上时，会触发指定的第一个函数(mouseentere)；当鼠标移出这个元素时，会触发指定的第二个函数(mouseleave)。

```
$("#p1").hover(
        function(){
            alert("你进入了p1!");
        },
        function(){
            alert("拜拜!现在你离开了p1!");
        }
)
```

3) focus()方法

当元素获得焦点时，发生 focus 事件。当通过鼠标点击选中元素或通过 tab 键定位到元素时，该元素就会获得焦点。focus()方法触发 focus 事件，或规定当发生 focus 事件时运行的函数。

```
$("input").focus(function(){
$(this).css("background-color","#cccccc");
});
$("input").blur(function(){
$(this).css("background-color","#ffffff");
```

```
});
```

4) blur()方法

当元素失去焦点时，发生 blur 事件。blur()方法触发 blur 事件，或规定当发生 blur 事件时运行的函数。

```
$("input").focus(function(){
$(this).css("background-color","#cccccc");
});
$("input").blur(function(){
$(this).css("background-color","#ffffff");
});
```

7．jQuery 动画效果

1) jQuery 隐藏与显示 DOM

通过 jQuery，可以使用 hide()和 show()方法来隐藏和显示 HTML 元素。

```
$("#hide").click(function(){
$("p").hide();
});
$("#show").click(function(){
$("p").show();
});
```

通过 jQuery 可以使用 toggle()方法来切换 hide()和 show()方法，显示被隐藏的元素，并隐藏已显示的元素。

```
$("button").click(function(){$("p").toggle();});
```

可选的 speed 参数规定隐藏或显示的速度，可以取以下值：slow、fast 或毫秒。可选的 callback 参数是隐藏或显示完成后所执行的函数名称。

```
$(selector).hide(speed,callback);
$(selector).show(speed,callback);
```

2) jQuery 淡入和淡出 DOM

通过 jQuery，可以实现元素的淡入淡出效果。jQuerye 有四种 fade 方法。

(1) fadeIn()：jQueryfadeIn()用于淡入已隐藏的元素。可选的 speed 参数规定效果的时长。它可以取以下值：slow、fast 或毫秒。可选的 callback 参数是 fading 完成后所执行的函数名称，格式如下：

```
$(selector).fadeIn(speed,callback);
```

下面的例子演示了带有不同参数的 fadeIn()方法。

```
$("button").click(function(){
    $("#div1").fadeIn();
    $("#div2").fadeIn("slow");$("#div3").fadeIn(3000);
});
```

(2) fadeOut()：jQueryfadeOut()方法用于淡出可见元素，可选的 speed 参数规定效果的时长。它可以取以下值：slow、fast 或毫秒。可选的 callback 参数是 fading 完成后所执行

的函数名称，格式如下：

```
$(selector).fadeOut(speed,callback);
```

下面的例子演示了带有不同参数的 fadeOut()方法。

```
$("#div1").fadeOut();
$("#div2").fadeOut("slow");
$("#div3").fadeOut(3000);
```

(3) fadeToggle()：jQueryfadeToggle()方法可以在 fadeIn()与 fadeOut()方法之间进行切换。如果元素已淡出，则 fadeToggle()会向元素添加淡入效果。如果元素已淡入，则 fadeToggle()会向元素添加淡出效果。

```
$(selector).fadeToggle(speed,callback);
```

下面的例子演示了带有不同参数的 fadeToggle()方法。

```
$("#div1").fadeToggle();
$("#div2").fadeToggle("slow");
$("#div3").fadeToggle(3000);
```

(4) fadeTo()：jQueryfadeTo()方法允许渐变为给定的不透明度(值介于 0 与 1 之间)。必需的 speed 参数规定效果的时长。它可以取以下值：slow、fast 或毫秒。fadeTo()方法中必需的 opacity 参数将淡入淡出效果设置为给定的不透明度(值介于 0 与 1 之间)。可选的 callback 参数是该函数完成后所执行的函数名称。

```
$(selector).fadeTo(speed,opacity,callback);
```

下面的例子演示了带有不同参数的 fadeTo()方法。

```
$("#div1").fadeTo("slow",0.15);
$("#div2").fadeTo("slow",0.4);
$("#div3").fadeTo("slow",0.7);
```

8．jQuery 滑动 DOM

通过 jQuery 可以在元素上创建滑动效果。jQuery 有三种滑动方法。

(1) slideDown()：jQueryslideDown()方法用于向下滑动元素。可选的 speed 参数规定效果的时长。它可以取以下值：slow、fast 或毫秒。可选的 callback 参数是滑动完成后所执行的函数名称。

```
$(selector).slideDown(speed,callback);
```

(2) slideUp()：jQueryslideUp()方法用于向上滑动元素。可选的 speed 参数规定效果的时长。它可以取以下值：slow、fast 或毫秒。可选的 callback 参数是滑动完成后所执行的函数名称。

```
$(selector).slideUp(speed,callback);
```

(3) slideToggle()：jQueryslideToggle()方法可以在 slideDown()与 slideUp()方法之间进行切换。如果元素向下滑动，则 slideToggle()可向上滑动它们；如果元素向上滑动，则 slideToggle()可向下滑动它们。

```
$(selector).slideToggle(speed,callback);
```

9．jQuery-Ajax

Ajax 全称为“Asynchronous Java Script and XML”(异步 Java Script 和 XML)，是指一

种创建交互式网页应用的网页开发技术。简短地说，在不重载整个网页的情况下，AJAX通过后台加载数据，并在网页上进行显示。使用 Ajax 的应用程序案例有谷歌地图、腾讯微博、优酷视频、人人网等。jQuery 提供多个与 Ajax 有关的方法。通过 jQueryAjax 方法，能够使用 HTTPGet 和 HTTPPost 从远程服务器上请求文本、HTML、XML 或 JSON，同时能够把这些外部数据直接载入网页的被选元素中。

编写常规的 Ajax 代码并不容易，因为不同的浏览器对 Ajax 的实现并不相同。这意味着必须编写额外的代码对浏览器进行测试。不过，jQuery 团队为我们解决了这个难题，我们只需要一行简单的代码，就可以实现 Ajax 功能。jQueryload()方法是简单但强大的 Ajax 方法。load()方法从服务器加载数据，并把返回的数据放入被选元素中。

```
$(selector).load(URL,data,callback);
```

其中：

✧ 必需的 URL 参数规定希望加载的 URL。

✧ 可选的 data 参数规定与请求一同发送的查询字符串键/值对集合。

✧ 可选的 callback 参数是 load()方法完成后所执行的函数名称。

下面的例子会把文件“demo_test.txt”的内容加载到指定的<div>元素中。

```
$("#div1").load("demo_test.txt");
```

也可以把 jQuery 选择器添加到 URL 参数。下面的例了把“demo_test.txt”文件中id="p1"元素的内容，加载到指定的<div>元素中。

```
$("#div1").load("demo_test.txt#p1");
```

可选的 callback 参数是规定当 load()方法完成后所要允许的回调函数。回调函数可以设置不同的参数：

✧ responseTxt：包含调用成功时的结果内容。

✧ statusTXT：包含调用的状态。

✧ xhr：包含 XMLHttpRequest 对象。

下面的例子会在 load()方法完成后显示一个提示框。如果 load()方法已成功，则显示“外部内容加载成功！”；如果失败，则显示错误消息。

```
$("#div1").load("/try/ajax/demo_test.txt",function(responseTxt,statusTxt,xhr){
if(statusTxt=="success")
alert("外部内容加载成功!");
if(statusTxt=="error")
alert("Error:"+xhr.status+":"+xhr.statusText);
});
```

两种在客户端和服务器端进行请求-响应的常用方法是 GET 和 POST。

✧ GET：从指定的资源请求数据。

✧ POST：向指定的资源提交要处理的数据。

GET 基本上用于从服务器获得(取回)数据(GET 方法可能返回缓存数据)。POST 也可用于从服务器获取数据。不过，POST 方法不会缓存数据，并且常用于连同请求一起发送数据。$.get()方法通过 HTTPGET 请求从服务器上请求数据，格式如下：

```
$.get(URL,callback);
```

其中：

✧ 必需的 URL 参数规定希望请求的 URL。

✧ 可选的 callback 参数是请求成功后所执行的函数名。

下面的例子使用$.get()方法从服务器上的一个文件中取回数据。

```
$.get("/try/ajax/demo_test.php",function(data,status){
                    alert("数据:"+data+"\n状态:"+status);
        });
```

$.get()方法的第一个参数是我们希望请求的 URL("demo_test.php")。第二个参数是回调函数。第一个回调参数存有被请求页面的内容；第二个回调参数存有请求的状态。

$.post()方法通过 HTTPPOST 请求从服务器上请求数据，格式如下：

```
$.post(URL,data,callback);
```

其中：

✧ 必需的 URL 参数规定希望请求的 URL。

✧ 可选的 data 参数规定连同请求发送的数据。

✧ 可选的 callback 参数是请求成功后所执行的函数名。

下面的例子使用$.post()方法连同请求一起发送数据。

```
$.post("/try/ajax/demo_test_post.php",{
                    name:"菜鸟教程",
                    url:"http://www.runoob.com"
        },
        function(data,status){
                    alert("数据:\n"+data+"\n状态:"+status);
        });
```

$.post()方法的第一个参数是我们希望请求的 URL("demo_test_post.php")。然后我们连同请求(name 和 url)一起发送数据。"demo_test_post.php"中的 PHP 脚本读取这些参数，对它们进行处理，然后返回结果。第三个参数是回调函数：第一个回调参数存有被请求页面的内容；第二个参数存有请求的状态。

3.3.2 Bootstrap

Bootstrap 是最受欢迎的 HTML、CSS 和 JS 框架，用于开发响应式布局、移动设备优先的 WEB 项目。

1. Bootstrap 的下载

Bootstrap (当前版本 v3.3.0)提供了几种方式帮助用户快速上手，如图 3-27 所示。每一种方式针对不同的使用场景。

Bootstrap 中文网为 Bootstrap 专门构建了自己的免费 CDN 加速服务。基于国内云厂商的 CDN 服务，该服务访问速度更快、加速效果更明显，没有速度和带宽限制，永久免费。Bootstrap 中文网还对大量的前端开源工具库提供了 CDN 加速服务，可进入 BootCDN 主页查看更多可用的工具库。

用于生产环境的 Bootstrap

编译并压缩后的 CSS、JavaScript 和字体文件。不包含文档和源码文件。

下载 Bootstrap

Bootstrap 源码

Less、JavaScript 和 字体文件的源码，并且带有文档。需要 Less 编译器和一些设置工作。

下载源码

Sass

这是 Bootstrap 从 Less 到 Sass 的源码移植项目，用于快速地在 Rails、Compass 或 只针对 Sass 的项目中引入。

下载 Sass 项目

图 3-27　Bootstrap 的版本

2. Bootstrap 中的基本样式

1) 表格

(1) 基本实例

为任意<table>标签添加.table 类可以为其赋予基本的样式——少量的内补(padding)和水平方向的分隔线。

```
<table class="table">...</table>
```

(2) 条纹状表格。

通过.table-striped 类可以给<tbody>之内的每一行增加斑马条纹样式。

```
<table class="tabletable-striped">...</table>
```

(3) 带边框的表格。

添加.table-bordered 类为表格和其中的每个单元格增加边框。

```
<table class="tabletable-bordered">...</table>
```

(4) 鼠标悬停。

通过添加.table-hover 类可以让<tbody>中的每一行对鼠标悬停状态作出响应。

```
<table class="tabletable-hover">...</table>
```

(5) 紧缩表格。

通过添加.table-condensed 类可以让表格更加紧凑，单元格中的内补(padding)均会减半。

```
<table class="tabletable-condensed">...</table>
```

2) 表单

单独的表单控件会被自动赋予一些全局样式。所有设置了.form-control 类的<input>、<textarea>和<select>元素都将被默认设置宽度属性为 width:100%。将 label 元素和前面提到的控件包裹在.form-group 中可以获得最好的排列。

```
<formrole="form">
<divclass="form-group">
<labelfor="exampleInputEmail1">Emailaddress</label>
<inputtype="email"class="form-control"id="exampleInputEmail1"placeholder="Enteremail">
</div>
<divclass="form-group">
<labelfor="exampleInputPassword1">Password</label>
<inputtype="password"class="form-control"id="exampleInputPassword1"placeholder="Password">
</div>
<divclass="form-group">
<labelfor="exampleInputFile">Fileinput</label>
```

```
<inputtype="file"id="exampleInputFile">
<pclass="help-block">Exampleblock-levelhelptexthere.</p>
</div>
<divclass="checkbox">
<label>
<inputtype="checkbox">Checkmeout
</label>
</div>
<buttontype="submit"class="btnbtn-default">Submit</button>
</form>
```

表单布局实例中展示了其所支持的标准表单控件，包括大部分表单控件、文本输入域控件，还支持所有 HTML5 类型的输入控件：text、password、datetime、datetime-local、date、month、time、week、number、email、url、search、tel 和 color。表单必须添加类型声明，只有正确设置了 type 属性的输入控件才能被赋予正确的样式。

```
<inputtype="text"class="form-control"placeholder="Textinput">
```

需要在表单中输入控件组，如需在文本输入域<input>前面或后面添加文本内容或按钮控件，可参考输入控件组。

(1) 文本域。支持多行文本的表单控件，可根据需要改变 rows 属性。

(2) 多选框(checkbox)和单选框(radio)。多选框用于选择列表中的一个或多个选项，而单选框用于从多个选项中选择一个。设置了 disabled 属性的单选或多选框都能被赋予合适的样式。对于和多选或单选框联合使用的<label>标签，如果也希望将悬停于上方的鼠标设置为“禁止点击”的样式，可将 disabled 类赋予 radio、radio-inline、checkbox、checkbox-inline 或<fieldset>。

```
<divclass="checkbox">
<label>
<inputtype="checkbox"value="">
Optiononeisthisandthat—besuretoincludewhyit'sgreat
</label>
</div>
<divclass="checkboxdisabled">
<label>
<inputtype="checkbox"value=""disabled>
Optiontwoisdisabled
</label>
</div>

<divclass="radio">
<label>
<inputtype="radio"name="optionsRadios"id="optionsRadios1"value="option1"checked>
Optiononeisthisandthat—besuretoincludewhyit'sgreat
```

```
</label>
</div>
<divclass="radio">
<label>
<inputtype="radio"name="optionsRadios"id="optionsRadios2"value="option2">
Optiontwocanbesomethingelseandselectingitwilldeselectoptionone
</label>
</div>
<divclass="radiodisabled">
<label>
<inputtype="radio"name="optionsRadios"id="optionsRadios3"value="option3"disabled>
Optionthreeisdisabled
</label>
</div>
```

(3) 下拉列表(select)。使用默认选项或添加 multiple 属性可以同时显示多个选项。

```
<selectclass="form-control">
<option>1</option>
<option>2</option>
<option>3</option>
<option>4</option>
<option>5</option>
</select>
<selectmultipleclass="form-control">
<option>1</option>
<option>2</option>
<option>3</option>
<option>4</option>
<option>5</option>
</select>
```

(4) 静态控件。如果需要在表单中将一行纯文本和 label 元素放置于同一行，为<p>元素添加 form-control-static 类即可。

```
<form class="form-horizontal"role="form">
<div class="form-group">
<label class="col-sm-2control-label">Email</label>
<div class="col-sm-10">
<p class="form-control-static">email@example.com</p>
</div>
</div>
<div class="form-group">
<label for="inputPassword"class="col-sm-2control-label">Password</label>
```

```
<divclass="col-sm-10">
<input type="password"class="form-control"id="inputPassword"placeholder="Password">
</div>
</div>
</form>
```

(5) 被禁用的输入框。为输入框设置 disabled 属性可以防止用户输入，并能对外观做一些修改，使其更直观。

```
<input class="form-control" id="disabledInput" type="text"placeholder="Disabledinputhere..."disabled>
```

(6) 只读输入框。为输入框设置 readonly 属性可以禁止用户输入，并且输入框的样式也是禁用状态。

(7) 校验状态。Bootstrap 对表单控件的校验状态，如 error、warning 和 success 状态，都定义了样式。使用时，添加 has-success、has-warning 或 has-error 类到这些控件的父元素即可。任何包含在此元素之内的 control-label、form-control 和 help-block 元素都将接受这些校验状态的样式。

```
<div class="form-grouphas-success">
<label class="control-label"for="inputSuccess1">Inputwithsuccess</label>
<input type="text"class="form-control"id="inputSuccess1">
</div>
<div class="form-grouphas-warning">
<label class="control-label"for="inputWarning1">Inputwithwarning</label>
<input type="text"class="form-control"id="inputWarning1">
</div>
<div class="form-grouphas-error">
<label class="control-label"for="inputError1">Inputwitherror</label>
<input type="text"class="form-control"id="inputError1">
</div>
<div class="has-success">
<div class="checkbox">
<label>
<input type="checkbox"id="checkboxSuccess"value="option1">
Checkboxwithsuccess
</label>
</div>
</div>
<div class="has-warning">
<div class="checkbox">
<label>
<input type="checkbox"id="checkboxWarning"value="option1">
Checkboxwithwarning
</label>
```

```
</div>
</div>
<div class="has-error">
<div class="checkbox">
<label>
<input type="checkbox"id="checkboxError"value="option1">
Checkboxwitherror
</label>
</div>
</div>
```

3) 按钮

(1) 预定义样式。使用下面列出的类可以快速创建一个带有预定义样式的按钮。

```
<!--Standardbutton-->
<buttontype="button"class="btnbtn-default">Default</button>
<!--Providesextravisualweightandidentifiestheprimaryactioninasetofbuttons-->
<button type="button"class="btnbtn-primary">Primary</button>
<!--Indicatesasuccessfulorpositiveaction-->
<button type="button"class="btnbtn-success">Success</button>
<!--Contextualbuttonforinformationalalertmessages-->
<button type="button"class="btnbtn-info">Info</button>
<!--Indicatescautionshouldbetakenwiththisaction-->
<button type="button"class="btnbtn-warning">Warning</button>
<!--Indicatesadangerousorpotentiallynegativeaction-->
<button type="button"class="btnbtn-danger">Danger</button>
<!--Deemphasizeabuttonbymakingitlooklikealinkwhilemaintainingbuttonbehavior-->
<button type="button"class="btnbtn-link">Link</button>
```

(2) 尺寸。使用 btn-lg、btn-sm 或 btn-xs 获得不同尺寸的按钮。

```
<p>
<button type="button"class="btnbtn-primarybtn-lg">Largebutton</button>
<button type="button"class="btnbtn-defaultbtn-lg">Largebutton</button>
</p>
<p>
<button type="button"class="btnbtn-primary">Defaultbutton</button>
<buttontype="button"class="btnbtn-default">Defaultbutton</button>
</p>
<p>
<buttontype="button"class="btnbtn-primarybtn-sm">Smallbutton</button>
<buttontype="button"class="btnbtn-defaultbtn-sm">Smallbutton</button>
</p>
<p>
```

```
<buttontype="button"class="btnbtn-primarybtn-xs">Extrasmallbutton</button>
<buttontype="button"class="btnbtn-defaultbtn-xs">Extrasmallbutton</button>
</p>
```

(3) 激活状态。当按钮处于激活状态时，其表现为被按压下去(底色更深、边框夜色更深、向内投射阴影)。<button>元素是通过 active 状态实现的。<a>元素是通过 active 类实现的。还可以将 active 应用到<button>上，并通过编程的方式使其处于激活状态。

4) Button 元素

由于 active 是伪状态，因此无需额外添加，但是在需要让其表现出同样外观的时候可以添加 active 类。

```
<button type="button"class="btnbtn-primary btn-lgactive"> Primarybutton</button>
<button type="button"class="btnbtn-default btn-lgactive">Button</button>
```

链接(<a>)元素可以为基于<a>元素创建的按钮添加.active 类。

```
<a href="#"class="btnbtn-primary btn-lgactive"role="button"> Primarylink</a>
<a href="#"class="btnbtn-default btn-lgactive"role="button">Link</a>
```

通过为按钮的背景设置 opacity 属性就可以呈现出无法点击的效果。button 元素为<button>元素添加 disabled 属性，使其表现出禁用状态。

```
<button type="button"class="btnbtn-lgbtn-primary"disabled="disabled">
Primarybutton</button>
<button type="button"class="btnbtn-defaultbtn-lg"disabled="disabled">
Button</button>
```

链接(<a>)元素为基于<a>元素创建的按钮添加.disabled 类。

```
<a href="#"class="btnbtn-primarybtn-lgdisabled"role="button">
rimarylink
</a>
<a href="#"class="btnbtn-defaultbtn-lgdisabled"role="button">Link</a>
```

按钮类为<a>、<button>或<input>元素。

```
<a class="btnbtn-default"href="#"role="button">Link</a>
<button class="btnbtn-default"type="submit">Button</button>
<input class="btnbtn-default"type="button"value="Input">
<input class="btnbtn-default"type="submit"value="Submit">
```

5) 图片

在 Bootstrap 的第三个版本中，通过为图片添加 img-responsive 类可以让图片支持响应式布局。其实质是为图片设置了“max-width:100%”和“height:auto”属性，从而让图片在其父元素中可更好地缩放。

```
<img src="..."class="img-responsive"alt="Responsiveimage">
```

通过为<img>元素添加以下相应的类，可以让图片呈现不同的形状。

```
<img src="..."alt="..."class="img-rounded">
<img src="..."alt="..."class="img-circle">
<img src="..."alt="..."class="img-thumbnail">
```

小　结

✧ 熟练掌握超文本标签语言。HTML 是以.html 或.htm 为扩展名的纯文本文件，一个基本的 HTML 文档由 HTML、HEAD 和 BODY 三部分组成。

✧ CSS 的基本语法包括样式规则、选择符以及 CSS 的使用方式。

✧ 在开发过程中，网页开发人员通过使用 JavaScript 对网页进行管理和控制。JavaScript 可以嵌入到 HTML 文档中，当页面显示在浏览器中时，浏览器会解释并执行 JavaScript 语句，从而控制页面的内容和验证用户输入的数据。

✧ jQuery 的核心特性可以总结为：具有独特的链式语法和短小清晰的多功能接口；具有高效灵活的 CSS 选择器，并且可对 CSS 选择器进行扩展；拥有便捷的插件扩展机制和丰富的插件。

✧ Bootstrap 是最受欢迎的 HTML、CSS 和 JS 框架，用于开发响应式布局、移动设备优先的 WEB 项目。

练　习

1．HTML 常用的基本标签有哪些？

2．jQuery 基本选择器有哪些？

3．Bootstrap 的基本样式有哪些？

4．下列不属于 JavaScript 基本数据类型的是______。(多选)

A．整数　　B．字符　　C．字符串　　D．布尔类型

5．JavaScript 表达式 1 + 2 + "3" + 4 + 5 的运算结果是______。

A．12345　　B．339　　C．3345　　D．语法错误

6．下列代码的运行结果是______。

```
<script>
	var x = 1;
	function test() {
		var x = 2;
		y = 3;
		document.write(x);
	}
	test();
	document.write(x);
	document.write(y);
</script>
```

A．输出 223　　B．输出 213　　C．输出 21　　D．运行错误

第 4 章　系统后台开发之 Servlet

本章目标

- 了解动态网站开发的相关技术
- 理解 Servlet 的运行原理及生命周期
- 掌握 Servlet 对表单数据的处理
- 掌握 Servlet 的会话跟踪技术
- 掌握 Cookie 的读/写方法的使用
- 掌握 Session 的方法使用

第 3 章学习了使用 HTML、CSS、JavaScript 等相关技术来建设制造信息系统的静态网站的内容，这些静态网站文件的扩展名为“.htm”或“.html”，这些页面不能直接与服务器进行数据交互。随着系统内容的不断复杂化，单一的静态网站技术往往不能满足应用的要求。例如，在智能制造信息系统中，需要把网站上的数据传输到服务器上进行处理，并存储到数据库中。静态网站技术无法满足这样的需求，此时就需要动态网站技术了。

4.1 系统动态网站技术概述

动态网站并不是指具有动画功能的网站，而是指基于数据库架构的网站，一般由大量的动态网页(如 JSP)、后台处理程序(如 Servlet)和用于存储内容的数据库组成。动态网页本质上与网页上的各种动画、滚动字幕等视觉上的“动态效果”无关。它可以是纯文字内容，也可以包含各种动画的内容，这些只是网页具体内容的表现形式。无论网页是否具有动态效果，采用动态网站技术生成的网页都称为动态网页。

4.1.1 动态网站技术特点

动态网站具有以下几个特点：

(1) 交互性：网页会根据用户的要求和选择而动态改变和响应。例如，用户在网页中填写表单信息并提交，服务器可以对数据进行处理并保存到数据库中，然后跳转到相应页面。因此，动态网站可以实现用户注册、信息发布、订单管理等功能。

(2) 自动更新：无须手动更新 HTML 文档，就会自动生成新的页面，大大节省了工作量。例如，在论坛中发布信息时，后台服务器可以产生新的网页。

(3) 随机性：在不同的时间、不同的用户访问同一网页时可能产生不同的页面。

4.1.2 体系架构

网络应用开发的体系结构可以分为基于客户端/服务器的 C/S 结构和基于浏览器/服务器的 B/S 结构两种。

1. C/S 体系结构介绍

C/S 架构(Client/Server)即客户端与服务器结构，客户端需要安装专用的客户端软件，服务器通常采用高性能的 PC 或工作站，并采用大型的数据库系统，如 ORACLE、SYBASE 或者 SQLServer。客户端与服务器端的程序不同，用户的程序主要在客户端，服务器端主要提供数据的管理、共享与维护等，客户端则主要完成用户的具体业务，如图 4-1 所示。

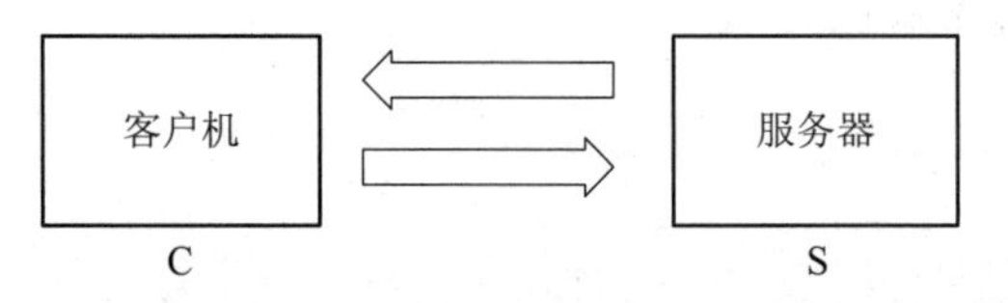

图 4-1 C/S 模型

C/S 结构的优点有：

✧ 响应速度快。C/S 结构是客户端与数据库直接相连，没有中间环节，因此响应速度快。

✧ 事务处理能力强大。C/S 结构充分利用客户端的硬件设施，将很多的数据处理工作在客户端完成，故数据处理能力比较强大，对一些复杂的业务流程也容易实现。

✧ 安全性较强。C/S 结构一般面向相对固定的用户群，对信息的控制能力较强，一般高度机密的信息系统宜采用 C/S 结构。

C/S 结构的缺点有：

✧ 开发与维护成本高。由于客户端数量庞大，对系统的安装、调试、维护和升级均需要在所有的客户机上进行，造成系统的部署、维护和升级的成本高昂。

✧ 难以实现跨平台使用。C/S 结构系统如需跨平台使用，就必须重新开发在其系统平台的客户端程序。

2．B/S 体系结构介绍

一般使用浏览器作为客户端，当客户在浏览器中发出请求，Web 服务器得到请求后查找资源，然后向客户返回一个结果，这就是 B/S(Browser/Server)结构，如图 4-2 所示。

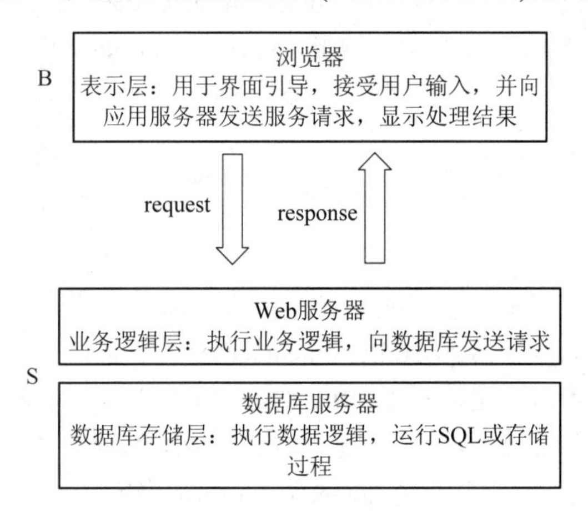

图 4-2　B/S 模型

在 B/S 结构中，用户的请求与 Web 服务器响应需要通过 Internet 网络从一台计算机发送到另一台计算机，不同计算机之间是使用 HTTP(HyperTextTransferProtocol)协议进行通信的。HTTP 是超文本传输协议，包含命令和传输信息，不仅用于 Web 访问，也可以用于其他因特网/内联网应用系统之间的通信，从而实现各种资源信息的超媒体访问集成。

4.2　Servlet 简介

Servlet 技术是 Sun 公司提供的一种实现动态网页的解决方案。它是基于 Java 编程语

言的 Web 服务器端编程技术，主要用于在 Web 服务器端获得客户端的访问请求信息，并动态生成对客户端的响应信息。此外，Servlet 技术也是 JSP 技术的基础。

1. Servlet 技术简介

Servlet 是 Web 服务器端的 Java 应用程序，它支持用户交互式地浏览和修改数据，生成动态的 Web 页面。比如，当浏览器发送一个请求到服务器时，服务器会把请求送往一个特定的 Servlet，这样 Servlet 就能处理请求并构造一个合适的响应(通常以 HTML 网页形式)返回给客户，如图 4-3 所示。

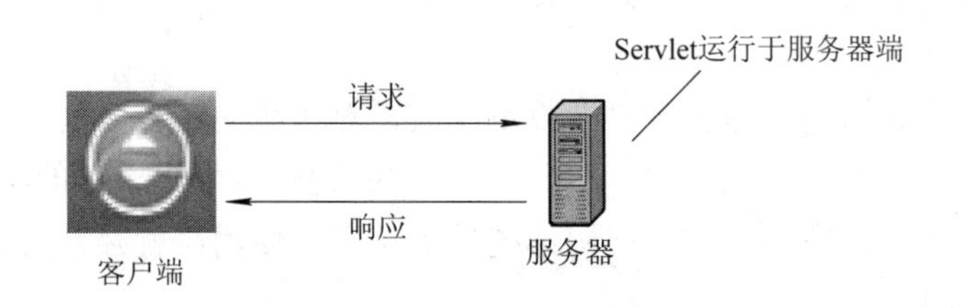

图 4-3　Servlet 的作用

Servlet 与普通 Java 程序相比，只是输入信息的来源和输出结果的目标不一样。例如，对于 Java 程序而言，用户一般通过 GUI(Graphical User Interface，图形用户界面)窗口输入信息，并在 GUI 窗口上获得输出结果，而对于 Servlet 程序而言，用户一般通过浏览器输入并获取响应结果。通常普通 Java 程序所能完成的大多数任务，Servlet 程序都可以完成。

2. 第一个 Servlet

编写 Servlet 需要遵循一定规范：

- ✧ 创建 Servlet 时，需要继承 HttpServlet 类，同时需要导入 Servlet API 的两个包：javax.servlet 和 javax.servlet.http。javax.servlet 包提供了控制 Servlet 生命周期所必需的 Servlet 接口，是编写 Servlet 时必须要实现的；javax.servlet.http 包提供了从 Servlet 接口派生出的专门用于处理 HTTP 请求的抽象类和一般的工具类。
- ✧ 根据数据的发送方式，覆盖 doGet()、doPost()方法之一或全部。doGet()和 doPost()方法都有两个参数，分别为 HttpServletRequest 和 HttpServletResponse 类型。这两个参数分别用于表示客户端的请求和服务器端的响应。通过 HttpServletRequest，可以从客户端中获得发送过来的信息；通过 HttpServletResponse，可以让服务器端对客户端做出响应，最常用的就是向客户端发送信息。关于这两个参数，将在后续内容中详细讲解。

下述代码用于实现使用 Servlet 输出“Hello World”页面。

【示例 4.1】 HelloServlet.java。

```
//创建一个Servlet类，继承HttpServlet
public class HelloServlet extends HttpServlet
{
```

```
        // 重写doGet()
        public void doGet(HttpServletRequest request, HttpServletResponse response)
                    throws ServletException, IOException {
            //设置响应到客户端的文本类型为HTML
            response.setContentType("text/html");
            //获取输出流
            PrintWriter out = response.getWriter();
            out.println(" Hello World");
        }
}
```

上述代码会向客户端浏览器中打印“Hello World”信息。通过 response 对象的 getWriter()方法可以获取向客户端输出信息的输出流：

```
PrintWriter out = response.getWriter();
```

调用输出流的 println()方法可以在客户端浏览器打印消息，例如：

```
out.println(" Hello World");
```

创建完 Servlet 后，需要在 web.xml 中配置此 Servlet 信息。

【示例 4.2】 在 web.xml 中配置 Servlet。

```
<servlet>
    <display-name>Hello</display-name>
    <!-- Servlet的名称 -->
    <servlet-name>Hello</servlet-name>
    <!-- 所配置的Servlet类的完整类路径 -->
    <servlet-class>com.haiersoft.ch01.HelloServlet</servlet-class>
</servlet>
<servlet-mapping>
    <!-- 前面配置的Servlet名称-->
    <servlet-name>Hello</servlet-name>
    <!-- 访问当前Servlet的URL -->
    <url-pattern>/hello</url-pattern>
</servlet-mapping>
```

在上述配置信息中，需要注意以下几个方面：

- ✧ Servlet 别名，即“<servlet-name>Servlet 别名<</servlet-name>”之间的命名可以随意命名，但要遵循命名规范。
- ✧ <servlet>和<servlet-mapping>元素可以配对出现，通过 Servlet 别名进行匹配。<servlet>元素也可以单独出现，通常用于初始化操作。
- ✧ URL 引用，即“<url-pattern>…</url-pattern>”之间的命名通常以“/”开头。

启动 Tomcat，在 IE 中访问 http://localhost:8080/ch01/hello，运行结果如图 4-4 所示。

图 4-4　运行结果

4.2.1　Servlet 生命周期

Servlet 是运行在服务器上的，其生命周期由 Servlet 容器负责。Servlet 生命周期是指 Servlet 实例从创建到响应客户请求直至销毁的过程。Servlet API 中定义了关于 Servlet 生命周期的三个方法：

- ✧ init()：用于 Servlet 初始化。当容器创建 Servlet 实例后，会自动调用此方法。
- ✧ service()：用于服务处理。当客户端发出请求后，容器会自动调用此方法进行处理，并将处理结果响应到客户端。service()方法有两个参数，分别接受 ServletRequest 接口和 ServletResponse 接口的对象来处理请求和响应。
- ✧ destroy()：用于销毁 Servlet。当容器销毁 Servlet 实例时自动调用此方法，释放 Servlet 实例，清除当前 Servlet 所持有的资源。

Servlet 生命周期概括为以下几个阶段：

(1) 装载 Servlet：这项操作一般是动态执行的，有些服务器提供了相应的管理功能，可以在启动的时候就装载 Servlet。

(2) 创建一个 Servlet 实例：容器创建 Servlet 的一个实例对象。

(3) 初始化：容器调用 init()方法对 Servlet 实例进行初始化。

(4) 服务：当容器接收到对此 Servlet 的请求时，将调用 service()方法响应客户的请求。

(5) 销毁：容器调用 destroy()方法销毁 Servlet 实例。

在 Servlet 生命周期的这几个阶段中，初始化 init()方法仅执行一次，是在服务器装载 Servlet 时执行的，以后无论有多少客户访问此 Servlet，都不会重复执行 init()，即此 Servlet 在 Servlet 容器中只有单一实例。当多个用户访问此 Servlet 时，会分为多个线程访问此 Servlet 实例对象的 service()方法。在 service()方法内，容器会对客户端的请求方式进行判断，如果是 Get 方式提交，则调用 doGet()进行处理；如果是 Post 方式提交，则调用 doPost()进行处理。图 4-5 说明了 Servlet 生命周期的不同阶段。

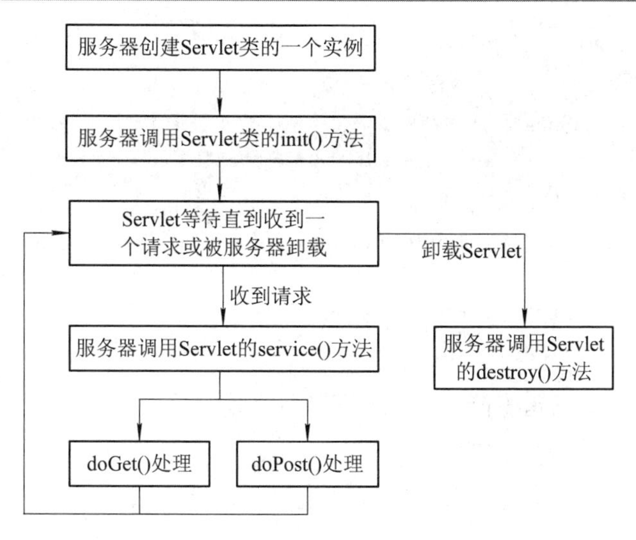

图 4-5　Servlet 的生命周期

下面代码演示了 Servlet 的生命周期。

【示例 4.3】 ServletLife.java。

```
public class ServletLife extends HttpServlet {
	/**
	 * 构造方法.
	 */
	public ServletLife() {
		super();
	}
	/**
	 * 初始化方法
	 */
	public void init(ServletConfig config) throws ServletException {
		System.out.println("初始化时，init()方法被调用!");
	}
	protected void doGet(HttpServletRequest request,
				HttpServletResponse response) throws ServletException, IOException {
		System.out.println("处理请求时，doGet()方法被调用。");
	}
	protected void doPost(HttpServletRequest request,
				HttpServletResponse response) throws ServletException, IOException {
		System.out.println("处理请求时，doPost()方法被调用。");
	}
	/**
	 * 用于释放资源
	 */
```

```
    public void destroy() {
        super.destroy();
        System.out.println("释放系统资源时,destroy()方法被调用!");
    }
}
```

启动 Tomcat，在 IE 中访问 http://localhost:8080/ch01/ServletLife，观察控制台输出信息，如图 4-6 所示。

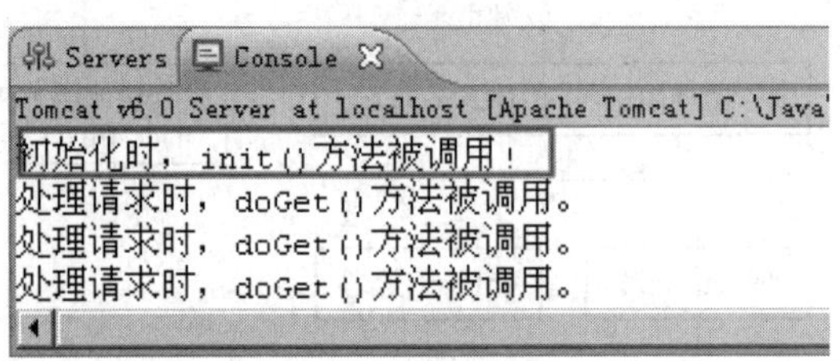

图 4-6　Servlet 生命周期

打开多个 IE 窗口，访问此 Servlet，观察控制台输出，会发现 init()方法只运行一次，而 service()方法会对每次请求都做出响应。

4.2.2　Servlet 数据处理

Servlet 数据处理主要包括读取表单数据、处理 HTTP 请求报头和设置 HTTP 响应报头。当访问 Internet 网站时，在浏览器地址栏中会经常看到如下字符串：

```
http://host/path?usr=tom&dest=ok
```

该字符串问号后面的部分为表单数据(Form Data)或查询数据(Query Data)，这些数据是以“name=value”形式通过 URL 传送的，多个数据使用“&”分开，这种形式也称为“查询字符串”。查询字符串紧跟在 URL 中的“?”后面，所有“名/值”对会被传递到服务器，这是服务器获取客户端信息所采用的最常见的方式。

表单数据可以通过 GET 请求方式提交给服务器，此种方式将数据跟在问号后附加到 URL 的结尾(查询字符串形式)。也可以采用 POST 请求方式提交给服务器，此种方式将在地址栏看不到表单数据信息，可用于大量的数据传输，并且比 GET 方式更安全。在学习处理表单数据前，我们已在第 2 章中学过了表单的基本知识。

(1) 使用 Form 标签创建 HTML 表单。

使用 action 属性指定对表单进行处理的 Servlet 或 JSP 页面的地址，可以使用绝对或相对 URL。例如：

```
<form action="...">...</form>
```

如果省略 action 属性，那么数据将提交给当前页面对应的 URL。

(2) 使用输入元素收集用户数据。

将这些元素放在 Form 标签内，并为每个输入元素赋予一个 name。文本字段是最常用的输入元素，其创建方式如下：

```
<input type="text" name="...">
```

(3) 在接近表单的尾部放置提交按钮。

```
<input type="submit"/>
```

点击提交按钮时，浏览器会将数据提交给表单 action 对应的服务器端程序。

1. Form 表单数据

通过 HttpServletRequest 对象可以读取 Form 标签中的表单数据。HttpServletRequest 接口在 javax.servlet.http 包中定义，它扩展了 ServletRequest，并定义了描述一个 HTTP 请求的方法。当客户端请求 Servlet 时，一个 HttpServletRequest 类型的对象会被传递到 Servlet 的 service()方法，进而传递到 doGet()或 doPost()方法中去。doGet()和 doPost()方法分别对应浏览器的两种访问方式——GET 方式和 POST 方式。

- ✧ 提交表单时，Form 元素的 method 属性值为 GET，或者没有配置 method 属性，或直接在浏览器地址栏输入要访问的地址发送请求。这些请求在发送时，所有请求参数会转换为一个字符串，并附加在原 URL 后面，因此可以在地址栏中看到请求参数的用户名和值，所以不能传递大量的数据。
- ✧ 提交表单时，form 元素的 method 属性值为 POST，或者使用 JavaScript 的 AJAX 请求(需要单独配置访问方式为 POST)。当需要传递大量数据时需要使用 POST 方式，通常认为 POST 请求参数不受限制，但往往取决于服务器端程序或配置的限制。POST 方式发送的请求参数以及对应的值放在 HTML HEADER 中传递，用户在浏览器地址栏中看不到对应请求参数，安全性比 GET 方式要高。

此对象中封装了客户端的请求扩展信息，包括 HTTP 方法(即 GET 或 POST)、Cookie、身份验证和表单数据等信息。表 4-1 列出了 HttpServletRequest 接口中用于读取表单数据的方法。

表 4-1　HttpServletRequest 接口中读取表单数据的方法

方法	说　明
getParameter(String name)	单值读取：返回与指定参数相应的值。参数区分大小写，参数没有相应的值则返回空 String，如果没有该参数则返回 null；对于多个同一参数名则返回首次出现的值
getParameterValues(String name)	多个值的读取：返回字符串的数组。对于不存在的参数名，返回值为 null，如果参数只有单一的值，则返回只有一个元素的数组
getPammeterNames()	返回 Enumeration 的形式参数名列表。如果当前请求中没有参数，返回空的 Enumeration(不是 null)
getReader()/getInputStream()	获得输入流。如果以这种方式读取数据，不能保证可以同时使用 getParameter()。当数据来自上传的文件时，可以用此方法

默认情况下，request.getParameter()使用服务器的当前字符集解释输入。要改变这种默认行为，需要使用 setCharacterEncoding(String env)方法来设置字符集，例如：

```
request.setCharacterEncoding("GBK");
```

下述内容用于实现使用 Servlet 处理表单数据，当用户提交的数据正确(用户名为

haier，密码为 soft)，输出“登录成功！”，否则提示“登录失败！”。

(1) 首先编写静态页面，用于接收用户信息。

【示例 4.4】 index.html。

```
<html>
<head>
<meta http-equiv="Content-Type" content="text/html; charset=gbk">
<title>登录</title>
<script language="javascript" type="">
        function LoginSubmit(){
                var user=document.Login.loginName.value;
                var pass=document.Login.password.value;
                if(user==null||user==""){
                        alert("请填写用户名");
                }
                else if(pass==null||pass==""){
                        alert("请填写密码");
                }
                else document.Login.submit();
        }
</script>
</head>
<body>
<form method="POST" name="Login" action="LoginServlet">
  <p align="left">
  用户名:<input type="text" name="loginName" size="20"></p>
  <p align="left">
  密  码:<input type="password" name="password" size="20"></p>
  <p align="left">
  <input type="button" value="提交" name="B1" onclick="LoginSubmit()">
  <input type="reset" value="重置" name="B2"></p>
</form>
</body>
</html>
```

在上述 HTML 代码中，使用 JavaScript 对用户表单进行初始验证，验证成功后才提交给 LoginSevlet 进行处理。

(2) 编写 Servlet 处理用户提交表单数据。

【示例 4.5】 LoginServlet.java。

```
public class LoginServlet extends HttpServlet {
        public LoginServlet() {
                super();
```

```
	}
public void doGet(HttpServletRequest request, HttpServletResponse response)
			throws ServletException, IOException {
		doPost(request, response);
	}
public void doPost(HttpServletRequest request, HttpServletResponse response)
			throws ServletException, IOException {
		// 设置请求的编码字符为GBK(中文编码)
		request.setCharacterEncoding("GBK");
		// 设置响应的文本类型为HTML，编码字符为GBK
		response.setContentType("text/html;charset=GBK");
		// 获取输出流
		PrintWriter out = response.getWriter();
		// 获取表单数据
		String pass = request.getParameter("password");
		String user = request.getParameter("loginName");
		if ("haier".equals(user) && "soft".equals(pass)) {
			out.println("登录成功!");
		} else {
			out.println("登录失败!");
		}
	}
}
```

上述代码在 doGet()方法中调用了 doPost()方法，这样不管用户以什么方式提交，处理过程都一样。因为页面中使用了中文，为了防止出现中文乱码问题，所以需要设置请求和响应的编码字符集，使之能够支持中文：

```
request.setCharacterEncoding("GBK");
response.setContentType("text/html;charset=GBK");
```

获取表单中数据时，使用 getParameter()方法通过参数名获得参数值，例如：

```
String pass = request.getParameter("password");
```

(3) 在 web.xml 中注册该 Servlet。

【示例 4.6】 web.xml。

```
<servlet>
	<display-name>LoginServlet</display-name>
	<servlet-name>LoginServlet</servlet-name>
	<servlet-class>com.haiersoft.ch01.LoginServlet</servlet-class>
</servlet>
<servlet-mapping>
	<servlet-name>LoginServlet</servlet-name>
	<url-pattern>/LoginServlet</url-pattern>
```

```
</servlet-mapping>
```

在上述代码中，注册了一个名为“LoginServlet”的 Servlet，当请求的相对 URL 为“/LoginServlet”时，Servlet 容器会将请求交给该 Servlet 进行处理。

启动 Tomcat，在 IE 中访问 http://localhost:8080/ch01/index.html，运行结果如图 4-7 所示。

图 4-7 index.html 页面

在用户名的文本栏中输入“haier”，密码栏中输入“soft”，然后单击“提交”按钮，显示结果如图 4-8 所示。

图 4-8 LoginServlet 验证成功

当输入错误的用户名或密码时，则显示“登录失败!”，如图 4-9 所示。

图 4-9 LoginServlet 验证失败

2．处理 HTTP 请求报头

客户端浏览器向服务器发送请求的时候，除了用户输入的表单数据或者查询数据之外，通常还会在 GET/POST 请求行后面加上一些附加的信息，而在服务器向客户端的请求做出响应的时候，也会自动向客户端发送一些附加的信息。这些附加信息被称为 HTTP 报头，信息附加在请求信息后面称为 HTTP 请求报头，而附加在响应信息后则称为 HTTP 响应报头。在 Servlet 中可以获取或设置这些报头的信息。

报头信息的读取比较简单：只需将报头的名称作为参数，调用 HttpServletRequest 的 getHeader 方法即可。如果当前的请求中提供了对应的报头信息，则返回一个 String，否则返回 null。另外，这些报头的参数名称不区分大小写，就是说，可以通过 getHeader(user-agent)来获得 User-Agent 报头。常用的 HTTP 请求报头如表 4-2 所示。

表 4-2　常用的 HTTP 请求报头

请求报头名称	说　明
Accept	浏览器可接受的 MIME 类型
Accept-Charset	浏览器可接受的字符集
Accept-Encoding	浏览器能够进行解码的数据编码方式
Accept-Language	浏览器所希望的语言种类。当服务器能够提供一种以上的语言版本时要用到这个请求报头信息，特别是在有国际化要求的应用中，需要通过这个信息以确定应该向客户端显示何种语言的界面
Authorization	授权信息。通常出现在对服务器发送的 WWW-Authenticate 报头的应答中
Connection	表示是否需要持久连接。如果它的值为“Keep-Alive”，或者该请求使用的是 HTTP 1.1(HTTP 1.1 默认进行持久连接)，它就可以利用持久连接的优点，当页面包含多个元素时(例如 Applet、图片)，会显著地减少下载所需要的时间
Content-Length	表示请求消息正文的长度
Cookie	向服务器返回服务器之前设置的 Cookie 信息
Host	初始 URL 中的主机和端口，可以通过这个信息获得提出请求的机器主机名称和端口号
Referer	包含一个 URL，用户从该 URL 代表的页面出发访问当前请求的页面。也就是说，是从哪个页面进入到这个 Servlet 的
User-Agent	浏览器相关信息。如果 Servlet 返回的内容与浏览器类型有关则该值非常有用
If-Modified-Since	只有当所请求的内容在指定的日期之后又经过修改才返回它，否则返回 304 “Not Modified”应答，这样浏览器就可以直接使用缓存中的内容而不需要再次从服务器下载。和它相反的一个报头是“If-Unmodified-Since”
Pragma	指定“no-cache”值表示不使用浏览器的缓存，即使它是代理服务器而且已经有了页面的本地拷贝

尽管 getHeader()方法是读取输入报头的通用方式，但由于几种报头的应用很普遍，故而 HttpServletRequest 为它们提供了专门的访问方法，如表 4-3 所示。

表 4-3　HttpServletRequest 获取报头信息的方法

方法名	描　述
getAuthType()	描述了客户采用的身份验证方案
getContentLength()	返回请求中 Content-Length HTTP 标题的值上下文长度
getContentType()	返回请求中 Content-Type HTTP 标题的值上下文长度
getHeader()	返回指定标题域的值
getHeaderNames()	返回一个包含所请求报头名称的 Enumeration 类型的值
getPathInfo()	返回 Servlet 路径以后，查询字符串以前的所有路径信息
getPathTranslated()	检索 Servlet(不包括查询字符串)后面的路径信息，并把它转交成一个真正的路径
getRequesURI()	返回 URL 中主机和端口之后，表单数据之前的部分
getQueryString()	返回一个 URL 查询字符串
getRemoteAddr()	返回远程服务器地址
getRemoteHost()	返回远程服务器名
getRemoteUser()	返回由 HTTP 身份验证提交的用户名
getMethod()	返回请求中使用的 HTTP 方法
getServerName()	返回服务器名
getServerPort()	返回服务器端口号
getProtocol()	返回服务器协议名
getCookies()	返回 Cookie 对象数组

下述代码用于实现报头信息的读取方式。

【示例 4.7】 HttpHeadServlet.java。

```
public class HttpHeadServlet extends HttpServlet {
    protected void doGet(HttpServletRequest request,
                HttpServletResponse response) throws ServletException, IOException {
        doPost(request, response);
    }
    protected void doPost(HttpServletRequest request,
                HttpServletResponse response) throws ServletException, IOException {
        response.setContentType("text/html;charset=gbk");
        PrintWriter out = response.getWriter();
        StringBuffer buffer = new StringBuffer();
        buffer.append("<!DOCTYPE HTML PUBLIC \"-//W3C//DTD HTML 4.0 "
                + "Transitional//EN\">");
```

```
            buffer.append("<html>");
            buffer.append("<head><title>");
            String title = "请求表头信息";
            buffer.append(title);
            buffer.append("</title></head>");
            buffer.append("<body>");
            buffer.append("<h1 align='center'>" + title + "</h1>");
            buffer.append("<b>Request Method: </b>");
            buffer.append(request.getMethod() + "<br/>");
            buffer.append("<b>Request URL: </b>");
            buffer.append(request.getRequestURI() + "<br/>");
            buffer.append("<b>Request Protocol: </b>");
            buffer.append(request.getProtocol() + "<br/>");
            buffer.append("<b>Request Local: </b>");
            buffer.append(request.getLocale() + "<br/><br/>");
            buffer.append("<table border='1' align='center'>");
            buffer.append("<tr bgcolor='#FFAD00'>");
            buffer.append("<th>Header Name</th><th>Header Value</th>");
            buffer.append("</tr>");
            Enumeration<String> headerNames = request.getHeaderNames();
            while (headerNames.hasMoreElements()) {
                String headerName = (String) headerNames.nextElement();
                buffer.append("<tr>");
                buffer.append("<td>" + headerName + "</td>");
                buffer.append("<td>" + request.getHeader(headerName) + "</td>");
                buffer.append("</tr>");
            }
            buffer.append("</body>");
            buffer.append("</html>");
            out.println(buffer.toString());
        }
}
```

在上述代码中，通过调用 request 对象中的 getMethod()方法来获取用户请求方式；调用 getRequestURI()方法来获取用户请求路径；调用 getHeaderNames()方法返回所有请求报头名称的集合，遍历此集合并使用 getHeader()提取报头信息显示。

启动 Tomcat，在 IE 中访问 http://localhost:8080/ch01/HttpHeadServlet，运行结果如图 4-10 所示。

图 4-10　请求报头信息

3．设置 HTTP 响应报头

在 Servlet 中，可以通过 HttpServletResponse 的 setHeader()方法来设置 HTTP 响应报头。它接收两个参数，用于指定响应报头的名称和对应的值，语法格式如下：

```
setHeader(String headerName,String headerValue)
```

常用的 HTTP 响应报头如表 4-4 所示。

表 4-4　常用的 HTTP 响应报头

响应报头	说　明
Content-Encoding	用于标明页面在传输过程中的编码方式
Content-Type	用于设置 Servlet 输出的 MIME(Multipurpose Internet Mail Extension)类型。在 Tomcat 安装目录下的 conf 目录下，有一个 web.xml 文件，里面列出了几乎所有的 MIME 类型和对应的文件扩展名。正式注册的 MIME 类型格式为 maintype/subtype，如 text/html、text/javascript 等；而未正式注册的类型格式为 maintype/x-subtype，如 audio/x-mpeg 等
Content-Language	用于标明页面所使用的语言，如 en、en-us 等
Expires	用于标明页面的过期时间，可以使用 Expires 在指定的时间内取消页面缓存(cache)
Refresh	这个报头表明浏览器自动重新调用最新的页面

除 setHeader()方法外，还有两个方法用于设置日期或者整型数据格式报头：

```
setDateHeader(String headerName, long ms)
```

和

```
setIntHeader(String headerName, int headerValue)
```

此外，对于一些常用的报头，在 API 中也提供了更方便的方法来设置它们，如表 4-5 所示。

表 4-5　HttpServletResponse 响应方法

方法名	说　明
setContentType(String mime)	该方法用于设置 Content-Type 报头。使用这个方法可以设置 Servlet 的 MIME 类型，甚至字符编码(Encoding)，特别是在需要将 Servlet 的输出设置为非 HTML 格式的时候
setContentLength(int length)	设置 Content-Length 报头
addCookie(Cookie c)	设置 Set-Cookie 报头
sendRedirect(String location)	设置 Location 报头，让 Servlet 跳转到指定的 URL

下述代码用于通过设置响应报头实现动态时钟。

【示例 4.8】 DateServlet.java。

```
public class DateServlet extends HttpServlet {
    public void doPost(HttpServletRequest request, HttpServletResponse response)
            throws ServletException, IOException { // 获得一个向客户发送数据的输出流
        response.setContentType("text/html; charset=GBK");// 设置响应的MIME类型
        PrintWriter out = response.getWriter();
        out.println("<html>");
        out.println("<body>");
        response.setHeader("Refresh", "1"); // 设置Refresh 的值
        out.println("现在时间是:");
        SimpleDateFormat sdf = new SimpleDateFormat("yyyy-MM-dd hh:mm:ss");
        out.println("<br/>" + sdf.format(new Date()));
        out.println("</body>");
        out.println("</html>");
    }
    public void doGet(HttpServletRequest request, HttpServletResponse response)
            throws ServletException, IOException {
        doPost(request, response);
    }
}
```

在上述代码中，通过设置响应报头，使得客户端每隔一秒访问一次当前 Servlet，从而在客户端能够动态地观察时钟的变化。实现每隔一秒动态刷新功能的代码如下：

```
response.setHeader("Refresh", "1");
```

其中：

✧ Refresh 为响应报头头部信息；“1”是时间间隔值，以秒为单位。

启动 Tomcat，在 IE 中访问 http://localhost:8080/ch01/DateServlet，运行结果如图 4-11 所示。

图 4-11　动态时钟

4.2.3 重定向和请求转发

重定向和请求转发是 Servlet 处理完数据后进行页面跳转的两种主要方式。

1. 重定向

重定向是指页面重新定位到某个新地址，之前的 Request 失效，进入一个新的 Request，且跳转后浏览器地址栏内容将变为新的指定地址。重定向是通过 HttpServletResponse 对象的 sendRedirect()方法来实现。该方法用于生成 302 响应码和 Location 响应头，从而通知客户端去重新访问 Location 响应报头中指定的 URL，其语法格式如下：

```
pubilc void sendRedirect(java.lang.String location)throws java.io.IOException
```

其中：

✧ location 参数指定了重定向的 URL，它可以是相对路径也可是绝对路径。

sendRedirect()不仅可以重定向到当前应用程序中的其他资源，还可以重定向到其他应用程序中的资源，例如：

```
response.sendRedirect("/ch01/index.html");
```

上面语句重定向到当前站点(ch01)的根目录下的 index.html 界面。

下述代码用于实现使用请求重定向方式，使用户自动访问重定向后的页面。

【示例 4.9】 RedirectServlet.java。

```
public class RedirectServlet extends HttpServlet {
    public void doGet(HttpServletRequest request, HttpServletResponse response)
            throws ServletException, IOException {
        response.setContentType("text/html; charset="GBK");

        System.out.println("重定向前");
        response.sendRedirect(request.getContextPath() + "/myservlet");
        System.out.println("重定向后");
    }
}
```

在 web.xml 配置文件中配置 RedirectServlet 的<url-pattern>为“/redirect”。MyQervlet 对应的 Servlet 代码如示例 4.10。

【示例 4.10】 MyServlet.java。

```
public class MyServlet extends HttpServlet {
    public void doGet(HttpServletRequest request, HttpServletResponse response)
            throws ServletException, IOException {
        // 设置响应到客户端的文本类型为HTML
        response.setContentType("text/html; charset=GBK");
        // 获取输出流
        PrintWriter out = response.getWriter();
```

```
            out.println("重定向和请求转发");
        }
}
```

在 web.xml 配置文件中配置 MyServlet 的<url-pattern>为“/myservlet”。

启动 Tomcat，在 IE 中访问 http://localhost:8080/ch01/redirect，显示出了 MyServlet 输出网页中的内容，这时浏览器地址栏中的地址变成了 MyServlet 的 URL “http://localhost:8080/ch01/myservlet”，如图 4-12 所示。

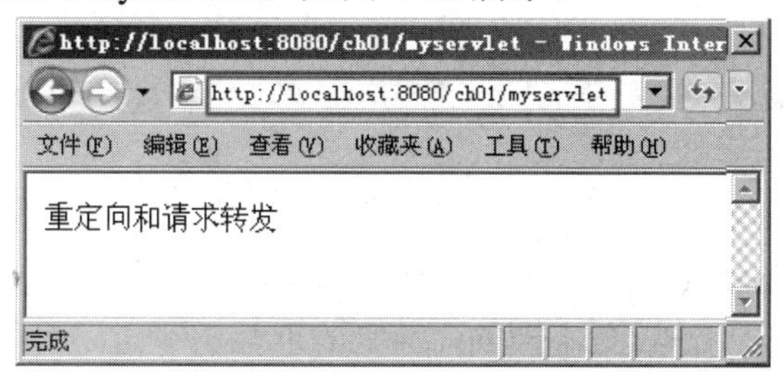

图 4-12　重定向地址栏变化

2. 请求转发

请求转发是指将请求再转发到另一页面，此过程依然在 Request 范围内，转发后浏览器地址栏内容不变。请求转发使用 RequestDispatcher 接口中的 forward()方法来实现。该方法可以把请求转发到另外一个资源，并让该资源对浏览器的请求进行响应。

RequestDispatcher 接口有两个方法：

✧ forward()方法：请求转发，可以从当前 Servlet 跳转到其他 Servlet。

✧ include()方法：引入其他 Servlet。

RequestDispatcher 是一个接口，通过使用 HttpRequest 对象的 getRequestDispalcher()方法可以获得该接口的实例对象，例如：

```
RequestDispatcher rd = request.getRequestDispatcher(path);
rd.forward(request,response);
```

下述代码用于实现使用请求转发方式，使用户自动访问请求转发后的页面。

【示例 4.11】 ForwardServlet.java。

```
//请求转发
public class ForwardServlet extends HttpServlet {
    public void doGet(HttpServletRequest request, HttpServletResponse response)
                throws ServletException, IOException {
        response.setContentType("text/html; charset=GBK");

        System.out.println("请求转发前");
        RequestDispatcher rd = request.getRequestDispatcher("/myservlet");
        rd.forward(request, response);
        System.out.println("请求转发后");
    }
}
```

在 IE 中访问 http://localhost:8080/ch01/forward，浏览器中显示出了 MyServlet 输出网页中的内容，这时浏览器地址栏中的地址不会发生改变，如图 4-13 所示。

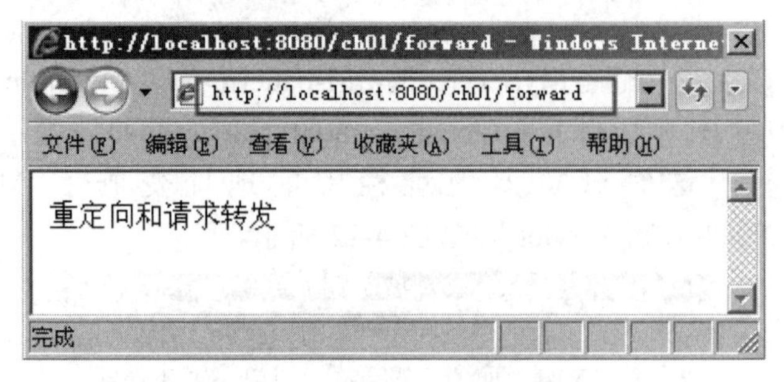

图 4-13　请求转发地址栏变化

通过上述 ForwardServlet 和 RedirectServlet 的运行结果可以看出，转发和重定向两种方式在调用后地址栏中的 URL 是不同的，前者的地址栏不变，后者地址栏中的 URL 变成目标 URL。

此外，转发和重定向最主要的区别是：转发前后共享同一个 request 对象，而重定向前后不在一个请求中。为了验证请求转发和重定向的区别，在示例中会用到 HttpServletRequest 的存取/读取属性值的两个方法：

✧ getAttribute(String name)：取得 name 的属性值，如果属性不存在则返回 null。

✧ setAttribute(String name,Object value)：将 value 对象以 name 名称绑定到 request 对象中。

下述内容用于实现通过请求参数的传递来验证 forward()方法和 sendRedirect()方法在 request 对象共享上的区别。

(1) 改写 RedirectServlet，在 sendRedirect()方法中加上查询字符串。

【示例 4.12】 RedirectServlet.java。

```
public class RedirectServlet extends HttpServlet {
        public void doGet(HttpServletRequest request, HttpServletResponse response)
                        throws ServletException, IOException {
                response.setContentType("text/html; charset=GBK");
                                request.setAttribute("test","helloworld");


                System.out.println("重定向前");
                response.sendRedirect(request.getContextPath() + "/myservlet ");
                System.out.println("重定向后");
        }
}
```

在上述代码中，调用了 setAttribute()方法把 test 属性值 helloworld 存储到 request 对象中。

(2) 改写 MyServlet，获取 request 对象中的 test 属性值。

【示例 4.13】 MyServlet.java。

```
public class MyServlet extends HttpServlet {
    public void doGet(HttpServletRequest request, HttpServletResponse response)
            throws ServletException, IOException {
        // 设置响应到客户端的文本类型为HTML
        response.setContentType("text/html; charset=GBK");
        String test =(String)request.getAttribute("test");
        // 获取输出流
        PrintWriter out = response.getWriter();
        out.println("重定向和请求转发");
        out.println(test);
    }
}
```

在上述代码中，从 request 对象中获取 test 属性值。

启动 Tomcat，在 IE 中访问 http://localhost:8080/ch01/redirect，运行结果如下：

```
重定向和请求转发 null
```

由此可知，在 MyServlet 中的 request 对象中并没有获得 RedirectServlet 中 request 对象设置的值。

(3) 改写 ForwardServlet，获取 request 对象中的 test 属性值。

【示例 4.14】 ForwardServlet.java。

```
//请求转发
public class ForwardServlet extends HttpServlet {
    public void doGet(HttpServletRequest request, HttpServletResponse response)
            throws ServletException, IOException {
        response.setContentType("text/html; charset=GBK");
        request.setAttribute("test","helloworld");

        System.out.println("请求转发前");
        RequestDispatcher rd = request.getRequestDispatcher("/myservlet");
        rd.forward(request, response);
        System.out.println("请求转发后");
    }
}
```

在上述代码中，从 request 对象获取 test 属性值。

启动 Tomcat，在 IE 中访问 http://localhost:8080/ch01/forward，运行结果如下：

```
重定向和请求转发 helloworld
```

由此可知，在 MyServlet 中的 request 对象中获得了 ForwardServlet 的 request 对象设置的值。通过对上述示例的运行结果进行比较，forward()和 sendRedirect()两者的区别总结如下：

✧ forward()只能将请求转发给同一个 Web 应用中的组件，而 sendRedirect()方法

不仅可以重定向到当前应用程序中的其他资源，还可以重定向到其他站点的资源。如果传给 sendRedirect()方法的相对 URL 以“/”开头，则它是相对于整个 Web 站点的根目录；如果创建 RequestDispatcher 对象时指定的相对 URL 以“/”开头，则它是相对于当前 Web 应用程序的根目录。

✧ sendRedirect()方法重定向的访问过程结束后，浏览器地址栏中显示的 URL 会发生改变，由初始的 URL 地址变成重定向的目标 URL；而调用 forward()方法的请求转发过程结束后，浏览器地址栏保持初始的 URL 地址不变。

forward()方法的调用者与被调用者之间共享相同的 request 对象和 response 对象，它们属于同一个请求和响应过程；而 sendRedirect()方法调用者和被调用者使用各自的 request 对象和 response 对象，它们属于两个独立的请求和响应过程。

4.3 Servlet 会话跟踪

HTTP 是一种无状态的协议，这就意味着 Web 服务器并不了解同一用户以前请求的信息，即当浏览器与服务器之间的请求、响应结束后，服务器上不会保留任何客户端的信息。但对于现在的 Web 应用而言，往往需要记录特定客户端的一系列请求之间的联系，以便于对客户的状态进行追踪。比如，在购物网站，服务器会为每个客户配置一个购物车，购物车需要一直跟随客户，以便客户将商品放入购物车中，而且每个客户之间的购物车也不会混淆。这就是本节所讲到会话跟踪技术。会话跟踪技术的方案包括 Cookie 技术、Session 技术和 URL 重写技术等。

4.3.1 Cookie 技术

1. Cookie 简介

Cookie 是服务器发给客户端(一般是浏览器)的一小段文本，保存在浏览器所在客户端的内存或磁盘上。一般来说，Cookie 通过 HTTP Headers 从服务器端返回到客户端。首先，服务器端在响应中利用 Set-Cookie header 来创建一个 Cookie，然后，在客户端的请求中，通过 Cookie header 来包含已经创建好的 Cookie，并且把 Cookie 返回至服务器，客户端会自动在计算机的 Cookie 文件中添加一条记录。客户端创建了一个 Cookie 后，对于每个针对该网站的请求，都会在 Header 中带着这个 Cookie，不过，对于其他应用的请求 Cookie 是不会一起发送的。服务器可以从客户端读出这些 Cookie。通过 Cookie，客户端和服务器端可建立起一种联系，也就是说，Cookie 是一种可以让服务器对客户端信息进行保存和获取的机制，从而大大扩展了基于 Web 的应用功能。

Cookie 是会话跟踪的一种解决方案，最典型的应用如判断用户登录状态，在需要登录的网站，用户第一次输入用户名和密码后，可以利用 Cookie 将它们保存在客户端，当用户下一次访问这个网站的时候，就能直接从客户端读出该用户名和密码来，用户就不需要每次都重新登录。另一个重要应用场合是“购物车”之类的处理，用户可能在某一段时间内在同一家网站的不同页面中选择不同的商品，这些信息都会写入 Cookie，以便在最后付款时提取信息。另外，也可以根据需要定制自己喜欢的内容，用户可以选择自己喜欢的新

闻、显示的风格、显示的顺序等，这些相关的设置信息都保存到客户端的 Cookie 中，当用户每次访问该网站时，就可以按照预设的内容进行显示。

当然，因为 Cookie 需要将信息保存在客户端的计算机上，所以，从 Cookie 诞生之日起，有关于它所可能带来的安全问题就一直是人们所关注的焦点。但截至目前，还没有出现因为 Cookie 所带来的重大安全问题，这主要也是由 Cookie 的安全机制所决定的。

✧ Cookie 不会以任何方式在客户端被执行。

✧ 浏览器会限制来自同一个网站的 Cookie 数目。

✧ 单个 Cookie 的长度是有限制的。

✧ 浏览器限制了最多可以接受的 Cookie 数目。

基于这些安全机制，客户端就不必担心硬盘被这些 Cookie 占用太大的空间。虽然 Cookie 不太可能带来安全问题，但可能会带来一些隐私问题，通常情况下，不要将敏感的信息保存到 Cookie 中，特别是一些重要的个人资料，如信用卡账号、密码等。另外，浏览器可以设置成拒绝 Cookie，因此 Web 开发中不要使程序过度依赖于 Cookie，因为一旦用户关闭了浏览器的 Cookie 功能，就可能造成程序无法正确运行。

2. Cookie 创建及使用

通过 Cookie 类的构造方法可以创建该类的实例。Cookie 的构造方法带有两个 String 类型的参数，分别用于指定 Cookie 的属性名称和属性值，例如：

```
Cookie userCookie = new Cookie("uName",username);
```

Cookie 类提供了一些方法，常用方法如表 4-6 所示。

表 4-6　Cookie 方法

方法	说　明
getMaxAge()/setMaxAge()	读取/设置 Cookie 的过期时间。如果使用 setMaxAge()方法设置了一个负值，表示这个 Cookie 在用户退出浏览器后马上过期，如果 setMaxAge()指定一个 0 值，表示删除此 Cookie
getValue()/setValue()	读取/设置 Cookie 属性值
getComment()/setComment()	读取/设置注释

创建完成的 Cookie 对象，可以使用 HttpServletResponse 的 addCookie()方法将其发送到客户端。addCookie()方法接收一个 Cookie 类型的值，例如：

```
//将userCookie发送到客户端
response.addCookie(userCookie);
```

使用 HttpServletRequest 的 getCookies()方法可以从客户端获得这个网站的所有的 Cookie，该方法返回一个包含本站所有 Cookie 的数组，遍历该数组可以获得对应的 Cookie，例如：

```
Cookie[] cookies = request.getCookies();
```

默认情况下，Cookie 在客户端是保存在内存中的，如果浏览器关闭，Cookie 也就失效了。如果想要让 Cookie 长久地保存在磁盘上，通过使用表 4-6 中的 setMaxAge()方法设置其过期时间，如将客户端的 Cookie 的过期时间设置为 1 周，其示例代码如下：

```
//在客户端保存一个周
```

```
userCookie.setMaxAge(7*24*60*60);
```

3．Cookie 示例

下述代码用于实现使用 Cookie 保存用户名和密码，当用户再次登录时在相应的文本栏显示上次登录时输入的信息。

(1) 编写用于接收用户输入的 HTML 表单文件，在该例子中，没有使用 HTML 文件而是用一个 Servlet 来完成此功能，这是因为需要通过 Servlet 去读取客户端的 Cookie，而 HTML 文件无法完成此功能。

【示例 4.15】 LoginServlet.java。

```
public class LoginServlet extends HttpServlet {
        public void doGet(HttpServletRequest request, HttpServletResponse response)
                        throws ServletException, IOException {
                String cookieName = "userName";
                String cookiePwd = "pwd";
                // 获得所有Cookie
                Cookie[] cookies = request.getCookies();
                String userName = "";
                String pwd = "";
                String isChecked = "";
                // 如果 Cookie 数组不为 null，说明曾经设置过，那么取出上次登录的姓名和密码
                if (cookies != null && cookies.length>0) {
                        // 如果曾经设置过 Cookie，checkbox 状态应该是 checked
                        isChecked = "checked";
                        for (int i = 0; i < cookies.length; i++) {
                                // 取出姓名
                                if (cookies[i].getName().equals(cookieName)) {
                                        userName = cookies[i].getValue();
                                }
                                // 取出密码
                                if (cookies[i].getName().equals(cookiePwd)) {
                                        pwd = cookies[i].getValue();
                                }
                        }
                }
                response.setContentType("text/html;charset=GBK");
                PrintWriter out = response.getWriter();
                out.println("<html>\n");
                out.println("<head><title>登录</title></head>\n");
                out.println("<body>\n");
                out.println("<center>\n");
                out.println("      <form action='CookieTest'" + " method='post'>\n");
```

```
            out.println("姓名：<input type='text'" + " name='UserName' value='"
                    + userName + "'><br/>\n");
            out.println("密码：<input type='password' name='Pwd' value='" + pwd
                    + "'><br/>\n");
            out.println("保存用户名和密码<input type='checkbox'"
                    + "name='SaveCookie' value='Yes' " + isChecked + ">\n");
            out.println("            <br/>\n");
            out.println("            <input type=\"submit\">\n");
            out.println("    </form>\n");
            out.println("</center>\n");
            out.println("</body>\n");
            out.println("</html>\n");
    }
    public void doPost(HttpServletRequest request, HttpServletResponse response)
                throws ServletException, IOException {
            doGet(request, response);
    }
}
```

在上述代码中，首先使用 request.getCookies()获取客户端 Cookie 数组；再遍历该数组，找到对应的 Cookie，取出用户名和密码；最后将信息显示在相应的表单控件中。

(2) 编写 CookieTest.java 程序。

【示例 4.16】 CookieTest.java。

```
public class CookieTest extends HttpServlet {
    public void doGet(HttpServletRequest request, HttpServletResponse response)
                throws ServletException, IOException {
            Cookie userCookie = new Cookie("userName", request
                    .getParameter("UserName"));
            Cookie pwdCookie = new Cookie("pwd", request.getParameter("Pwd"));
            if (request.getParameter("SaveCookie") != null
                    && request.getParameter("SaveCookie").equals("Yes")) {
                userCookie.setMaxAge(7 * 24 * 60 * 60);
                pwdCookie.setMaxAge(7 * 24 * 60 * 60);
            } else {
                //删除客户端对应的Cookie
                userCookie.setMaxAge(0);
                pwdCookie.setMaxAge(0);
            }
            response.addCookie(userCookie);
            response.addCookie(pwdCookie);
            PrintWriter out = response.getWriter();
```

```
            out.println("Welcome," + request.getParameter("UserName"));
        }

        public void doPost(HttpServletRequest request, HttpServletResponse response)
                    throws ServletException, IOException {
            doGet(request, response);
        }
}
```

在上述代码中，首先创建两个 Cookie 对象，分别用来储存表单中传递过来的姓名和密码，然后根据客户端的“SaveCookie”元素的值，决定是否向客户端发送 Cookie，或者删除以前存储的 Cookie。

启动 Tomcat，在 IE 中访问 http://localhost:8080/ch02/LoginServlet，运行结果如图 4-14 所示。

输入姓名和密码，选中保存复选框，单击“提交”按钮，显示结果如图 4-15 所示。

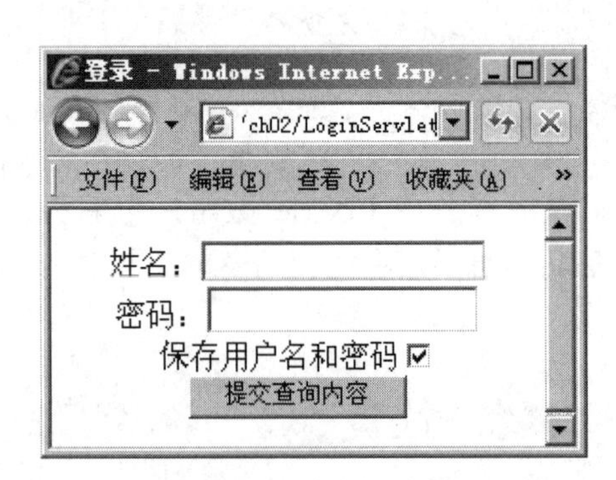

图 4-14　第一次访问 LoginServlet

图 4-15　CookieTest 结果

当再次登录时，用户名和密码已显示，如图 4-16 所示。

图 4-16　再次访问 LoginServlet

4.3.2　Session 技术

1．Session 介绍

使用 Cookie 技术可以将请求的状态信息传递到下一次请求中，但是如果传递的状态信息较多，将极大降低网络传输效率，并且会增大服务器端程序的处理难度，为此各种服务器端技术都提供了一种将会话状态保存在服务器端的方案，即 Session(会话)技术。

Session 是在 Java Servlet API 中引入的一个非常重要的机制，用于跟踪客户端的状态，即在一段时间内，单个客户端与 Web 服务器之间的一连串的交互过程称为一个会话。

HttpSession 是 Java Servlet API 中提供的对 Session 机制的实现规范，它仅仅是个接口，Servlet 容器必须实现这个接口。当一个 Session 开始时，Servlet 容器会创建一个 HttpSession 对象，并同时在内存中为其开辟一个空间，用来存放此 Session 对应的状态信息。Servlet 容器为每一个 HttpSession 对象分配一个唯一的标识符，称为 SessionID，同时将 SessionID 发送到客户端，由浏览器负责保存此 SessionID。这样，当客户端再发送请求时，浏览器会同时发送 SessionID，Servlet 容器可以从请求对象中读取 SessionID，根据 SessionID 的值找到相应的 HttpSession 对象。每个客户端对应于服务器端的一个 HttpSession 对象，通过 SessionID 来区分，如图 4-17 所示。

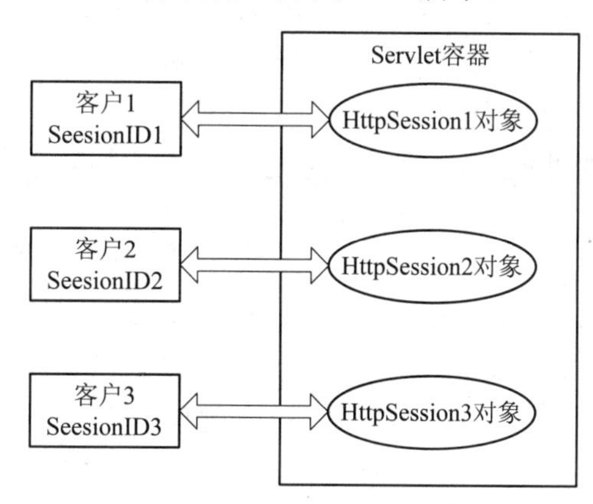

图 4-17　Session 机制

2．Session 创建

Servlet 容器根据 HttpServletRequest 对象中提供的 SessionID 可以找到对应的 HttpSession 对象。在 HttpServletRequest 中提供了以下两种方法来获取 HttpSession：

✧ getSession()：取得请求所在的会话。如果该会话对象不存在，则创建一个新会话。

✧ getSession(boolean create)：返回当前请求的会话，如果当前请求不属于任何会话，而且 create 参数为 true，则创建一个会话，否则返回 null。此后所有来自同一个请求的都属于这个会话，通过它的 getSession(false)返回的是当前会话。

例如，可以使用下面两种方式获取当前 Session：

```
HttpSession session=request.getSession();//获取当前Session
```

或

```
HttpSession session=request.getSession(true);//获取当前Session
```

3. Session 的使用

HttpSession 中定义了如表 4-7 所示的方法。

表 4-7　HttpSession 常用方法列表

方法名	描　述
public void setAttribute(String name,Object value)	将 value 对象以 name 名称绑定到会话
public object getAttribute(String name)	获取指定 name 的属性值，如果属性不存在则返回 null
public void removeAttribute(String name)	从会话中删除 name 属性，如果不存在不会执行，也不会抛出错误
public Enumeration getAttributeNames()	返回和会话有关的枚举值
public void invalidate()	使会话失效，同时删除属性对象
public Boolean isNew()	用于检测当前客户是否为新的会话
public long getCreationTime()	返回会话创建时间
public long getLastAccessedTime()	返回在会话时间内 Web 容器接收到客户最后发出的请求时间
public int getMaxInactiveInterval()	返回在会话期间内客户请求的最长时间(秒)
public void setMasInactiveInterval(int seconds)	允许客户请求的最长时间
ServletContext getServletContext()	返回当前会话的上下文环境，ServletContext 对象可以使 Servlet 与 Web 容器进行通信
public String getId()	返回会话期间的识别号

其中，用于存取数据的方法有：

✧ setAttribute()：用于在 Session 对象中保存数据，数据以 Key/Value 映射形式存放。

✧ getAttribute()：从 Session 中提取指定 Key 对应的 Value 值。

向 Session 对象中保存数据的代码如下：

```
//将username保存到Session中，并指定其引用名称为uName
session.setAttribute("uName", username);
```

从 Session 中提取存放的信息代码如下：

```
//取出数据，注意：因该方法的返回数据类型为Object，所以需要转换数据类型
String username = (String)session.getAttribute("uName");
```

用于销毁 Session 的方法有：

✧ invalidate()：调用此方法可以同时删除 HttpSession 对象和数据。

使用 invalidate()销毁 Session 的代码如下：

```
//销毁Session(常用于用户注销)
session.invalidate();
```

4．Session 生命周期

Session 生命周期经过以下几个过程：

(1) 客户端向服务器第一次发送请求的时候，request 中并无 SessionID。

(2) 此时服务器会创建一个 Session 对象，并分配一个 SessionID。Serssion 对象保存在服务器端，此时为新建状态，调用 session.isNew()返回 true。

(3) 当服务器端处理完毕后，会将 SessionID 通过 response 对象传回到客户端，浏览器负责保存到当前进程中。

(4) 当客户端再次发送请求时，会同时将 SessionID 发送给服务器。

(5) 服务器根据传递过来的 SessionID 将这次请求(request)与保存在服务器端的 Session 对象联系起来。此时 Session 已不处于新建状态，调用 session.isNew()返回 false。

(6) 循环执行过程(3)～(5)，直到 Session 超时或销毁。

Session 访问范围如图 4-18 所示。

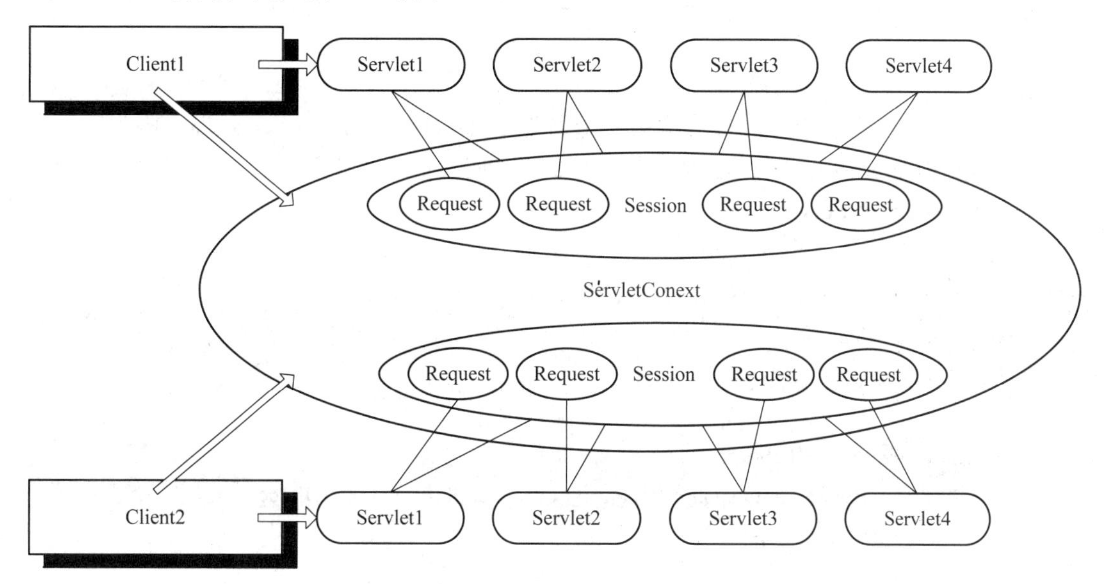

图 4-18　Session 访问范围

在图 4-18 中，每个客户(如 Client1)可以访问多个 Servlet，但是一个客户的多个请求将共享一个 Session。

5．Session 演示

下述代码用于完成用户在初始化页面中输入一个值，单击 submit 按钮，会进入第一个 Servlet。第一个 Servlet 将输入的值分别保存到 request 和 Session 中；在第二个 Servlet 中从 request 和 Session 对象中提取信息并显示。

(1) 编写 session.html 页面。

【示例 4.17】 session.html。

```
<html>
<head>
<meta http-equiv="Content-Type" content="text/html; charset=GBK">
```

```
<title>Session示例</title>
</head>
<body>
<center>
<form method="POST" action="s1">
<table>
        <tr>
                <td>输入数据: <input type="text" name="count"></td>
        </tr>
</table>
<center><input type="submit" value="提交"></center>
</form>
</center>
</body>
</html>
```

在此页面中，将表单信息提交给第一个名为 FirstServlet 的 Servlet 处理。因为第一个 Servlet 的<url-pattern>是“/s1”，因此表单的 action 属性值为“s1”。

(2) 编写第一个 Servlet。

【示例 4.18】 FirstServlet.java。

```
public class FirstServlet extends HttpServlet {
        public FirstServlet() {
                super();
        }
        protected void doGet(HttpServletRequest request,
                        HttpServletResponse response) throws ServletException, IOException {
                doPost(request, response);
        }
        protected void doPost(HttpServletRequest request,
                        HttpServletResponse response) throws ServletException, IOException {
                //设置请求的编码字符为GBK
                request.setCharacterEncoding("GBK");
                //设置响应的文本类型为html,编码字符为GBK
                response.setContentType("text/html; charset=GBK");
                PrintWriter out = response.getWriter();
                //获取表单数据
                String str = request.getParameter("count");
                request.setAttribute("request_param", str);
                HttpSession session = request.getSession();
                session.setAttribute("session_param", str);
                out.println("<a href='s2'>下一页</a>");
```

```
        }
}
```

在上述代码中，首先提取表单数据，并分别保存在 request 和 session 对象中，再通过下面语句：

```
out.println("<a href='s2'>下一页</a>")
```

在客户端浏览器中显示一个超链接，单击此超链接，可以连接到第二个 Servlet(第二个 Servlet 的<url-pattern>设置为“/s2”)。

(3) 编写第二个 Servlet。

【示例 4.19】 SecondServlet.java。

```
public class SecondServlet extends HttpServlet {
    protected void doGet(HttpServletRequest request,
                HttpServletResponse response) throws ServletException, IOException {
        doPost(request, response);
    }
    protected void doPost(HttpServletRequest request,
                HttpServletResponse response) throws ServletException, IOException {
        Object obj = request.getAttribute("request_param");
        String request_param = null;
        if (obj != null) {
            request_param = obj.toString();
        } else {
            request_param = "null";
        }
        HttpSession session = request.getSession();
        Object obj2 = session.getAttribute("session_param");
        String session_param = null;
        if (obj2 != null) {
            session_param = obj2.toString();
        } else {
            session_param = "null";
        }
        response.setContentType("text/html; charset=GBK");
        PrintWriter out = response.getWriter();
        out.println("<html>");
        out.println("<body >");
        out.println("<h2>请求对象中的参数是 :" + request_param +
        "</h2>");
        out.println("<h2>Session对象中的参数是 :" + session_param
                + "</h2></body></html>");
    }
```

```
}
```

在上述代码中，分别从 request 和 session 对象中获取数据并输出。

启动 Tomcat，在 IE 中访问 http://localhost:8080/ch02/session.html，运行结果如图 4-19 所示。

在文本框中输入数据，单击“提交”按钮，提交给 FirstServlet 处理，运行结果如图 4-20 所示。

图 4-19 session.html

图 4-20 FirstServlet.java 运行结果

单击“下一页”超链接，进入 SecondServlet，运行结果如图 4-21 所示。

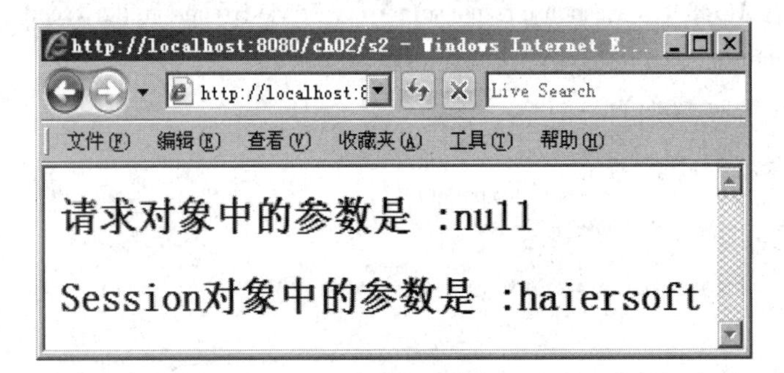

图 4-21 SecondServlet.java 运行结果

如图 4-21 所示，保存在 request 对象中的数据变为 null，而保存在 Session 对象中的数据是正确的。因为在单击“下一页”链接后进入第二个 Servlet 时，上一次的 request 已经结束，此时是一个新的请求，该 request 对象中并无保存数据，因此提取的数据只能为 null。而这两次请求位于同一个会话中，Session 的生命周期并未结束，因此能够获取 Session 中保存的数据。

在上述任务的执行过程中，服务器在处理客户端的请求时创建了新的 HttpSession 对象，将会话标识号(SessionID)作为一个 Cookie 项加入到响应信息中返回给客户端。浏览器再次发送请求时，服务器程序从 Cookie 中找到 SessionID，就可以检索到已经为该客户端创建了的 HttpSession 对象，而不必再创建新的对象，通过这种方式就实现了对同一个客户端的会话状态跟踪。

4.3.3 URL 重写

有时，用户由于某些原因禁止了浏览器的 Cookie 功能，Servlet 规范中还引入了一种补充的会话管理机制，它允许不支持 Cookie 的浏览器也可以与 Web 服务器保持连续的会

话。这种补充机制要求在需要加入同一会话的每个 URL 后附加一个特殊参数，其值为会话标识号(SessionID)。当用户点击响应消息中的超链接发出下一次请求时，如果请求消息中没有包含 Cookie 头字段，Servlet 容器则认为浏览器不支持 Cookie，它将根据请求 URL 参数中的 SessionID 来实施会话跟踪。将 SessionID 以参数形式附加在 URL 地址后的技术称为 URL 重写。

HttpServletResponse 接口中定义了两个用于完成 URL 重写的方法：

- ✧ encodeURL()：用于对超链接或表单的 action 属性中设置的 URL 进行重写。
- ✧ encodeRedirectURL()：用于对要传递给 HttpServletResponse.sendRedirect()方法的 URL 进行重写。下述步骤用于实现通过 URL 重写来实现 Session 会话技术。

(1) 修改示例 4.17 中 FirstServlet.java 代码片段，使用 encodeURL()方法对下述代码进行重写：

```
out.println("<a href='s2'>下一页</a>");
```

改为：

```
out.println("<a href=" + response.encodeURL("s2") + ">下一页</a>");
```

(2) 禁用 IE 的 Cookie 功能，重新启动 IE，访问 http://localhost:8080/ch02/session.html，查看网页源文件，可以观察到超链接内容如下：

```
<a href=s2;jsessionid=EE7406414267CAC832A2A08B2FCC1A7E>下一页</a>
```

通过点击 URL 重写后的超链接，服务器能够识别同一浏览器发出的请求，从而实现了会话功能。

使用 URL 重写应该注意以下几点：

- ✧ 如果使用 URL 重写，应该在应用程序的所有页面中对所有的 URL 进行编码，包括所有的超链接和表单的 action 属性。
- ✧ 应用程序的所有页面都应该是动态的，因为不同的用户具有不同的会话 ID，因此在静态 HTML 页面中无法在 URL 上附加会话 ID。
- ✧ 所有静态的 HTML 页面必须通过 Servlet 运行，在它发送给客户时会重写 URL。

4.3.4 ServletContext 接口

Servlet 上下文是运行 Servlet 的逻辑容器。同一个上下文中的所有 Servlet 共享存于其中的信息和属性。在 Servlet API 中定义了一个 ServletContext 接口，用于存取 Servlet 运行的环境或者上下文信息。ServletContext 对象可以通过使用 ServletConfig 对象的 getServletContext()方法获得。从 Servlet 中提供的 getServletContext()方法也可以直接获得 ServletContext 对象。

1. ServletContext 的方法

ServletContext 接口中定义了许多有用的方法，如表 4-8 所示。

表 4-8　ServletContext 方法列表

方法名	描　述
public object getAttribute(String name)	取得 name 的属性值，如果属性不存在则返回 null
public Enumeration getAttributes()	取得包含在 servletContext 中的所有属性值，如果属性不存在则返回一个空的 Enumeration
public ServletContext getContext(String urlpath)	返回一个与给定 URL 路径相关的 ServletContext 对象
public Enumeration getInitPrarmeterNames()	返回所有 Servlet 的初始化参数的名称
public String getInitPrarmeter(String name)	返回指定初始化参数的值
public int getMajorVersion()	返回 Servlet 容器支持的 Servlet API 的主要版本号
public String getMimeType(String file)	返回指定文件的 MIME 类型
public RequestDispatcher getNameDispatcher(String name)	返回符合指定 Servlet 名称的 RequestDispatcher 对象
public String getRealPath(String path)	返回相应于指定虚拟路径的物理路径
public RequestDispatcher getRequestDispatcher(String path)	返回一个与给定路径相关的 RequestDispatcher 对象
public URL getReSource(String path) throws MalformedURLException	返回 URL 对象，该对象提供对指定资源的访问
public InputStream getResourceAsStream(String path)	将一个输入流返回到指定资源
public String getServerInfo()	返回以名称/格式包含 Servlet 容器的名称和版本
public void log(Sting msg)	将指定的消息写到 Servlet 日志文件中
public void setAttribute(String name,Object value)	将 value 对象以 name 名称绑定到会话
public void removeAttribute(String name)	从会话中删除 name 属性，如果不存在则不会执行，也不会抛出错误

其中，getAttribute()、setAttribute()、removeAttribute()和 getInitParameter()是 Web 开发中比较常用的方法，具体的使用方法会在本章后续内容示例中讲解。

2．ServletContext 的生命周期及其示例

ServletContext 的生命周期过程如下：

✧ 新 Servlet 容器启动的时候，服务器端会创建一个 ServletContext 对象。

✧ 在容器运行期间，ServletContext 对象一直存在。

✧ 当容器停止时，ServletContext 的生命周期结束。

下述步骤用于实现使用 Servle 上下文保存访问人数。

(1) IndexServlet 是所有客户端访问网站时首先需要访问的 Servlet。每当有一个客户访问该 Servlet 时，人数将加 1，并且保存到 Servlet 上下文中，这样，在此应用中的任何程序都可以访问到该计数器的值。

【示例 4.20】 IndexServlet.java。

```
public class IndexServlet extends HttpServlet {
    public void doGet(HttpServletRequest request, HttpServletResponse response)
```

```
                throws ServletException, IOException {
        ServletContext ctx = this.getServletContext();
        synchronized (this) {
                Integer counter = (Integer) ctx.getAttribute("UserNumber");
                int tmp = 0;
                // 如果 counter 为 null，说明 Servlet 上下文中还没有设置 UserNumber 属性
                // 此次访问为第一次访问
                if (counter == null) {
                        counter = new Integer(1);
                } else {
                        // 取出原来计数器的值加上 1
                        tmp = counter.intValue() + 1;
                        counter = new Integer(tmp);
                }
                ctx.setAttribute("UserNumber", counter);
        }
        response.setContentType("text/html;charset=GBK");
        PrintWriter out = response.getWriter();
        out.println("<HTML>");
        out.println("<HEAD><TITLE>首页</TITLE></HEAD>");
        out.println("<BODY>");
        out.println("这是第一页<BR>");
        out.println("<a href='UserNumber'>人数统计</a>");
        out.println("</BODY></HTML>");
    }
}
```

在上述代码中，首先通过 HttpServlet 的 getServletContext() 方法获得对应的 ServletContext 对象。然后，通过 ServletContext 的 getAttribute() 方法读取名为“UserNumber”的属性值，如果这个属性值不存在(返回值 null)，说明“UserNumber”还没有被设置，此次访问为第一次访问，否则，将其中的计数值读取出来加上 1，再写回到上下文中。另外，为了防止多个客户同时访问这个 Servlet 引起数据不同步问题，此处使用 synchronized 进行了同步控制。

(2) 在另一个 Servlet 程序 UserNumber.java 中读取保存在 Servlet 上下文中的数据。

【示例 4.21】 UserNumber.java。

```
public class UserNumber extends HttpServlet {
    public void doGet(HttpServletRequest request, HttpServletResponse response)
                throws ServletException, IOException {
        ServletContext ctx = this.getServletContext();
        Integer counter = (Integer) ctx.getAttribute("UserNumber");
```

```
            response.setContentType("text/html;charset=GBK");
            PrintWriter out = response.getWriter();
            out.println("<HTML>");
            out.println("<HEAD><TITLE>访问人数统计</TITLE></HEAD>");
            out.println("<BODY>");

            if (counter != null) {
                out.println("已经有" + counter.intValue() + "人次访问本网站！");
            } else {
                out.println("你是第一个访问本网站的！");
            }
            out.println("</BODY></HTML>");
    }
}
```

在上述代码中，也是先通过 HttpServlet 的 getServletContext()方法获得对应的 Servlet 上下文对象，然后通过 ServletContext 对象的 getAttribute()方法来获得计数器的值，并且将它输出到客户端。

启动 Tomcat，在 IE 中访问 http://localhost:8080/ch02/IndexServlet，运行结果如图 4-22 所示。

单击人数统计超链接，查看人数，运行结果如图 4-23 所示。

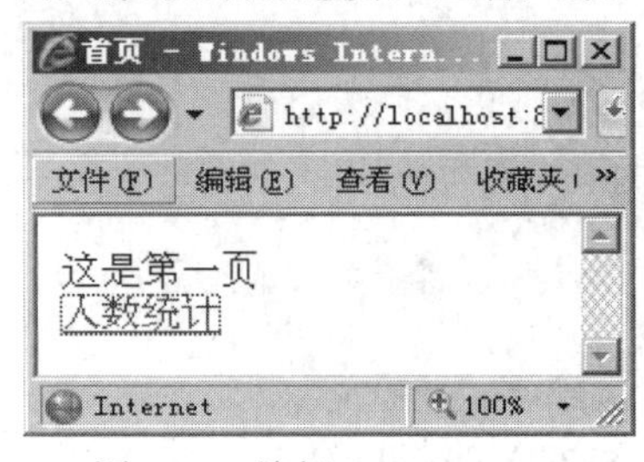

图 4-22　访问 IndexServlet

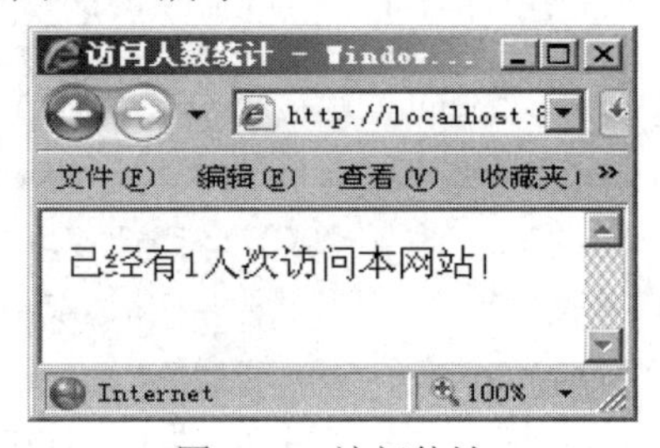

图 4-23　访问统计(1)

再打开两个新的 IE 进程窗口进行访问，运行结果如图 4-24 所示。

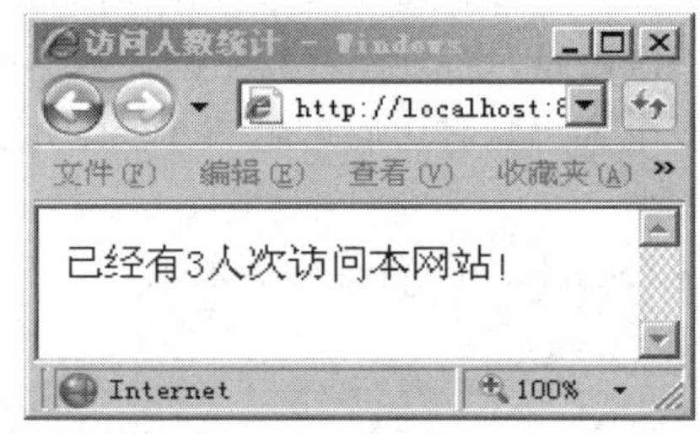

图 4-24　访问统计(2)

3. 初始化参数和 ServletConfig

ServletContext 中除了存取和 Web 应用全局相关的属性外，还可以通过 getInitParameter()方法获得设置在 web.xml 中的初始化参数。下述代码用于实现配置并访

问 web.xml 中的初始化参数信息。

(1) 在 web.xml 中设置参数信息。

【示例 4.22】 在 web.xml 中配置初始化参数。

```
<web-app>
<!-- 初始化参数 -->
	<context-param>
		<!-- 参数名 -->
		<param-name>serverName</param-name>
		<!-- 参数值 -->
		<param-value>localhost</param-value>
	</context-param>
	<context-param>
		<param-name>dbInstance</param-name>
		<param-value>nitpro</param-value>
	</context-param>
	<context-param>
		<param-name>userName</param-name>
		<param-value>system</param-value>
	</context-param>
	<context-param>
		<param-name>userPwd</param-name>
		<param-value>manager</param-value>
	</context-param>
<!--其他配置-->
</web-app>
```

在该 web.xml 中，设置了四个全局初始化参数，它们的名字为“serverName”、“dbInstance”“userName”和“userPwd”。

(2) 在 Servlet 中访问 web.xml 初始化参数并输出。

【示例 4.23】 InitParamServlet.java。

```
public class InitParamServlet extends HttpServlet {
	public void doGet(HttpServletRequest request, HttpServletResponse response)
				throws ServletException, IOException {
		response.setContentType("text/html;charset=GBK");
		PrintWriter out = response.getWriter();
		// 获得ServletContext对象
		ServletContext ctx = this.getServletContext();
		// 获得web.xml中设置的初始化参数
		String serverName = ctx.getInitParameter("serverName");
		String dbInstance = ctx.getInitParameter("dbInstance");
		String userName = ctx.getInitParameter("userName");
```

```
            String password = ctx.getInitParameter("userPwd");
            out.println("<HTML>");
            out.println("<HEAD><TITLE>");
            out.println("读取初始化参数</TITLE></HEAD>");
            out.println("<BODY>");
            out.println("服务器：" + serverName + "<br>");
            out.println("数据库实例：" + dbInstance + "<br>");
            out.println("用户名称：" + userName + "<br>");
            out.println("用户密码：" + password + "<br>");
            out.println("</BODY></HTML>");
    }
}
```

在上述代码中，通过使用 ServletContext 对象的 getInitParameter()方法获得在 web.xml 中设置的初始化参数。

启动 Tomcat，在 IE 中访问 http://localhost:8080/ch02/InitParamServlet，运行结果如图 4-25 所示。

图 4-25　读取初始化参数

获得初始化参数也可以通过使用 ServletConfig 对象中的 getInitParameter()方法来获得，例如：

```
ServletConfig sc = getServletConfig();
name = sc.getInitParameter("userName ");
```

小　　结

- ✧ 网络应用开发的体系结构可以分为两种：基于客户端/服务器的 C/S 结构和基于浏览器/服务器的 B/S 结构。
- ✧ Servlet 生命周期的三个方法分别是：init()、service()和 destroy()。
- ✧ Servlet 数据处理主要包括读取表单数据、处理 HTTP 请求报头和设置 HTTP 响应报头。
- ✧ 重定向是指页面重新定位到某个新地址，之前的 Request 失效，进入一个新的 Request，且跳转后浏览器地址栏内容将变为新的指定地址。

✧ Cookie 是服务器发给客户端(一般是浏览器)的一小段文本，保存在浏览器所在客户端的内存或磁盘上。

✧ Session 是在 Java Servlet API 中引入的一个非常重要的机制，用于跟踪客户端的状态，即在一段时间内，单个客户端与 Web 服务器之间的一连串的交互过程称为一个会话。

练　　习

1．下列关于 Servlet 的说法正确的是______。(多选)

A．Servlet 是一种动态网站技术

B．Servlet 运行在服务器端

C．Servlet 针对每个请求使用一个进程来处理

D．Servlet 与普通的 Java 类一样，可以直接运行，不需要环境支持

2．下列关于 Servlet 的编写方式正确的是______。(多选)

A．必须是 HttpServlet 的子类

B．通常需要覆盖 doGet()和 doPost()方法或其中之一

C．通常需要覆盖 service()方法

D．通常需要在 web.xml 文件中声明<servlet>和<servlet-mapping>两个元素

3．下列关于 Servlet 生命周期的说法正确的是______。(多选)

A．构造方法只会调用一次，在容器启动时调用

B．init()方法只会调用一次，在第一次请求此 Servlet 时调用

C．service()方法在每次请求此 Servlet 时都会被调用

D．destroy()方法在每次请求完毕时会被调用

4．下列方式中可以执行 TestServlet(路径为 /test)的 doPost()方法的是______。(多选)

A．在 IE 中直接访问 http://localhost:8080/网站名/test

B．<form action="/网站名/test"> 提交此表单

C．<form action="/网站名/test" method="post"> 提交此表单

D．<form id="form1">，在 JavaScript 中执行下述代码：

```
document.getElementById("form1").action="/网站名/test";
document.getElementById("form1").method="post";
document.getElementById("form1").submit();
```

5．针对下述 JSP 页面，在 Servlet 中需要得到用户选择爱好的数量，最合适的代码是______。

```
<input type="checkbox" name="aihao" value="1"/>游戏<br/>
<input type="checkbox" name="aihao" value="2"/>运动<br/>
<input type="checkbox" name="aihao" value="3"/>棋牌<br/>
<input type="checkbox" name="aihao" value="4"/>美食<br/>
```

A．request.getParameter("aihao").length

B．request.getParameter("aihao").size()

C．request.getParameterValues("aihao").length

D．request.getParameterValues("aihao").size()

6．下列关于 Cookie 的说法正确的是______。(多选)

A．Cookie 保存在客户端

B．Cookie 可以被服务器端程序修改

C．Cookie 中可以保存任意长度的文本

D．浏览器可以关闭 Cookie 功能

7．写入和读取 Cookie 的代码分别是______。

A．request.addCookies()和 response.getCookies()

B．response.addCookie()和 request.getCookie()

C．response.addCookies()和 request.getCookies()

D．response.addCookie()和 request.getCookies()

8．Tomcat 的默认端口号是______。

A．80　　B．8080　　C．8088　　D．8000

9．HttpServletRequest 的______方法可以得到会话。(多选)

A．getSession()　　B．getSession(boolean)

C．getRequestSession()　　D．getHttpSession()

10．下列选项中可以关闭会话的是______。(多选)

A．调用 HttpSession 的 close()方法

B．调用 HttpSession 的 invalidate()方法

C．等待 HttpSession 超时

D．调用 HttpServletRequest 的 getSession(false)方法

11．在 HttpSession 中写入和读取数据的方法是______。

A．setParameter()和 getParameter()

B．setAttribute()和 getAttribute()

C．addAttribute()和 getAttribute()

D．set()和 get()

12．下列关于 ServletContext 的说法正确的是______。(多选)

A．一个应用对应一个 ServletContext

B．ServletContext 的范围比 Session 的范围要大

C．第一个会话在 ServletContext 中保存了数据，第二个会话读取不到这些数据

D．ServletContext 使用 setAttribute()和 getAttribute()方法操作数据

第5章　系统后台开发之JSP

本章目标

- 了解 JSP 与 Servlet 的不同
- 了解 JSP 的执行原理
- 掌握 JSP 的基本机构
- 掌握 JSP 的常用指令
- 了解 JavaBean
- 掌握 JSP 常用的对象

第 4 章介绍了 Servlet 的使用，本章将介绍一种服务器端脚本语言——JSP。JSP 本质上就是 Servlet，但是比 Servlet 更易于使用，它提供了 Servlet 能够实现的所有功能。与 Servlet 相比，JSP 更加适合制作动态页面，因为单纯使用 Servlet 开发动态页面是相当繁琐的，需要在 Java 代码中使用大量的“out.println()”语句来输出字符串形式的 HTML 代码。这种方法难调试、易出错。而 JSP 通过标签库等机制能很好地与 HTML 结合，即使不了解 Servlet 的开发人员同样可以使用 JSP 开发动态页面。对于不熟悉 Java 语言的开发人员，会觉得 JSP 开发更加方便快捷。可以这样理解，Servlet 是在 Java 中嵌入了 HTML，而 JSP 是在 HTML 中嵌入了 Java，图 5-1 从结构上对 JSP 和 Servlet 进行了区别。

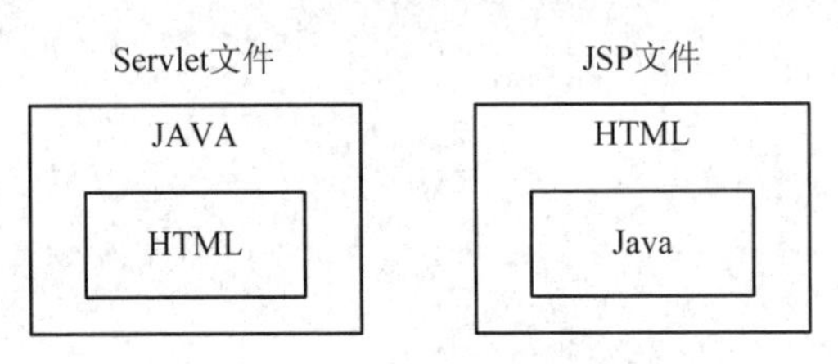

图 5-1　JSP 与 Servlet 的区别

5.1　JSP 概述

JSP(Java Server Page)是由 Sun 公司倡导、多家公司参与编写的一种动态网页技术标准。与 Servlet 一样，JSP 是一种基于 Java 的服务器端技术，其目的是简化建立和管理动态网站的工作。JSP 是 Servlet 的扩展。在传统的 HTML 文件(*.html，*.htm)中插入 Java 程序片段(Scriptlet)和 JSP 标签，就构成了 JSP 页面。其中，JSP 页面文件以“.jsp”作为扩展名。

5.1.1　第一个 JSP 程序

下述代码用于实现编写一个 JSP 页面，显示服务器的当前系统时间。

【示例 5.1】 showTime.jsp。

```
<%@ page language="java" contentType="text/html; charset=GBK"%>
<html>
<head>
<title>第一个JSP页面</title>
</head>
<body>
<h1 align="center">欢迎！</h1>
<%
java.util.Date now = new java.util.Date();
out.println("当前时间是：" + now);
%>
</body>
</html>
```

在上述代码中，使用“<% %>”声明了一段 Java 脚本，在代码片段中新建了一个 Date 对象用来封装系统当前时间，然后使用 out 对象在页面中输出时间。JSP 文件开头通常使用“<%@ page %>”指令进行页面的设置，在该指令中，language 属性指定所用语言，contentType 属性指定页面的 MIME 类型和字符集。此外，Java 脚本在“<% %>”之内进行声明，用于完成特定的逻辑处理。启动 Tomcat，在 IE 中访问 http://localhost:8080/ch03/showTime.jsp，显示结果如图 5-2 所示。

图 5-2　showTime.jsp 显示结果

5.1.2　JSP 执行原理

同 Servlet 一样，JSP 运行在 Servlet/JSP 容器(如 Tomcat)中，其运行过程如下：

(1) 客户端发出请求(request)。

(2) 容器接收到请求后检索对应的 JSP 页面，如果该 JSP 页面是第一次被请求，则容器将其翻译成一个 Java 文件，即 Servlet。

(3) 容器将翻译后的 Servlet 源代码编译形成字节码，即 .class 文件，并加载到内存执行。

(4) 最后把执行结果，即响应(response)发送回客户端。

整个运行过程如图 5-3 所示。

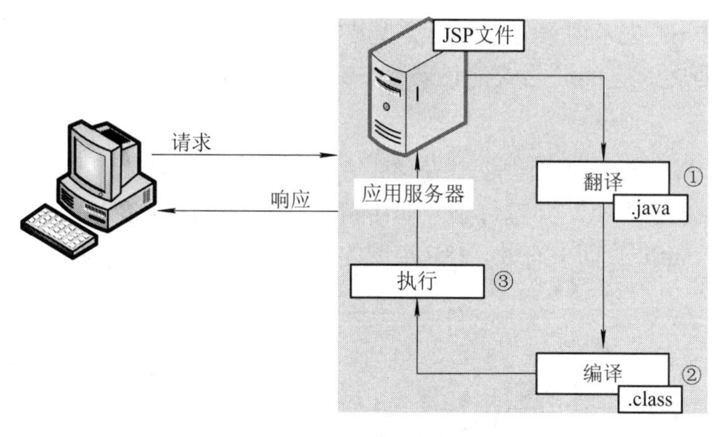

图 5-3　JSP 第一次被请求时的执行过程

当这个 JSP 页面再次被请求时，只要该 JSP 文件没有发生过改动，JSP 容器就直接调用已装载的字节码文件，而不会再执行翻译和编译步骤，这样大大提高了服务器性能。再次请求 JSP 时的运行过程如图 5-4 所示。

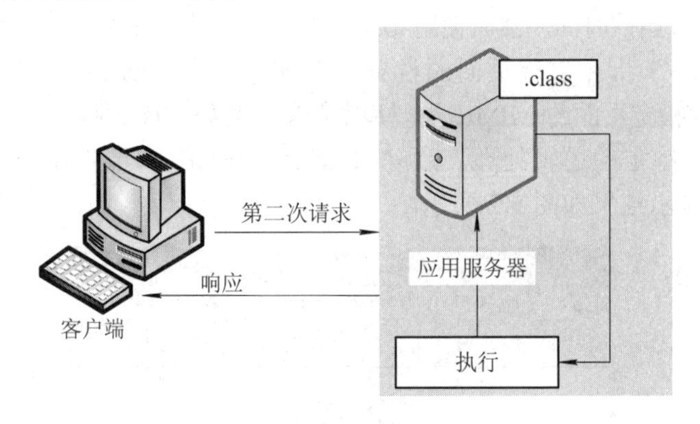

图 5-4　再次请求 JSP

5.1.3　JSP 基本结构

JSP 文件由 JSP 指令、JSP 声明、JSP 表达式、JSP 脚本、JSP 动作和 JSP 注释组成。对于这六类基本元素，下面将一一做介绍。

1. JSP 指令

JSP 指令用来向 JSP 容器提供编译信息。指令并不向客户端产生任何输出，所有的指令都只在当前页面中有效。JSP 指令的语法格式如下：

```
<%@指令名属性="值" 属性="值"%>
```

常用的三种指令为 page 指令、include 指令和 taglib 指令。

下面语句展示了 page 指令的简单用法。

```
<%@ page language="java" contentType="text/html; charset=gbk"%>
```

其中：

- ✧ language 表示用来设置 JSP 页面中的脚本语言，目前此属性值只能是“java”。
- ✧ contentType 表示用来设置页面类型及编码，“text/html; charset=gbk”指明了 JSP 页面文本是 html 格式并且采用 GBK 中文字符集。

2. JSP 声明

JSP 声明用于在 JSP 页面中定义变量和方法。JSP 声明通过“<%! %>”定义。一个 JSP 页面可以有多个声明，并且每个声明中可以同时定义多个变量或方法。其中，每个 JSP 声明只在当前 JSP 页面中有效。JSP 声明的语法格式如下：

```
<%! 声明的内容 %>
```

例如：

```
<%!
    //全局方法和变量
    private String str = "全局变量";
    void setStrParam(String param) {
        str = param;
```

```
    }
%>
```

上述代码声明了一个变量和一个方法，类似于在类中声明属性和方法。

3. JSP 表达式

JSP 表达式用于将 Java 表达式的运行结果输出在页面中。JSP 表达式通过“<%= %>”定义。在 JSP 表达式中可以包含任何一个有效的 Java 表达式。当请求 JSP 页面时，表达式会被运行并将结果转化成字符串插入到该表达式所在的位置上。JSP 表达式的语法格式如下：

```
<%=表达式%>
```

示例：

```
<%=1+1%>
```

4. JSP 脚本

JSP 脚本用于在 JSP 页面中插入 Java 代码，JSP 脚本通过“<%”和“%>”定义，其中可以包含任何符合 Java 语法的代码，但由于 JSP 脚本最终会被翻译成 Servlet，而 Java 语法不允许在方法里定义方法，所以不能在 JSP 脚本里定义方法。JSP 脚本在服务器端执行，当 JSP 页面被请求时，页面上的 JSP 脚本会从上到下依次执行。JSP 脚本的语法格式如下：

```
<% Java代码 %>
```

例如：

```
<%
java.util.Date now = new java.util.Date();
out.println("当前时间是：" + now);
%>
```

5. JSP 动作

JSP 中可以使用内置的动作标签实现一些常见的特定功能，其语法格式如下：

```
<jsp:动作名>  </jsp:动作名>
```

例如：

```
<jsp:include page="welcome.jsp">
</jsp:include>
```

上述代码使用 include 动作将 welcome.jsp 页面包含到当前 JSP 页面中。

6. JSP 注释

在 JSP 页面中可以使用“<%--　--%>”的方式来注释。服务器编译 JSP 时会忽略“<%--”和“--%>”之间的内容，所以生成的注释在客户端是看不到的。JSP 注释的语法格式如下：

```
<%--注释内容--%>
```

例如：

```
<%--此处为隐藏注释，客户端不可见--%>
```

除了上述 JSP 特有的注释方式，在 JSP 页面中还可以使用 HTML 的注释，即

“<!--　-->”的方式来对 HTML 标签进行注释，这种方式的注释在客户端可以查看到。此外，在 JSP 的声明和脚本中，也可以使用 Java 语言的单行和多行注释方式。

5.2　page 指令与 JavaBean

JSP 指令用来向 JSP 引擎提供编译信息。

5.2.1　page 指令

JSP2.0 规范中有 3 种指令：page 指令、include 指令和 taglib 指令。下面主要讲解 page 指令。

page 指令用于设置页面的各种属性，如导入包、指明输出内容类型、控制 Session 等。page 指令一般位于 JSP 页面的开头部分，一个 JSP 页面可包含多条 page 指令。page 指令中的属性如表 5-1 所示。

表 5-1　page 指令属性

属性名	说　　明
language	设定 JSP 页面使用的脚本语言，默认为 Java，目前只可使用 Java 语言
extends	此 JSP 页面生成的 Servlet 的父类
import	指定导入的 Java 软件包或类名列表，如果多个类时，中间用逗号隔开
session	设定 JSP 页面是否使用 Session 对象，值为“true|false”，默认为 true
buffer	设定输出流是否有缓冲区，默认为 8 KB，值为“none | sizekb”
autoFlush	设定输出流的缓冲区是否要自动清除。缓冲区满了会产生异常，值为“true | false”，默认值为 true
isThreadSafe	设定 JSP 页面生成的 Servlet 是否实现 SingleThreadModel 接口，值为“true | false”，默认为 true，当值为 false 时，JSP 生成的 Servlet 会实现 SingleThreadModel 接口
info	主要表示此 JSP 网页的相关信息
errorPage	设定 JSP 页面发生异常时重新指向的页面 URL
isErrorPage	指定此 JSP 页面是否为处理异常错误的网页，值为“true | false”，默认为 false
contentType	指定 MIME 类型和 JSP 页面的编码方式
pageEncoding	指定 JSP 页面的编码方式
isELIgnored	指定 JSP 页面是否忽略 EL 表达式，值为“true | false”，默认值为 false

现只对本系统开发中常用的几个 page 指令属性做以下介绍。

1．import 属性

import 属性可以在当前 JSP 页面引入 JSP 脚本代码中需要用到的其他类。如果需要引

入多个类或包时，可以在中间使用逗号隔开或使用多个 page 指令，例如：

```
<%@page import="com.haiersoft.db.DBOper,java.sql.*"%>
```

也可以分开写到两个 page 指令中：

```
<%@page import="com.haiersoft.db.DBOper"%>
<%@page import=" java.sql.*"%>
```

下述代码使用 import 属性在 JSP 页面中导入 java.util.Date，来演示该属性的用法。

【示例 5.2】 ImportDate.jsp。

```
<%@ page import="java.util.Date" contentType="text/html; charset=gbk"%>
<html>
<head>
<title>Hello Time</title>
</head>
<body>
现在时间是：<%=new Date()%>
</body>
</html>
```

在上述代码中，通过 import 属性导入了 java.util.Date，所以在 JSP 页面上使用 Date 类时，不再需要指定包名。

2．contentType

contentType 用于指定 JSP 输出内容的 MIME 类型和字符集。MIME 类型通常由两部分组成，前面一部分表示 MIME 类型，后面为 MIME 子类型。例如，在 contentType 属性的默认值“text/html;charset=ISO-8859-1”中，“html”即为 text 的子类型。

通过设置 contentType 属性，可以改变 JSP 输出的 MIME 类型，从而实现一些特殊的功能。例如，可以将输出内容转换成 Microsoft Word 格式或将输出的表格转换成 Microsoft Excel 格式，也可以向客户端输出生成的图像文件等。下述代码用于实现将 JSP 数据输出成 Excel 表格的功能。

【示例 5.3】 Excel.jsp。

```
<%@ page contentType="application/vnd.ms-excel; charset=GBK" language="java" %>
<HTML>
<HEAD><TITLE>JSP生成Excel表格</TITLE></HEAD>
<BODY>
<table>
        <tr>
                <td>姓名</td>
                <td>年龄</td>
                <td>性别</td>
        </tr>
        <tr>
                <td>豆豆</td>
```

```
            <td>25</td>
            <td>女</td>
        </tr>
        <tr>
            <td>大武</td>
            <td>26</td>
            <td>男</td>
        </tr>
</table>
</BODY>
</HTML>
```

上述代码第一行，使用 contentType 属性指定该 JSP 的输出格式是 Microsoft Excel 格式，它对应的 MIME 类型为“application/vnd.ms-excel”。这样，在安装了 Excel 的客户端浏览器中，将以 Excel 表格的形式呈现数据，运行结果如图 5-5 所示。

图 5-5　Excel.jsp 运行结果

3．session 属性

session 属性用于控制页面是否需要使用 Session(会话)，默认值为“true”，表示使用会话。例如：

```
<%@ page session="false" %>
```

如果在某个 JSP 页面中将 session 属性设置为“false”，并不能禁止在其他页面使用会话，也不会将用户已经创建的会话清除，它的唯一功能是不能在当前页面访问 Session 或者创建新的 Session。

4．isELIgnored 属性

isELIgnored 属性是 JSP2.0 中新引入的，用来指定是否忽略 JSP2.0 中的 EL(Expression Language)。值为“true”时，表示将忽略 EL；值为“false”时，则对 EL 进行正常运算。

5.2.2　JavaBean

在软件开发过程中，经常使用“组件”的概念，所谓组件就是可重用的一个软件模

块。JavaBean 也是一种组件技术。目前，在软件开发中有如下几类有代表性的组件：COM、JavaBean、EJB(Enterprise Java Bean，企业级 JavaBean)以及 CORBA(Common Object Request Broker Architecture，公共对象请求代理架构)。虽然使用的开发工具有所不同，但是这些组件都有一些共同点：可重用、升级方便、不依赖于平台。

由于 Java 具有“Write once, run anywhere, reuse anywhere”(一次书写，处处运行，处处可重用)的特点，所以 JavaBean 的一个显著特点就是可以在任何支持 Java 的平台下工作，而不需要重新编译。

传统意义上的 JavaBean 组件有可视化和非可视化两种。可视化组件可以在运行结果中观察到，如 Swing 中的按钮、文本框等，通常也称为控件；而非可视化组件一般不可以观察到，通常用来处理一些复杂的业务，主要用在服务器端。对于 JSP 来说，只支持非可视化的 JavaBean 组件。

非可视化的 JavaBean 又可分为两种：

✧ 业务 Bean：用于封装业务逻辑、数据库操作等。
✧ 数据 Bean：用来封装数据。

JavaBean 实际上就是一种满足特定要求的 Java 类，广义上的 JavaBean 要满足以下要求：

✧ 是一个公有类，含有公有的无参构造方法。
✧ 属性私有。
✧ 属性具有公有的 get 和 set 方法。

下述代码用于实现定义一个 JavaBean 封装用户的登录信息，名称为 UserBean。该 JavaBean 有 name 和 pwd 两个私有属性，分别表示用户名和密码，针对每个属性定义用于存取数据的 get 和 set 方法。

【示例 5.4】 UserBean.java。

```
public class UserBean {
private String name;
private String pwd;
public String getName() {
		return name;
}
public void setName(String name) {
		this.name = name;
}
public String getPwd() {
		return pwd;
}
public void setPwd(String pwd) {
		this.pwd = pwd;
}
}
```

在 JavaBean 中，属性名称的首字母必需小写；通过 get/set 方法来读/写属性时，要将对应的属性名称首字母改成大写。如上述代码中的 name 属性，其 set 方法名称为 setName()，get 方法名称为 getName()。如果属性是 boolean 类型的，则对应的 get 方法名称通常是以“is”加属性名称来命名。例如，假设存在一个属性 married 表示“婚否(true 或者 false)”，则对应的 get 方法名称可以是 isMarried()或 getMarried()。

5.3 JSP 内置对象

Java 语法在使用一个对象前，需要先实例化这个对象，这比较繁琐。JSP 内置对象是由 JSP 容器加载的，不用声明就可以直接在 JSP 页面中使用对象，使开发更加简化。JSP 中有 9 个内置对象，如表 5-2 所示。

表 5-2 JSP 内置对象

属性名	说 明
request	客户端的请求，包含所有从浏览器发往服务器的请求信息
response	返回客户端的响应
session	会话对象，表示用户的会话状态
application	应用上下文对象，作用于整个应用程序
out	输出流，向客户端输出数据
pageContext	用于存储当前 JSP 页面的相关信息
config	JSP 页面的配置信息对象
page	表示 JSP 页面的当前实例
exception	异常对象，用于处理 JSP 页面中的错误

5.3.1 常用内置对象

JSP 页面的 9 个内置对象中比较常用的有：out、request、response、session 和 application。

1. out 对象

out 对象是一个输出流，用于将信息输出到网页中。out 对象是 JspWriter 子类的实例，常用方法有 print()、println()和 write()，可以方便地向客户端输出各种数据。例如：

```
<%out.println("现在时间是：" + new java.util.Date());%>
```

除用于输出数据的上述三种方法外，out 对象中还拥有其他常用方法：

✧ void clear()：清除缓冲区的内容，如果缓冲区已经被刷出(flush)，将抛出 IOException。

✧ void clearBuffer()：清除缓冲区的当前内容，与 clear()方法不同，即使在缓冲区已经被刷出，也不会抛出 IOException。

✧ void flush()：输出缓冲区中的内容。

✧ void close()：关闭输出流，清除所有内容。

2．request 对象

request 对象是 HttpServletRequest 接口实现类的实例，包含所有从浏览器发往服务器的请求信息，例如请求的来源、Cookie 和客户端请求相关的数据等。request 对象中最常用的方法有以下几种：

✧ String getParameter(String name)：根据参数名称得到单一参数值。

✧ String[] getParameterValues(String name)：根据参数名称得到一组参数值。

✧ void setAttribute(String name, Object value)：以名/值的方式存储数据。

✧ Object getAttribute(String name)：根据名称得到存储的数据。

下述代码用于实现使用 request 对象的 getParameter()和 getParameterValues()方法来获取表单数据，并使用 out 对象输出信息。在该任务描述中，需要两个 JSP 页面，分别是用户信息输入页面 input.jsp 和信息显示页面 info.jsp。

(1) 创建 input.jsp 页面。

【示例 5.5】 input.jsp。

```
<%@ page language="java" contentType="text/html; charset=GBK"%>
<html>
<head>
<title>信息调查</title>
<style type="text/css">
<!--
		.STYLE1 {
			font-size: x-large
		}
-->
</style>
</head>
<body>
<form name="f1" method="post" action="info.jsp">
<table width="430" border="1" align="center">
	<tr>
		<td colspan="2">
			<div align="center" class="STYLE1">信息调查</div>
		</td>
	</tr>
	<tr>
		<td>姓名：</td>
		<td>
			<label> <input type="text" name="name" /> </label>
```

```
        </td>
    </tr>
    <tr>
        <td>性别：</td>
        <td>
            <input type="radio" name="sex" value="男" checked />男 
            <input type="radio" name="sex" value="女" />女
        </td>
    </tr>
    <tr>
        <td>学历：</td>
        <td>
            <select name="xueli">
                <option value="初中及以下">初中及以下</option>
                <option value="高中">高中</option>
                <option value="大专">大专</option>
                <option value="本科">本科</option>
                <option value="研究生">研究生</option>
                <option value="博士及以上">博士及以上</option>
            </select>
        </td>
    </tr>
    <tr>
        <td>知道本站渠道：</td>
        <td>
            <input type="checkbox" name="channel" value="杂志" />杂志 
            <input type="checkbox" name="channel" value="网络" />网络 
            <input type="checkbox" name="channel" value="朋友推荐"/>朋友推荐 
            <input type="checkbox" name="channel" value="报纸" />报纸 
            <input type="checkbox" name="channel" value="其他" />其他
        </td>
    </tr>
    <tr>
        <td colspan="2">
            <div align="center">
                <input type="submit" name="Submit" value="提交" /> 
                <input type="reset" name="Submit2" value="重置" />
            </div>
        </td>
    </tr>
```

```
</table>
</form>
</body>
</html>
```

在上述代码中，表单的 action 属性值为“info.jsp”，所以当用户单击提交按钮时，数据提交给 info.jsp 页面处理。

(2) 创建 info.jsp 页面。

【示例 5.6】 info.jsp。

```
<%@ page language="java" contentType="text/html; charset=GBK"%>
<html>
<head>
<title>信息显示</title>
</head>
<body>
<%
request.setCharacterEncoding("GBK");
        String name = request.getParameter("name");
        String sex = request.getParameter("sex");
        String xueli = request.getParameter("xueli");
        String[] channels = request.getParameterValues("channel");
%>
您输入的注册信息
<br />
<%
        out.print("姓名：" + name + "<br/>");
        out.print("性别：" + sex + "<br/>");
        out.print("学历：" + xueli + "<br/>");
        if (channels != null) {
                out.print("渠道：");
                for (int i = 0; i < channels.length; i++) {
                        out.print(channels[i] + " ");
                }
        }
%>
</body>
</html>
```

在上述代码中，使用 request 对象的 getParameter()获得了只有一个值的表单元素值，例如姓名、性别和学历；使用 getParameterValues()获得具有多个值的表单元素值，例如渠道(用户可能选择多个)，使用 out 对象输出数据。注意：channels 数组需要先判断其是否为 null，再进行遍历，因为如果用户没有选择任何渠道，则 getParameterValues()会返回 null。

启动 Tomcat，在 IE 中访问 http://localhost:8080/ch05/input.jsp，输入数据，运行结果如图 5-6 所示。

单击提交按钮之后，页面转到 info.jsp，处理结果如图 5-7 所示。

图 5-6　input.jsp 页面

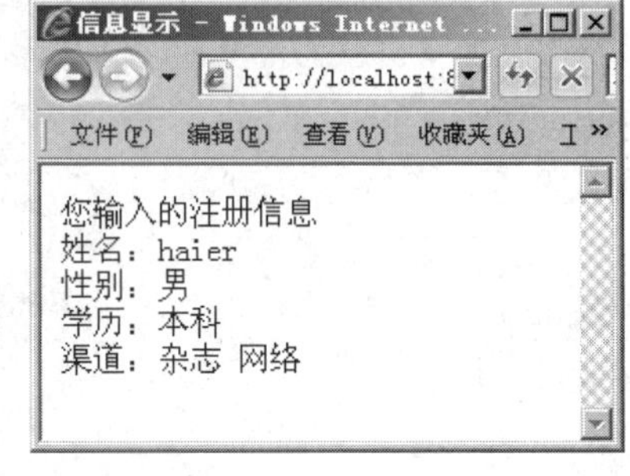

图 5-7　info.jsp 处理结果

3．response 对象

response 对象是 HttpServletResponse 接口实现类的实例，负责将响应结果发送到浏览器端，程序中可以用来重定向请求、向客户端浏览器增加 Cookie 等操作。其常用的方法有：

✧　void setContentType(String name)：设置响应内容的类型和字符编码。

✧　void sendRedirect(String url)：重定向到指定的 URL 资源。

下述代码使用 response 对象的 sendRedirect()方法实现了页面的重定向。

【示例 5.7】 response1.jsp。

```
<%@ page language="java" contentType="text/html; charset=GBK"%>
<html>
<head>
<title>测试response对象</title>
</head>
<body>
<%
        response.setContentType("text/html;charset=GBK");
response.sendRedirect("response2.jsp");
%>
</body>
</html>
```

在上述页面代码中，使用 response 对象的 sendRedirect()方法将页面重定向到了 response2.jsp。

【示例 5.8】 response2.jsp。

```
<%@ page language="java" contentType="text/html; charset=GBK"%>
<html>
<head>
<title>response</title>
</head>
<body>
<%= response.getContentType()%>
</body>
</html>
```

在上述代码中，使用 response 对象的 getContentType()方法输出当前页面的内容类型。

启动 Tomcat，在 IE 中访问 http://localhost:8080/ch05/response1.jsp，会直接重定向到第二个页面，运行结果如图 5-8 所示。

图 5-8　重定向后的运行结果

4．session 对象

session 对象是 HttpSession 接口实现类的实例，表示用户的会话状态，程序中常用来跟踪用户的会话信息。例如判断用户是否登录系统，或者在网上商城的购物车功能中用于跟踪用户购买的商品信息等。其常用方法有：

✧ void setAttribute(String name, Object value)：以名/值的方式存储数据。

✧ Object getAttribute(String name)：根据名称得到存储的数据。

例如：

```
session.setAttribute("name", "haier");
```

上面语句在当前会话中存储了一个名称为“name”的字符串对象“haier”。

下面语句根据名称“name”取出了存储在当前会话中的数据：

```
String name = (String)session.getAttribute("name");
```

因为 session 对象的 getAttribute()方法返回值为 Object 类型，所以需要根据实际类型进行强制转换。

5．application 对象

application 对象是 ServletContext 接口实现类的实例，其作用于整个应用程序，由应用程序中的所有 Servlet 和 JSP 页面共享。application 对象在容器启动时实例化，在容器关

闭时销毁。由于 application 中的值是 Servlet 和 JSP 共享的，JSP 中可以直接通过 application 内置对象访问对应值，而 Servlet 中并没有 application 内置对象，所以 Servlet 中要通过 ServletContext 实例获取对应值。同理，如果要在 JSP 中链接数据库，获取数据库数据，则可以把数据库相关配置(数据库连接地址、用户名、密码等)添加到 web.xml 中，而在 JSP 页面中，直接通过 application.getInitParameter(name)获取。

application 对象的常用方法有：

✧ void setAttribute(String name,Object value)：以名/值的方式存储数据。

✧ Object getAttribute(String name)：根据名称得到存储的数据。

例如：

```
application.setAttribute("number", 1);
```

上面语句在 application 中存储了一个名称为“number”的值为“1”的数据。

下面语句根据名称“number”取出了存储在 application 中的数据：

```
Integer i = (Integer)application.getAttribute("number");
```

与 session 对象相同，application 对象的 getAttribute()方法返回类型也为 Object，同样需要强制类型转化。

5.3.2 其他内置对象

1. page 对象

page 对象表示 JSP 页面的当前实例，实际上相当于 this，可以提供对 JSP 页面上定义的所有对象的访问。实际开发中很少使用 page 对象。下述代码简单演示了 page 对象的使用方法。

【示例 5.9】 pageObject.jsp。

```
<%@ page language="java" contentType="text/html; charset=GBK"
    info="测试page对象"%>
<html>
<body>
<%=((HttpJspPage)page).getServletInfo()%>
</body>
</html>
```

图 5-9 page 对象示例

在上述代码中，使用 page 对象取得 page 指令中的 info 属性值并输出到页面上，运行结果如图 5-9 所示。

2. pageContext 对象

pageContext 对象可以访问当前 JSP 页面所有的内置对象，如 request、response、session、application、out 等。另外 pageContext 对象还提供存取数据的方法，作用范围为当前 JSP 页面。其常用的方法有：

✧ void setAttribute(String name, Object value)：以名/值的方式存储数据。

✧ Object getAttribute(String name)：根据名称得到存储的数据。该方法还有一个重

载方法——getAttribute(String name, int scope)，其中 scope 可以设置的值有：

- PageContext.PAGE_SCOPE：对应到 page 范围。
- PageContext.REQUEST_SCOPE：对应到 request 范围。
- PageContext.SESSION_SCOPE：对应到 session 范围。
- PageContext.APPLICATION_SCOPE：对应到 application 范围。

上述两个方法的使用与 request、session、application 对象中的同名方法使用类似，不再举例说明。

下述代码用于实现使用 pageContext、session 和 application 对象分别进行页面、会话及应用的计数统计。

【示例 5.10】 count.jsp。

```
<%@ page language="java" contentType="text/html; charset=GBK"%>
<html>
<head>
<title>统计</title>
</head>
<body>
<%
	if (pageContext.getAttribute("pageCount") == null) {
		pageContext.setAttribute("pageCount", 0);
	}
	if (session.getAttribute("sessionCount") == null) {
		session.setAttribute("sessionCount", 0);
	}
	if (application.getAttribute("applicationCount") == null) {
		application.setAttribute("applicationCount", 0);
	}
%>
<%
	//页面计数
	int pageCount = Integer.parseInt(pageContext.getAttribute(
				"pageCount").toString());
	pageCount++;
	pageContext.setAttribute("pageCount", pageCount);
	//会话计数
	int sessionCount = Integer.parseInt(session.getAttribute(
				"sessionCount").toString());
	sessionCount++;
	session.setAttribute("sessionCount", sessionCount);
	//应用计数
	int applicationCount = Integer.parseInt(application.getAttribute(
```

```
                "applicationCount").toString());
        applicationCount++;
        application.setAttribute("applicationCount", applicationCount);
%>
页面计数：<%=pageContext.getAttribute("pageCount")%><br />
会话计数:<%=session.getAttribute("sessionCount")%><br />
应用计数:<%=application.getAttribute("applicationCount")%><br />
</body>
</html>
```

在这个 JSP 页面内，分别在 pageContext、session、application 这三个对象中记录次数，每次访问该页面时，次数加 1 并显示。

启动服务器，在 IE 中访问 http://localhost:8080/ch05/count.jsp，第一次访问该页面，运行结果如图 5-10 所示。

多次刷新本窗口后，运行结果如图 5-11 所示。

图 5-10　count.jsp 第一次访问

图 5-11　count.jsp 多次刷新后运行结果

另外打开一个 IE 窗口，再访问此页面，运行结果如图 5-12 所示。

图 5-12　新开 IE 窗口访问 count.jsp

从运行结果可以观察到：

✧ pageContext 访问范围是当前 JSP 页面，所以计数始终为 1。
✧ session 访问范围是当前会话，所以当刷新页面时，计数不断变化，但新打开一个窗口时，会新建一个会话，所以计数又从 1 开始。
✧ application 访问范围是整个应用程序，所以计数不断变化。

3. config 对象

config 对象用来存放 Servlet 的一些初始信息，常用方法有：

✧ String getInitParameter(String name)：返回指定名称的初始参数值。

✧ Enumeration getInitParameterNames()：返回所有初始参数的名称集合。

✧ ServletContext getServletContext()：返回 Servlet 上下文。

✧ String getServletName()：返回 Servlet 的名称。

例如：

```
String initValue = config.getInitParameter("initValue");
```

上述代码使用 config 对象的 getInitParameter()方法取得了 web.xml 配置文件中名称为“initValue”参数的值。

4．exception 对象

exception 对象表示 JSP 页面中的异常信息。需要注意的是，要使用 exception 对象，必须将此 JSP 中 page 指令的 isErrorPage 属性值设置成 true。

下述代码用于实现使用 exception 显示异常信息。

【示例 5.11】 cal.jsp。

```
<%@ page language="java" contentType="text/html; charset=GBK"
        errorPage="error.jsp"%>
<html>
<head>
<title>计算</title>
</head>
<body>
<%
        int a, b;
        a = 5;
        b = 0;
        int c = a / b;
%>
</body>
</html>
```

在上述代码中，page 指令的 errorPage 属性值为“error.jsp”，即当前 JSP 页面如果出现异常，将由 error.jsp 页面来处理。

【示例 5.12】 error.jsp。

```
<%@ page language="java" contentType="text/html; charset=gbk"
        isErrorPage="true"%>
<html>
<head>
<title>exception</title>
</head>
<body>
错误信息如下：
```

```
<br />
<%=exception%>
</body>
</html>
```

在上述代码中，page 指令的 isErrorPage 属性值设置为“true”，否则无法使用 exception 内置对象。启动 Tomcat，在 IE 中访问 http://localhost:8080/ch05/cal.jsp，运行结果如图 5-13 所示。

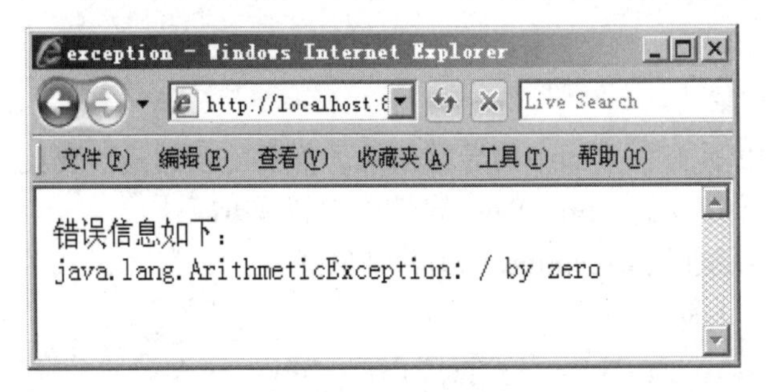

图 5-13　异常信息

cal.jsp 页面中的 b 变量值为 0，且作为除数，运算时会出现异常，因此页面转向 error.jsp 来显示异常信息。

小　　结

✧ 在传统的 HTML 文件中插入 Java 程序片段(Scriptlet)和 JSP 标签，就构成了 JSP 页面。
✧ JSP 指令用来向 JSP 容器提供编译信息。
✧ JSP 声明用于在 JSP 页面中定义变量和方法。
✧ JavaBean 需要满足公有类、公有无参构造方法，私有属性、属性对应的 get/set 方法几个要求。
✧ JSP 内置对象是由 JSP 容器加载的，不用声明就可以直接在 JSP 页面中使用对象，使开发更加简化。

练　　习

1．下列 page 指令使用正确的是______。（多选）

A．<%@page import="java.util.* java.sql.*"%>

B．<%@page import="java.util.*,java.sql.*"%>

C．<%@page import="java.util.*;java.sql.*"%>

D．<%@page import="java.util.*"%>
<%@page import="java.sql.*"%>

2．简述 JSP 的执行原理。

3．JSP 页面的 9 个内置对象中比较常用的有哪些？

第 6 章　系统后台开发之 EL 和 JSTL

本章目标

- 掌握 EL 表达式语言的语法及使用
- 掌握 EL 中隐含对象的使用
- 掌握 JSTL 核心标签库的使用
- 熟悉 JSTL 函数库的使用

随着 JSP 技术的广泛应用，一些问题也随之而来。JSP 主要用于内容的显示，如果嵌入大量的 Java 代码来完成复杂的功能，会使得 JSP 页面难以维护。虽然可以将尽可能多的 Java 代码放到 Servlet 或者 JavaBean 中，但是对于 JavaBean 的操作及集合对象的遍历访问等还是不可避免地会用到 Java 代码。为了简化 JSP 页面中对对象的访问方式，JSP2.0 引入了一种简捷的语言：表达式语言(Expression Language，EL)。

6.1 EL 表达式语言

EL 表达式可以使 JSP 写起来更加简单，在使用 EL 从 scope 中得到参数时可以自动转换类型，因此对于类型的限制更加宽松。Web 服务器对于 request 请求参数通常以字符串类型来发送，在获取时需要使用 JavaAPI 来操作，而且还需要进行强制类型转换，而 EL 可以避免这些类型转换工作，允许用户直接使用 EL 表达式获取值，而无需关心数据类型。

EL 是 JSP2.0 最重要的特性之一，有以下几个特点：

✧ 可以访问 JSP 的内置对象(pageContext、request、session、application 等)。

✧ 简化了对 JavaBean 的访问方式。

✧ 简化了对集合的访问方式。

✧ 可以通过关系、逻辑和算术运算符进行运算。

✧ 条件输出。

6.1.1 EL 基础语法

EL 的语法非常简单，是一个以“${”开始，以“}”结束的表达式，语法格式如下：

```
${EL表达式}
```

例如：

```
${person.name}
```

上述 EL 表达式由两部分组成，其中“.”操作符左边可以是一个 JavaBean 对象或 EL 隐含对象，右边可以是一个 JavaBean 属性名或映射键。此表达式将在页面显示 person 对象的 name 属性值，与其等价的是：

```
${person["name"]}
```

上述 EL 表达式中使用了“[ ]”操作符，与“.”相比，“[ ]”操作符更加灵活。“.”要求左边是 JavaBean 对象或 EL 隐含对象，不能操作数组或集合的元素，而“[ ]”则可以。例如，访问数组 a 中的第一个元素可以采用如下方式：

```
${a[0]}
```

“[ ]”中内容可以是属性、映射键或索引下标，需用双引号括起来，如${a["0"]}。大部分情况下，使用“.”的方式更加简洁方便，但是当要访问的内容只有在运行时才能决定时，就只能使用“[ ]”的方式，因为“.”后只能是字面值，而“[ ]”中的内容可以是一个变量。

6.1.2　EL 使用

下述代码用于实现在 JSP 页面使用 EL 显示 Person 类对象的数据。其中，Person 类是一个 JavaBean，具有 name 和 age 两个属性。

【示例 6.1】 Person.java。

```
public class Person {
	private String name;
	private int age;

	public String getName() {
		return name;
	}
	public void setName(String name) {
		this.name = name;
	}

	public int getAge() {
		return age;
	}
	public void setAge(int age) {
		this.age = age;
	}
}
```

下述代码在 JSP 中使用<jsp:useBean>标准动作定义了一个 Person 对象并赋值，使用 EL 表达式显示数据值。

【示例 6.2】 el.jsp。

```
<%@ page language="java" contentType="text/html; charset=gbk"%>
<html>
<head>
<title>EL表达式</title>
</head>
<body>
<jsp:useBean id="person" class="com.haiersoft.entity.Person"
		scope="request" />
<jsp:setProperty name="person" property="name" value="zhangsan" />
<jsp:setProperty name="person" property="age" value="25" />
姓名：${person.name}
<br />
年龄：${person.age}
```

```
</body>
</html>
```

在上述代码中，使用 EL 表达式代替了<jsp:getProperty>标准动作，直接访问 bean 对象的属性值并显示。与<jsp:getProperty>标准动作相比，EL 的方式更加简捷方便。启动 Tomcat，在 IE 中访问 http://localhost:8080/ch06/el.jsp，运行结果如图 6-1 所示。

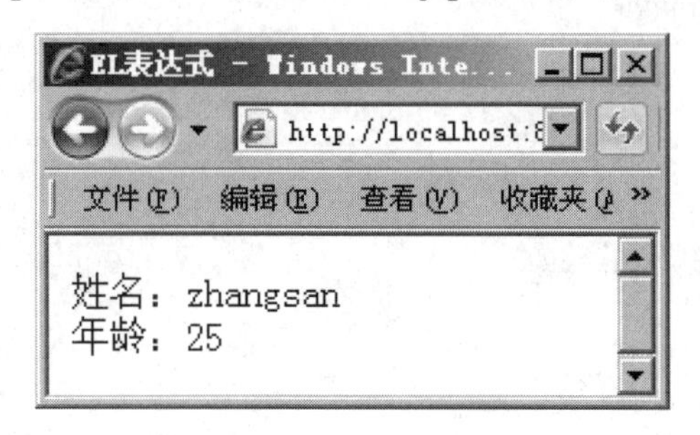

图 6-1 使用 EL 显示结果

6.1.3 EL 隐含对象

为了更加方便地进行数据访问，EL 提供了 11 个隐含对象，如表 6-1 所示。

表 6-1 EL 隐含对象

类别	对象	描 述
JSP	pageContext	引用当前 JSP 页面的 pageContext 内置对象
作用域	pageScope	获得页面作用范围中的属性值，相当于 pageContext.getAttribute()
	requestScope	获得请求作用范围中的属性值，相当于 request.getAttribute()
	sessionScope	获得会话作用范围中的属性值，相当于 session.getAttribute()
	applicationScope	获得应用程序作用范围中的属性值，相当于 application.getAttribute()
请求参数	param	获得请求参数的单个值，相当于 request.getParameter()
	paramValues	获得请求参数的一组值，相当于 request.getParameterValues()
HTTP 请求头	header	获得 HTTP 请求头中的单个值，相当于 request.getHeader()
	headerValues	获得 HTTP 请求头中的一组值，相当于 request.getHeadersValues()
Cookie	cookie	获得请求中的 Cookie 值
初始化参数	initParam	获得上下文的初始参数值

下述代码在 JSP 页面中使用了 EL 的各种隐含对象。

【示例 6.3】 implicit.jsp。

```
<%@ page language="java" contentType="text/html; charset=gbk"%>
<html>
<head>
<title>EL隐含对象</title>
</head>
```

```
<body>
<jsp:useBean id="requestperson" class="com.haiersoft.entity.Person"
            scope="request">
        <jsp:setProperty name="requestperson" property="name" value="zhangsan" />
        <jsp:setProperty name="requestperson" property="age" value="25" />
</jsp:useBean>

<jsp:useBean id="sessionperson" class="com.haiersoft.entity.Person"
            scope="session">
        <jsp:setProperty name="sessionperson" property="name" value="lisi" />
        <jsp:setProperty name="sessionperson" property="age" value="10" />
</jsp:useBean>
PageContext：
        ${pageContext.request.requestURI }<br/>
requestScope:
        ${requestScope.requestperson.name } 
        ${requestScope.requestperson.age }<br/>
sessionScope:
        ${sessionScope.sessionperson.name } 
        ${sessionScope.sessionperson.age }<br/>
param:
        ${param.id }<br/>
paramValues:
        ${paramValues.multi[1]}<br/>
initParam:
        ${initParam.initvalue}<br/>
        <br />
</body>
</html>
```

上述代码使用<jsp:useBean>标准动作定义了两个 Person 对象，分别存放在 request 和 session 中。在 web.xml 中设置初始参数：

```
<context-param>
        <param-name>initvalue</param-name>
        <param-value>haier</param-value>
</context-param>
```

运行结果如图 6-2 所示。

此时，地址栏传了两个参数，分别是 id 和 multi。其中 id 是单一值，使用 param 对象访问；multi 有两个值，使用 paramValues 对象访问。使用 initParam 对象访问在 web.xml 中配置的初始参数值。

图 6-2　EL 隐含对象示例

6.2　JSTL

JSTL(JavaServer Pages Standard Tag Library，JSP 标准标签库)是由 Apache 的 Jakarta 项目组开发的一个标准的通用型标签库，已纳入 JSP2.0 规范，是 JSP2.0 最重要的特性之一。

6.2.1　JSTL 简介

JSTL 有如下几个优点：

✧ 针对 JSP 开发中频繁使用的功能提供了简单易用的标签，从而简化了 JSP 开发。

✧ 作为 JSP 规范，以统一的方式减少了 JSP 中的 Java 代码数量，力图提供一个无脚本环境。

✧ 在应用程序服务器之间提供了一致的接口，最大程度地提高了 Web 应用在各应用服务器之间的可移植性。

JSTL 提供的标签库分为核心标签库、国际化输出标签库(I18N 标签库)、XML 标签库、SQL 标签库和 EL 函数库等五个部分。

下述代码是 JSTL 的一个简单示例。

【示例 6.4】 jstltest.jsp。

```
<%@ page language="java" contentType="text/html; charset=gbk"%>
<%@taglib uri="http://java.sun.com/jsp/jstl/core" prefix="c"%>
<html>
<head>
<title>JSTL示例</title>
</head>
<body>
<table border="1">
```

```
        <tr>
                <th>Header</th>
                <th>Value</th>
        </tr>
        <c:forEach var="entry" items="${header}">
                <tr>
                        <td>${entry.key }</td>
                        <td>${entry.value }</td>
                </tr>
        </c:forEach>
</table>
</body>
</html>
```

在上述代码中，使用了 JSTL 核心标签库中的 forEach 标签，遍历输出 HTTP 请求报文头信息。当在 JSP 页面中使用 JSTL 时，必须设置 taglib 指令引入所需要的标签库，例如：

```
<%@taglib uri="http://java.sun.com/jsp/jstl/core" prefix="c"%>
```

taglib 指令中的 uri 属性指明标签库描述文件的路径；prefix 属性指明标签库的前缀，使用标签库中的标签时必须指定前缀，如“<c:forEach>”。

启动 Tomcat，在 IE 中访问 http://localhost:8080/ch06/jstltest.jsp，运行结果如图 6-3 所示。

Header	Value
connection	Keep-Alive
host	localhost:8080
accept-language	zh-cn
accept	image/gif, image/x-xbitmap, image/jpeg, image/pjpeg, application/x-shockwave-flash, application/msword, application/vnd.ms-excel, application/vnd.ms-powerpoint, */*
user-agent	Mozilla/4.0 (compatible; MSIE 7.0; Windows NT 5.1; .NET CLR 2.0.50727)
accept-encoding	gzip, deflate
ua-cpu	x86

图 6-3　利用 JSTL 输出 HTTP 请求头信息

6.2.2　核心标签库

核心标签库是 JSTL 中比较重要的标签库，JSP 页面中常用的标签都定义在核心标签库中。核心标签库中按功能又分为通用标签、条件标签、迭代标签和 URL 操作标签。通用标签用于操作变量；条件标签用于进行条件判断和处理；迭代标签用于循环遍历一个集合；URL 标签用于一些针对 URL 的操作。

要在 JSP 页面中使用核心标签库，需要使用 taglib 指令导入，核心标签库通常使用前缀“c”，语法格式如下：

```
<%@taglib uri="http://java.sun.com/jsp/jstl/core" prefix="c"%>
```

1．通用标签

通用标签包括<c:out>、<c:set>、<c:remove>和<c:catch>。

(1) <c:out>：输出数据。其语法格式如下：

```
<c:out value="value"/>
```

其中：

✧ value 表示要输出的数据，可以是一个 EL 表达式，也可以是静态值。

(2) <c:set>表示设置指定范围内的变量值。其语法格式如下：

```
<c:set var="name" value="value" scope="page|request|session|application"/>
```

其中：

✧ var 指定变量的名称。

✧ value 表示设置变量的值。

✧ scope 指定变量的范围，可以是 page、request、session 或 application，缺省为 page。

(3) <c:remove>：删除指定范围中的某个变量或属性。其语法格式如下：

```
<c:remove var="name" scope="page|request|session|application"/>
```

其中：

✧ var 指定要删除的变量的名称。

✧ scope 指定变量所在的范围。

(4) <c:catch>：捕获标签内部代码抛出的异常。其语法格式如下：

```
<c:catch var="name">
</c:catch>
```

其中：

✧ var 表示用于标识异常的名字。

下述代码用于实现使用<c:set>设置变量 e，使用<c:out>在页面中显示 e 的值，使用<c:remove>从 session 中删除 e，使用<c:catch>捕获异常。

【示例 6.5】 comm.jsp。

```
<%@ page language="java" contentType="text/html; charset=gbk"%>
<%@taglib uri="http://java.sun.com/jsp/jstl/core" prefix="c"%>
<html>
<head>
<title>任务6.D.1</title>
</head>
<body>
<c:catch var="ex">
    <c:set var="e" value="${param.p+1}" scope="session" />
    变量的值为<c:out value="${e}" />
    <c:remove var="e" scope="session" />
</c:catch>
```

```
<c:out value="${ex}" />
</body>
</html>
```

在上述代码中，e 的值为请求参数 p 的值再加 1，即设置<c:set>标签的 value 为${param.p+1}。<c:catch var="ex">捕获异常并将异常对象使用 ex 进行标识，然后使用<c:out value="${ex}"/>输出异常信息。

启动 Tomcat，在 IE 中访问 http://localhost:8080/ch06/comm.jsp?p=9，运行结果如图 6-4 所示。

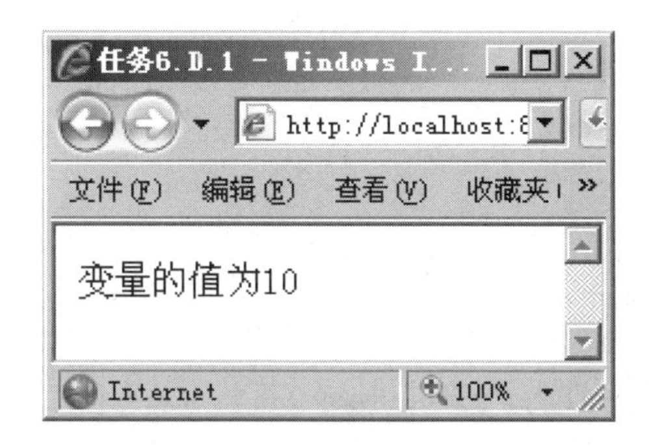

图 6-4　comm.jsp 无异常时结果

将参数 p 的值改为非数字时，页面在对${param.p+1}进行运算时会发生异常。在 IE 中访问 http://localhost:8080/ch06/comm.jsp?p=a，运行结果如图 6-5 所示。

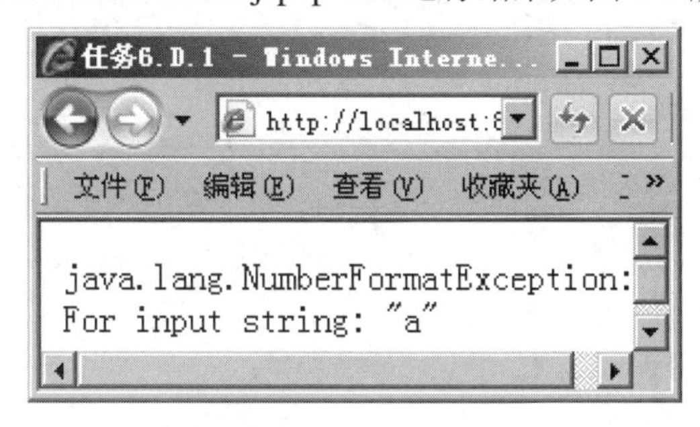

图 6-5　comm.jsp 发生异常时结果

2．条件标签

在 JSTL 中，条件标签包括<c:if>、<c:choose>、<c:when>和<c:otherwise>。

(1) <c:if>：用于进行条件判断。其语法格式如下：

```
<c:if test="condition" var="name" scope="page|request|session|application">
    // condition为true时，执行的代码
</c:if>
```

其中：

✧ test 指定条件，通常使用 EL 进行条件运算。

✧ var 指定变量，保存 test 属性运算结果。

✧ scope 指定 var 属性对应变量的保存范围。

在上述属性中，test 属性必须被指定，而 var 和 scope 属性则可省略。

(2) <c:choose>：用于条件选择。和<c:when>、<c:otherwise>一起使用。其语法格式如下：

```
<c:choose>
    //<c:when>和<c:otherwise>子标签
</c:choose>
```

(3) <c:when>：代表<c:choose>的一个分支。其语法格式如下：

```
<c:when test="condition">
    // condition为true时，执行的代码
</c:when>
```

(4) <c:otherwise>：代表<c:choose>的最后选择。其语法格式如下：

```
<c:otherwise >
    //执行的代码
</c:otherwise >
```

通过示例 condition.jsp 演示 JSTL 条件标签的使用方法。

【示例 6.6】 condition.jsp。

```
<%@ page language="java" contentType="text/html; charset=gbk"%>
<%@taglib uri="http://java.sun.com/jsp/jstl/core" prefix="c"%>
<html>
<head>
<title>JSTL条件标签</title>
</head>
<body>
<c:set var="n" value="49" />
<c:if test="${n<60}">
    <c:set var="color" value="red" />
</c:if>
<font color="${color }">
<c:choose>
    <c:when test="${n>=90}">
        您的成绩优秀！
    </c:when>
    <c:when test="${n>=80}">
        您的成绩良好！
    </c:when>
    <c:when test="${n>=60}">
        您的成绩及格！
    </c:when>
    <c:otherwise>
        注意：您的成绩不及格！
    </c:otherwise>
```

```
</c:choose>
</font>
</body>
</html>
```

在上述代码中，使用<c:set>设置一变量 n 并赋值；使用<c:if>判断 n 的值，当 n 的值小于 60 时设置 color 变量为“red”；使用<c:choose>、<c:when>和<c:otherwise>进行多分支判断输出不同内容。

启动 Tomcat，在 IE 中访问 http://localhost:8080/ch06/condition.jsp，因为 n 的值为 49，所以颜色是红色，输出“注意：您的成绩不及格！”，如图 6-6 所示。

图 6-6　condition.jsp 运行结果

改变变量 n 的值，可以观察不同的运行结果。

3．迭代标签

在 JSP 开发中，迭代是经常使用的操作，JSTL 提供迭代标签简化了迭代操作代码。JSTL 中的迭代标签包括<c:forEach>和<c:forTokens>。

(1) <c:forEach>：用于遍历集合或迭代指定的次数。其语法如下：

```
<c:forEach var="name" items="collection" varStatus="statusname" begin="begin"          end="end"
step="step">
    //标签体内容
</c:forEach>
```

其中：

- ✧ var 指定用于存放集合中当前遍历元素的变量名称。
- ✧ items 指定要遍历的集合，可以是数组、List 或 Map，该属性必须是指定的。
- ✧ varStatus 指定存放当前遍历状态的变量名称，varStatus 的常用属性有 current(当前迭代的项)、intdex(当前迭代从 0 开始的索引)和 count(当前迭代从 1 开始的迭代计数)。
- ✧ begin 表示值为整数，指定遍历的起始索引。
- ✧ end 表示值为整数，指定遍历的结束索引。
- ✧ step 表示值为整数，指定迭代的步长。

(2) <c:forTokens>：用于遍历使用分隔符分割字符串后的字符串集合。其语法如下：

```
<c:forTokens items="string" delims="delimiters" var="name"
varStatus="statusname">
```

```
    //标签体内容
</c:forTokens>
```

其中：

✧ items 指定要遍历的字符串。

✧ delims 指定分隔符，可以指定一个或者多个分隔符。

✧ var 指定存放当前遍历元素的变量名称。

✧ varStatus 表示含义和用法与 forEach 中的 varStatus 相同。

下述示例 foreach.jsp 演示 JSTL 中两种迭代标签的使用方法。

【示例 6.7】 foreach.jsp。

```
<%@ page language="java" contentType="text/html; charset=gbk"%>
<%@taglib uri="http://java.sun.com/jsp/jstl/core" prefix="c"%>
<html>
<head>
<title>JSTL迭代标签</title>
</head>
<body>
<%
    String[] names = { "Sun", "Microsoft", "IBM", "Dell", "Sony" };
    request.setAttribute("name", names);
%>
公司名称：
<br />
<c:forEach var="company" items="${name}" begin="0" end="2">
    ${company }<br />
</c:forEach>
<br />
语言有：
<br />
<c:forTokens items="Java:JavaEE;JSP|Servlet,ASP" delims=":;|,"
        var="language" varStatus="status">
        ${status.count }  ${language}<br />
    </c:forTokens>
</body>
</html>
```

在上述代码中，定义了一个字符串数组并保存在 request 范围中，使用<c:forEach>遍历该数组中下标从 0 到 2 的元素；使用<c:forTokens>分隔字符串并遍历字符串数组。

启动 Tomcat，在 IE 中访问 http://localhost:8080/ch06/foreach.jsp，运行结果如图 6-7 所示。

图 6-7　foreach.jsp 运行结果

4．URL 标签

URL 标签主要包括 <c:import>、<c:redirect>和<c:url>。

<c:import>标签主要用于将一个静态或动态文件包含到当前 JSP 页面中，所包含的对象不再局限于本地 Web 应用程序，其他 Web 应用中的文件或 FTP 资源同样可以包含进来。其语法格式如下：

```
<c:import url="url" var="name" scope="page|request|session|application"
        charEncoding="encoding" />
```

其中：

- ✧ url 指定被包含文件的 URL。
- ✧ var 指定存放此包含文件的变量名称。
- ✧ scope 指定保存变量的范围。
- ✧ charEncoding 指定包含文件内容的字符集，例如 utf-8、gbk 等。

在<c:import>标签中必须要有 url 属性，url 可以为绝对地址，也可以为相对地址。例如，使用绝对地址的写法如下：

```
<c:import url="http://java.sun.com"/>
```

上述语句中，通过 import 标签可把 http://java.sun.com 网页的内容加入到当前网页中。

6.2.3　国际(I18N)标签库

国际化与格式化标签库可用于创建支持多种语言的国际化 Web 应用程序，对数字和日期时间的输出进行标准化。

导入 I18N 标签库的 taglib 指令如下：

```
<%@taglib uri="http://java.sun.com/jsp/jstl/fmt" prefix="fmt"%>
```

I18N 标签库中的标签主要有<fmt:setLocale>、<fmt:bundle>、<fmt:setBundle>、

<fmt:message>、<fmt:formatNumber>和<fmt:formatDate>。

(1) <fmt:setLocale>：用于重写客户端指定的区域设置。其语法格式如下：

```
<fmt:setLocale value="setting" variant="variant"
scope="page|request|session|application"/>
```

其中：

✧ value 指定语言和国家代码，例如 zh_CN。

✧ variant 指定浏览器变量。

✧ scope 指定变量范围。

在上述属性中，必须设置 value 属性，其他属性可以省略。

(2) <fmt:bundle>：加载本地化资源包。其语法格式如下：

```
<fmt:bundle basename="basename">
    //标签体内容
</fmt:bundle>
```

其中：

✧ basename 指定资源包的名称，该名称不包括“.properties”后缀名。

(3) <fmt:setBundle>：加载一个资源包，并将它存储在变量中，该标签是个空标签。其语法格式如下：

```
<fmt:setBundle basename="basename" var="name"
    scope="page|request|session|application"/>
```

其中：

✧ basename 指定资源包的名称。

✧ var 指定变量名称。

✧ scope 指定变量的范围。

(4) <fmt:message>：输出资源包中键映射的值。其语法格式如下：

```
<fmt:message key="messageKey"/>
```

其中：

✧ key 指定消息的关键字。

(5) <fmt:formatNumber>：格式化数字。其语法格式如下：

```
<fmt:formatNumber value="value" var="name" pattern="pattern"
scope="page|request|session|application"
    type="number|currency|percent"
groupingUsed="true|false"/>
```

其中：

✧ value 指定需要格式化的数字。

✧ var 指定变量名称。

✧ pattern 指定格式化样式，例如“#####.##”。

✧ scope 指定变量范围。

✧ type 指定值的类型，可以是 number(数字)、currency(货币)或 percent(百分比)。

✧ groupingUsed 表示指明是否将数字进行间隔，例如“123,456.00”。

(6) <fmt:formatDate>：格式化日期。其语法格式如下：

```
<fmt:formatDate value="value" var="name" pattern="pattern"
scope="page|request|session|application"
    type="time|date|both"/>
```

其中：

✧ value 指定需要格式化的时间和日期，必须设置该值。

✧ var 指定变量名称。

✧ pattern 指定格式化日期时间的样式，例如“yyyy-MM-dd hh:mm:ss”。

✧ scope 指定变量范围。

✧ type 指定类型，可以是 time(时间)、date(日期)或 both(时间和日期)。

下述示例 format.jsp 演示了国际化及格式化标签的使用方法。

【示例 6.8】 format.jsp。

```
<%@ page language="java" contentType="text/html; charset=gbk"%>
<%@taglib uri="http://java.sun.com/jsp/jstl/core" prefix="c"%>
<%@taglib uri="http://java.sun.com/jsp/jstl/fmt" prefix="fmt"%
<%@page import="java.util.Date"%>
<html>
<head>
<title>JSTL格式化标签</title>
</head>
<body>
<c:set var="salary" value="8888.88" />
<%
    request.setAttribute("date", new Date());
%>
工资：${salary }
<br />
使用en_US
<fmt:setLocale value="en_US" />
格式化工资为：
<fmt:formatNumber type="currency" value="${salary}" />
<br />
使用zh_CN
<fmt:setLocale value="zh_CN" />
格式化工资为：
<fmt:formatNumber type="currency" value="${salary}" />
<br />
<br />
当前日期为：
<fmt:formatDate value="${date}" pattern="yyyy-MM-dd hh:mm:ss" />
```

```
</body>
</html>
```

在上述代码中，使用 taglib 指令将 JSTL 的核心标签库和格式化标签库导入；使用<c:set>设置一个变量 salary 并赋值；取出系统当前时间并存放到请求对象中；使用<fmt:setLocale>设置语言国家；最后使用<fmt:formatNumber>和<fmt:formatDate>格式化数字和日期，并输出数字和日期。

启动 Tomcat，在 IE 中访问 http://localhost:8080/ch06/format.jsp，运行结果如图 6-8 所示。

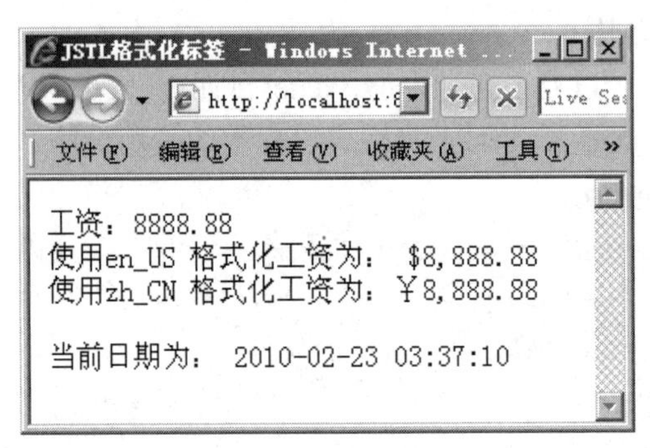

图 6-8 格式化标签

国际化的原理是：将页面中显示的文字存放在属性文件中，每种语言都有一个对应的属性文件；JSP 页面中使用国际化标签将属性文件中的文字显示出来，所以选择不同的语言时，页面就会显示不同语言的文字。

属性文件要求使用下述格式命名：

```
文件名_语言.properties
```

例如：

✧ filename_zh.properties 是中文属性文件。

✧ filename_en.properties 是英文属性文件。

如果同一种语言还需要区分不同国家，则使用如下格式：

```
文件名_语言-国家.properties
```

例如：filename_en-US.properties 是美国英语属性文件。

下述代码用于使用国际化标签实现站点国际化。按照任务描述的要求，页面需要支持中文和英文两种语言，所以创建两个属性文件 labels_en.properties 和 labels_zh.properties。

【示例 6.9】 labels_en.properties。

```
title=Language
select_language=Please select your preferrd language:
chinese=Chinese
english=English
submit=submit
```

【示例 6.10】 labels_zh.properties。

```
title=语言
```

```
select_language=请选择您的首选语言:
chinese=中文
english=英语
submit=提交
```

属性文件以“key=value”形式保存信息，各个属性文件的 key 相同，但对应的 value 采用不同的语言。

labels_zh.properties 中文属性文件需要使用 JDK 中的工具 native2ascii 转换成 ASCII 编码，Windows 系统可在命令行控制台下输入如下命令完成转码：

```
native2ascii -encoding gbk labels_zh.properties
```

转换后的 labels_zh.properties 内容如下：

```
title=\u8bed\u8a00
select_language=\u8bf7\u9009\u62e9\u60a8\u7684\u9996\u9009\u8bed\u8a00:
chinese=\u4e2d\u6587
english=\u82f1\u8bed
submit=\u63d0\u4ea4
```

将转换后生成的代码拷贝到 labels_zh.properties 文件中，覆盖原来的代码。

使用 i18n.jsp 页面显示数据。

【示例 6.11】 i18n.jsp。

```
<%@ page language="java" contentType="text/html;charset=gbk"%>
<%@taglib uri="http://java.sun.com/jsp/jstl/core" prefix="c"%>
<%@taglib uri="http://java.sun.com/jsp/jstl/fmt" prefix="fmt"%
<%@page import="java.util.Date"%>
<html>
<head>
<!-- 默认设置为zh -->
<fmt:setLocale value="zh" />
<!-- 根据表单参数language的值设置不同的语言 -->
<c:if test="${param.language=='zh'}">
            <fmt:setLocale value="zh" />
</c:if>
<c:if test="${param.language=='en'}">
            <fmt:setLocale value="en" />
</c:if>
<!-- 加载属性文件 -->
<fmt:setBundle basename="labels" />
<title><fmt:message key="title" /></title>
</head>
<body>
<fmt:message key="select_language" />
<p>
```

```
<form action="i18n.jsp">
        <input type="radio" name="language" value="zh" />
        <fmt:message key="chinese" /><br />
                <input type="radio" name="language" value="en" />
                <fmt:message key="english" /><br />
                <input type="submit" value="<fmt:message key="submit"/>" />
        </form>
        </p>
</body>
</html>
```

在上述代码中，使用<fmt:setLocal>设置语言；使用<fmt:setBundle>加载属性文件，basename 的值为属性文件名称(需要去掉名称后面的语言等后缀)；使用<fmt:message>显示属性文件中某个 key 值对应的信息。

启动 Tomcat，在 IE 中访问 http://localhost:8080/ch06/i18n.jsp，运行结果如图 6-9 所示。

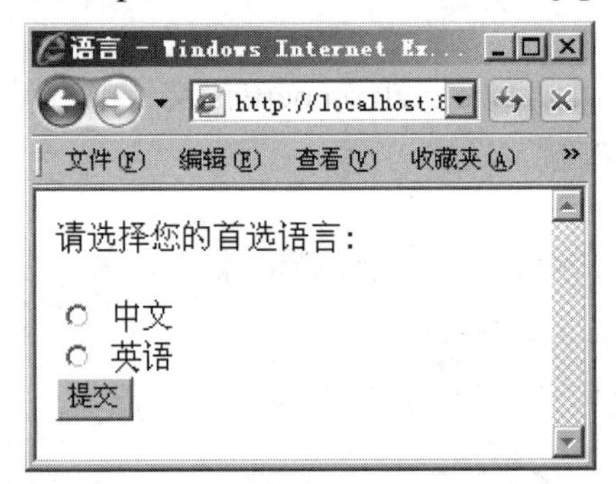

图 6-9　中文页面

选中“English”，单击“submit”按钮，结果如图 6-10 所示。

图 6-10　英文页面

6.2.4　EL 函数库

JSTL 中针对一些使用非常频繁的功能提供了一系列 EL 函数，EL 函数主要提供了对字符串处理的功能，此外还可以获取集合的大小。EL 函数的名称和功能如表 6-2 所示。

表 6-2　JSTL 提供的 EL 函数

函数名称	描　述
contains(String string, String substring)	判断字符串是否包含另一个字符串，如果参数 string 中包含参数 substring，返回 true 例如：<c:if test="${fn:contains(name,search)}">
containsIgnoreCase(String string, Stringsubstring)	判断字符串是否包含另一个字符串，不区分大小写
endsWith(String string,String suffix)	判断字符串是否以特定字符串结尾，如果参数 string 以参数 suffix 结尾，返回 true 例如：<c:if test="${fn:endsWith(name,'lucy')}">
escapeXml(String string)	将字符串中的 XML/HTML 特殊字符转化为实体字符
indexOf(String string, String substring)	查找字符串 string 中子字符串 substring 第一次出现的位置 例如：${fn:indexOf(name, "-")}
join(String[ ] array, String separator)	将数组 array 中的每个字符串用给定的分割符 separator 连接为一个字符串 例如：${fn:join(array, ",")}
length(Object item)	返回参数 item 中包含元素的数量。Item 的类型可以为集合、数组、字符串 例如：${fn:length(list)}
replace(String string, String before, String after)	返回一个 String 对象。用参数 after 字符串替换参数 string 中所有出现参数 before 字符串的地方，并返回替换后的结果 例如：${fn:replace(str, "lucy", "lili")}
split(String string, String separator)	返回一个数组，以参数 separator 为分割符分割参数 string，分割后的每一部分就是数组的一个元素 例如：${fn:split(names, ",")}
startsWith(String string, String prefix)	判断字符串是否以特定字符串开始，如参数 string 以参数 prefix 开头，返回 true 例如：${fn:startsWith(name, "L")}
substring(String string, int begin, int end)	返回参数 string 部分字符串，从参数 begin 开始到参数 end(包括 end)位置的字符 例如：${fn:substring(str, 2, 5)}
substringAfter(String string, String substring)	返回参数 substring 在参数 string 中后面的那一部分字符串
substringBefore(String string, String substring)	返回参数 substring 在参数 string 中前面的那一部分字符串
toLowerCase(String string)	将参数 string 所有的字符变为小写，并将其返回 例如：${fn:toLowerCase(somename)}
toUpperCase(String string)	将参数 string 所有的字符变为大写，并将其返回 例如：${fn:toUpperCase(somename)}
trim(String string)	去除参数 string 首尾的空格，并将其返回

导入上述函数的 taglib 指令如下：

```
<%@taglib uri="http://java.sun.com/jsp/jstl/functions" prefix="fn"%>
```

使用 EL 函数的语法为：

```
${fn:函数名(参数列表)}
```

下述代码用于实现使用“、”，将数组中的每个字符串连接后输出，并输出数组的长度。

【示例 6.12】 ELFunction.jsp。

```
<%@ page language="java" contentType="text/html; charset=GBK"
    pageEncoding="GBK"%>
<%@taglib uri="http://java.sun.com/jsp/jstl/functions" prefix="fn"%>
<html>
<head>
<title>JSTL函数</title>
</head>
<body>
<%
    //示例数据
    String[] books = { "三国演义", "水浒传", "西游记", "红楼梦" };
    request.setAttribute("books", books);
%>
${fn:join(books,"、") }是中国古典小说的${fn:length(books)}大名著。
</body>
</html>
```

启动 Tomcat，在 IE 中访问 http://localhost:8080/ch06/ELFunction.jsp，运行结果如图 6-11 所示。

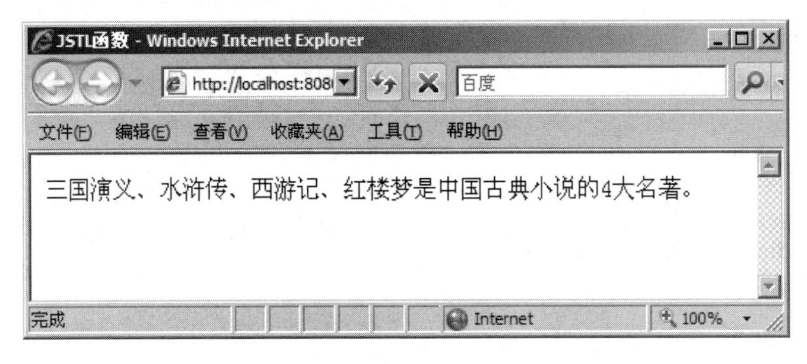

图 6-11 EL 函数使用

小　结

- ✧ EL 的隐含对象有 pageScope、requestScope、sessionScope、applicationScope、param、paramValues、initParam 等。
- ✧ EL 中可以使用算术运算符、关系运算符和逻辑运算符进行运算。

- ✧ JSTL 简化了 JSP 开发，提供了一个无脚本环境。
- ✧ JSTL 提供了五个标签库：核心标签库、I18N 标签库、XML 标签库、SQL 标签库和 EL 函数库。
- ✧ 核心标签库分为通用标签、条件标签、迭代标签和 URL 标签。
- ✧ 常用的通用标签有：<c:out>、<c:set>、<c:remove>和<c:catch>。
- ✧ 条件标签有：<c:if>、<c:choose>、<c:when>和<c:otherwise>。
- ✧ 迭代标签有：<c:forEach>和<c:forTokens>。
- ✧ URL 标签有：<c:import>、<c:redirect>和<c:url>。
- ✧ 常用的 I18N 标签有：<fmt:setLocale>、<fmt:bundle>、<fmt:setBundle>、<fmt:message>、<fmt:formatNumber>和<fmt:formatDate>。

练　　习

1．下列关于 EL 的说法正确的是______。

A．EL 可以访问所有的 JSP 内置对象

B．EL 可以读取 JavaBean 的属性值

C．EL 可以修改 JavaBean 的属性值

D．EL 可以调用 JavaBean 的任何方法

2．下列 EL 的使用语法正确的是______。(多选)

A．${1 + 2 == 3 ? 4 : 5}

B．${param.name + paramValues[1]}

C．${someMap[var].someArray[0]}

D．${someArray["0"]}

3．下列关于 JSTL 条件标签的说法正确的是______。(多选)

A．单纯使用 if 标签可以表达 if...else...的语法结构

B．when 标签必须在 choose 标签内使用

C．otherwise 标签必须在 choose 标签内使用

D．以上都不正确

4．下列代码的输出结果是______。

```
<%
    int[] a = new int[] { 1, 2, 3, 4, 5, 6, 7, 8 };
    pageContext.setAttribute("a", a);
%>
<c:forEach items="${a}" var="i" begin="3" end="5" step="2">
${i } 
</c:forEach>
```

A．1 2 3 4 5 6 7 8

B．3 5

C．4 6

D．4 5 6

5．下列指令中，可以导入 JSTL 核心标签库的是______。(多选)

A．<%@taglib url="http://java.sun.com/jsp/jstl/core" prefix="c"%>

B．<%@taglib url="http://java.sun.com/jsp/jstl/core" prefix="core"%>

C．<%@taglib uri="http://java.sun.com/jsp/jstl/core" prefix="c"%>

D．%@taglib uri="http://java.sun.com/jsp/jstl/core" prefix="core"%

6．下列代码中，可以取得 ArrayList 类型的变量 x 的长度是______。

A．${fn:size(x)}

B．<fn:size value="${x}" />

C．${fn:length(x)}

D．<fn:length value="${x}" />

7．JSTL 分为______、______、______、______、______五部分。

第7章 监听、过滤及AJAX基础

本章目标

- 掌握Servlet上下文监听
- 掌握Http会话监听
- 理解过滤器原理及生命周期
- 掌握实现一个过滤器的步骤
- 理解AJAX的工作原理
- 掌握XMLHttpRequest对象的属性、方法的使用
- 理解XMLHttpRequest的运行周期

在智能制造信息系统的开发中，运用了监听器、过滤器以及 AJAX 技术。例如通过监听器来检测用户的登录状态信息，运用过滤器功能来禁止用户的非法访问，运用 AJAX 技术来校验用户名和登录名是否重复。这些技术的运用使得智能制造信息系统的功能更加完善。

7.1 监听器

监听器(Listener)可以监听客户端的请求、服务器端的操作。通过监听器可以自动触发一些事件，比如监听在线的用户数量。监听器对象可以在事件发生前、发生后做一些必要的处理。

7.1.1 监听器简介

有过 Java AWT 编程体验的程序员一定对其中的事件处理机制不陌生，也应该对诸如 WindowListener、MouseListener 等事件监听器感到熟悉。Servlet 2.3 规范以后也加入了与 AWT 中事件处理机制类似的事件处理类，即 Servlet 监听器。

Servlet 监听器的作用是监听 Servlet 应用中的事件，并根据需求作出适当的响应。表 7-1 列出了 8 个监听器接口和 6 个事件类。

表 7-1 Listener 接口和 Event 类

监听对象	Listener	Event
监听 Servlet 上下文	ServletContextListener	ServletContextEvent
	ServletContextAttributeListener	ServletContextAttributeEvent
监听 Session	HttpSessionListener	HttpSessionEvent
	HttpSessionActivationListerner	
	HttpSessionAttributeListener	HttpSessionBindingEvent
	HttpSessionBindingListener	
监听 Request	ServletRequestListener	ServletRequestEvent
	ServletRequestAttributeListener	ServletRequestAttributeEvent

在 web.xml 中配置监听器的格式如下：

```
<listener>
        <listener-class>监听类</listener-class>
</listener>
```

7.1.2 上下文监听

Servlet 上下文监听器有两个：ServletContextListener 和 ServletContextAttributeListener。

1．ServletContextListener

ServletContextListener 接口用于监听 Servlet 上下文的变化，该接口提供两个方法：

- ✧ contextInitialized(ServletContextEvent event)方法：当 ServletContext 对象创建的时候，将会调用此方法进行处理。

✧ contextDestroyed(ServletContextEvent event)方法：当 ServletContext 对象销毁的时候(例如关闭 Web 容器或者重新加载应用)，将会调用此方法进行处理。

上述两个方法被称为“Web 应用程序的生命周期方法”。在这两个方法中，都需要一个 ServletContextEvent 类型的参数，该类只有一个方法：

✧ ServletContext getServletContext()：获得 ServletContext 对象。

2. ServletContextAttributeListener

ServletAttributeListener 接口用于监听 ServletContext 中属性的变化，该接口提供三个方法，分别用于处理 ServletContext 中属性的增加、删除和修改。

✧ void attributeAdded(ServletContextAttributeEvent event)：当 ServletContext 中增加一个属性时，将会调用此方法进行处理。

✧ void attributeRemoved(ServletContextAttributeEvent event)：当 ServletContext 中删除一个属性时，将会调用此方法进行处理。

✧ void attributeReplaced(ServletContextAttributeEvent event)：当 ServletContext 中修改一个属性值时，将会调用此方法进行处理。

在应用中，如果监听类同时实现 ServletContextListener 和 ServletContextAttributeListener 两个接口时，其工作流程如下：

(1) Web 应用启动的时候，contextInitialized(ServletContextEvent event)方法进行初始化。

(2) 如果在 Application 范围内添加一个属性，将会触发 ServletContextAttributeEvent 事件，通过 AttributeAdded(ServletContextAttributeEvent event)方法进行处理。

(3) 如果在 Application 范围内修改属性值，将会触发 ServletContextAttributeEvent 事件，通过 AttributeReplaced(ServletContextAttributeEvent event)方法进行处理。

(4) 如果在 Application 范围内删除一个属性，将会触发 ServletContextAttributeEvent 事件，通过 AttributeRemoved(ServletContextAttributeEvent event)方法进行处理。

(5) Web 应用关闭时，通过 contextDestroyed(ServletContextEvent event)方法对 ServletContext 进行卸载。

上下文监听器的工作流程如图 7-1 所示。

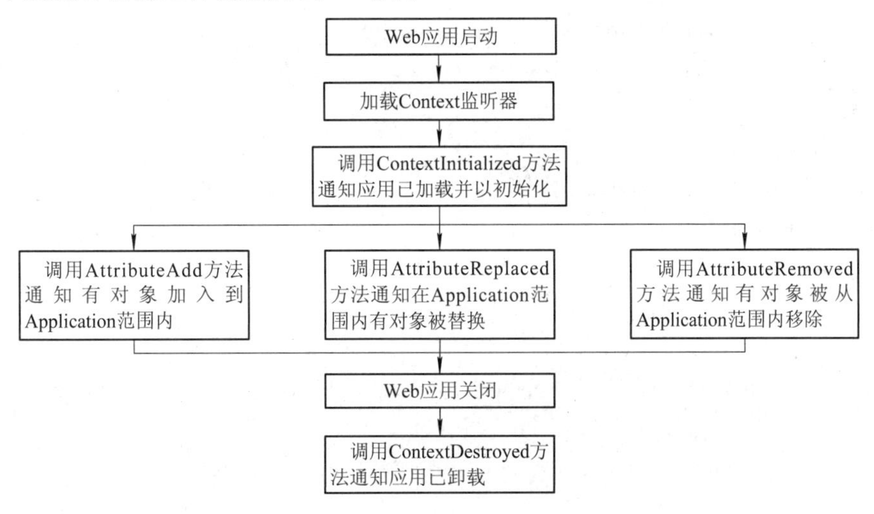

图 7-1　上下文监听器的工作流程

下述代码用于实现 Serlvet 上下文监听器接口，当系统调用事件处理方法时，把对应的方法及参数信息写入文件中。

【示例 7.1】 MyContextListener.java。

```
public class MyContextListener implements ServletContextListener,
            ServletContextAttributeListener {
      public MyContextListener() {
      }
      // 上下文初始化
      public void contextInitialized(ServletContextEvent sce) {
            logout("contextInitialized()-->ServletContext初始化了");
      }
      // 添加属性
      public void attributeAdded(ServletContextAttributeEvent scae) {
            logout("增加了一个ServletContext属性：attributeAdded('" +
                  scae.getName()+ "', '" + scae.getValue() + "')");
      }
      // 修改属性
      public void attributeReplaced(ServletContextAttributeEvent scae) {
            logout("某个ServletContext的属性被改变：attributeReplaced ('"
                  +scae.getName()+ "', '" + scae.getValue() + "')");
      }
      // 移除属性
      public void attributeRemoved(ServletContextAttributeEvent scae) {
            logout("删除了一个ServletContext属性：attributeRemoved ('"
                  +scae.getName()+ "', '" + scae.getValue() + "')");
      }
      // 上下文销毁
      public void contextDestroyed(ServletContextEvent arg0) {
            logout("contextDestroyed()-->ServletContext被销毁");
      }
      // 写日志信息
      private void logout(String message) {
            PrintWriter out = null;
            try {
                  out = new PrintWriter(new FileOutputStream("C:\\log.txt",
                              true));
                  SimpleDateFormat datef = new SimpleDateFormat("yyyy-MM-dd hh:mm:ss");
                  String curtime = datef.format(new Date());
                  out.println(curtime + "::Form ContextListener: " + message);
                  out.close();
```

```
            } catch (Exception e) {
                out.close();
                e.printStackTrace();
            }
        }
}
```

在上述代码中，MyContextListener 类实现了 ServletContextListener 和 ServletContextAttributeListener 两个监听接口，并在不同的事件处理方法中将相应信息写入文件中。

在 web.xml 中注册此监听类，配置如下：

```
<listener>
    <listener-class>com.haiersoft.listener.MyContextListener</listener-class>
</listener>
```

当访问 context.jsp 文件时，context.jsp 中代码用于实现上下文属性的添加、修改和删除。

【示例 7.2】 contex.jsp。

```
<%@ page language="java" contentType="text/html; charset=GBK"%>
<%
    out.println("添加属性<br><hr>");
    config.getServletContext().setAttribute("userName", "king");
    out.println("修改属性<br><hr>");
    config.getServletContext().setAttribute("userName", "king2");
    out.println("删除属性<br><hr>");
    config.getServletContext().removeAttribute("userName");
%>
```

在上述代码中，通过 config 隐含对象获取 ServletContext 对象，然后在 ServletContext 对象中添加、修改并删除属性。

启动 Tomcat，在 IE 中访问 http://localhost:8080/ch07/context.jsp，运行结果如图 7-2 所示。

图 7-2　contex.jsp 运行结果

以下为生成的 log.txt 文件内容。

【示例 7.3】 log.txt。

```
2010-03-01 02:54:46::Form ContextListener:
 contextInitialized()-->ServletContext初始化了
......
2010-10-15 05:48:19::Form ContextLisnter:增加了一个ServletContext属性：attributeAdded('userName','king')
2010-10-15 05:48:19::Form
ContextLisnter:某个ServletContext的属性被改变：attributeReplaced('userName','king')
2010-10-15 05:48:19::Form
ContextLisnter:删除了一个ServletContext属性：attributeRemoved('userName','king2')
```

7.1.3 会话监听

针对 Session 会话的监听器有四个：HttpSessionListener、HttpSessionActivationListener、HttpSessionBindingListener 和 HttpSessionAttributeListener。

1. HttpSessionListener

HttpSessionListener 接口用于监听 HTTP 会话的创建和销毁，该接口提供了两个方法：

✧ sessionCreated(HttpSessionEvent event)方法：当一个 HttpSession 对象被创建时，将会调用此方法进行处理。

✧ sessionDestroyed(HttpSessionEvent event)方法：当一个 HttpSession 超时或者被销毁时，将会调用此方法进行处理。

这两个方法的参数都是 HttpSessionEvent 事件类，该类的 getSession()方法返回当前创建的 Session 对象。

2. HttpSessionActivateionListener

HttpSessionActivateionListener 接口用于监听 HTTP 会话的有效(active)、无效(passivate)情况，该接口提供两个方法：

✧ sessionDidActivate(HttpSessionEvent event)方法：当 Session 变为有效状态时，调用此方法进行处理。

✧ sessionWillPassivate(HttpSessionEvent event)方法：当 Session 变为无效状态时，调用此方法进行处理。

3. HttpSessionBindingListener

HttpSessionBindingListener 接口用于监听 HTTP 会话中对象的绑定信息，是唯一不需要在 web.xml 中配置的 Listener，该接口提供了两个方法：

✧ valueBound(HttpSessonBindingEvent event)方法：当有对象加入 Session 时，自动调用此方法进行处理。

✧ valueUnBound(HttpSessionBindingEvent event)方法：当有对象从 Session 中移除时，自动调用此方法进行处理。

4．HttpSessionAttributeListener

HttpSessionAttributeListener 接口用于监听 HTTP 会话中属性的变化，该接口提供三个方法：

- ✧ attributeAdded(HttpSessionBindingEvent event)方法：当 Session 中增加一个属性时，将会调用此方法进行处理。
- ✧ attributeReplaced(HttpSessionBindingEvent event)方法：当 Session 中修改一个属性时，将会调用此方法进行处理。
- ✧ attributeRemoved(HttpSessionBindingEvent event)方法：当 Session 中删除一个属性时，将会调用此方法进行处理。

HttpSessionBindingListener 和 HttpSessionAttributeListener 接口中提供的方法参数类型都是 HttpSessionBindingEvent 事件类型，该类主要有三个方法：getName()、getValue()和 getSession()。

下述代码用于实现用会话监听器统计在线人数的任务。

【示例 7.4】 OnlineUser.java。

```
public class OnlineUser implements ServletContextListener, HttpSessionListener {
	// 在线人数
	private int count = 0;
	ServletContext ctx = null;
	// 初始化ServletContext
	public void contextInitialized(ServletContextEvent e) {
		ctx = e.getServletContext();
	}
	// 将ServletContext设置成null
	public void contextDestroyed(ServletContextEvent e) {
		ctx = null;
	}
	// 当新创建一个HttpSession对象时，
	// 将当前的在线人数加上1，并且保存到ServletContext(application)中
	public void sessionCreated(HttpSessionEvent e) {
		count++;
		ctx.setAttribute("OnlineUser", new Integer(count));
	}
	// 当一个HttpSession被销毁时(过期或者调用了invalidate()方法)
	// 将当前人数减去1，并且保存到ServletContext(application)中
	public void sessionDestroyed(HttpSessionEvent e) {
		count--;
		ctx.setAttribute("OnlineUser", new Integer(count));
	}
}
```

在上述代码中，OnlineUser 同时实现了 HttpSessionListener 接口和 ContextServletListener 接口。通过实现 ServletContextListener 接口，可以利用该接口的 contextCreated()方法来得到 ServletContext 对象，因此可以将在线人数放在 ServletContext 中(即 JSP 中的 application 内置对象中)。通过实现 HttpSessionListener 接口，可以利用该接口的 sessionCreated()方法，将计数器 count 加 1 并保存到 ServletContext 中，而在 sessionDestroyed()方法中，将计数器 count 减去 1 也保存到 ServletContext 中。这样当一个新的 HttpSession 对象被创建的时候，将会调用 sessionCreated()方法，而当一个 HttpSession 过期或者调用 invalidate()方法的时候，将会调用 sessionDestroyed()方法，从而实现当前在线人数的统计。

(1) 在 web.xml 中注册此监听类。

【示例 7.5】 在 web.xml 中配置监听。

```
<listener>
    <listener-class>com.haiersoft.listener.OnlineUser</listener-class>
</listener>
```

(2) 编写 JSP 页面，显示在线人数。

【示例 7.6】 showOnlineUser.jsp。

```
<%@ page language="java" contentType="text/html; charset=GBK"%>
当前在线人数：${applicationScope.OnlineUser}<br/>
```

在该 JSP 页面中使用 EL 表达式，从 application 隐含对象中取出“OnlineUser”属性值并显示，该属性值就是在线用户数。

启动 Tomcat，在 IE 中访问 http://localhost:8080/ch07/showOnlineUser.jsp，运行结果如图 7-3 所示。

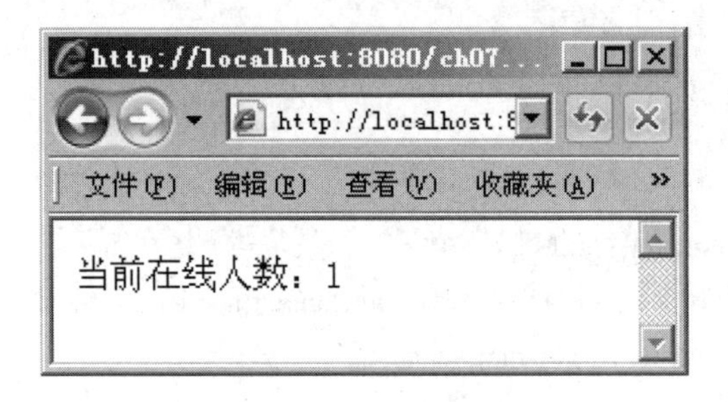

图 7-3　第一次访问结果

打开多个 IE 窗口，访问此页面，可以观察到在线人数的变化。

7.1.4 请求监听

利用请求监听器就可以监听客户端的请求。监听请求的监听器有两个：ServletRequest Listener 和 ServletRequestAttributeListener。

ServletRequestListener 接口用于监听请求的创建和销毁，该接口提供两个方法：

✧ requestInitialized(ServletRequestEvent event)方法：当 Request 被创建及初始化

时，调用此方法进行处理。

✧ requestDestroyed(ServletRequestEvent event)方法：当 Request 被销毁时，调用此方法进行处理。

ServletRequestAttributeListener 接口用于监听请求中属性的变化，该接口提供三个方法：

✧ attributeAdded(ServletRequestAttributeEvent event)方法：当 Request 中增加一个属性时，将会调用该方法进行处理。

✧ attributeReplaced(ServletRequestAttributeEvent event)方法：当 Request 中修改一个属性时，将会调用该方法进行处理。

✧ attributeRemoved(ServletRequstAttributeEvent event)方法：当 Request 中删除一个属性时，将会调用该方法进行处理。

ServletRequestEvent 事件类的常用方法是 getServletRequest()。ServletRequstAttributeEvent 事件类的常用方法是 getName()和 getValue()。下述代码用于实现通过请求监听器来判断访问的客户端是本机登录还是远程登录。

【示例 7.7】 LoginListener.java。

```
public class LoginListener
implements ServletRequestListener,ServletRequestAttributeListener {
        //请求销毁
        public void requestDestroyed(ServletRequestEvent event) {
                        logout("请求对象销毁");
        }
        //请求初始化
        public void requestInitialized(ServletRequestEvent event) {
                logout("请求对象初始化");
                ServletRequest sr = event.getServletRequest();
                if(sr.getRemoteAddr().startsWith("127")){
                        sr.setAttribute("isLogin", true);
                }else{
                        sr.setAttribute("isLogin",false);
                }
        }
        //属性添加
        public void attributeAdded(ServletRequestAttributeEvent event) {
                logout("attributeAdded('"+event.getName()+"','"
                        +event.getValue()+"')");
        }
        //属性删除
        public void attributeRemoved(ServletRequestAttributeEvent event) {
                logout("attributeRemoved('"+event.getName()+"','"
                        +event.getValue()+"')");
```

```
        }
        //属性替换
        public void attributeReplaced(ServletRequestAttributeEvent event) {
                logout("attributeReplaced('"+event.getName()+"','"
                        +event.getValue()+"')");
        }
        // 写日志信息
        private void logout(String message) {
                PrintWriter out = null;
                try {
                        out = new PrintWriter(new FileOutputStream("C:\\request.txt",
                                        true));
                        SimpleDateFormat datef = new SimpleDateFormat("yyyy-MM-dd hh:mm:ss");
                        String curtime = datef.format(new Date());
                        out.println(curtime + "::Form ContextListener: " + message);
                        out.close();
                } catch (Exception e) {
                        out.close();
                        e.printStackTrace();
                }
        }
}
```

在上述代码中，实现了对客户端请求和请求中参数设置的监听。LoginListener 类实现了 ServletRequestListener 和 ServletRequestAttributeListener 接口。在该类的 requestInitialized()方法中，首先获得客户端请求对象，然后通过这个请求对象来获得访问的客户端 IP 地址，如果该地址以“127”开始，则认为它是从本机访问的，然后在请求对象中设置一个 isLogin 属性，该属性值为 true；如果不是从本机访问，那么把该属性值设置 false。此外，代码还重写了 attributeAdded()、attributeRemoved()和 attributeReplaced()方法，并将属性的变化都记录在日志文件 request.txt 中，用法与上下文监听示例中的用法类似。

(1) 在 web.xml 中注册此监听类。

【示例 7.8】 在 web.xml 中配置监听。

```
<listener>
        <listener-class>com.haiersoft.listener.LoginListener</listener-class>
</listener>
```

(2) 编写 JSP 页面显示是本机登录还是远程登录。

【示例 7.9】 login.jsp。

```
<%@ page language="java" contentType="text/html; charset=GBK"%>
<%
boolean isLogin = (Boolean)request.getAttribute("isLogin");
```

```
if(isLogin){
        out.println("本机登录！");
}else{
        out.println("远程登录！");
}
%>
```

启动 Tomcat，在 IE 中访问 http://localhost:8080/ch07/login.jsp，运行结果如图 7-4 所示。

图 7-4　本机登录

如果在另一台计算机上访问该页面，那么将出现“远程登录”信息。

7.2　过滤器

过滤器(Filter)技术是 Servlet 2.3 规范新增加的功能，作用是用于过滤、拦截请求或响应信息，可以在 Servlet 或 JSP 页面运行之前和之后被自动调用，从而增强了 Java Web 应用程序的灵活性。

7.2.1　过滤器简介

Servlet 过滤器能够对 Servlet 容器的请求和响应对象进行检查和修改。它是小型 Web 组件，拦截请求和响应后，可以查看、提取或以某种方式操作客户机和服务器之间的数据。过滤器是通常封装了一些功能的 Web 组件，这些功能虽然很重要，但对于处理客户机请求或发送响应来说不是决定性的。典型的例子包括记录关于请求和响应的数据、处理安全协议、管理会话属性等。过滤器提供一种面向对象的模块化机制，用以将公共任务封装到可插入的组件中，这些组件通过一个配置文件来声明，并动态处理。过滤器本身并不生成请求和响应对象，它只提供过滤作用。过滤器能够在 Servlet 被调用之前检查 request 对象，可以修改 request 对象的头部和 request 对象的内容；在 Servlet 调用之后检查 response 对象，可以修改 response 对象的头部和 response 对象的内容。过滤器负责过滤的 Web 组件可以是 Servlet、JSP 或 HTML 文件。

Servlet 过滤器的过滤过程如图 7-5 所示。

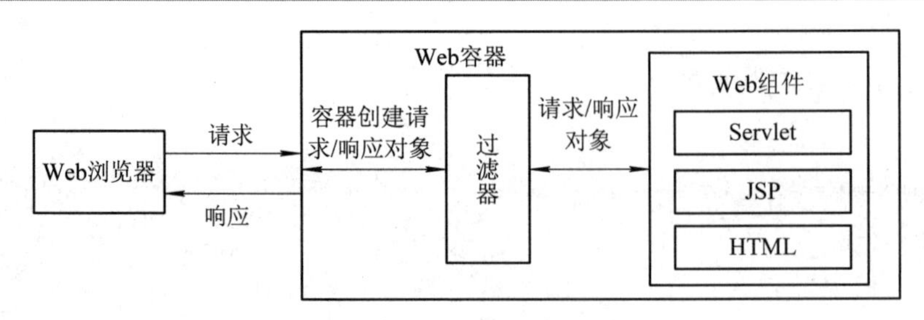

图 7-5 过滤器的过滤过程

在图 7-5 中，当用户发送请求后，运行的步骤如下：

(1) 浏览器根据用户的请求生成 HTTP 请求消息，并将其发送给 Web 容器。

(2) Web 容器创建针对该次访问的请求对象(request)和响应对象(response)。请求对象中包含了 HTTP 的请求信息；响应对象用于封装将要发送的 HTTP 响应信息，此时的响应对象中的内容为空。

(3) Web 容器在调用 Web 组件之前(Servlet、JSP 或 HTML)把 request 对象和 response 对象传递给过滤器。

(4) 过滤器对 request 对象进行处理(如获取请求的 URL 等)，一般不对 response 对象进行处理。

(5) 过滤器把处理后的 request 对象和可能没有处理的 response 对象传递给 Web 组件。

(6) Web 组件调用完毕后，再次经过该过滤器，此时过滤器可能对 response 对象进行特殊处理(如设置响应报头或内容压缩等操作)。

(7) 过滤器把 response 对象传递给 Web 容器。

(8) Web 容器把响应的结果传递给浏览器，并由浏览器显示响应结果。

7.2.2 实现过滤器

一个 Filter 必须实现 javax.servlet.Filter 接口，该接口提供了三个方法：

✧ init(FilterConfig config)方法：用于初始化，在容器装载并实例化过滤器的时候自动调用。容器为此方法传递一个 FilterConfig 对象，其中包含配置信息。

✧ doFilter(ServletRequest request、ServletResponse response、FilterChain chain)方法：是过滤器的核心方法，用于对请求和响应进行过滤处理。它接受三个输入参数，分别是 ServletRequest、ServletResponse 和 FilterChain 对象。其中 ServletRequest 和 ServletResponse 为请求和响应对象；FilterChain 用于把请求和响应传递给下一个 Filter 或者其他 JSP/Servlet 等资源。

✧ destroy()方法：用于销毁过滤器，当容器销毁过滤器实例之前自动调用。

实现一个 Filter 的步骤如下：

(1) 创建一个实现 Filter 接口的类，并且实现接口中的 init()、doFilter()和 destroy()三个方法。

(2) 在 doFilter()方法中编写过滤的任务代码。

(3) 调用 FilterChain 参数的 doFilter()方法，该方法有两个参数：ServletRequest 和 ServletResponse。通常只要将 Filter 的 doFilter()方法的前两个参数当作 Filter 的参数。

下述代码用于实现一个对请求和响应进行编码设置的过滤器。

(1) 创建过滤器类 EncodeFileter.java。

【示例 7.10】 EncodeFileter.java。

```
public class EncodeFileter implements Filter {
    public EncodeFileter() {
    }
    public void destroy() {
    }
    public void doFilter(ServletRequest request, ServletResponse response,
            FilterChain chain) throws IOException, ServletException {
        // 设置请求的编码
        request.setCharacterEncoding("GBK");
        // 设置响应类型
        response.setContentType("text/html; charset=GBK");
        // 过滤传递
        chain.doFilter(request, response);
    }
    public void init(FilterConfig fConfig) throws ServletException {
    }
}
```

在此过滤器类的 doFilter()方法中，设置了请求和响应的编码格式。

(2) 在 web.xml 中配置此过滤器。

【示例 7.11】 在 web.xml 中配置过滤器。

```
    <filter>
        <filter-name>EncodeFileter</filter-name>
        <filter-class>com.haiersoft.filter.EncodeFileter</filter-class>
    </filter>
    <filter-mapping>
        <filter-name>EncodeFileter</filter-name>
        <url-pattern>/*</url-pattern>
    </filter-mapping>
```

<filter>标记用于给这个定义好的 Filter 类指定一个别名；而<filter-mapping>则用于指定 filter 需要过滤的 JSP/Servlet 等目标，在这里，“/*”表示 Web 目录下的所有内容都需要使用此过滤器进行过滤。

(3) 编写 HTML 页面。

【示例 7.12】 index.html。

```
<html>
<head>
```

```
<meta http-equiv="Content-Type" content="text/html; charset=gbk">
<title>过滤测试</title>
</head>
<body>
<form method="POST" name="Regsiter" action="LoginServlet">
<p align="left">姓 名:<input type="text" name="username"
        size="20"></p>
<p align="left">密 码:<input type="password" name="userpass"
        size="20"></p>
<p align="left"><input type="submit" value="提交" name="B1"> <input
        type="reset" value="重置" name="B2"></p>
</form>
</body>
</html>
```

此页面表单提交给 LoginServlet 进行处理。

(4) 编写 LoginServlet。

【示例 7.13】 LoginServlet.java。

```
public class LoginServlet extends HttpServlet {
        private static final long serialVersionUID = 1L;
        public LoginServlet() {
                super();
        }
        protected void doGet(HttpServletRequest request,
                        HttpServletResponse response)
                throws ServletException, IOException {
                doPost(request,response);
        }

        protected void doPost(HttpServletRequest request,
                        HttpServletResponse response)
                        throws ServletException, IOException {
                String name = request.getParameter("username");
                String pwd = request.getParameter("userpass");
                PrintWriter out = response.getWriter();
                out.println("用户名： " + name + "<br/>");
                out.println("密 码： " + pwd + "<br/>");
        }
}
```

在此 Servlet 中，直接从请求对象中提取参数信息，而无需对请求进行编码格式的设置，同样也不需要对响应对象进行设置，因为在过滤中已经对请求和响应进行了设置，从

而简化了代码。

启动 Tomcat，在 IE 中访问 http://localhost:8080/ch07/index.html，运行结果如图 7-6 所示。

图 7-6　index.html 运行结果

在用户名中输入“海尔”，密码栏中输入“123”，单击提交按钮，结果如图 7-7 所示。

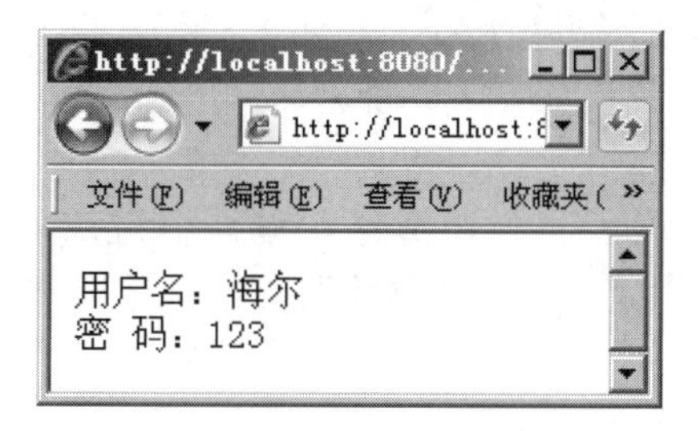

图 7-7　LoginServlet 处理结果

7.2.3　过滤器链

过滤器链(FilterChain)由 Servlet 容器提供，表示资源请求调用时过滤器的链表。过滤器使用 FilterChain 来调用链表里的下一个过滤器，当调用完链表里最后一个过滤器后，再继续调用其他资源。FilterChain 的实现就是将多个过滤器类在 web.xml 文件中进行设置。设置完毕后，只要在过滤器类中调用 doFiler 方法，Servlet 将自动按 web.xml 文件中配置过滤器的设置顺序依次执行。

下述代码是一个 FilterChain 的 web.xml 配置示例。

【示例 7.14】 web.xml 配置过滤器链。

```
<web-app>
	<filter>
		<filter-name>test</filter-name>
		<filter-class>com.filters.TestFilter</filter-class>
	<filter>
		<filter-name>encode</filter-name>
```

```
            <filter-class>com.filters.EncodingFilter</filter-class>
        </filter>
        <filter>
            <filter-name>signon</filter-name>
            <filter-class>com.filters.SignonFilter</filter-class>
        </filter>
        <filter-mapping>
            <filter-name>test</filter-name>
            <url-pattern>/inner/*</url-pattern>
        </filter-mapping>
        <filter-mapping>
            <filter-name>encode</filter-name>
            <url-pattern>/*</url-pattern>
        </filter-mapping>
        <filter-mapping>
            <filter-name>signon</filter-name>
            <url-pattern>/inner/*</url-pattern>
        </filter-mapping>
</web-app>
```

在上述 web.xml 中配置了三个过滤器，过滤器链的调用次序是 test、encode 和 signon，当这三个过滤器调用完后，才能继续调用其他资源(如 Servlet、JSP 或 HTML)。

7.3 AJAX 基础

AJAX(Asynchronous JavaScript and XML，即异步 JavaScript 和 XML)是一种运用 JavaScript 和可扩展标记语言(XML)在浏览器和服务器之间进行异步传输数据的技术。AJAX 技术运用于浏览器中，使得向服务器只索取网页的部分信息成为可能，用户不必再为整个页面的刷新而等待，因为已经实现了刷新网页局部内容的功能。将 AJAX 技术运用到 Java Web 应用中，如果使用得当，可以使 Java Web 应用如虎添翼，给用户一种全新优质的体验。

7.3.1 AJAX 简介

AJAX 的优点主要体现在异步请求、局部刷新、减轻服务器压力和增强用户体验等四个方面。

随着 AJAX 的广泛应用和优秀的用户体验，越来越多的网站都使用了 AJAX。以百度地图为例，采用了 AJAX 无刷新技术(局部刷新)，实现许多优秀的用户体验功能，比如图 7-8 中提供的拖动、放大、缩小等操作，给用户以类似操作桌面程序的体验。

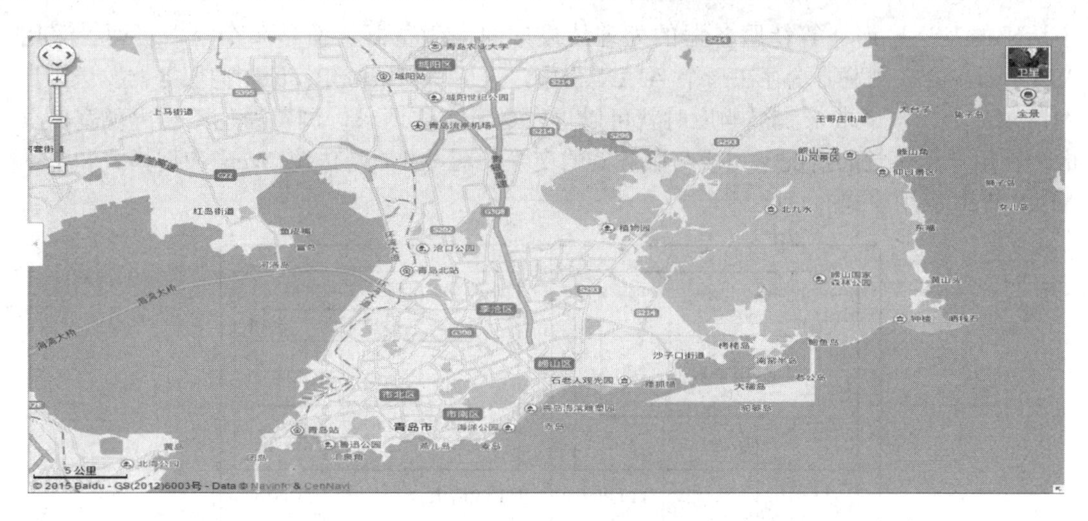

图 7-8　百度地图的用户体验

7.3.2　AJAX 工作原理

AJAX 并不是一项全新的技术，而是整合了几种现有的技术 JavaScript、XML、CSS、DOM。

AJAX 技术基于 CSS 标准化呈现，使用 DOM 进行动态显示和交互，XML 进行数据交换和处理，XMLHttpRequest 与服务器进行异步通信，最后通过 JavaScript 绑定和处理所有数据，如图 7-9 所示。

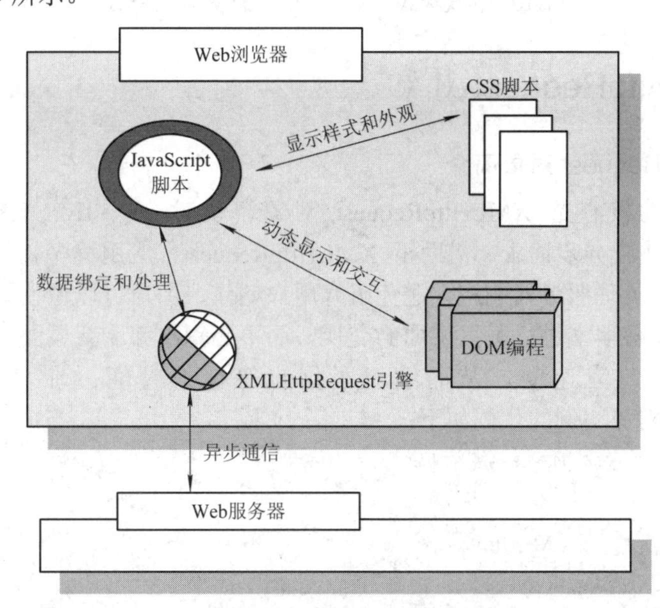

图 7-9　AJAX 技术组成

AJAX 技术解决了传统 Web 技术存在的缺点。传统的 Web 技术采用的是同步请求获取 Web 服务器端的数据，当浏览器发送请求时，只有等待服务器响应后才可以进行下一个请求的发送，而在等待服务器的处理结果期间，浏览器页面是一个空白页面。采用AJAX后，会在浏览器端存在一个AJAX引擎，采用XMLHttpRequest向服务器发送异步的请求，上一次请求未获得响应时就可以再发送第二次请求，浏览器也不会出现空白页面，在用户无察觉的情况下完成与服务器的交互。图7-10是传统Web应用模式和基于AJAX Web应用模式的对比。

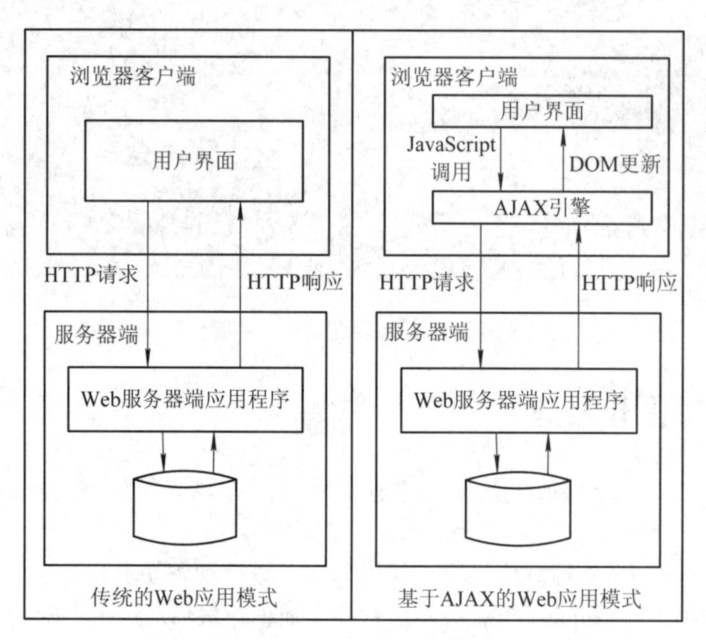

图7-10 传统模式与基于AJAX的Web应用对比

7.3.3 XMLHttpRequest对象

1. XMLHttpRequest对象简介

AJAX技术的核心是XMLHttpRequest对象，该对象在IE5中首次引入，通过Javascript创建，支持异步请求。借助于XMLHttpRequest，应用程序就可以采用异步方式发送用户请求，并处理服务器响应，避免阻塞用户动作，用户可以像使用桌面应用程序一样操作页面，同服务器端进行数据层面的交换，而不必每次都刷新页面，既减轻了服务器负担，又加快了响应速度，从而缩短了用户等待的时间。在JavaScript中创建XMLHttpRequest对象实例的代码如下：

```
//定义一个变量用于存放XMLHttpRequest对象
    var xmlHttp;
    //该函数用于创建一个XMLHttpRequest对象
    function createXMLHttpRequest() {
        if (window.ActiveXObject) {//如果是IE浏览器
            xmlHttp = new ActiveXObject("Microsoft.XMLHTTP");
        } else if (window.XMLHttpRequest) {//非IE浏览器
            xmlHttp = new XMLHttpRequest();
```

```
        }
    }
```

在上述代码中，根据浏览器类型对 XMLHttpRequest 对象进行实例化。当浏览器是 IE 浏览器时，使用

```
xmlHttp = new ActiveXObject("Microsoft.XMLHTTP");
```

进行实例化；

当非 IE 浏览器时，使用

```
xmlHttp = new XMLHttpRequest();
```

进行实例化。

2. XMLHttpRequest 的方法和属性

XMLHttpRequest 提供了许多方法和属性，表 7-2 列出了 XMLHttpRequest 对象的常用方法。

表 7-2　XMLHttpRequest 对象的方法

方　法	描　述
abort()	取消当前响应，关闭连接并且结束任何未决的网络活动。这个方法把 XMLHttpRequest 对象的 readyState 状态设置为 0
getAllResponseHeaders()	返回所有 HTTP 响应头信息，如果 readyState 小于 3，这个方法返回 null
getResponseHeader(header)	返回指定 HTTP 响应头信息
open(method,url)	建立对服务器的调用，但是并不发送请求
send(content)	向服务器发送请求
setRequestHeader(header,value)	设置指定 HTTP 请求头信息

下面以 open()、send()方法为例进行详细说明。

(1) open()。

open()会建立对服务器的调用，语法格式如下：

```
open(method,url,asynch,username,password)
```

其中：

- ✧ method 表示必选参数，string 类型，提供调用的特定方法，可以是 GET、POST 或 HEAD。
- ✧ url 表示必选参数，string 类型，提供所调用资源的 URL，可以是相对 URL 也可以是绝对 URL。
- ✧ asynch 表示可选参数，boolean 类型，指定该调用是同步方式还是异步方式，默认值为 true，表示请求本质上是异步的。如果该参数为 false，请求就是同步的，后续对 send()的调用将受到阻塞，直到服务器返回响应为止。
- ✧ username 和 password 表示在建立服务器调用需要授权认证时输入用户名和

密码。

(2) send()。

send()方法负责向服务器端发出请求，语法格式如下：

```
send(content)
```

其中：

✧ content 表示发送的内容，可以为 null。如果请求声明为异步的，该方法就会立即返回，否则它会一直等待直到接收到响应为止。

除了上述标准方法外，XMLHttpRequest 对象还提供了许多属性，处理 XMLHttpRequest 对象时可以大量使用这些属性。XMLHttpRequest 对象的属性，如表 7-3 所示。

表 7-3 XMLHttpRequest 对象的属性

属性名	描述
onreadystatechange	状态改变事件，通常绑定一个 JavaScript 函数，当状态改变，就调用该函数进行事件处理
readyState	对象状态值： • 0 = 初始化状态(XMLHttpRequest 对象已创建或已被 abort()方法重置) • 1 = 正在加载(open()方法已调用，但是 send()方法未调用。创建请求但没有发送) • 2 = 加载完毕(send()方法执行完成，但没有接收到响应) • 3 = 交互(所有响应头部都已经接收到，响应体开始接收但没有接收完全) • 4 = 完成(响应内容解析完成，在客户端可以调用)
responseText	从服务器返回的文本形式的响应体数据(不包括头部)
responseXML	从服务器返回的兼容 DOM 的 XML 文档数据
status	从服务器返回的状态，例如：404(未找到)、200(成功)
statusText	从服务器返回的状态文本信息，例如：OK、Not Found 等

3. XMLHttpRequest 对象的运行周期

XMLHttpRequest 对象的运行周期经过创建、初始化请求、发送请求、接收数据、解析数据和完成等六个过程。

XMLHttpRequest 对象的运行周期如图 7-11 所示。当用户在浏览器中提交请求时，先创建一个 XMLHttpRequest 对象；再调用其 open()方法进行初始化，并根据参数(method, url)完成对象状态的设置；然后调用 send()方法开始向服务端发送请求。在运行过程中 XMLHttpRequest 对象的状态对应着表 7-3 中列举的对象状态值，其中：

✧ 状态值 0、1、2 是对 send()方法执行过程的描述。

✧ 状态值 3 是表示正在解析这些原始数据，根据服务器端响应头部返回的 MIME 类型把数据转换成能通过 responseBody、responseText 或 responseXML 属性存取的格式，为在客户端调用作好准备。

✧ 状态值 4 是表示数据解析完毕，可以通过 XMLHttpRequest 对象的相应属性取得数据。

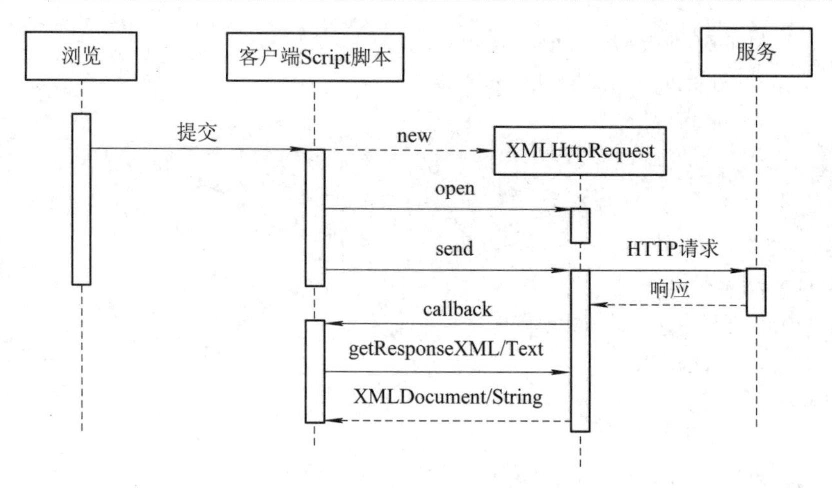

图 7-11　XMLHttpRequest 对象的运行周期

7.3.4　AJAX 示例

使用 AJAX 的一大优点就是可实现动态的工具提示，只有在需要的时候才通过 AJAX 异步通信从服务器端取出提示内容，这样可减少初始化页面时的代码量，提高页面的渲染速度。

1. XML 方式

下述代码用于实现工具提示功能，当鼠标移动到不同的图书时，使用 AJAX 技术动态显示该图书的提示信息。

【示例 7.15】 toolTip.jsp。

```
<%@ page language="java" contentType="text/html; charset=UTF-8"
	pageEncoding="UTF-8"%>
<html>
<head>
<meta http-equiv="Content-Type" content="text/html; charset=UTF-8">
<title>工具提示</title>
</head>
<script language="javascript">
	//定义一个变量用于存放XMLHttpRequest对象
	var xmlHttp;
	//记录事件发生时的鼠标位置
	var x, y;

	//该函数用于创建一个XMLHttpRequest对象
	function createXMLHttpRequest() {
		if (window.ActiveXObject) {
			xmlHttp = new ActiveXObject("Microsoft.XMLHTTP");
```

```
            } else if (window.XMLHttpRequest) {
                    xmlHttp = new XMLHttpRequest();
            }
    }

    //这是一个通过AJAX取得提示信息的方法
    function over(index) {
            //记录事件发生时的鼠标位置
            x = event.clientX;
            y = event.clientY;

            //创建一个XMLHttpRequest对象
            createXMLHttpRequest();
            //将状态触发器绑定到一个函数
            xmlHttp.onreadystatechange = showInfo;
            //这里建立一个对服务器的调用
            xmlHttp.open("GET", "ToolByXMLServlet?index=" + index);
            //发送请求
            xmlHttp.send();
    }

    //处理从服务器返回的XML文档
    function showInfo() {
            //定义一个变量用于存放从服务器返回的响应结果
            var result;
            if (xmlHttp.readyState == 4) { //如果响应完成
                    if (xmlHttp.status == 200) {//如果返回成功
                            //取出服务器返回的XML文档的所有shop标签的子节点
                            result = xmlHttp.responseXML.getElementsByTagName("shop");
                            //显示名为tip的DIV层，该DIV层显示工具提示信息
                            document.all.tip.style.display = "block";
                            //显示工具提示的起始坐标
                            document.all.tip.style.top = y;
                            document.all.tip.style.left = x + 10;
                            document.all.photo.src = result[0].childNodes[2].firstChild.nodeValue;
                            document.all.tipTable.rows[1].cells[0].innerHTML = "图书名称："
                                            + result[0].childNodes[0].firstChild.nodeValue;
                            document.all.tipTable.rows[2].cells[0].innerHTML = "价格："
                                            + result[0].childNodes[1].firstChild.nodeValue;
                    }
```

```
            }
        }

        function out() {
            document.all.tip.style.display = "none";
        }
</script>
<body>
        <h2>工具提示</h2>
        <br>
        <hr>
        <a href="#" onmouseover="over(0)" onmouseout="out()" >图书一</a>
        <br>
        <br>
        <a href="#" onmouseover="over(1)" onmouseout="out()">图书二</a>
        <br>
        <br>
        <a href="#" onmouseover="over(2)" onmouseout="out()">图书三</a>
        <br>
        <br>
        <a href="#" onmouseover="over(3)" onmouseout="out()">图书四</a>
        <br>
        <br>

        <div id="tip"
            style="position: absolute; display: none; border: 1px; border-style: solid;">
            <table id="tipTable" border="0" bgcolor="#ffffee">
                <tr align="center">
                    <td><img id="photo" src="" height="140" width="100"></TD>
                </tr>
                <tr>
                    <td></td>
                </tr>
                <tr>
                    <td></td>
                </tr>
            </table>
        </div>
</body>
```

</html>在此页面中定义一个隐藏的 DIV，在图书列表超链接中加入鼠标事件。当使用

AJAX 技术从服务器端获得相应图书信息时，显示此 DIV，并在表格中插入信息；当鼠标移走时再隐藏此 DIV。用于处理 AJAX 请求的 Servlet 代码如示例 7.16。

【示例 7.16】 ToolByXMLServlet.java。

```
public class ToolByXMLServlet extends HttpServlet {

    public void doGet(HttpServletRequest request, HttpServletResponse response)
            throws ServletException, IOException {
        doPost(request, response);
    }

    public void doPost(HttpServletRequest request, HttpServletResponse response)
            throws ServletException, IOException {

        //构建一个图书列表
        String[][] shop = { { "JavaSE程序设计基础教程", "62", "images/javase.jpg" },
                    { "Java Web程序设计", "40", "images/javaWeb.jpg" },
                    { "设计模式(Java版)", "33", "images/shejimoshi.jpg" },
                    { "VB.NET程序设计", "52", "images/vb.jpg" }};

        //获取列表索引号
        int index = Integer.parseInt(request.getParameter("index"));

        response.setContentType("text/xml;charset=UTF-8");
        PrintWriter out = response.getWriter();

        //输出索引对应的书本信息
        out.println("<shop>");
        out.println("<name>" + shop[index][0] + "</name>");
        out.println("<price>" + shop[index][1] + "</price>");
        out.println("<photo>" + shop[index][2] + "</photo>");
        out.println("</shop>");

        out.flush();
        out.close();
    }

}
```

在此 Servlet 中，将图书信息放在一个二维字符串数组中，获取客户端提交的图书下标参数，二维数组中相应的信息以 XML 形式返回给客户。在 IE 中访问 http://192.168.2.55:8080/ch08/toolTip.jsp，运行结果如图 7-12 所示。

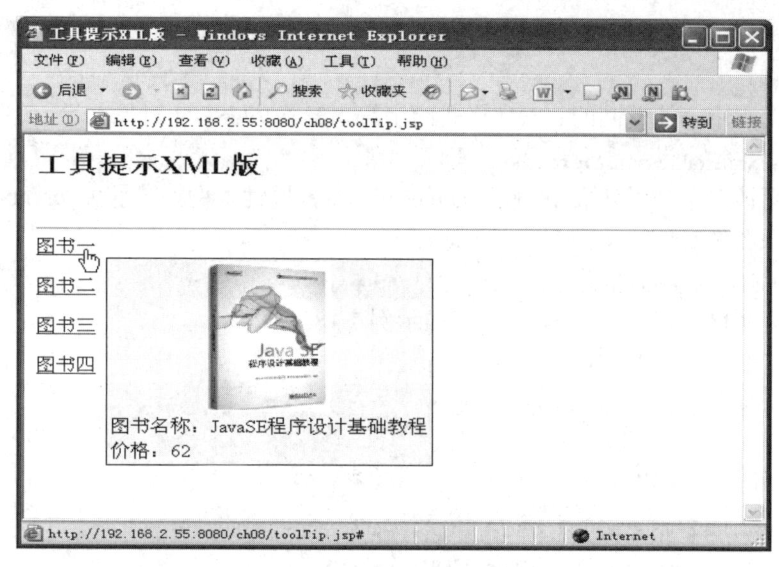

图 7-12　工具提示

当鼠标移动到不同图书上时，使用 AJAX 技术动态地在 DIV 中显示该图书的提示信息。

2．JSON 方式

下述代码用 JSON 方式实现工具提示功能，当鼠标移动到不同的图书时，使用 AJAX 技术动态显示该图书的提示信息。

【示例 7.17】 toolTipByJson.jsp。

```
......省略已有代码
//处理从服务器返回的 JSON 字符串
    function showInfo() {
        //定义一个变量用于存放从服务器返回的响应结果
        var result;
        if (xmlHttp.readyState == 4) { //如果响应完成
            if (xmlHttp.status == 200) {//如果返回成功
                //取出服务器返回的 JSON 字符串转成 JSON 对象
                result = eval("(" + xmlHttp.responseText + ")");
                //显示名为 tip 的 DIV 层，该 DIV 层显示工具提示信息
                document.all.tip.style.display = "block";
                //显示工具提示的起始坐标
                document.all.tip.style.top = y;
                document.all.tip.style.left = x + 10;
                document.all.photo.src = result.photo;
                document.all.tipTable.rows[1].cells[0].innerHTML = "图书名称："
                        + result.name;
                document.all.tipTable.rows[2].cells[0].innerHTML = "价格："
                        + result.price;
            }
```

```
        }
    }......省略
```

在上述代码中，把返回的JSON格式的字符串转换成JSON对象：

```
result = eval('(' + xmlHttp.responseText + ')');
```

然后利用该对象分别获取photo、name和price属性。例如，获取photo属性并把该属性的值赋予图像对象的src属性，方式如下：

```
document.all.photo.src = result.photo;
```

用于处理AJAX请求的Servlet代码如示例7.18。

【示例7.18】 ToolByJsonServlet.java。

```
public class ToolByJsonServletextends HttpServlet {
......省略

public void doPost(HttpServletRequest request, HttpServletResponse response)
                        throws ServletException, IOException {

            //构建一个图书列表
            String[] shop = { "{ name:'JavaSE程序设计基础教程', price:62,photo:'images/javase.jpg'}",
                        "{ name:'Java Web程序设计', price:40, photo:'images/javaWeb.jpg'}",
                        "{ name:'设计模式(Java版)',     price:33, photo:'images/shejimoshi.jpg'}",
                        "{ name:'VB.NET程序设计',price:52, photo:'images/vb.jpg'}" };

            //获取列表索引号
            int index = Integer.parseInt(request.getParameter("index"));

            response.setContentType("text/xml;charset=UTF-8");
            PrintWriter out = response.getWriter();

            //输出索引对应的书本信息
            out.println(shop[index]);

            out.flush();
            out.close();
    }}
```

在上述代码中，创建了名为shop的字符串数组对象，数组中的每个元素都是JSON格式的字符串，通过利用页面传递的请求参数index来动态地获取shop数组中的参数。

在IE中访问http://192.168.2.55:8080/ch08/toolTipByJson.jsp，运行结果与图7-12完全相同。

小　结

✧ Servlet上下文监听接口有：ServletContextListener和ServletContextAttributes

Listener。

- ✧ Session 会话的监听接口有：HttpSessionListener、HttpSessionActivationListener、HttpSessionBindingListener 和 HttpSessionAttributeListener。
- ✧ 请求对象的监听接口有 ServletRequestListener 和 ServletRequestAttributeListener。
- ✧ Filter 过滤器是小型的 Web 组件，可以拦截请求和响应。
- ✧ 过滤器类必须实现 Filter 接口。
- ✧ doFilter()方法是 Filter 类的核心方法。
- ✧ AJAX 主要包括 JavaScript、CSS、DOM、XML 和 XMLHttpRequest。
- ✧ XMLHttpRequest 对象可以进行异步数据读取，是 AJAX 的核心。
- ✧ 使用 XMLHttpRequest 对象的属性、方法进行编程，实现动态无刷新效果。
- ✧ 使用 AJAX 技术时，通常使用 XML 或 JSON 格式来封装结构化的数据。

练　习

1．调用 ServletContext 的 getAttribute()方法时，会触发哪个方法调用？(假设有关联的监听器)

A．ServletContextAttributeListener 的 attributeAdded()方法

B．ServletContextAttributeListener 的 attributeRemoved()方法

C．ServletContextAttributeListener 的 attributeReplaced()方法

D．不会调用监听器的任何方法

2．调用 HttpSession 的 removeAttribute()方法时，会触发哪个方法调用？(假设有关联的监听器)

A．HttpSessionListener 的 attributeRemoved()方法

B．HttpSessionActivateionListener 的 attributeRemoved()方法

C．HttpSessionBindingListener 的 attributeRemoved()方法

D．HttpSessionAttributeListener 的 attributeRemoved()方法

3．调用 HttpServletRequest 的 setAttribute()方法时，可能会触发哪个方法调用？(假设有关联的监听器)(多选)

A．ServletRequestAttributeListener 的 attributeAdded()方法

B．ServletRequestAttributeListener 的 attributeReplaced ()方法

C．ServletRequestAttributeListener 的 attributeRemoved ()方法

D．ServletRequestAttributeListener 的 attributeSetted()方法

4．在 web.xml 使用______元素配置监听器。

A．<listeners>

B．<listener>

C．<listeners>和<listeners-mapping>

D．<listener>和<listener-mapping>

5．下列关于 AJAX 的说法正确的是______。(多选)

A．AJAX 的全称是 Synchronous JavaScript and XML

B．使用 AJAX 技术改善了网页的用户体验

C．使用 AJAX 技术不需要服务器端程序的支持

D．使用 AJAX 技术可以只改变网页的一部分数据，而不必刷新整个网页

6．AJAX 的核心对象是______。

A．ActiveXObject

B．XML

C．XMLHttpRequest

D．Window

7．使用 XMLHttpRequest 对象时，下列说法不正确的是______。

A．收到响应时会触发 onreadystatechange 事件

B．使用 open()方法发送请求

C．使用 send()方法发送请求

D．处理响应结果时需要判断 readyState 和 status 两个状态值

8．当使用 AJAX 技术从服务器端接收结构化的数据时，常用的数据封装方式是______。(多选)

A．简单字符串

B．HTML

C．XML

D．JSON

9．下列选项中，正确的 JSON 表达式有______。(多选)

A．{name:'Mike',age:30}

B．{name:"Mike",age:30}

C．{name:'Mike',age:30, child:{name:'John',age:6}}

D．{name:'Mike',age:30, child:[{name:'John',age:6},{name:'Alice',age:3}]}

第 8 章　系统关键技术

本章目标

■ 掌握调度算法的基本概念

■ 熟悉遗传算法的原理

■ 掌握 RFID 技术的概念和原理及其在系统中的作用

■ 熟悉系统的测试过程

8.1 调度算法

近些年来，车间调度问题在现代制造企业的发展中受到了广泛的重视，它是提升企业市场竞争力的重要途径，因此对车间调度算法的研究有很大的实用价值。

车间各种零件复杂多样，生产过程动态变化，再加上临时插单，这些情况要求车间调度人员灵活应对。智能制造信息系统在编排作业计划时，采用适当的调度算法，保证车间任务能高效、及时完成，极大提高了车间生产的管理水平。

调度算法可以分为精确求解和近似求解两类。精确算法适合求解小范围的简单问题。当求解对象很多时，精确算法计算的难度会增大。实际生产中遇到的求解对象数目很庞大，故很少选用精确算法求解。在计算机科学计算中很难获得精准的最优解，而在满足要求的范围内找到近似最优解成为解决该类问题的主要途径。求近似解的过程大大减少了运算时间，满足了生产要求，成为解决调度问题的主流。这些算法无需进行复杂的搜索，无需构造精准的搜索方向，而是通过信息传播、迭代、演变的方式找到问题的近似最优解。在调度问题上，应用最广泛的近似算法有遗传算法(Genetic Algorithms，GA)和粒子群算法(Particle Swarm Optimization，PSO)。本书只对遗传算法进行简要介绍。

遗传算法作为一种全局搜索能力较强的新的优化搜索算法，以其理论简单、操作流程柔性等显著特点，在各领域得到了普遍应用。调查显示：遗传算法在计算全局最优解的应用中取得了良好效果。

1．遗传算法基本术语

遗传算法是基于生物进化及其遗传机制而产生的搜索算法，因此，遗传算法中一些术语是来源于生物遗传学的基本理论和概念，但是其含义区别于生物学中的术语概念。下面是对遗传算法中一些术语含义的解释说明。

(1) 染色体：又叫做基因型个体，选择操作将会选择出一定数量的个体组成初始群体。

(2) 基因：染色体的组成元素，用于表示个体的某个特征。例如有一个串 S=1011，则其中的“1”“0”“1”“1”这 4 个元素分别称为基因。

(3) 基因位：表示一个基因在染色体位串中的位置。基因位由左向右计数，例如在染色体串 S=110101 中，第二个“0”的基因位是第五位。

(4) 基因特征值：解码后的对应值。若编码方式是二进制，例如在串 S=1001 中，基因位第三位对应的基因“0”，它的基因特征值为 2；基因位第四位对应的基因“1”，它的基因特征值为 1。

(5) 适应度函数：用来计算个体在群体中被使用的概率。

2．遗传算法的基本步骤

遗传算法从代表问题潜在解集的一个种群开始，而一个种群则由一定数目的个体组成，每个个体实际上是染色体带有特征的实体。染色体作为遗传物质的主要载体，其内部表现是某种基因组合决定了个体性状的外部表现，如黑头发的特征是由染色体中控制这一特征的某种基因组合决定的。因此，在一开始需要实现从表现型到基因型的映射，即基因

编码。初始种群产生后，按照适者生存和优胜劣汰的原理，逐代进化，产生越来越好的种群，即近似最优解。进化过程则是具体的遗传操作，首先根据种群中个体的适应度选择和复制个体，并借助遗传算子进行交叉和变异，产生出代表新的解集种群。这种进化过程使得种群中个体的适应度越来越大，越来越接近问题的最优解。

遗传算法的基本步骤包含初始群体的选择、对初始群体的编码、设定算法的收敛性准则、适应函数的建立和适应值计算与检测、交叉、变异等操作过程。

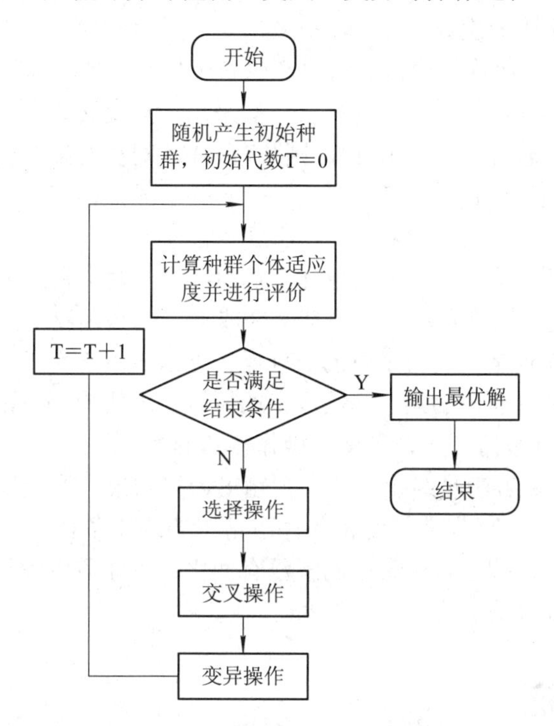

图 8-1　遗传算法操作流程图

遗传算法操作步骤如下：

(1) 个体编码。遗传算法的运算对象是表示个体的符号串，所以必须把变量编码为一种符号串。每一个变量用无符号的二进制整数或其他的编码方式来表示，将所有变量的编码连在一起，就形成了个体的基因染色体。个体的表现型和基因之间可通过编码和解码程序相互转换。

(2) 初始群体的产生。遗传算法是对群体进行的进化操作，需要给其准备一些表示起始搜索点的初始群体数据。遗传算法随机产生一组初始个体作为初始群体，并评价每一个个体的适应值。

(3) 适应度计算。遗传算法中以个体适应度的大小来评定各个个体的优劣程度，从而决定其遗传机会的大小。一般情况下，以目标函数值作为个体的适应度。求解适应度之前，必须对初始群体中各个个体进行解码。

(4) 选择运算。选择运算把当前群体中适应度较高的个体按某种规则或模型遗传到下一代群体中。一般要求适应度较高的个体将有更多的机会遗传到下一代群体中。常用的选择算子是比例选择算子。比例选择算子是指个体被先选中并遗传到下一代群体中的概率与该个体的适应度大小成正比。在遗传算法中，整个群体被各个个体所分割，各个个体的适应度在全部个体的适应度之和中所占的比例大小不一，这个比例值决定了各个个体被遗传到下一代群体中的概率。比例选择算子的具体操作过程是：首先，计算出群体中所有个体的适应度总和 El；其次，根据个体的适应度的大小 t 计算出每个个体的相对适应度的大小，即每一个个体被遗传到下一代群体中的概率，每个概率值组成一个区域，全部概率值之和为 1；最后，再产生一个 0 到 1 之间的随机数，依据该随机数出现在上述哪一个区域内来确定各个个体被选中的次数。

(5) 交叉运算。交叉运算是遗传算法中产生新个体的主要操作过程，它以某一交叉概率相互交换某两个个体之间的部分染色体。一般采用单点交叉算子。其具体操作过程是先对群体进行随机配对，若群体大小为 M，则共有 M/2 对相互配对的个体组；其次对每一对相互配对的个体，随机设置某一基因之后的位置为交叉点，若染色体的长度为 n，则共有(n−1)个可能的交叉点位置；最后对每一对相互配对的个体，依据设定的交叉概率，在其交叉点处相互交换两个个体的部分染色体，从而产生出两个新的个体。

(6) 变异运算。变异运算是对个体的某一个或某一些基因座上的基因值按某一较小的变异概率进行改变，它也是产生新个体的一种操作方法。对于用二进制编码符号串所表示的个体，若需要进行变异操作的某一基因座上的原有基因值为 0，则变异操作将该基因值变为 1；反之，若原有基因值为 1，则变异操作将其变为 0。

(7) 终止条件判断。若满足终止条件，则输出计算结果，终止计算。若不满足终止条件，则转到(3)继续运算，直到满足终止条件。常用的终止条件判断依据为迭代次数达到预先设定值、连续几次迭代过程中最好的解没有变化、最佳适应度与平均适应度的相对误差达到指定值和连续几代的平均适应度不变。

8.2 RFID 技术

传统制造业多为典型的多品种、定制型生产企业，而且对产品的安全性、可靠性、稳定性有较高要求。企业迫切需要对加工制造过程进行全程跟踪管理，满足精细化管理需要，并实现质量的追踪溯源。要提高企业的竞争力，使生产计划得以合理制定和执行，同时避免产品质量事故给企业带来经济和品牌损失，就必须对生产过程中的原料使用进行实时记录，对半成品、成品进行一定限度的溯源。

对于现代离散制造型企业来说，在生产制造的各个环节，通过 RFID 设备采集信息，可提供完整的物料加工跟踪和质量追溯手段，提升智能制造信息系统在库存、生产控制方面的实时性和可靠性。进而实现企业对产品生命周期的可视化管理，提高加工生产的效率，减少次品出现概率，降低制造成本。

1. RFID 技术应用

RFID 技术不仅具有自动识别对象和采集信息、抗干扰能力强、适应环境能力强、存储量大、可重复利用等优点，而且还有采集数据的能力。通过采集有效实时数据，可对智能制造信息系统提供实时准确的数据信息。具体表现在如下几个方面：

(1) 质量管理。通过 RFID 进行实时数据采集，保证物料、设备、人力、工具等资源

的正确使用，尤其是在混合装配生产线上，利用 RFID 识别零部件来确保物料被送到正确的位置，减少出错率，实现无纸化生产，从而保证产品的可靠性和高质量。在车间生产调度上，通过 RFID 对生产现场的设备和人员进行实时跟踪，监控其工作状态。若 RFID 采集到当前有设备处于空闲状态，就可以及时将设备空闲状态信息反馈给智能制造信息系统，便于生产排产模块能够及时编排当前最优的生产计划，并下达至生产车间。

(2) 生产过程监控。通过获取 RFID 的编号，可以从数据库中查出绑定有 RFID 标签的物料及在制品所在的位置，而且通过读写器实时采集在制品的加工信息，从而实现对生产过程的实时监控。

(3) 订单跟踪。每个订单都包含一种或多种不同的产品，RFID 技术可以实现对每一种产品从原材料到成品的整个生产过程的跟踪，实现对整个订单执行情况的监控。从原材料出库到成品加工完成入库，RFID 系统将自动采集每道加工工序所用的设备和操作人员、每道工序的加工开始时间和完工时间，避免了人工数据记录的信息滞后和出错。

(4) 库房管理。RFID 系统可记录物料、半成品、成品的批次、材质、入库时间等信息，方便生产人员合理安排生产和企业管理人员查询。

2．制造过程数据的采集与处理

一个产品的加工流程可分为若干道工序，而一个加工单元只完成其中一道工序，在加工过程中只重复一个简单操作。生产过程中的加工单元通过一条主导轨相连，被加工的物料在主导轨上传递，形成生产流水线。主导轨在各加工单元处分出支导轨，供物料进出各加工单元。物料由主导轨自动传至各工作单元，通过安装在主导轨上的 RFID 阅读器，检测物料或托盘上的电子标签识别物料，并根据物料的工序让物料到达正确的工作单元进行加工，如图 8-2 所示。

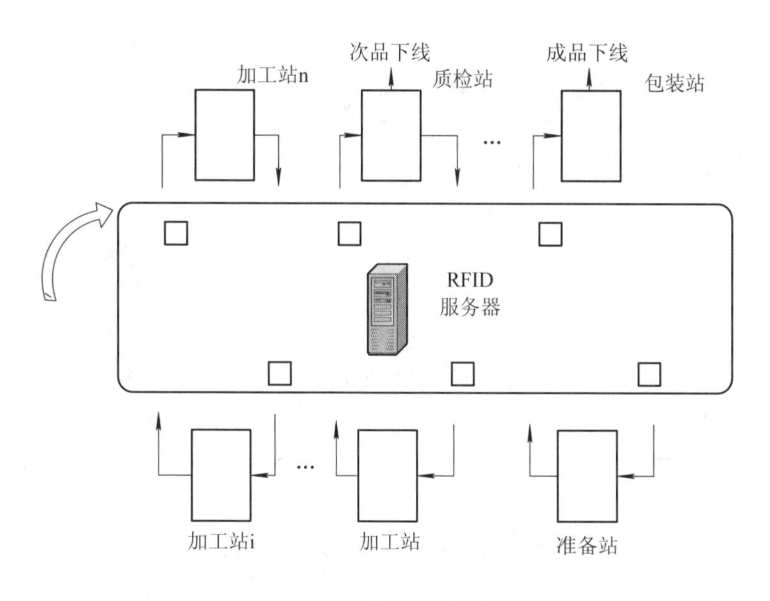

图 8-2　应用 RFID 技术追踪的生产线

1) 读写器与标签参数的设置

制造过程数据的采集与处理首先要定义应用于生产车间的读写器与标签的基本信息，

如读写器型号、类别和标签类别等参数。本章采用 ZLG500 型号的固定式读写器，将读写器分别固定于仓库、机床等处。标签采用可重复读写标签——S50 系列射频卡。从系统实施角度来说，RFID 的系统应用可分为开环应用和闭环应用：开环应用多用于供应链和物流，从采购原材料到加工成成品，RFID 标签贯穿了供应链的每个环节；闭环应用在系统内部使用，进行相关信息的读写和传递。本章所采用的是闭环 RFID 系统，从原料领用开始到顺序加工工序直至最后一道工序，再到成品入库结束。在系列生产加工过程中，使用 RFID 技术实现全程数据自动采集。当一批零件完工入库后，回收电子标签，送回标签存放点，对标签信息初始化，重新录入新零件的信息，循环使用。本章研究的 RFID 标签闭环应用如图 8-3 所示。

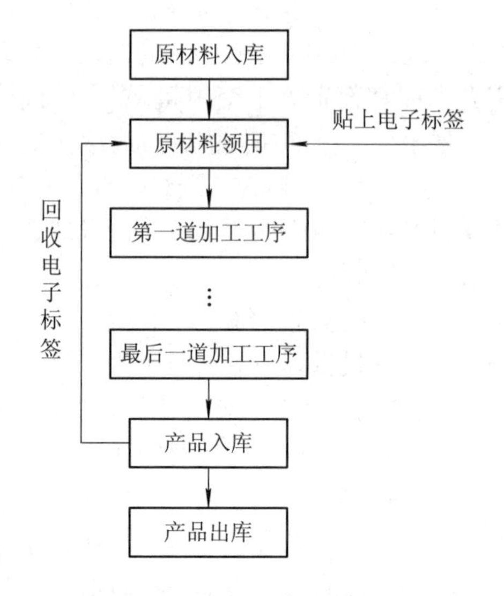

图 8-3　RFID 标签闭环应用

2) 数据的采集

信息采集模块的功能是收集表征生产现场各种生产要素生产过程的数据。车间制造过程中有着大量的生产要素信息，包括在制品所在位置、质量检验情况、设备运行状态以及整个订单的生产进度等相关信息，采集这些基本信息是管理制造过程中最基础也是最重要的一个环节。

现代离散制造业越来越趋向于多品种小批量生产，机加工生产车间为了实现柔性生产，生产现场的设备一般是根据设备属性或工艺来安排，可采用多点数据采集的方案。生产订单生成后，可按照产品数量或者产品批量生成具有唯一标识性的产品工单号。对产品工单中的每一个物品进行编码生成工件号，而且该工件号必须是唯一的，便于对产品进行识别和实时追踪。初始化电子标签是将工件号录入电子标签。生产过程中，读写器可通过采集标签的工件号查询到工件信息。工件表面的每个地方都有可能被加工，所以可将电子标签贴于装载物料的托盘上。

每个工位都设有进料缓冲区和出料缓冲区。首先，将贴有电子标签的装载物料托盘运送至第一道工位的进料缓冲区，操作员通过读写器扫描电子标签，系统就根据工件号从数据库中查询到工件信息、操作员和加工工序，系统记录当前时间为加工开始时间。当加工结束时，操作员再次扫描电子标签，系统记录其加工结束时间，计算出加工工时并更新工件加工信息。加工完成后，操作员进行自检，看合格与否，将质量信息反馈给系统，并将半成品放入出料缓冲区，等待运送至下一道工序进行加工。后面工序如同第一道工序。最后一道工序加工完成后，需要运送至质检区进行半成品检验或成品检验。将工件的检验信息记录至数据库中，对于不合格的工件，判定是要返修或报废等。

3) 数据的处理

RFID 系统获得的生产现场数据是大量的、动态的，并不是所有的信息都对企业有用。RFID 中间件对这些数据进行处理，将无用的信息过滤掉，并整合有效信息，减轻服务器数据库的负担。RFID 中间件是一种面向消息的中间件，信息以消息的形式从一个程

序传送到另一个或多个程序。信息可以以异步的方式传送，所以传送者不需要等待回应。面向消息的中间件不仅可以传递消息，还可以解译数据、恢复错误、定位网络资源等。RFID 中间件独立并介于 RFID 应用系统与智能制造信息系统之间，并且能够与多个 RFID 读写器以及多个后端应用系统连接，大大降低了系统的复杂性，便于后台应用程序的实现和维护。

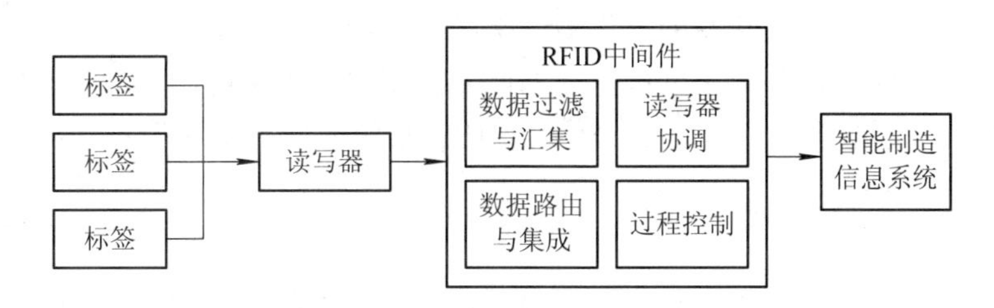

图 8-4　RFID 中间件与系统连接结构

RFID 中间件的主要任务是负责 RFID 应用系统和智能制造信息系统之间的数据传递，解决 RFID 数据不稳定性、格式转换等问题，RFID 中间件与 RFID 应用系统之间通过一组通用的应用程序接口(API)进行连接。RFID 读写器读取到电子标签的信息后，经过 API 程序传送给 RFID 中间件，RFID 中间件对数据进行过滤、整合，从而减少读写器采集到大量的原始数据，将处理后的数据传送到智能制造信息系统。RFID 中间件被称为 RFID 系统的“神经中枢”。

8.3　保密安全

任何一个成熟的应用系统都应该具有严格的安全性保证手段和措施。智能制造信息系统中会存储有大量公司的商业机密，因此需要对智能制造信息系统进行安全保密设计。技术不是全能的，技术的作用效果是有限的，对风险的防范和化解需要把技术和管理结合起来才能发挥最好的效果。随着系统复杂程度的增加，管理漏洞也随着增加，对系统中内容的管理也变得复杂，与技术风险共存的是管理风险。

网络安全是影响系统安全的关键因素。系统安全既包含办公系统安全，也包括整个网络系统自身的安全，例如对网络可用性保证、对恶意网络攻击的防范、对非法用户的有效隔离等。智能制造信息系统的应用模式以 B/S 方式向用户提供服务，用户使用操作系统内置的 IE 浏览器就能进入并使用智能制造信息系统。在这个用户接入模式中，一方面需要保证接入点(用户电脑桌面)与服务器之间传输的信息的安全性，另一方面需要保证用户身份认证的安全性。

8.4　系统测试

系统测试是软件产品开发过程中的关键环节，也是保证软件质量的重要途径。软件设计过程中难免发生错误，系统测试的目的是在产品投入使用之前，最大化地解决潜在问题，给用户一个满意的产品。测试主要分为单元测试、集成测试和系统测试。

1. 单元测试

单元测试是每个任务模块中独立流程的逻辑测试，通常是开发人员在软件编码完成后进行，开发人员完成某一功能后，代入参数在开发环境下进行测试运行，这是庞大的智能制造信息系统最基础的测试。程序缺陷发现越早越好，加强单元测试有利于降低缺陷定位难度和修复难度，从而降低解决成本。加强单元测试也减轻了后续集成测试和系统测试的负担。在智能制造信息系统开发中单元测试采用交叉测试的方法。开发任务紧张阶段，即使不便于采用交叉测试，开发人员自行开展单元测试也有优越性，其最大的优点是快速，且能更好地实现“预防错误”。在人员紧张、任务紧急的情况下这种自行测试也是不错的选择。

2. 集成测试

集成测试界于单元测试和系统测试之间，起到桥梁作用，由不同于系统的开发人员组采用白盒加黑盒的方式来测试，既验证“设计”，又验证“需求”，将所有模块按照设计要求组装成为子系统或系统，进行集成测试。一些模块虽然能够单独工作，但并不能保证连接起来也能正常工作。程序在某些局部反映不出来的问题，在全局上很可能暴露出来，影响功能的实现。智能制造信息系统只有经过集成测试后才能形成一个有机的整体并发挥作用。

3. 系统测试

系统测试又称为上线测试，由专门的测试组来执行。进行系统测试之前，测试人员要了解业务流程，要清楚每个业务间发生的前后顺序，测试数据才能在智能制造信息系统功能间持续流转，否则，无法进行各项业务的全面覆盖测试。测试人员还要了解每项业务的详细流程和各个环节涉及的角色，需要全面掌握这项业务才能对当前环节进行全方位测试。比如，订单管理中，生产计划创建一个生产订单，要与销售部门销售订单匹配，方可执行订单，执行完毕后关闭订单。智能制造信息系统测试组主要由各子单位关键用户和IT 运维人员组成，各部门用户在真实使用环境下正式使用过程中测试，以保证整个系统的正常工作。

小　　结

✧ 遗传算法作为一种全局搜索能力较强的新的优化搜索算法，以其理论简单、操作流程柔性等显著特点，在各领域得到了普遍应用。
✧ RFID 技术不仅具有自动识别对象和采集信息、抗干扰能力强、适应环境能力强、存储量大、可重复利用等优点，而且还有采集数据的能力。
✧ 系统测试是软件产品开发过程中的关键环节，也是保证软件质量的重要途径。软件设计过程中难免发生错误，系统测试的目的是在产品投入使用之前，最大化地解决潜在问题，给用户一个满意的产品。

练　　习

1．简述遗传算法的操作步骤。
2．RFID 有哪些应用？

实践篇

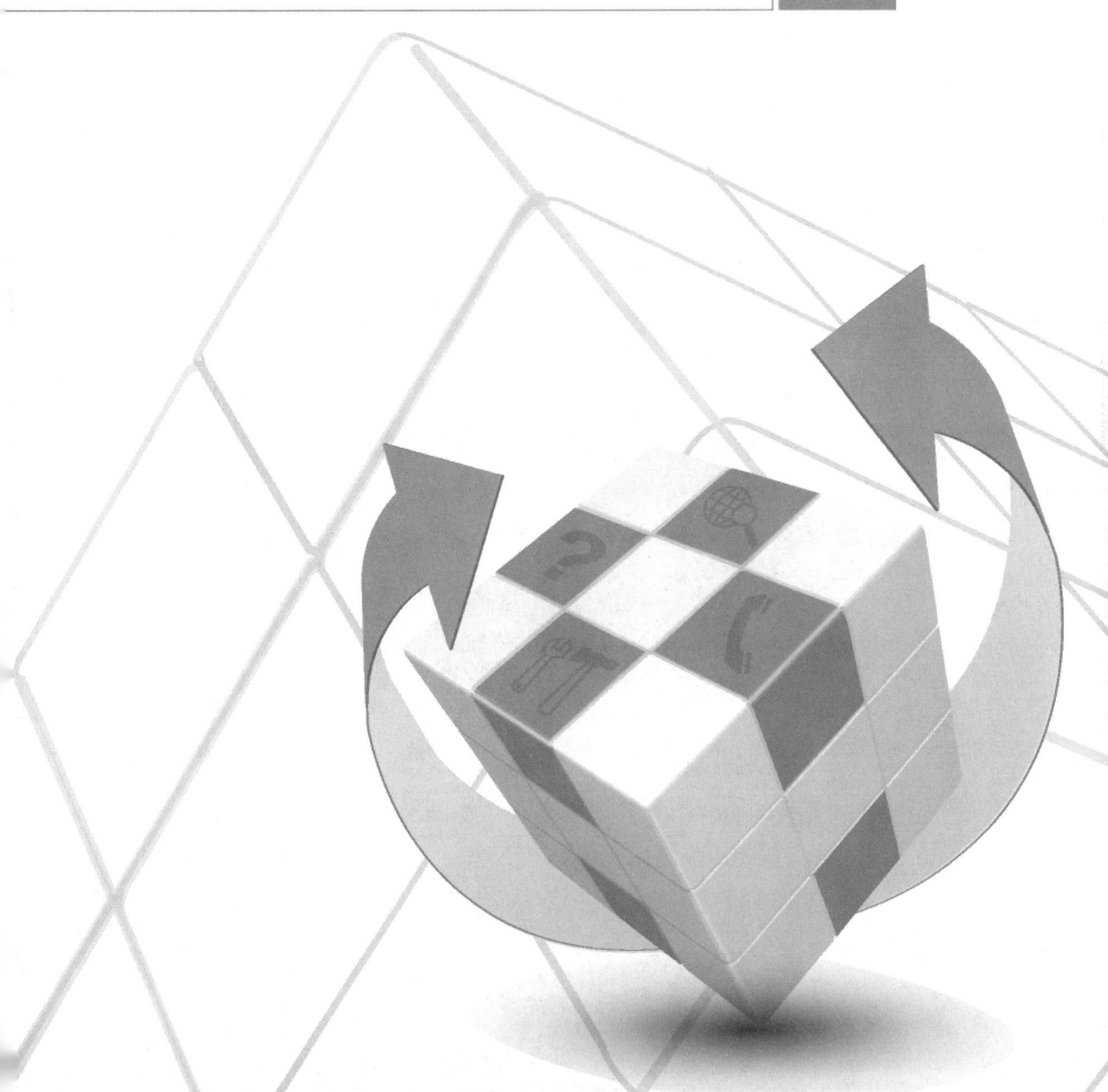

实践 1　系统前端开发技术基础

实践指导

实践 1.1　开发环境搭建

完成 Java Web 开发环境的安装部署。

【分析】

完成 Java Web 开发环境的安装部署，包括 JDK、Tomcat、Eclipse、MySQL，搭建开源的 Java 企业开发环境。

【参考解决方案】

1. JDK 开发环境的搭建

JDK(Java Develop Toolkit)是“Java 开发工具”，是 Java 程序开发的核心，包括编译程序的 javac 命令、运行程序的 java 命令和 Java API 中的类库等。在 Sun 公司的官方网站(http://java.sun.com)下载最新的 JDK 安装文件，注意安装路径和环境变量的配置。这里就以 win7 为例配置环境变量：

(1) 单击属性→高级系统设置。再单击环境变量，进入后在系统变量一栏单击“新建”，然后做相应输入：

名称：JAVA_HOME；

变量值：刚刚安装的路径。

(2) 在系统变量一栏单击“新建”，进行相应输入：

名称：CLASS_PATH；

变量值：.;%JAVA_HOME%\lib;%JAVA_HOME%\lib\tools.jar。

注意：所有符号都是英文状态下的。

(3) 选中系统环境变量中 path 的环境变量，将 JAVA_HOME 添加进去，最后加上“;%JAVA_HOME%\bin;”。

(4) 测试 Java 环境是否配置成功，按下 win+R 键，输入 cmd，调出命令符控制窗口，再输入 java –version 后能显示版本，即代表配置成功，如图 S1-1 所示。

2. Tomcat 的安装及配置

(1) 在 Tomcat 官网下载安装文件，下载后直接安装即可。

(2) 打开环境变量的配置窗口，在系统环境变量一栏单击“新建”，然后做相应输入：

变量名：CATALINA_HOME；

变量值：刚刚安装的路径。

同样，安装时要注意安装目录，因为要配置和 Java 一样的环境变量。

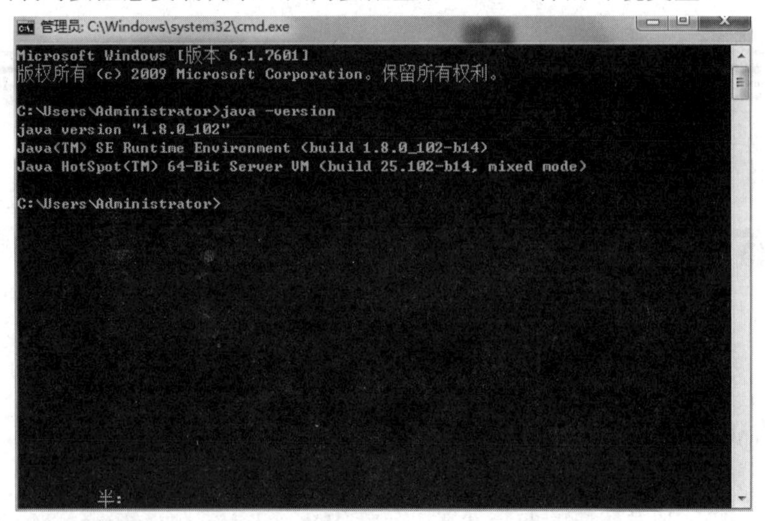

图 S1-1　测试 JDK 是否配置成功

(3) 测试安装是否成功。找到安装路径下 bin 文件夹中的执行文件，运行该文件，然后打开浏览器，输入“http://localhost:8080”。如果出现如图 S1-2 所示的内容就说明成功了。

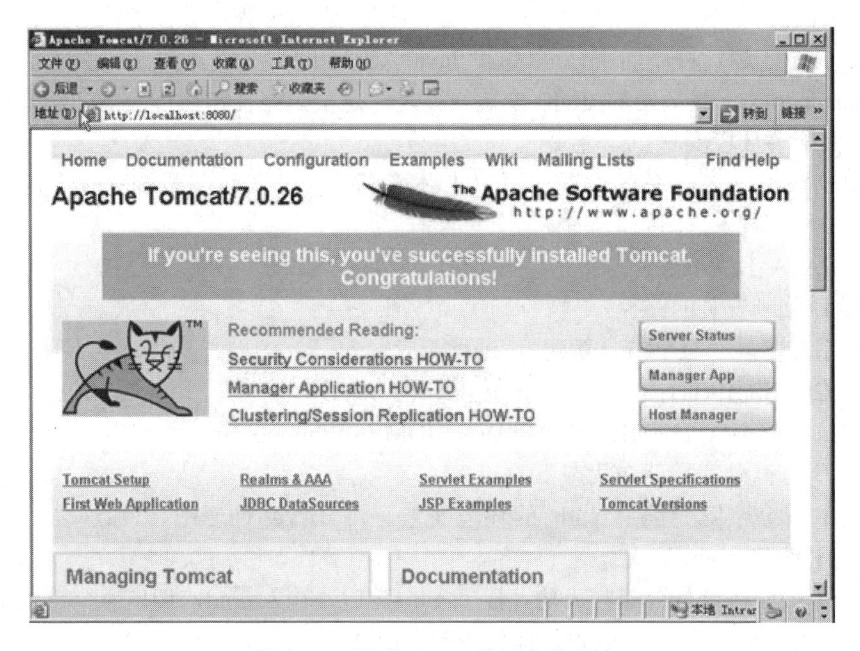

图 S1-2　测试 Tomcat 是否安装成功

3. Eclipse 的安装

(1) 在地址栏输入“http://www.eclipse.org/”，进入 Eclipse 官网(如图 S1-3 所示)，单击“DOWNLOAD”，下载并解压后安装。

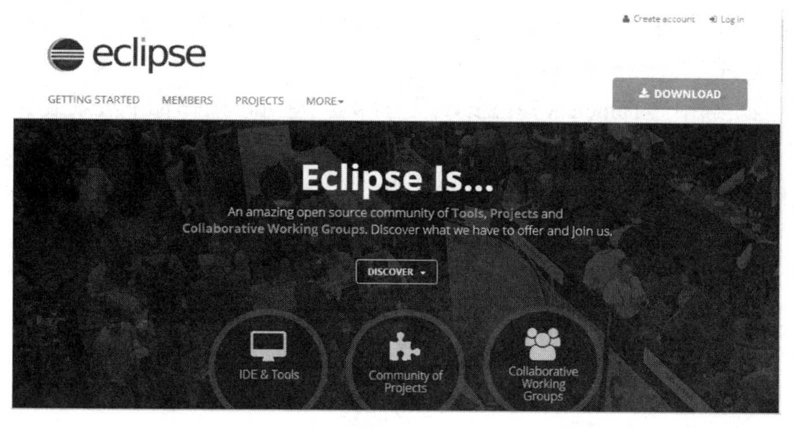

图 S1-3　Eclipse 官方网站

(2) 初次启动 Eclipse 时，需要设置工作空间，单击“OK”按钮，即可启动 Eclipse，如图 S1-4 所示。

若选中“Use this as the default and do not ask again”复选框，则下次登录时不需要再进行工作空间的设置。

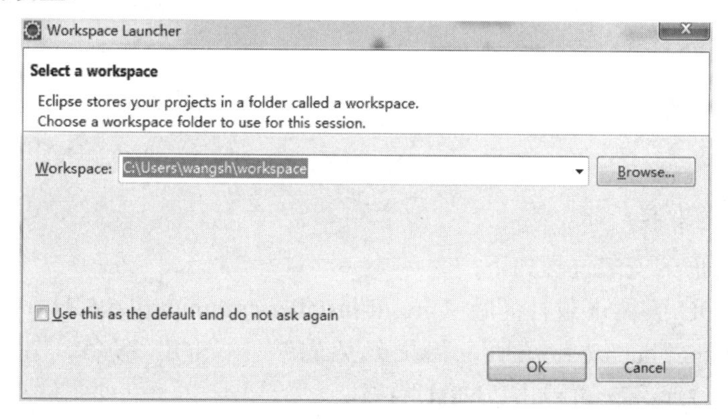

图 S1-4　Eclipse 工作空间

Eclipse 的工作平台由菜单栏、工具栏、项目资源管理器视图、编辑器、大纲视图、透视图工具栏和其他视图组成，如图 S1-5 所示。

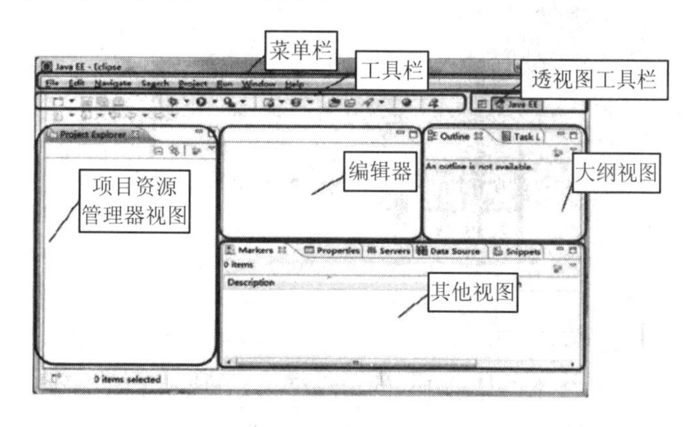

图 S1-5　Eclipse 工作平台

(3) 在 Eclipse 中配置 Tomcat。在工作平台的其他视图中，选中“服务器”视图，在空白处右击，选择“New→Server”命令，如图 S1-6 所示，打开“New Server”视图，展开 Apache 节点，选中“Tomcat v7.0 Server”子节点(也可以选择你下载安装的其他版本)，默认其他节点。单击“Next”按钮，打开 Tomcat 服务器安装路径对话框，单击“Browse”按钮，选择 Tomcat 安装路径。单击“Finish”按钮，完成 Tomcat 服务器配置。在“服务器”视图中，将显示“Tomcat v7.0 Server at localhost”节点。

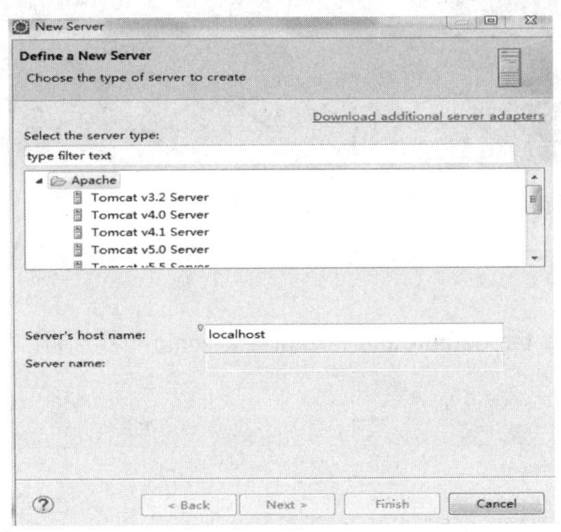

图 S1-6　New Server 视图

4. MySQL 的安装

MySQL 数据库的安装过程如下：

(1) 在 MySQL 官网下载社区版“mysql-installer-community-5.6.31.0”，选择接受许可条款“I accept the license terms”(如果只想安装 MySQL 服务，建议选择“Server only”)，如图 S1-7 所示，再单击“Next”按钮。

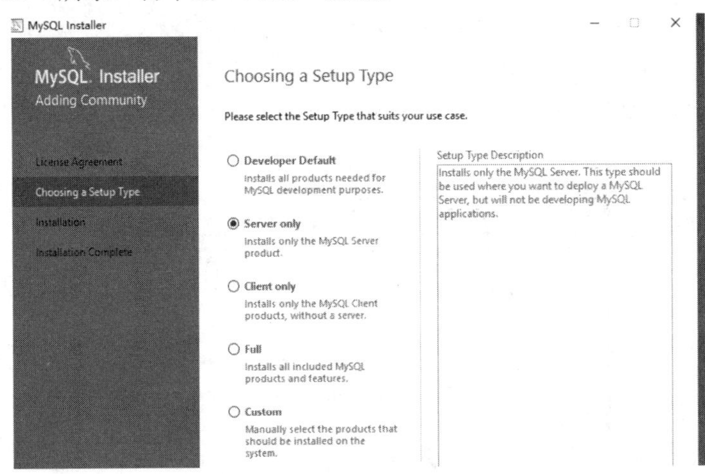

图 S1-7　MySQL 安装视图

(2) 单击“Execute”，执行安装，如图 S1-8 所示。MySQL 默认端口为 3306。

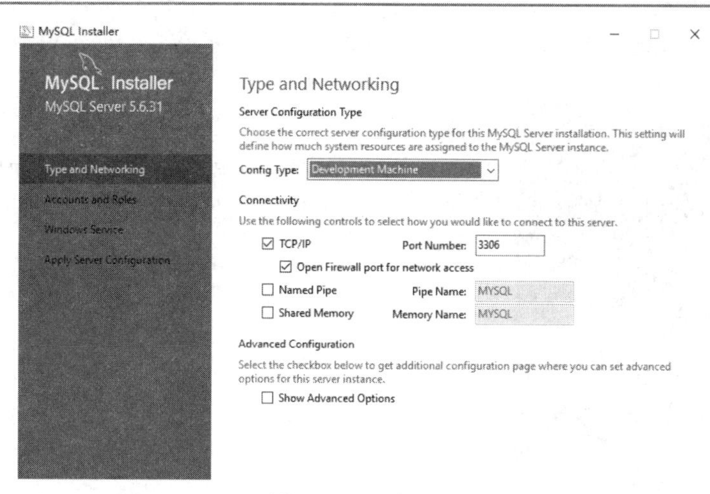

图 S1-8　服务配置

(3) 为 root 用户设置密码，并再次确认密码，如图 S1-9 所示。

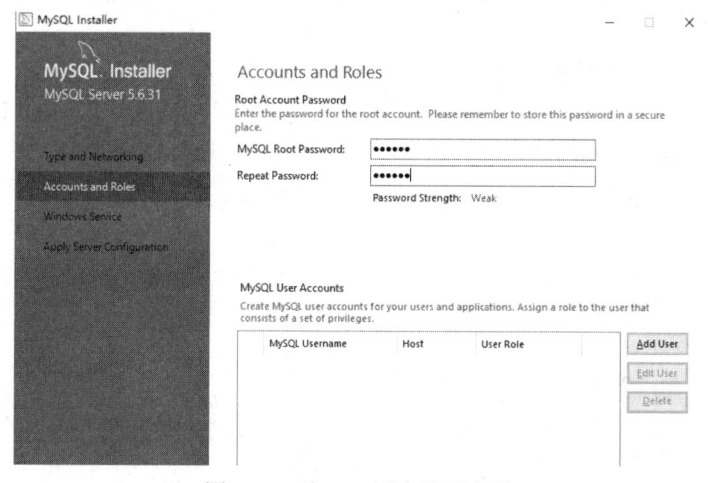

图 S1-9　为 root 用户设置密码

(4) 以系统用户运行 Windows 服务，如图 S1-10 所示。在 Windows 下 MySQL 服务名为：MySQL56。

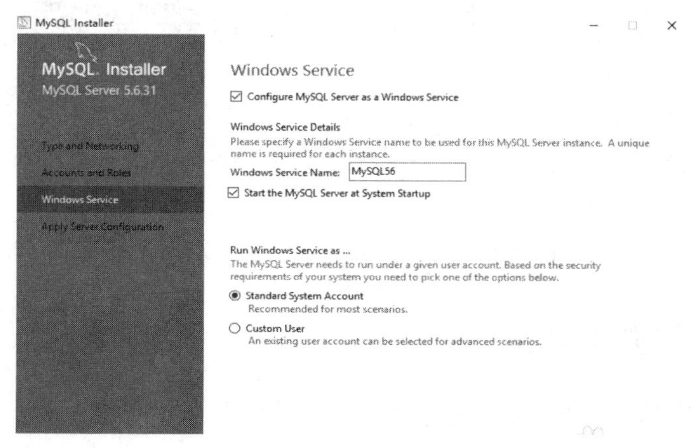

图 S1-10　服务名

(5) 完成 MySQL Server 5.6.31 的安装，如图 S1-11 所示。

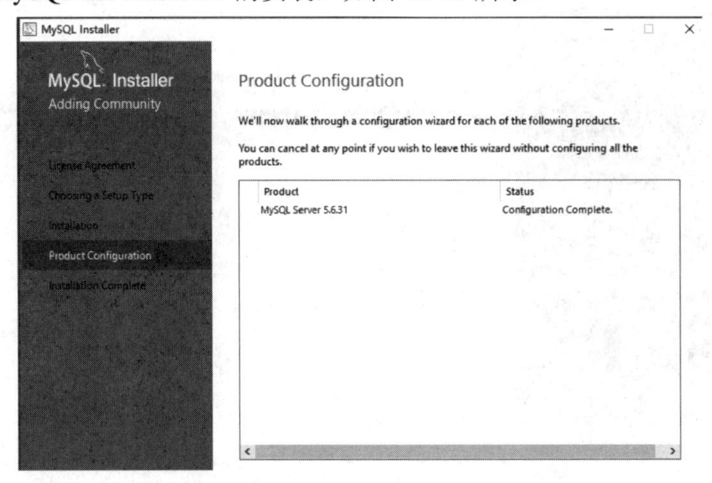

图 S1-11　完成 MySQL Server 5.6.31 的安装

(6) 配置环境变量。

前面步骤完成后，需要配置环境变量中的系统变量，如图 S1-12 所示。MySQL 的安装路径一般默认在“C:\Program Files”下。新建变量名为“MYSQL_HOME”，变量值为“C:\Program Files\MySQL\MySQL Server 5.6”。然后编辑 Path 系统变量，将“%MYSQL_HOME%\bin”添加到 Path 已有变量值后面。

新建系统变量

变量名(N): MYSQL_HOME

变量值(V): C:\Program Files\MySQL\MySQL Server 5.6

浏览目录(D)...　浏览文件(F)...　确定　取消

编辑系统变量

变量名(N): Path

变量值(V): r\100\DTS\Binn\;%JAVA_HOME%\bin;%CATALINA_HOME%\bin;%MYSQL_HOME%\bin

浏览目录(D)...　浏览文件(F)...　确定　取消

图 S1-12　配置系统变量

(7) 测试是否安装成功。

在 dos 界面通过“/d”命令转到 MySQL 安装目录“/bin”文件夹下，执行安装命令是：mysqld-install。

启动 MySQL 命令是：net start mysql。若能启动 MySQL 服务则表示成功。

实践 1.2　编写登录页面

用 HTML 语言编写一个登录页面。

【分析】

(1) 系统开发过程中用到的 css 样式已经提前给出，可直接导入使用。

(2) 登录信息有用户名和密码，要求用户名和密码不能为空。

(3) 登录页面中提供了一个“注册”的超链接，链接实践 1.2 中的注册页面。

(4) 登录成功后将进入主页面。

【参考解决方案】

1. 打开 Eclipse，创建动态网站项目

单击“File→New→other”，搜 Web 下的“Dynamic Web Project”菜单项，如图 S1-13 所示；然后单击该菜单项后得到图 S1-14 所示界面，单击“Next”后得到图 S1-15 所示的界面(注意不要直接单击“Finish”)，选中“Generate web.xml deployment descriptor”，单击“Finish”完成动态网站项目的创建，自动生成 web.xml。设置项目运行环境 JRE，本书的版本是 jre1.8.0_102，如图 S1-16 所示。

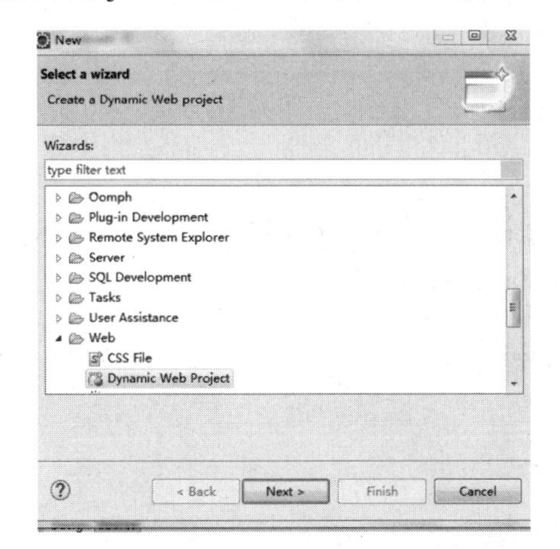

图 S1-13　创建动态网站项目

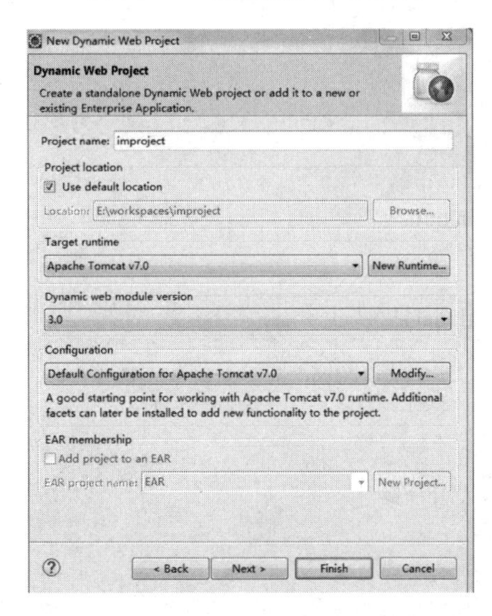

图 S1-14　输入项目名称

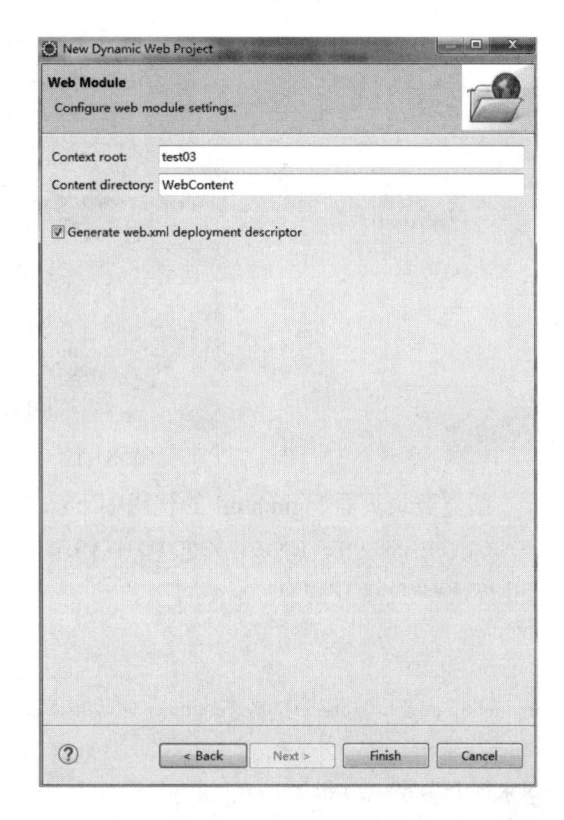

图 S1-15　创建项目名称

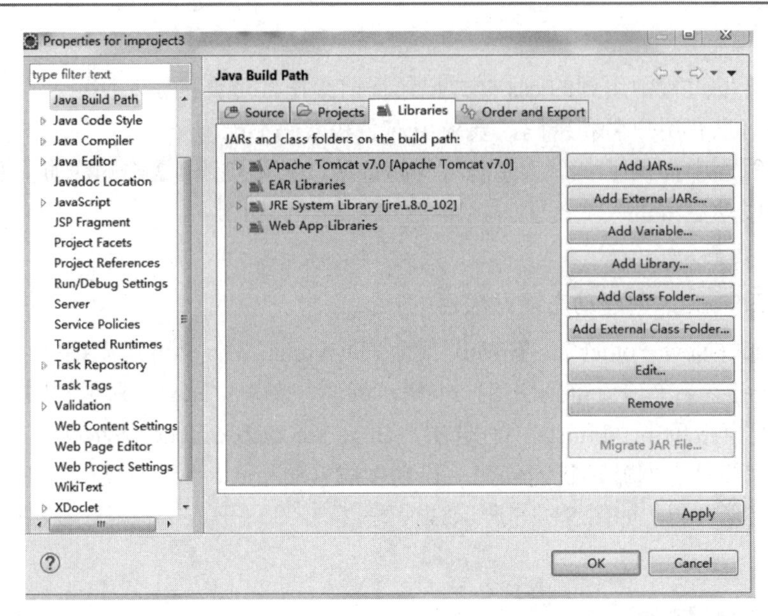

图 S1-16　项目运行环境

2. 创建登录页面 login.html

在 WebContent 根目录中，创建 css 文件夹(用来存放相应的 css 样式文件)、images 文件夹(用来存放相关图片)，并新建登录页面 login.html，如图 S1-17 所示。

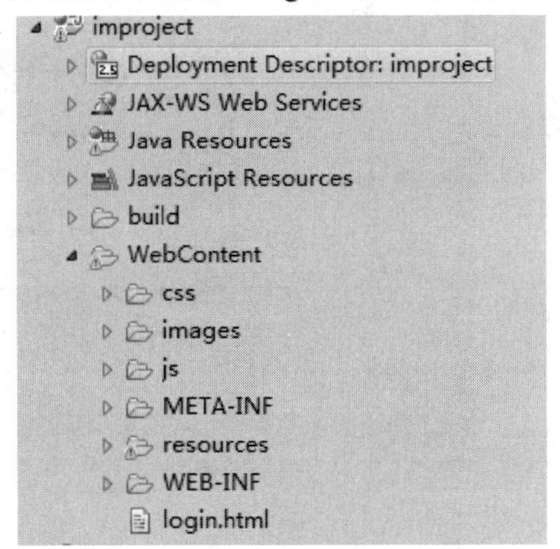

图 S1-17　创建 login.html

新建登录页面 login.html 的代码如下：

```
<!DOCTYPE html PUBLIC "-//W3C//DTD HTML 4.01 Transitional//EN"
"http://www.w3.org/TR/html4/loose.dtd">
<html>
<head>
<meta http-equiv="Content-Type" content="text/html; charset=UTF-8">
<title>登录</title>
<link href="css/bootstrap.min.css" type="text/css"
      rel="stylesheet" />
```

```
<style>
* {
    padding: 0;
    margin: 0;
}
ul {
    list-style: none;
}
.body-box {
    width: 100%;
    height: 100%;
    position: fixed;
    background-image: url("images/login/01.jpg");
    background-color: #182d67;
    background-repeat: no-repeat;
    background-size: cover;
}
.login-box {
    width: 450px;
    height: 290px;
    background-color: #fff;
    margin: 200px auto;
    position: relative;
    font-family: '微软雅黑'
}
.login-logo {
    width: 96px;
    height: 33px;
    background-image: url("images/login/01.png");
    position: absolute;
    top: -40px;
    left: 5px;
}
.login-box h1 {
    font-size: 24px;
    text-align: center;
    color: #333;
    height: 80px;
    line-height: 80px;
}
```

```
.login-box ul {
        width: 300px;
        margin: 0 auto 35px;
        height: 30px;
}
.login-box li {
        float: left;
}
.login-box span {
        width: 55px;
        line-height: 34px;
        display: block;
        color: #333;
}
.login-box input {
        width: 230px;
        height: 30px;
        background-color: #fff;
        border: 1px solid #ccc;
}
.login-box button {
        width: 190px;
        height: 30px;
        margin: 0 auto;
        background-color: #0a5098;
        border: none;
        display: block;
        color: #fff;
        font-size: 14px;
}
</style>
</head>
<body>
        <form id="userform" action="UserServlet?action=login" method="post">
                <div class="body-box">
            <div class="login-box">
                <div class="login-logo"></div>
                <h1>智能制造信息系统</h1>
                <ul>
                    <li><span>用户名</span></li>
```

```
                <li>
                <input id ="loginName" name = "loginName"type="text" >
                </li>
            </ul>
            <ul>
              <li><span>密码</span></li>
                <li><input id="pwd" name = "pwd" type="password"></li>
            </ul>
            <button type="submit"   onclick= "loginAct()">登录</button>
            <div   style="width:190px;margin:5px auto;" >
                 <a href="regist.html" target="_parent"> 注册 </a>
            </div>
        </div>
        </div>
    </form>
</body>
</html>
```

在 web.xml 中添加相关配置的代码如下：

```
<?xml version="1.0" encoding="UTF-8"?>
<web-app xmlns:xsi="http://www.w3.org/2001/XMLSchema-instance"
    xmlns="http://java.sun.com/xml/ns/javaee" xsi:schemaLocation="http://java.sun.com/xml/ns/javaee
    http://java.sun.com/xml/ns/javaee/web-app_2_5.xsd" id="WebApp_ID" version="2.5">
  <display-name>improject</display-name>
  <welcome-file-list>
    <welcome-file>login.html</welcome-file>
   </welcome-file-list>
  </web-app>
```

3. 导入相关包并运行程序

在 WebContent 根目录的 css 文件夹中复制黏贴 bootstrap.min.css 样式。在文件夹 images 中创建 login 文件夹，导入三张背景图片，如图 S1-18 所示。

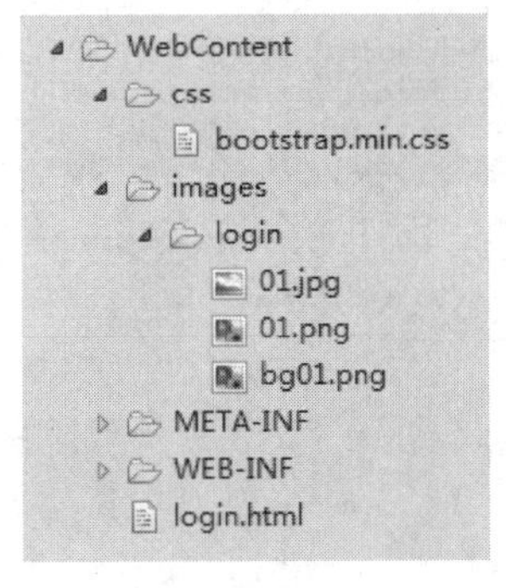

图 S1-18　导入 bootstrap.min.css 样式

右击 login.html，选择“Run AS→Run on Server”并单击“finish”按钮，在浏览器地址栏中输入“http://localhost:8080/improject/login.html”，访问登录页面，结果如图 S1-19 所示。

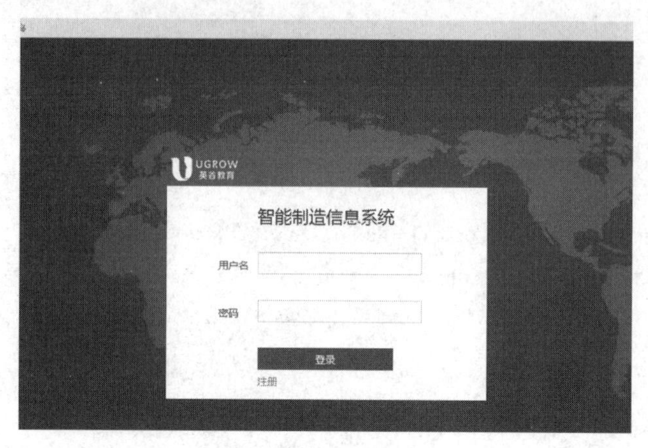

图 S1-19　登录页面

当单击“登录”按钮时，表单数据将被提交到 Servlet 中进行处理，关于 Servlet 的内容将在后续实践中进行讲解。

实践 1.3　编写注册页面

编写一个智能制造信息系统的注册页面。

【分析】

(1) 登录页面中提供了一个“注册”的超链接，单击后将进入注册页面。

(2) 首先用 HTML 语言编写注册页面。

(3) 升级注册页面，加入 JavaScript 和 Jquery 语句，通过 JavaScript 进行初始验证，当数据不符合要求时会有提示；当数据符合要求时，通过表单对象的 submit()方法把表单数据提交给 RegistServlet 处理。RegistServlet 处理将在实践 2.1 中进行讲解。

【参考解决方案】

1. 导入相关文件

在 css 中导入 styles.css 样式文件，如图 S1-20 所示。

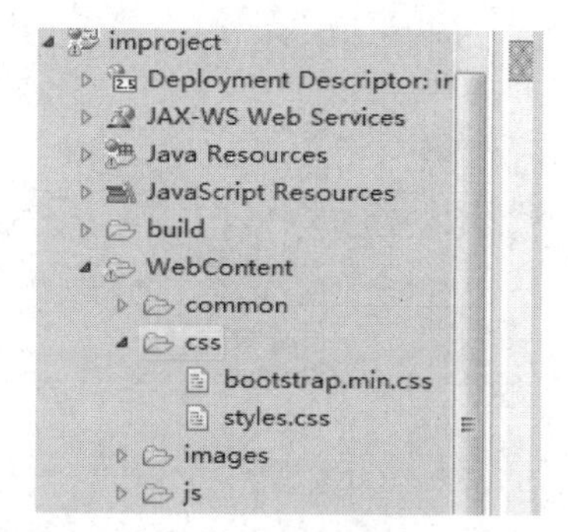

图 S1-20　WebContent 的根目录文件

2. 编写注册页面 regist.html

在 WebContent 根目录中新建一个注册页面 regist.html，代码如下：

```
<!DOCTYPE html>
<html>
<head>
<meta charset="UTF-8">
<link href="css/styles.css" type="text/css" rel="stylesheet"/>
<title>注册页面</title>
</head>
<body>
    <form action="/improject/RegisterServlet" name="regist"
    method="post">
                <table style="height: 100%; width: 100%">
                <tr align="center" valign="middle">
                <td>
                <div class="table-b">
                <table width="400" height="200" border="0" align="center"
                    cellPadding=0 cellSpacing=0 id="innerTable"
                    style=" height: 200; width: 400;background-
                        color:#fffk">
                <tbody>
                <tr valign="middle" align="center">
                    <td colspan="2" height="40" valign="middle"align="center">
                    <font face="黑体" size="4px" color="#196ed1"
                        style="padding-left: 20px;
                        vertical-align:middle;"> 用户注册</font>
                    </td>
                </tr>
                <tr>
                    <td>用户名：</td>
                    <td>
                 <input type="text" value="" id="username"
                           name="username"
                           style="width: 110px" onchange="chang1(this)" />
                    <span id="usName"></span>
                    </td>
                 </tr>
                 <tr>
                    <td height="40" width="80" class="login_td">密码：
                    </td>
```

```
            <td height="40" width="120" class="login_td">
                    <input type="password" value="" id="password"
                      name="password" style="width: 110px"
                      onchange="chang2(this)" />
                     <span id="ps1"></span>
             </td>
      </tr>
      <tr>
            <td height="40" class="login_td">确认密码：</td>
            <td height="40" width="120" class="login_td">
                    <input id = "passwordAgain"
                        name="passwordAgain" value=""
                        type="password"
                               style="width: 110px" onchange="chang3(this)" />
                    <span id="ps2"></span>
                  </td>
                  </tr>
                  <tr>
                         <td height="40" class="login_td">性别：
                        </td>
                         <td height="40" width="20">
                                <input id="sex1" name="sex" value="男"
                                      type="radio"  /> 男
                                <input id="sex2" name="sex" value="女"
                                      type="radio" /> 女
                                             <span id="ps2"></span>
                          </td>
                  </tr>
                  <tr>
                         <td height="40" class="login_td">所在省市：</td>
                         <td height="40">
                                <select class="form-control"
                                style="width: 80px" name="province">
                                               <option>-所在省-</option>
                                               <option>山东</option>
                                               <option>江苏</option>
                                </select>
                                <select class="form-control" style="width: 80px"
                                  name="city">
                                               <option>-所在市-</option>
```

```
                                        <option>济南</option>
                                        <option>青岛</option>
                                        <option>南京</option>
                                        <option>苏州</option>
                                </select>
                                 <span id="ps2"></span></td>
                        </tr>
                        <tr>
                          <td width="80" height="40" valign="middle"
                                class="login_td">住址:
                           </td>
                            <td width="120" height="40"
                                  valign="middle"
                                  class="login_td">
                                  <input    type="text" value=""
                                  name="address" style="width: 110px" />
                                  <span id="ps2"></span></td>
                         </tr>
                          <tr>
                                  <td width="80" height="40"
                                      valign="middle" class="login_td">
                                      爱好:
                                   </td>
                                   <td width="120" height="40"
                                        valign="middle">
                                        <input type="checkbox" value="音乐
                                        " name="interest" style="width:
                                        10px" />音乐
                                         <input type="checkbox" value="篮
                                              球" name="interest"
                                         style="width: 10px" />篮球
                                      <input type="checkbox" value="足球"
                                         name="interest" style="width:
                                        10px" />足球
                                        <span id="ps2"></span></td>
                            </tr>
                            <tr>
                                     <td colspan="2" height="40" align="center">
                                         <button class="login_button" onclick="res()"
                                         type="button">重置</button> 
```

```
                                                        <button class="login_button" onclick="sub()"
                                                      type="button">提交</button> 
                                                  </td>
                                                       <span id="ps2"></span>
                                    </tr>
                    </tbody>
                                    </table>
                         </div>
                    </td>
                    </tr>
                    </table>
               </form>
          </body>
</html>
```

Class 文件中引用的就是 css 文件中的样式。

在浏览器地址栏中输入“http://localhost:8080/improject/regist.html”，访问注册页面，结果如图 S1-21 所示。

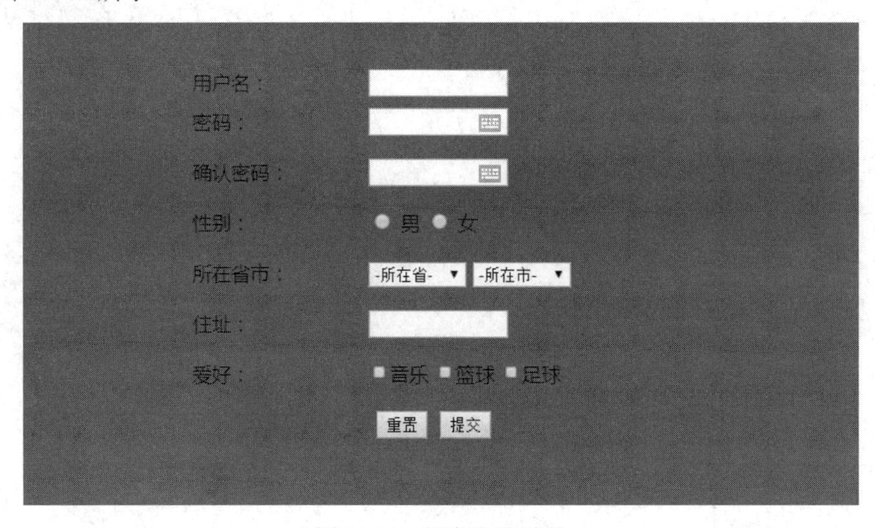

图 S1-21　用户注册页面

3. 升级注册页面功能

通过 JavaScript 和 JQuery 语句判断注册内容是否符合输入要求。在页面 regist.html 的 <head></head>中增加以下代码：

```
<head>
<meta charset="UTF-8">
<link>
<link href="css/styles.css" type="text/css" rel="stylesheet"/>
<script type="text/javascript" src="/improject/js/jquery/jquery-3.1.1.min.js"></script>
<script type="text/javascript">
```

```
$(function(){
        $("#sex1").attr("checked",true);
});
//全局变量
var flag=0;
function sub(){
                chang1($("#username")[0]);
                chang2($("#password")[0]);
                chang3($("#passwordAgain")[0]);
        //登录信息判断
        if($("#username").val()!=""&&
        $("#password").val()!=""&&
        $("#passwordAgain").val()!=""){
                if(flag>=3){
                        //验证成功，表单提交
                        document.regist.submit();
                }else{
                        alert("请认真填写注册信息");
                        $("#username").val()="";
                        $("#password").val()="";
                        $("#passwordagain").val()="";
                        $("#usName").html()="";
                        $("#ps1").html()="";
                        $("#ps2").html()="";
                }
        }
}
function res(){
        $("#username").val("");
        $("#password").val("");
        $("#passwordAgain").val("");


}
function chang1(obj){
        var obValue=obj.value;
        if(obValue.length>8||obValue.length<3){
            $("#usName").html("<font name=usName style='font-size:12px;color=red'>长
            度要求 3~8 位！</font>");
                flag=0;
        }else{
```

```
                    $("#usName").html("<font name=usName style='font-
                     size:12px;color=green'>可以使用</font>");
                flag++;
            }
        }
        function chang2(obj){
            var obValue=obj.value;
            if(obValue.length>8||obValue.length<6){
                    $("#ps1").html("<font style='font-size:12px;color=red'>长度要求 6~8 位！
                    </font>");
                    flag=0;
            }else{
                     $("#ps1").html("<font style='font-size:12px;color=green'>可以使用
                    </font>");
                    flag++;
            }
        }
        function chang3(obj){
            var obValue=obj.value;
            var prrValue=$("#password").val();
            if(prrValue!=obValue || prrValue == "" ||obValue == "" ){
                    $("#ps2").html("<font style='font-size:12px;color=red'>请再次确认！
                    </font>");
                    flag=0;
            }else{
                                    $("#ps2").html("<font style='font-
                    size:12px;color=green'>恭喜你，密码通过</font>");
                flag++;
            }
        }
    </script>
<style type="text/css">
</style>
<title>注册页面</title>
</head>
```

4．导入相关包并运行

登录“http://jquery.com/download/”，下载 jquery-3.1.1.min.js，在 WebContent 根目录的 js 文件夹中，导入 jquery-3.1.1.min.js，如图 S1-22 所示。

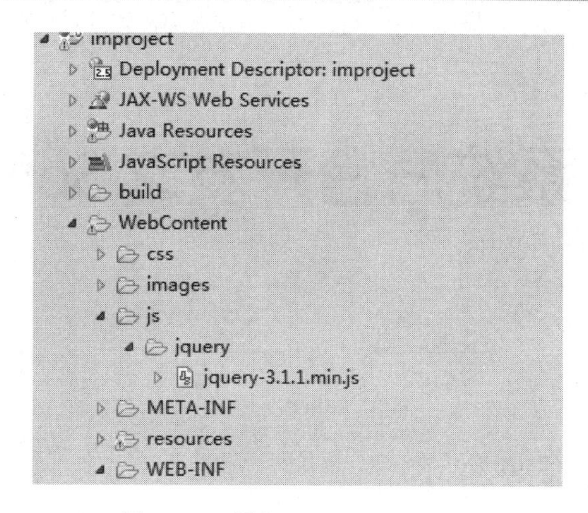

图 S1-22　导入 jquery-3.1.1.min.js

在浏览器地址栏中输入“http://localhost:8080/improject/regist.html”，访问注册页面，结果如图 S1-23 所示。

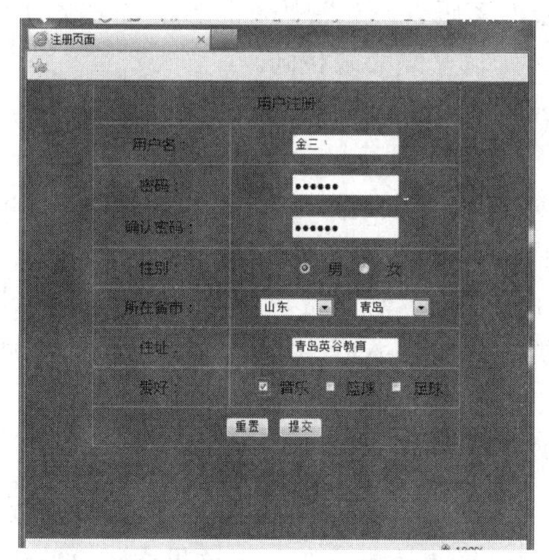

图 S1-23　用户注册页面

拓展练习

实现一个新用户注册页面，具体要求如下：

页面 regist.html，注册信息有用户名、密码、确认密码、联系电话、邮箱地址，其中前三项是必填项。

实践 2　系统后台开发之 Servlet 基础

实践 2.1　注册功能模块

根据实践 1.2 已经完成的注册页面，实现智能制造信息系统用户的注册功能。具体要求如下：

(1) 注册信息有用户名、密码、确认密码、性别、所在省市、地址和爱好，要求用户名和密码不能为空，密码和确认密码必须相同。

(2) 表单提交给 Servlet 处理，Servlet 将用户注册信息插入到数据库 sys_user 表中。

【分析】

根据题目要求，应将数据保存到数据库中。因此，首先创建一个数据库，在数据库中建一张表，用于存放用户信息。

创建数据库访问类 DBUtil.java，该类提供数据库连接、插入的方法。

建立 RegisterServlet 类，在此 Servlet 中先读取表单数据，通过调用 DBUtil 类中的方法连接数据库，并将用户的注册信息插入数据库表中。

【参考解决方案】

1．创建数据库及表

前面已经完成了 MySQL 数据库的安装，在这里通过 MySQL 数据管理工具 Navicat for MySQL 创建一个名为“im”的数据库，字符集设为 UTF-8。在数据库中建一个名为“sys_user”的表，其中有 id(设为自动递增)、loginName(用户名)、password(密码)、sex(性别)、address(地址)、hobby(爱好)、status(int 设置默认值为 0)，如图 S2-1 所示。

sys_user @test (localhost_3306) - 表

文件　编辑　窗口　帮助

新建　保存　另存为　添加栏位　插入栏位　删除栏位　主键　上移　下移

栏位　索引　外键　触发器　选项　注释　SQL 预览

名	类型	长度	小数点	允许空值 (	
id	int	11	0	☐	1
loginName	varchar	50	0	☐	
password	int	50	0	☐	
sex	varchar	50	0	☐	
address	varchar	50	0	☐	
hobby	varchar	50	0	☐	

图 S2-1　创建数据库表

2．创建数据库属性文件并导入 MySQL 数据库驱动包

在 Java Resources 中选择“New→General→File”，创建 resource 资源包，新建 jdbc.properties 文件，文件中存放数据库的连接信息参数。

```
dbName = MYSQL
driver = com.mysql.jdbc.Driver
url = jdbc:mysql://localhost:3306/im?useUnicode=true&characterEncoding=UTF-
8&zeroDateTimeBehavior=convertToNull
userName=root
password=123456
```

在 lib 中导入 MySQL 数据库驱动包以及 Servlet-api.jar，如图 S2-2 所示。

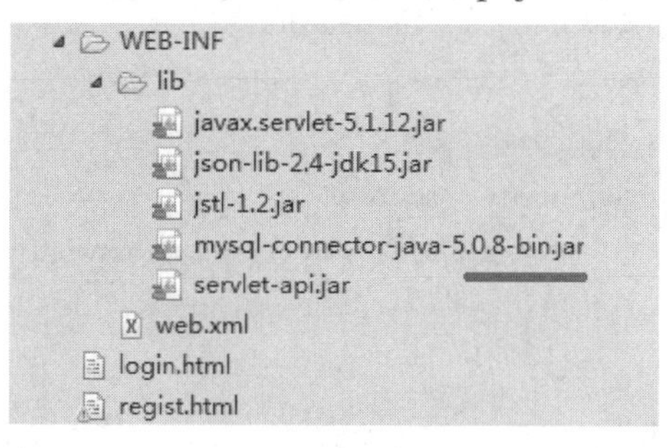

图 S2-2　数据库驱动包

3．创建数据库操作类

创建 com.hyg.imp.common 包，在该包中新建数据库访问类 DBUtil.java，代码如下：

```
package com.hyg.imp.common;
import java.io.IOException;
import java.sql.Connection;
import java.sql.DriverManager;
import java.sql.PreparedStatement;
import java.sql.ResultSet;
import java.sql.SQLException;
import java.util.Properties;
public class DBUtil {
     private   String dbName = null;
    private   String url = null;
    private   String username = null;
    private   String password = null;
    private static   Properties props = new Properties();
    private PreparedStatement pstmt=null;
    private static Connection conn = null;
//获取数据库链接
    public   Connection getConnection(){
        try {
```

```
            try {
        props.load(DBUtil.class.getResourceAsStream("/jdbc.properties"));
            Class.forName(props.getProperty("driver"));
            } catch (IOException e) {
                    e.printStackTrace();
                System.out.println("#ERROR# :系统加载 jdbc.properties 配置文件异常，请检查！");
            }catch (ClassNotFoundException e) {
                    e.printStackTrace();
                    System.out.println("#ERROR# :加载数据库驱动异常，请检查！");
    }
              dbName =   (props.getProperty("dbName"));
            url = (props.getProperty("url"));
            username = (props.getProperty("userName"));
            password = (props.getProperty("password"));
              conn = DriverManager.getConnection(url,username,password);
    } catch (SQLException e) {
                    e.printStackTrace();
                    return null;
            }
    return conn ;
  }
//关闭数据库链接
  public  void closeConnection(Connection conn){
    if (conn != null ) {
                    try {
                            conn.close();
                    } catch (SQLException e) {
                            e.printStackTrace();
                    }
            }
  }
//执行 SQL 语句，可以进行增删改的操作
  public  int excuteUpdate(String preparedSql,String[] param){
    int  num=0;
    try{
            //得到 PreparedStatement 对象
            pstmt=conn.prepareStatement(preparedSql);
            if(param!=null){
                    for(int i=0;i<param.length;i++){
                            //为占位符设置参数
```

```
                    pstmt.setString(i+1, param[i]);
                }
            }
            //执行 SQL 语句
            num=pstmt.executeUpdate();
                }catch(SQLException e){
            e.printStackTrace();
        }
        return num;
    }
}
```

4．创建 RegisterServlet

建立 RegisterServlet，代码如下：

```
package com.hyg.imp.servlet;
@WebServlet("/RegisterServlet")
public class RegisterServlet extends HttpServlet {
    private   Properties props = new Properties();
    private  String  Sex="",hobby="";
    private static final long serialVersionUID = 1L;
    protected void doGet(HttpServletRequest request, HttpServletResponse
                            response)throws ServletException, IOException {
        doPost(request, response);
    }
    protected void doPost(HttpServletRequest request, HttpServletResponse
                            response)throws ServletException, IOException {
        //将输入输出设置为 utf-8
        request.setCharacterEncoding("UTF-8");
        response.setContentType("text/html;charset=UTF-8");
        String LoginName = request.getParameter("username");
        String password = request.getParameter("password");
        String address = request.getParameter("province")
                    + request.getParameter("city")
                    + request.getParameter("address");
        String[] Sex1 = request.getParameterValues("sex");
        String[] hobby2= request.getParameterValues("interest");
        for(int i=0;i<Sex1.length;i++){
            Sex=Sex+Sex1[i];
        }
        for(int i=0;i<hobby2.length;i++){
            hobby=hobby+hobby2[i];
```

```
            }
            PrintWriter out = response.getWriter();
            try {
                    DBUtil db = new DBUtil();
                    db.getConnection();
                    String sql = "insert into
                                        sys_user(LoginName,password,Sex,address
                                        ,hobby) values(?,?,?,?,?)";
                    int rs = db.excuteUpdate(sql, new String[] { LoginName,
                                                password, Sex, address, hobby });
                    if (rs > 0) {
                            //插入成功
                            out.println("注册成功！请记住您的用户名和密码！");
                    } else {
                            //插入失败
                            out.println("插入失败!");
                    }
            } catch (Exception e) {
                    e.printStackTrace();
            };
    }
}
```

5．运行程序

在 IE 地址栏中输入“http://localhost:8080/improject/regist.html”，访问注册页面。运行结果如图 S2-3 所示，数据库插入数据，结果如图 S2-4 所示。

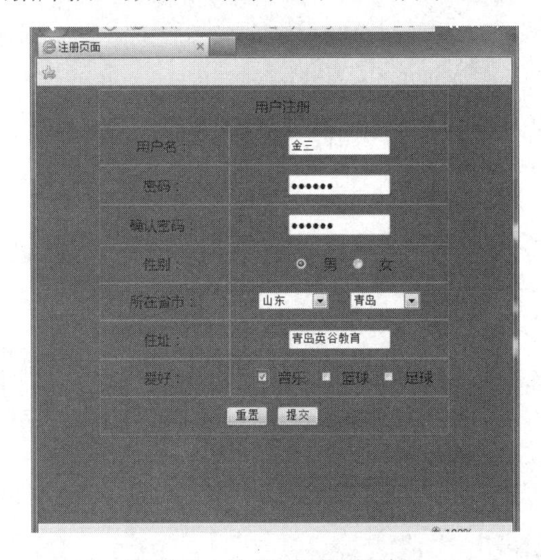

图 S2-3　注册页面运行结果

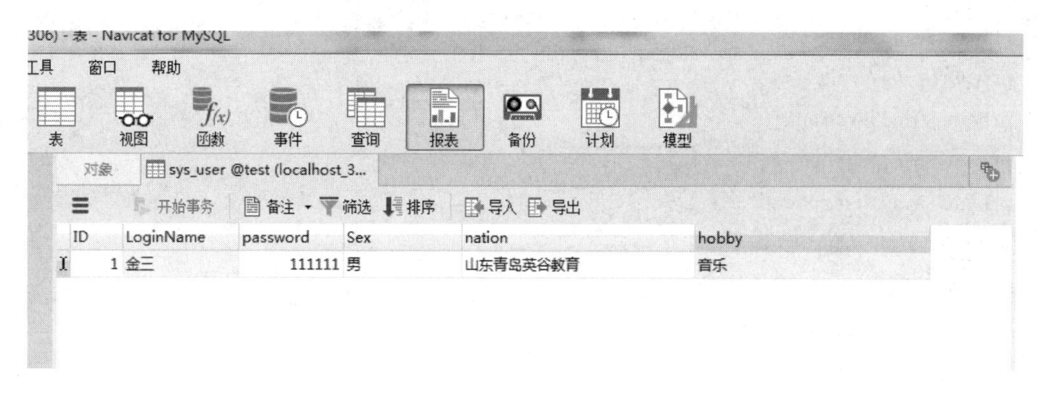

图 S2-4　数据库插入数据

实践 2.2　登录主界面模块

实现智能制造信息系统的登录功能，具体要求如下：

(1) 登录信息有用户名和密码，要求用户名和密码不能为空。

(2) 在登录页面中提供一个注册的超链接，链接实现实践 2.1 中的注册页面。

(3) 输入用户名和密码点击登录后，比对数据库中已存有的用户名和密码，若一致，则将用户信息保存到 Cookie 和 Session 中，并跳转至主页面；否则，显示“登录失败”。

【分析】

(1) 对于实践 2.1 已经完成的登录界面，当输入用户名和密码后，表单提交给 UserServlet 进行处理。

(2) 当用户名和密码验证合格后，跳转到主页面。

【参考解决方案】

1．创建实体类

创建 com.hyg.imp.beans 包并在其中创建实体类 User.java，代码如下：

```
package com.hyg.imp.beans;
public class User {
    private Integer id;
    private String userCode;
    private String loginName;
    private String userName;
    private String sex;
    private String birthday;
    private String idNum;
    private String nation;
    private String married;
    private String hireDate;
    private String position;
```

```
    private String job;
    private String email;
    private String deptName;
    private String mobile;
    private String description;
    private Integer status;
    private String password;
```

省略对应的 get()、set()方法。

2．创建字符串类

在 com.hyg.imp.common 包中创建字符串实用类 StringUtils.java，代码如下：

```
package com.hyg.imp.common;
//字符串实用类，进行字符串的相关操作
    public final class StringUtils {
    public static final String[] EMPTY_STRING_ARRAY = new String[0];
    public static final String EMPTY = "";
    public static final String EMPTY_QUAN = "    ";
//将指定对象字符化，并返回转化结果
    public static String valueOf(Object obj) {
        return (obj == null) ? "" : obj.toString().trim();
    }
  //判断字符串是否为 null 或""字符串
    public static boolean isEmpty(String value){
        return (value == null || trim(value).equals(""));
    }
 //判断字符串是否不为空或""
    public static Integer getIntegerFromString(String value){
        return Integer.valueOf(isNotEmpty(value)?value:"0");
    }
 //判断字符串是否不为空或""
        public static boolean isNotEmpty(String value){
        return !isEmpty(value);
    }
    public static String trimToEmpty(String str) {
        return str == null ? EMPTY : trim(str);
    }
    public final static String htmlEncode(String s) {
        return htmlEncode(s, true);
    }
```

```
private final static String htmlEncode(String s, boolean encodeSpecialChars) {
            if(s == null){
                    s = "";
            }
    StringBuffer str = new StringBuffer();
    for (int j = 0; j < s.length(); j++) {
        char c = s.charAt(j);
            if (c < '\200') {
            switch (c) {
            case '"':
                str.append("&quot;");
                break;
            case '&':
                str.append("&amp;");
                break;
            case '<':
                str.append("&lt;");
                break;
            case '>':
                str.append("&gt;");
                break;
            default:
                str.append(c);
            }
        }
        else if(encodeSpecialChars && (c < '\377')) {
            String hexChars = "0123456789ABCDEF";
            int a = c % 16;
            int b = (c - a) / 16;
            String hex = "" + hexChars.charAt(b) + hexChars.charAt(a);
            str.append("&#x" + hex + ";");
        }
        else {
            str.append(c);
        }
    }
    return str.toString();
}
//去掉字符串的前后空格(包括全角、半角、日文等)
```

```
    public static String trim(String s){
        if(s == null){
                return "";
        }
        //去掉前后半角空格
        return deepTrim(s.trim());
    }
    private static String deepTrim(String s ){
        if(s.startsWith(EMPTY_QUAN)||s.endsWith(EMPTY_QUAN)){
                return deepTrim(trimQuan(s)).trim();
        }
        return s.trim();
    }
//对全角空格进行处理
    private static String trimQuan(String s){
        int len = s.length();
        int start = 0;
        char[] val = s.toCharArray();
        while ((start < len) && (val[start] == EMPTY_QUAN.charAt(0))) {
                start++;
        }
        while ((start < len) && (val[len - 1] == EMPTY_QUAN.charAt(0))) {
            len--;
        }
        return ((start > 0) || (len < s.length())) ? s.substring(start, len).trim() : s.trim();
    }
    public static void main(String[] args) {
                String s = EMPTY+EMPTY_QUAN+EMPTY+EMPTY_QUAN+"hello"
                  +EMPTY+EMPTY_QUAN+EMPTY+EMPTY_QUAN+"  "+"  "+"";
                System.out.println(trimToEmpty(s).length());
        }
}
```

3．升级数据库类 DBUtil.java

首先在 lib 中导入 commons-logging-1.2.jar 和 commons-logging-1.1.3.jar，其次在 DBUtil.java 中增加 getResultTotal()、isNull()、rethrow()、fillstatement()、executeQuery()方法，代码如下：

```
    private static Log log = LogFactory.getLog(DBUtil.class);
    //空日期
```

```
        public static final Date NULL_DATE = new Date(0L);
        //空数值
        public static final Integer NULL_INTEGER = new Integer("0");
        //空BigDecimal对象
        public static final BigDecimal NULL_NUMBER = new BigDecimal("0");
        //空字符串
        public static final String NULL_STRING = new String("NULL");
static DBUtil tt=new DBUtil();
        //获得查询结果集
        public static int getResultTotal(String sqlParam, Object[] params,
                    String... fieldNames) throws SQLException {
                if (log.isDebugEnabled()) {
                log.debug("JdbcUtils.getResultTotal(conn,sql,params,fieldNames)
                        -----in");
                }
                Connection conn = tt.getConnection();
                String sql = "select count(*) as total " + sqlParam;
                int total = 0;
                //自动提交为false
                //conn.setAutoCommit(false);
                //判断SQL是否为空
                if (StringUtils.isEmpty(sqlParam)) {
                        throw new IllegalArgumentException("the sql is null.");
                }
                //参数为空判断
                if (params == null) {
                        throw new IllegalArgumentException("params数组 is null");
                }
                //字段名称为空判断
                if (isNull(fieldNames)) {
                        throw new IllegalArgumentException("fieldNames[] is null");
                }
                //字段名称内为空判断
                for (int i = 0; i < fieldNames.length; i++) {
                        //当前字段
                        if (isNull(fieldNames[i])) {
                                throw new IllegalArgumentException("fieldNames[]数组
                                    is null ");
                        }
                }
```

```
//PreparedStatement的声明
PreparedStatement ps = null;
//查询结果存放到记录集
ResultSet rs = null;
//返回结果
if (log.isDebugEnabled()) {
        log.debug("查询SQL = [" + sql + "]");
}
try {
        //prepareStatement的生成
        ps = conn.prepareStatement(sql);
        //填充占位参数
        fillStatement(ps, params);
        //查询结果存放到记录集
        rs = ps.executeQuery();
        if (rs.next()) {
                String count = rs.getString("total");
                if (StringUtils.isNotEmpty(count)) {
                        total = Integer.parseInt(count);
                }
        }
        //异常的捕获
} catch (SQLException ex) {
        log.error(ex);
        //抛出异常
        rethrow(ex, sql);
} finally {
        try {
                //关闭游标
                if (ps != null) {
                        ps.close();
                        ps = null;
                }
                //关闭结果集
                if (rs != null) {
                        rs.close();
                }
        } catch (SQLException e) {
                rethrow(e, sql);
                log.error(e);
```

```
                    }
                    if (conn != null) {
                            tt.closeConnection(conn);
                    }
            }
            //返回结果记录集总数
            return total;
    }
     private static boolean isNull(Object obj) {
            return obj == null || obj == NULL_DATE || obj == NULL_NUMBER
                    || obj == NULL_STRING || obj == NULL_INTEGER;
      }
//抛出一个异常信息
    protected static void rethrow(SQLException cause, String sql,
            Object... params) throws SQLException {
        //获取基础异常信息
        String causeMessage = cause.getMessage();
        if (causeMessage == null) {
            causeMessage = "";
        }
        StringBuffer msg = new StringBuffer(causeMessage);
        //构造异常信息
        msg.append(" Query: ");
        msg.append(sql);
        msg.append(" Parameters: ");
        if (params == null) {
            msg.append("[]");
        } else {
            //附加占位参数数组
            msg.append(Arrays.deepToString(params));
        }
        //封装成异常信息
        SQLException e = new SQLException(msg.toString(),
                    cause.getSQLState(),
                cause.getErrorCode());
        e.setNextException(cause);
        //进一步抛出信息
        throw e;
    }
        private static void fillStatement(PreparedStatement stmt, Object...
```

```
        params) throws SQLException {
        ParameterMetaData pmd = null;
        if (!pmdKnownBroken) {
            pmd = stmt.getParameterMetaData();
            if (pmd.getParameterCount() < params.length) {
                throw new SQLException("参数太多: 期待的参数长度: " +
                    pmd.getParameterCount() + ", 给定的参数长度: " +
                    params.length);
            }
        }
        for (int i = 0; i < params.length; i++) {
            if (params[i] != null) {
                stmt.setObject(i + 1, params[i]);
            } else {
                //VARCHAR
                //是在许多drivers使用时比较通用的类型,对于Oracle比较特
                        //殊,NULL没法与Oracle驱动正常工作
                int sqlType = Types.VARCHAR;
                if (!pmdKnownBroken) {
                    try {
                        sqlType = pmd.getParameterType(i + 1);
                    } catch (SQLException e) {
                        pmdKnownBroken = true;
                    }
                }
                stmt.setNull(i + 1, sqlType);
            }
        }
    }
    public List<Map<String, Object>> executeQuery(String sql, Object[]
        params) {
            //TODO Auto-generated method stub
            return null;
    }
}
```

4．新建四个 Java 包

新建数据接口包 com.hyg.imp.dao，服务接口包 com.hyg.imp.service，实现数据接口的类包 com.hyg.imp.dao.impl 和实现服务接口的类包 com.hyg.imp.service.impl，如图 S2-5 所示。

improject
Deployment Descriptor: improject
JAX-WS Web Services
Java Resources
src
com.hyg.imp.common
com.hyg.imp.dao
com.hyg.imp.dao.impl
com.hyg.imp.service
com.hyg.imp.service.impl
com.hyg.imp.servlet
resour
Libraries
JavaScript Resources
build

图 S2-5　新建四个 Java 包

在 com.hyg.imp.dao 包中创建 UserDaoI.java 接口，代码如下：

```
package com.hyg.imp.dao;
public interface UserDaoI {
        int getTotal(String sqlParam, Object[] params);
    }
```

在 com.hyg.imp.service 包中创建服务接口 UserServiceI.java，代码如下：

```
package com.hyg.imp.service;
import java.util.Map;
public interface UserServiceI {
            int getListTotal(Map<String, Object> paramsMap);
}
```

在 com.hyg.imp.dao.impl 包中创建实现数据接口类 UserDaoImpl.java，代码如下：

```
package com.hyg.imp.dao.impl;
import java.sql.SQLException;
import com.hyg.imp.dao.UserDaoI;
import com.hyg.imp.common.DBUtil;
public class UserDaoImpl extends DBUtil implements UserDaoI {
        @Override
    public int getTotal(String sqlParam, Object[] params) {
        int resultCount = 0;
        try {
                    resultCount = super.getResultTotal(sqlParam, params);
                } catch (SQLException e) {
                    //TODO Auto-generated catch block
                    e.printStackTrace();
                }
        return resultCount;
    }
}
```

在 com.hyg.imp.service.impl 包中创建实现服务接口类 UserServiceImpl.java，代码如下：

```
package com.hyg.imp.service.impl;
public class UserServiceImpl implements UserServiceI {
    UserDaoI userDaoI = null;
    @Override
    public int getListTotal(Map<String, Object> paramMap) {
        String sqlParam = " from sys_user where Status=0 ";
        List<Object> paramList = new ArrayList<>();
        if (paramMap != null && paramMap.size() > 0) {
                //通过Map.entrySet遍历key和value
            for(Map.Entry<String,Object> paramEntry : paramMap.entrySet()){
                sqlParam =sqlParam+String.format(" and %s=? ",
                            paramEntry.getKey());
                paramList.add(paramEntry.getValue());
            }
        }
                //创建UserDaoI类的对象来调用getTotal方法
        userDaoI = new UserDaoImpl();
        return userDaoI.getTotal(sqlParam, paramList.toArray());
    }
}
```

5. 创建 UserServlet

在 com.hyg.imp.servlet 包中创建 UserServlet，代码如下：

```
package com.hyg.imp.servlet;
@WebServlet("/UserServlet")
public class UserServlet extends HttpServlet {
        private static final long serialVersionUID = 1L;
        private UserServiceI userServiceI = null;
        public void init(ServletConfig config) throws ServletException {
                System.out.println("初始化时,init()方法被调用!");
        }
        public void destroy() {
                super.destroy();
                System.out.println("释放资源时,destroy()方法被调用!");
        }
        protected void doGet(HttpServletRequest request, HttpServletResponse
              response)throws ServletException, IOException {
                doPost(request, response);
```

```
}
protected void doPost(HttpServletRequest request, HttpServletResponse
        response)throws ServletException, IOException {
    request.setCharacterEncoding("UTF-8");
    response.setContentType("text/html;charset=UTF-8");
    String action = request.getParameter("action");
    if (StringUtils.isNotEmpty(action)) {
            switch (action) {
            case "login":
                    checkLogin(request, response);
                    break;
            }
    }
}
private void checkLogin(HttpServletRequest request,
            HttpServletResponse response)
            throws ServletException, IOException {
    userServiceI = (UserServiceI) new UserServiceImpl();
    Map<String, Object> map = new HashMap<String, Object>();
    String loginName = request.getParameter("loginName");
    String pwd = request.getParameter("pwd");
    map.put("LoginName", loginName);
    map.put("password", pwd);
    //调用 getListTotal 方法查询用户信息是否存在于数据库表单中
    int checkResult = userServiceI.getListTotal(map);
    RequestDispatcher rd = request.getRequestDispatcher("/main.jsp");
    if (checkResult == 0) {
            request.setAttribute("msg", "用户名或者密码错误！");
            rd = request.getRequestDispatcher("/login.html");
    } else {
            //把用户名保存到 Session 中
            request.getSession().setAttribute("userName", loginName);
            //向客户端发送 Cookie
            Cookie cookie = new Cookie("userName", loginName);
            cookie.setMaxAge(60 * 60 * 24 * 30);
            response.addCookie(cookie);
    }
    rd.forward(request, response);
}
```

```
}
```

当用户名和密码验证合格后，跳转到主页面(main.jsp)(将在实践 3 中完成实现)。在此可以先把 footer.jsp、header.jsp、left.jsp 和 main.jsp 这几个 jsp 文件先导入项目中，如图 S2-6 所示。在 lib 中导入 jstl-1.2.jar，并在根目录 WebContent 的 common 文件中导入 taglibs.jsp，在 js 文件夹中导入 bootstrap.min.js，在 CSS 文件夹中导入 bootstrap.min.css。在根目录 WebContent 中创建 resources 文件夹，在 resources 中再创建 scripts 文件夹，在 scripts 中导入 jquery-1.7.1.min.js，在 images 中导入相应的背景图片，如图 S2-7 所示。

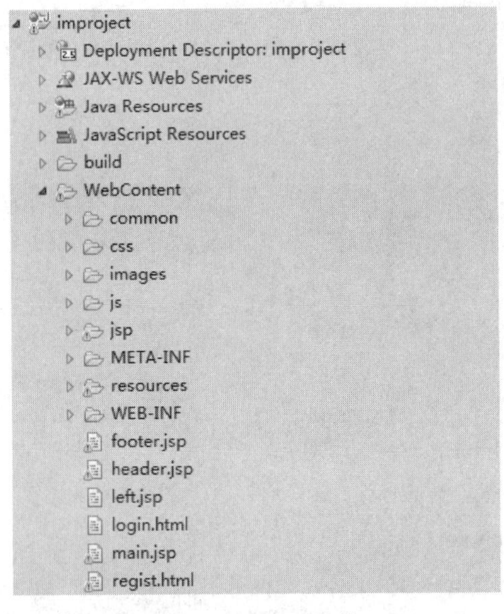

图 S2-6　插入 jsp 文件

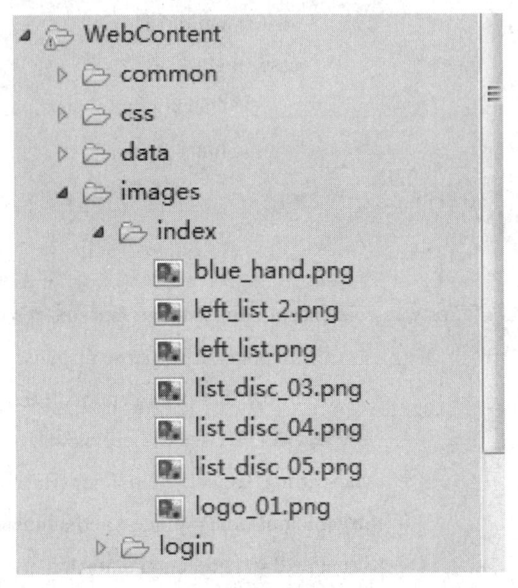

图 S2-7　导入相关背景图片

6．运行程序

在 IE 地址栏中输入“http://localhost:8080/improject/login.html”，访问登录页面。输入用户名和密码，点击登录，运行结果如图 S2-8 所示，进入主界面运行结果如图 S2-9 所示。

图 S2-8　登录界面

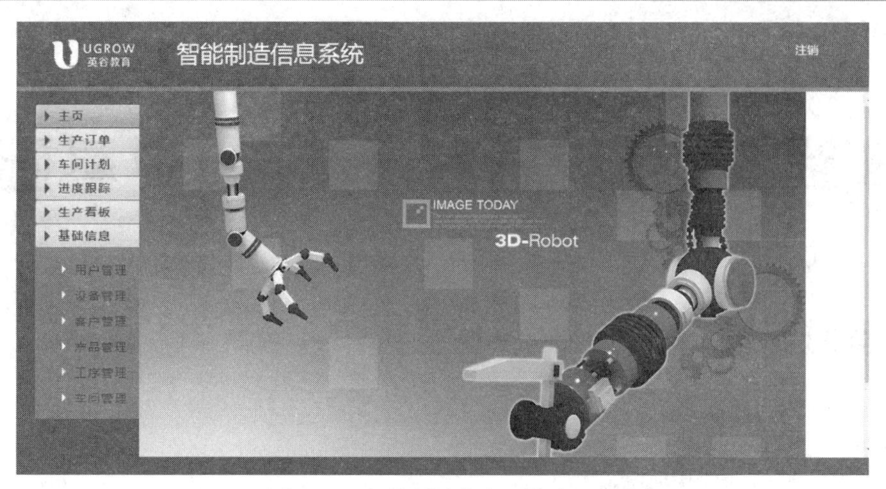

图 S2-9　智能制造信息系统主界面

拓展练习

编写一个 Servlet，随机生成一组验证码并输出到页面中，要求如下：

(1) 四位验证码。

(2) 随机生成。

实践3　系统后台开发之JSP基础

实践3.1　JSP基础

完成智能制造信息系统用户主界面以及用户管理模块的创建，用户管理模块可以实现对用户人员的增加、修改、删除功能，具体要求如下：

【分析】

(1) 主界面由上部分、下部分、左边部分和中间部分构成，分别构建不同的jsp。

(2) 首先创建用户管理列表 user_list.jsp，然后在主界面中单击“用户管理”按钮后，弹出用户管理列表。

(3) 用户管理列表分三部分：上半部分由三个功能菜单构成；中间部分显示用户具体信息；下半部分用来显示分页功能。

【参考解决方案】

1．编写主界面相关文件的代码

主界面相关文件有 header.jsp、footer.jsp、left.jsp 和 main.jsp。header.jsp 的代码如下：

```
<%@ page language="java" contentType="text/html; charset=UTF-8"
        pageEncoding="UTF-8"%>
<%@ page import="java.util.*"%>
<!DOCTYPE html PUBLIC "-//W3C//DTD HTML 4.01 Transitional//EN"
   "http://www.w3.org/TR/html4/loose.dtd">
<html>
<head>
<meta http-equiv="Content-Type" content="text/html; charset=UTF-8">
<title></title>
<link href="css/bootstrap.min.css" type="text/css" rel="stylesheet" />
<link href="css/styles.css" type="text/css" rel="stylesheet" />
<script src="resources/scripts/jquery-1.7.1.min.js"></script>
<script type="text/javascript">
                    function toLogin(){
                            top.location.href =
                                "${basePath}/UserServlet?action=logout";
```

```
                }
</script>
<div class="base">
            <!-- 头部开始 -->
            <div class="top">
                    <a class="logo" href="javascript:void(0)"> <img
                            src="images/index/logo_01.png" />
                    </a> <span class="top-name">智能制造信息系统</span>
                    <a   onclick="toLogin()"
                            style="float:right;height:100px;width:100px;margin-
                            top:25px;color:#fff;"> 注销
                    </a>
            </div>
            <div class="top-line"></div>
</div>
```

footer.jsp 的代码如下：

```
<%@ page language="java" contentType="text/html; charset=UTF-8"
        pageEncoding="UTF-8"%>
<!DOCTYPE html PUBLIC "-//W3C//DTD HTML 4.01 Transitional//EN"
"http://www.w3.org/TR/html4/loose.dtd">
<html>
<head>
<meta http-equiv="Content-Type" content="text/html; charset=UTF-8">
<title></title>
<link href="css/bootstrap.min.css" type="text/css" rel="stylesheet" />
<link href="css/styles.css" type="text/css" rel="stylesheet" />
<script src="resources/scripts/jquery-1.7.1.min.js"></script>
<!-- 底部开始 -->
        <div class="bottom">
            ©青岛英谷教育科技股份有限公司 版权所有 电话：0532-88979016
        </div>
        <!-- 底部结束 -->
```

left.jsp 的代码如下：

```
<%@ page language="java" contentType="text/html; charset=UTF-8"
         pageEncoding="UTF-8" %>
<head>
    <link href="css/bootstrap.min.css" type="text/css" rel="stylesheet"/>
    <link href="css/styles.css" type="text/css" rel="stylesheet"/>
     <script type="text/javascript" src="js/jquery/jquery-
     3.1.1.min.js"></script>
```

```
    <script type="text/javascript"
            src="js/bootstrap.min.js"></script>
    <style type="text/css">
        body a {
            color: #065396;
        }
        body a:hover {
            text-decoration: none;
        }
    </style>
</head>
<body>
<!-- 引用 css/styles.css -->
<div class="main-left">
    <ul class="menu_list">
        <li data-label="Home" id="main" class="on">
            <p></p><span>主页</span>
        </li>
        <li data-label="Publ" id="order">
            <p></p><span>
                    <a href="OrderServlet" target="mainFrame">生产订单</a></span>
        </li>
        <li data-label="Publ" id="prodPlan">
            <p></p>
                    <span>
                    <a href="ProdPlanServlet" target="mainFrame">车间计划</a>
                    </span>
        </li>
        <li data-label="Publ" id="prodTrack">
            <p></p>
               <span>
               <a href="ProdTrackServlet" target="mainFrame">进度跟踪</a></span>
        </li>
        <li data-label="Publ" id="prodBoard">
            <p></p>
               <span>
                <a href="ProdBoardServlet" target="mainFrame">生产看板</a></span>
        </li>
        <li data-label="Publ">
            <p></p><span>基础信息</span>
```

```
            <div class="menu_list_main">
                <ul class="menu_list_in">
                    <li id="u17">
                        <p></p><span>
                            <a href="UserServlet?action=view"
                            target="mainFrame">用户管理</a>
                            </span>
                    </li>
                    <li data-label="Events" id="u19">
                        <p></p><span>
                            <a href="DeviceServlet" target="mainFrame">设备管理
                            </a>
                            </span>
                    </li>
                    <li data-label="Events" id="u21">
                        <p></p><span>
                            <a href="CustomerServlet" target="mainFrame">客户管理
                            </a></span>
                    </li>
                    <li data-label="Events" id="product">
                        <p></p><span>
                            <a href="ProductServlet" target="mainFrame">产品管理
                            </a>
                            </span>
                    </li>
                    <li data-label="Events" id="process">
                        <p></p><span>
                            <a href="ProcessServlet?action=query"
                            target="mainFrame">工序管理</a></span>
                    </li>
                    <li data-label="Events" id="u29">
                        <p></p><span>
                            <a href="WorkshopServlet" target="mainFrame">车间管理
                            </a></span>
                    </li>
                </ul>
            </div>
        </li>
    </ul>
</div>
```

```
</body>
```

main.jsp 的代码如下：

```
<%@ page language="java" contentType="text/html; charset=UTF-8"
        pageEncoding="UTF-8" %>
<!DOCTYPE html PUBLIC "-//W3C//DTD HTML 4.01 Transitional//EN"
"http://www.w3.org/TR/html4/loose.dtd">
<html>
<head>
    <meta http-equiv="Content-Type" content="text/html; charset=UTF-8">
    <title>智能制造</title>
    <link href="css/bootstrap.min.css" type="text/css" rel="stylesheet"/>
    <link href="css/styles.css" type="text/css" rel="stylesheet"/>
     <script type="text/javascript" src="/js/jquery/jquery-
            3.1.1.min.js"></script>
</head>
<frameset rows="15%,75%,5%" border="0">
    <frame src="header.jsp" scrolling="no"/>
    <frameset cols="15%,85%">
        <frame src="left.jsp" scrolling="no" name="leftFrame"/>
        <frame src="images/index/blue_hand.png" name="mainFrame"/>
        </div>
    </frameset>
    <frame src="footer.jsp" scrolling="no"/>
</frameset>
<body>
</body>
</html>
```

2．创建 user_list.jsp 文件

在实践 2.2 的 lib 中已经导入 jstl-1.2.jar、taglibs.jsp、bootstrap.min.js、jquery-1.7.1.min.js 等相关包，这里就不再重复导入。除此之外，还需在 WebContent 根目录中的 js 文件夹中导入 base.js。

在 WebContent 根目录中创建 jsp 文件夹，在 jsp 文件夹中创建 user 文件夹，在 user 文件夹中创建 user_list.jsp 文件，代码如下：

```
<%@ page import="com.hyg.imp.beans.User" %>
<%@ page import="java.util.List" %>
<%@ page language="java" contentType="text/html; charset=UTF-8"
        pageEncoding="UTF-8" %>
<%@include file="/common/taglibs.jsp" %>
<!DOCTYPE html PUBLIC "-//W3C//DTD HTML 4.01 Transitional//EN"
"http://www.w3.org/TR/html4/loose.dtd">
```

```
<html>
<head>
    <meta http-equiv="Content-Type" content="text/html; charset=UTF-8">
    <title>产品管理</title>
    <link href="${basePath}/css/bootstrap.min.css" type="text/css" rel="stylesheet"/>
    <link href="${basePath}/css/styles.css" type="text/css" rel="stylesheet"/>
    <script type="text/javascript" src="${basePath}/js/jquery/jquery-3.1.1.min.js"></script>
    <script type="text/javascript" src="${basePath}/js/bootstrap.min.js"></script>
    <style type="text/css">
        /*html{*/
        /*display:block;*/
        /*}*/
    </style>
    <script type="text/javascript">
        $(function () {
            $(".main-list-cont tr:odd").css("background", "#e8f3ff");
        });
        function query(pageNo) {
            if (pageNo != undefined) {
                $("#pageNo").val(pageNo);
            }
            $("#userListForm").submit();
        }
        function queryLast() {
            var pageNo = $("#pageNo").val();
            if (pageNo != undefined) {
                $("#pageNo").val(pageNo);
            }
            if (parseInt(pageNo) > 1) {
                query(parseInt(pageNo) - 1);
            }
        }
        function queryNext() {
            var pageNo = $("#pageNo").val();
            if (pageNo != undefined) {
                $("#pageNo").val(pageNo);
            }
            if (parseInt(pageNo) < parseInt("${pagination.pageIndex}")) {
                query(parseInt(pageNo) + 1);
            }
```

```
    }
    function editInit(motion) {
        if (motion == "add") {
            $("#myModalLabel").html("新增人员");
            $("#iframeDialog").attr("src", "${basePath}/UserServlet?
                action=addOrEidtUserJsp&motion=" + motion);
        } else if (motion == "edit") {
            $("#myModalLabel").html("修改人员");
            var selectedChks = $(".main-list-cont").find('input[type="checkbox"]
                    [id^="chkUser"]:checked');
            if (selectedChks.length == 0) {
                alert("请选中一个要修改的人员！");
                return false;
            }
            if (selectedChks.length > 1) {
                alert("只能选择一条数据！");
                return false;
            }
            $("#iframeDialog").attr("src", "${basePath}/UserServlet?
                action=addOrEidtUserJsp&motion=" + motion + "&userId=" +
                electedChks.val());
        }
        else {
            return false;
        }
        //设置提交按钮的方向
        $("#hidEditMotion").val(motion);
        $("#myModal").modal({backdrop: "static"});
    }
//选择人员编辑时，检查其他选项，以确保只选中一条数据
    function singleSelect(thisObj) {
        var thisId = $(thisObj).attr("id");
        $(".main-list-cont").find('input[type="checkbox"]
            [id^="chkUser"]:checked').each(function () {
            if ($(this).attr("id") != thisId) {
                $(this).prop("checked", false);
            }
        });
    }
    function doSubmit(motion) {
```

```
        if (motion.length > 0) {
            path = "${basePath}/UserServlet?action="
                            + motion + "&pageNo="
                            + $("#pageNo").val()
                            + "&pageSize=" + $("#pageSize").val();
            var userForm = window.frames["iframeDialog"]
                                .document.getElementById("userForm");
            userForm.action = path;
            userForm.submit();
        }
    }
    //实用原始 ajax 方式进行修改离职状态的操作
    function dismission() {
        var selectedChks = $(".main-list-cont")
                .find('input[type="checkbox"][id^="chkUser"]:checked');
        if (selectedChks.length == 0) {
            alert("请选中一个要离职的人员！ ");
            return false;
        }
        if (selectedChks.length > 1) {
            alert("只能选择一条数据！ ");
            return false;
        }
        if (confirm("确定该人员要离职吗?")) {
            //定义 ajax 必需的 xmlhttprequest 对象
            var xmlHttp;
            if(window.ActiveXObject){
//判断是否为 ie 等不支持 xmlhttprequest 的浏览器，如果是就使用 ActiveXObject 对象
                            xmlHttp = new ActiveXObject("Microsoft.XMLHTTP");
                    }else if(window.XMLHttpRequest){
                            xmlHttp = new XMLHttpRequest();
                    }
            //xmlhttprequest 对象状态发生变化时的回调函数
            xmlHttp.onreadystatechange = function(){
                if(xmlHttp.readyState == 4   ){//判断响应完成的状态
                        if(xmlHttp.status == 200){//判断响应成功的状态
                            var flag = xmlHttp.responseText;
                                    //获取 ajax 返回的内容
                            if(flag > 0){
                                    $("#chkUser" + selectedChks.val())
```

```
                                            .parent().siblings()[4].innerHTML = "离职";
                                        }else{
                                                alert("删除失败");
                                        }
                                }
                        }
                }
                //实用 get 方式发送请求
                xmlHttp.open("GET","${basePath}
                        /UserServlet?action=dismission&userId="
                        + selectedChks.val());
            //发送请求，如果是 post，以“action=dismission&userId=id”这样的形式添加字符串请求参数
                    xmlHttp.send(null);
            }
        }
        //关闭 Modal 框
        function closeModal() {
            $("#myModal").modal('hide');
        }
    </script>
</head>
<body>
<div class="main">
    <form action="${basePath}/UserServlet" method="POST" id="userListForm">
        <input type="hidden" id="hidEditMotion"   />
        <div class="main-right">
            <div class="content">
                <div class="main-button">
                    <input class="bta" type="button" value="新增人员" onclick="editInit('add');"/>
                    <input class="btc" type="button" value="修改人员" onclick="editInit('edit');"/>
                    <input class="btd" type="button" value="人员离职" onclick="dismission();"/>
                </div>
                <div class="main-list">
                    <div class="main-list-top">
                        <table width="915px" cellspacing="0" cellpadding="0">
                            <thead>
                            <tr align="center">
                                <td width="30px"></td>
                                <td width="150">用户编号</td>
                                <td width="150">部门</td>
```

```
                <td width="150">人员</td>
                <td width="150">职位</td>
                <td width="150">状态</td>
                <td width="135">备注</td>
            </tr>
            </thead>
        </table>
    </div>
    <div class="main-list-cont">
        <table width="915px" cellspacing="0" cellpadding="0">
            <tbody>
                                        <c:forEach items="${ userList}" var ="user">
                                                <tr>
                                                <c:set var="userId" value = "${user.id}"
                                    />
                                                        <td width='30px'>
                                                                        <input
                                        type='checkbox' id='chkUser${userId}'
                                        name='chkUserId' value='${user.id}'
                                        onclick='singleSelect(this);' />
                                                                </td>
                                                        <td width='150px'>
                                                                ${user.userCode}
                                                                </td>
                                                        <td
                                          width='150px'>${user.deptName}</td>
                                                                        <td
                                          width='150px'>${user.userName}</td>
                                                <td width='150px'>
                                        <c:if test="${empty user.position}">
                                                                                无职位
                                                                        </c:if>
                                        <c:if test="${!empty user.position}">

                                         ${user.position}
                                                                        </c:if>
                                                                </td>
                                                        <td width='150px'>
                                                                        <c:choose>
```

```
                                                                    <c:when
test="${user.status eq 0  }">  在职</c:when>
        <c:otherwise>离职</c:otherwise>
                        </c:choose>
                                                        </td>
                                        <td width='150px'>${user.description}</td>
                                                    </tr>
                                            </c:forEach>
                    </tbody>
                </table>
            </div>
        </div>
            <!-- 下一部分，实现分页功能时将使用以下代码 -->
        <!--  <jsp:include page="/pagination.jsp" flush="true"/>-->
        </div>
    </div>
  </form>
</div>
<%--<!-- 底部开始 -->
<div class="bottom">©青岛英谷教育科技股份有限公司 版权所有
  电话：0532-88979016</div>
<!-- 底部结束 -->--%>
<!-- 模态框(Modal) -->
<div class="modal fade" id="myModal" tabindex="-1" role="dialog"
    aria-labelledby="myModalLabel" aria-hidden="true">
  <div class="modal-dialog"    style="width:900px;">
    <div class="modal-content">
        <div align="center" style="margin:0 0 0 0;padding:0;">
          <iframe frameborder="0" width="100%" height="450px;"
                id="iframeDialog" name="iframeDialog"
                marginwidth="0" marginheight="0" frameborder="0" scrolling="no"
                src=""></iframe>
        </div>
    </div>
    <!-- /.modal-content -->
  </div>
  <!-- /.modal-dialog -->
</div>
<!-- /.modal -->
</body>
```

```
</html>
```

3．在用户类中增加变量和方法

在数据库 im 的 sys_user 表中新增字段(都允许空值)：userCode(用户编号)、userName(用户姓名)、Birthday(生日)、IDNum(身份证号)、Nation(民族)、Married(婚否)、HireDate(入职时间)、Position(岗位)、Job(职务)、Email(电子邮箱)、DeptName(所属部门)、Mobile(移动电话)、Description(描述)。

在 com.hyg.im.beans 包的 User.java 类中增加对应的变量以及 get()、set()方法，右击“User 类”，然后单击“Source→Generate Getters and Setters”后会自动生成相应的 get()、set()方法。

4．创建人员列表 user_handle.jsp

在 WebContent 根目录下 jsp 的 user 文件夹中创建 user_handle.jsp 文件，代码如下：

```
<%@ page import="com.hyg.imp.beans.User"%>
<%@ page import="java.text.SimpleDateFormat"%>
<%@ page import="java.text.ParseException"%>
<%@ page import="java.util.Date"%>
<%@ page language="java" contentType="text/html; charset=UTF-8"
	pageEncoding="UTF-8"%>
<%@include file="/common/taglibs.jsp"%>
<html>
<head>
<link href="${basePath}/css/styles.css" type="text/css" rel="stylesheet" />
<link href="${basePath}/css/bootstrap.min.css" type="text/css"
	rel="stylesheet" />
<script type="text/javascript"
	src="${basePath}/js/jquery/jquery-3.1.1.min.js"></script>
<script type="text/javascript" src="${basePath}/js/bootstrap.min.js"></script>
<script src="${basePath}/js/base.js"></script>
<style type="text/css">
.table {
	font-size: 14px;
}
.box li.box_warning {
	list-style-type: none;
	height: 20px;
	position: relative;
}
.box li.box_warning p {
	width: 120px;
	height: 20px;
```

```
        right: 20px;
        position: absolute;
        top: -10px;
}
</style>
<script type="text/javascript">
        //重置
        function reset() {
            $("#loginName").val("");
            $("#sex").val("");
            $("#nation").val("");
            $("#postion").val("");
            $("#deptName").val("");
            $("#userCode").val("");
            $("#birthday").val("");
            $("#married").val("");
            $("#job").val("");
            $("#mobile").val("");
            $("#userName").val("");
            $("#idNum").val("");
            $("#hireDate").val("");
            $("#email").val("");
            $("#description").html("");
        }
        function doSubmit(){
                if(checkNull("loginName","用户名")){
                                return;
                        }
                if(checkNull("userCode","用户编号")){
                                return;
                        }
                parent.doSubmit($('#hidEditMotion',parent.document).val());
        }
    </script>
</head>
<body>
        <%
                User user = null;
                user = request.getAttribute("user") != null ? (User) request.getAttribute("user") : null;
        %>
```

```
    <script type="text/javascript">
$(function(){
            var      marriedFlag =
                     "<%=user != null ? user.getMarried() : "1"%>";
            if (marriedFlag == 2) {
                $("#married2").attr("checked", true);
            } else {
                $("#married1").attr("checked", true);
            }
        });
    </script>
    <form id="userForm" action="" method="POST" target="_parent">
        <input type="hidden" name="userId"
            value="<%=user != null ? user.getId() : 0%>" />
        <div id="base" class="box clear box-news-pad">
            <div class="box-header clear">
                <ul class="add-p">
                    <li><span>用户名</span>
                        <input type="text" id="loginName"
                            name="loginName" value="${user.loginName}" /></li>
                    <li class="box_warning">
                        <p style="color: red">*必填</p>
                    <li><span>性别</span>
                        <input type="text" id="sex" name="sex"
                        value="${user.sex }" /></li>
                    <li><span>民族</span>
                        <input type="text" id="nation"
                  name="nation" value="${user.nation }" /></li>
                    <li><span>岗位</span>
                        <input type="text" id="postion"
                        name="postion"
                        value="${user.position }" /></li>
                    <li><span>所属部门</span>
                        <input type="text" id="deptName"
                        name="deptName"
                        value="${user.deptName }" /></li>
                </ul>
                <ul class="add-p">
                    <li><span>用户编号</span>
                        <input type="text" id="userCode"
```

```
                    name="userCode"
                    value='${user.userCode }' /></li>
                <li class="box_warning">
                    <p style="color: red">*必填</p>
                <li><span>生日</span>
                    <input type="date" id="birthday"
                    name="birthday"
                       value="${user.birthday }" /></li>
                <li><span style="float: left">婚否</span>
                    <input type="radio"
                           class="radio_cls" name="married" id="married1"
                    value="1">
                    <span>是</span>
                    <input type="radio" class="radio_cls"
                    style="margin-left: 10px"
                        name="married" id="married2"
                          value="2">
                          <span>否</span>
                </li>
                <li><span>职务</span>
                    <input type="text" id="job" name="job"
                    value="${user.job }" /></li>
                <li><span>移动电话</span>
                    <input type="text" id="mobile"
                    name="mobile"
                    value="${user.mobile }" /></li>
            </ul>
            <ul class="add-p">
                <li><span>姓名</span>
                      <input type="text" id="userName"
                name="userName"
                 value="${user.userName }" /></li>
                <li class="box_warning">
                    <p style="color: red"></p></li>
                <li><span>身份证号</span>
                    <input type="text" id="idNum"
                    name="idNum" value="${ user.idNum}" /></li>
                <li><span>入职时间</span>
                    <input type="date" id="hireDate"
                    name="hireDate"
```

```
                    value="${user.hireDate }" /></li>
                <li><span>电子邮箱</span>
                    <input type="text" id="email"
                    name="email" value="${user.email }" /></li>
                <li><span>登录密码</span>
                    <input type="text" id="password"
                    name="password" value="${user.password }" /></li>
            </ul>
            <ul class="add-a">
                <li><span>备注</span>
                  <textarea class="longer" id="description"
                        name="description">
        <c:choose>
                <c:when test="${not empty user.description}">
                      ${user.description }</c:when>
                <c:otherwise></c:otherwise>
        </c:choose>
    </textarea></li>
            </ul>
          </div>
          <div class="box-btn">
            <div class="box-btn-add">
                <input class="btd" type="button"
                    value="取消"
                    onclick="parent.closeModal();" />
                <input class="bta"
                    id="btnSubmit" type="button"
                    value="保存" onclick="doSubmit();" />
            </div>
            <div class="box-btn-add-l">
                <input class="btc" type="button"
                    value="重置" onclick="reset();" />
            </div>
          </div>
      </div>
  </form>
</body>
</html>
```

5．在 DBUtil 类中增加相关方法

在 com.hyg.imp.common 包的数据类 DBUtil 中添加 executeUpdate()、executeQuery()、 putResultSetIntoMap()方法，代码如下：

```
public static int executeUpdate(String sql, Object... params)
        throws SQLException {
    if (log.isDebugEnabled()) {
        log.debug("JdbcUtils.executeUpdate(conn,sql,params)
    --------in");
    }
    Connection conn = tt.getConnection();
    //自动提交为 false
    //conn.setAutoCommit(false);
    //判断 SQL是否为空
    if (StringUtils.isEmpty(sql)) {
        throw new IllegalArgumentException("sql is null.");
    }
    //返回结果
    int result = 0;
    //SQL 的打印
    if (log.isDebugEnabled()) {
        log.debug("JdbcUtils.executeUpdate(conn,sql,params)
        begin sql = " + sql);
    }
    PreparedStatement ps = null;
    try {
        ps = conn.prepareStatement(sql);
        //参数的设置
        fillStatement(ps, params);
        //更新结果的取得
        result = ps.executeUpdate();
    } catch (SQLException ex) {
        //抛出异常
        rethrow(ex, sql, params);
        //记录异常
        log.error(ex);
    } finally {
        try {
            //关闭游标
            if (ps != null) {
                ps.close();
                ps = null;
            }
```

```
                } catch (SQLException e) {
                        rethrow(e, sql, (Object[]) params);
                        log.error(e);
                }
                if (conn != null) {
                        tt.closeConnection(conn);
                }
        }
        return result;
}
public List<Map<String, Object>> executeQuery(String sql,
            Object[] params, String... fieldNames)
                throws SQLException {
        if (log.isDebugEnabled()) {
                log.debug("JdbcUtils.executeQuery(conn,sql,params,fieldNames)
                 -----in");
        }
        //自动提交为 false
        //conn.setAutoCommit(false);
        //判断 SQL 是否为空
        if (StringUtils.isEmpty(sql)) {
                throw new IllegalArgumentException("the sql is null.");
        }
        //参数为空判断
        if (params == null) {
                throw new IllegalArgumentException("params数组 is null");
        }
        //字段名称为空判断
        if (isNull(fieldNames)) {
                throw new IllegalArgumentException("fieldNames[] is null");
        }
        //字段数组为空判断
        for (int i = 0; i < fieldNames.length; i++) {
                //当前字段
                if (isNull(fieldNames[i])) {
                        throw new IllegalArgumentException("fieldNames[]
                           数组 is null ");
                }
        }
        Connection conn = getConnection();
```

```
//PreparedStatement 的声明
PreparedStatement ps = null;
//查询结果存放到记录集
ResultSet rs = null;
//返回结果
List<Map<String, Object>> resultList = null;
if (log.isDebugEnabled()) {
        log.debug("查询SQL = [" + sql + "]");
}
try {
        //prepareStatement 的生成
        ps = conn.prepareStatement(sql);
        //填充占位参数
        fillStatement(ps, params);
        //查询结果存放到记录集
        rs = ps.executeQuery();
        //查询结果的存放
        resultList = putResultSetIntoMap(rs, fieldNames);
        //异常的捕获
} catch (SQLException ex) {
        log.error(ex);
        //抛出异常
        rethrow(ex, sql);
} finally {
        try {
                //关闭游标
                if (ps != null) {
                        ps.close();
                        ps = null;
                }
                //关闭结果集
                if (rs != null) {
                        rs.close();
                }
                if (conn != null) {
                        closeConnection(conn);
                }
        } catch (SQLException e) {
                rethrow(e, sql);
                log.error(e);
```

```
            }
        }
        //返回结果记录集
        return resultList;
    }
    public static List<Map<String, Object>> putResultSetIntoMap
         (ResultSet rs, String... fieldNames)
             throws SQLException {
        //记录集 null 的判断
        if (rs == null) {
            throw new IllegalArgumentException("rs is null");
        }
        //字段名称为 null
        if (fieldNames == null) {
            throw new IllegalArgumentException("fieldNames is null");
        }
        //传递参数 fieldNames 的判断
        for (int i = 0; i < fieldNames.length; i++) {
            //判断参数中是否有空值
            if (isNull(fieldNames[i])) {
                throw new IllegalArgumentException("fieldNames[]
                 is null");
            }
        }
        //列数
        int size = rs.getMetaData().getColumnCount();
        if (fieldNames.length != 0 && fieldNames.length != size) {
            throw new IllegalArgumentException("别名与列个数不对应!");
        }
        //返回list
        List<Map<String, Object>> returnList = new
                                        ArrayList<Map<String, Object>>();
        //记录集存储 map
        Map<String, Object> element = null;
        //封装数据
        while (rs.next()) {
            element = new HashMap<String, Object>();
            //每个字段对应的值
            for (int col = 0; col < size; col++) {
                //取得记录集中的值
```

```
                    String str = rs.getString(col + 1);
                    if (fieldNames.length != 0) {
                        element.put(fieldNames[col],
                            str == null ? "" : str);
                    } else {
                        String columnName = rs.getMetaData().getColumnLabel(col + 1);
                        if (columnName.contains("row_")) {
    element.put(columnName.substring("row_".length())
                                .toUpperCase(), str == null ? "" : str);
                        } else {
                            element.put(columnName.toUpperCase(),
                                str == null ? "" : str);
                        }
                    }
                }
                returnList.add(element);
            }
            return returnList;
        }
}
```

6. 在接口类 UserDaoI 中增加相关方法声明

在 com.hyg.imp.dao 包的接口类 UserDaoI 中添加 getUserListByCondition()、add()、update()、delete()方法声明，代码如下：

```
package com.hyg.imp.dao;
import java.sql.SQLException;
import java.util.List;
import com.hyg.imp.beans.User;
public interface UserDaoI {
    int getTotal(String sqlParam, Object[] params);
    List<User> getUserListByCondition(String sql, Object... params);
    int add(User user) throws SQLException;
    int update(User user) throws SQLException;
    int delete(int userId) throws SQLException;
}
```

7. 在 UserDaoImpl 类中实现声明

在 com.hyg.imp.dao.impl 包的实现类 UserDaoImpl 中实现 getUserListByCondition()、add()、update()、delete()方法，代码如下：

```
    @Override
    public List<User> getUserListByCondition(String sql,
```

```
        Object... params) {
    List<User> userList = null;
    List<Map<String, Object>> userMapList = super
            .executeQuery(sql, params);
        if (userMapList != null && userMapList.size() > 0) {
                        userList = new ArrayList<>();
            for (Map<String, Object> userMap : userMapList) {
                User user = new User();
      user.setId(Integer.parseInt(userMap.get("ID").toString()));
                user.setUserCode(userMap.get("USERCODE").toString());
                user.setLoginName(userMap.get("LOGINNAME").toString());
                user.setUserName(userMap.get("USERNAME").toString());
                user.setSex(userMap.get("SEX").toString());
                user.setBirthday(userMap.get("BIRTHDAY").toString());
                user.setIdNum(userMap.get("IDNUM").toString());
                user.setNation(userMap.get("NATION").toString());
                user.setMarried(userMap.get("MARRIED").toString());
                user.setHireDate(userMap.get("HIREDATE").toString());
                user.setPosition(userMap.get("POSITION").toString());
                user.setJob(userMap.get("JOB").toString());
                user.setEmail(userMap.get("EMAIL").toString());
                user.setDeptName(userMap.get("DEPTNAME").toString());
                user.setMobile(userMap.get("MOBILE").toString());
                user.setDescription(userMap.get("DESCRIPTION").toString());
                user.setPassword(userMap.get("PASSWORD").toString());
                userList.add(user);
            }
        }
    return userList;
  }
  @SuppressWarnings({ "rawtypes", "unchecked" })
  @Override
public int add(User user) throws SQLException {
  String sql = "insert into sys_user " +
      "(UserCode,LoginName,UserName,Sex,Birthday,IDNum," +
      "Nation,Married,HireDate,Position,
          Job,Email,DeptName,Mobile,Description,Password) values " +
      "(?,?,?,?,?,?,?,?,?,?,?,?,?,?,?,?)";
  List paramsList = new ArrayList();
  paramsList.add(user.getUserCode());
```

```
        paramsList.add(user.getLoginName());
        paramsList.add(user.getUserName());
        paramsList.add(user.getSex());
        paramsList.add(StringUtils.isEmpty(user.getBirthday()) ?
                                "1900-01-01" : user.getBirthday());
        paramsList.add(user.getIdNum());
        paramsList.add(user.getNation());
        paramsList.add(user.getMarried());
        paramsList.add(user.getHireDate() == null ? "1900-01-01" : user.getHireDate());
        paramsList.add(user.getPosition());
        paramsList.add(user.getJob());
        paramsList.add(user.getEmail());
        paramsList.add(user.getDeptName());
        paramsList.add(user.getMobile());
        paramsList.add(user.getDescription());
        paramsList.add(user.getPassword());
        return super.executeUpdate(sql, paramsList.toArray());
    }
        @Override
    public int update(User user) throws SQLException {
        String sql = "";
        if (user != null && user.getId() != null) {
            sql = "update sys_user set ";
            List<Object> params = new ArrayList<Object>();
            if (StringUtils.isNotEmpty(user.getUserCode())) {
                sql += "UserCode=?,";
                params.add(user.getUserCode());
            }
            if (StringUtils.isNotEmpty(user.getLoginName())) {
                sql += "LoginName=?,";
                params.add(user.getLoginName());
            }
            if (StringUtils.isNotEmpty(user.getUserName())) {
                sql += "UserName=?,";
                params.add(user.getUserName());
            }
            if (StringUtils.isNotEmpty(user.getSex())) {
                sql += "Sex=?,";
                params.add(user.getSex());
            }
```

```
if (user.getBirthday() != null) {
    sql += "Birthday=?,";
    params.add(user.getBirthday());
}
if (StringUtils.isNotEmpty(user.getIdNum())) {
    sql += "IDNum=?,";
    params.add(user.getIdNum());
}
if (StringUtils.isNotEmpty(user.getNation())) {
    sql += "Nation=?,";
    params.add(user.getNation());
}
if (StringUtils.isNotEmpty(user.getMarried())) {
    sql += "Married=?,";
    params.add(user.getMarried());
}
if (user.getHireDate() != null) {
    sql += "HireDate=?,";
    params.add(user.getHireDate());
}
if (StringUtils.isNotEmpty(user.getPosition())) {
    sql += "Position=?,";
    params.add(user.getPosition());
}
if (StringUtils.isNotEmpty(user.getJob())) {
    sql += "job=?,";
    params.add(user.getJob());
}
if (StringUtils.isNotEmpty(user.getEmail())) {
    sql += "Email=?,";
    params.add(user.getEmail());
}
if (StringUtils.isNotEmpty(user.getDeptName())) {
    sql += "DeptName=?,";
    params.add(user.getDeptName());
}
if (StringUtils.isNotEmpty(user.getMobile())) {
    sql += "Mobile=?,";
    params.add(user.getMobile());
}
```

```
            if (StringUtils.isNotEmpty(user.getDescription())) {
                sql += "Description=?,";
                params.add(user.getDescription());
            }
            if (user.getStatus() != null) {
                sql += "Status=?,";
                params.add(user.getStatus());
            }
            sql = sql.substring(0, sql.length() - 1);
            sql += " where ID=?";
            params.add(user.getId());
            return super.executeUpdate(sql, params.toArray());
        }
        return 0;
    }
     @Override
        public int delete(int userId) throws SQLException {
            String sql = "delete from sys_user where id=?";
            return super.executeUpdate(sql, userId);
        }
}
```

8. 在 UserService 类增加相关方法声明

在 com.hyg.imp.service 包的接口类 UserService 中添加 getUserByCondition()、addUser()、updateUser()、deleteUser()方法声明，代码如下：

```
package com.hyg.imp.service;
import java.util.Map;
import com.hyg.imp.beans.User;
public interface UserServiceI {
    int getListTotal(Map<String, Object> paramsMap);
    User getUserByCondition(Map<String, Object> paramMap);
    int addUser(User user);
    int updateUser(User user);
    int deleteUser(int userId);
}
```

9. 在 UserServiceImpl 类中实现声明

在 com.hyg.imp.service.impl 包的 UserServiceImpl 类中实现 getUserByCondition()、addUser()、updateUser()、deleteUser()方法，代码如下：

```
  @Override
  public User getUserByCondition(Map<String, Object> paramMap) {
```

```
        List<Object> paramList = new ArrayList<>();
        User user = null;
        if (paramMap != null && paramMap.size() > 0) {
            String sql = "select * from sys_user where 1=1 ";
            for (Map.Entry<String, Object> paramEntry :
                        paramMap.entrySet()){
                sql += String.format(" and %s=? ", paramEntry.getKey());
                paramList.add(paramEntry.getValue());
            }
            userDaoI = new UserDaoImpl();
            try {
                List<User> userList = userDaoI.getUserListByCondition
                            (sql, paramList.toArray());
                if (userList != null && userList.size() > 0) {
                    user = userList.get(0);
                }
            } catch (Exception e) {
                e.printStackTrace();
            }
        }
        return user;
    }
    //增加用户
    @Override
    public int addUser(User user) {
        int result = 0;
        userDaoI = new UserDaoImpl();
        try {
            result = userDaoI.add(user);
        } catch (Exception e) {
            e.printStackTrace();
        }
        return result;
    }
        //更新用户方法
    @Override
    public int updateUser(User user) {
        int result = 0;
        userDaoI = new UserDaoImpl();
        try {
```

```
                result = userDaoI.update(user);
            } catch (SQLException e) {
                e.printStackTrace();
            }
            return result;
        }
            //删除用户方法
        @Override
        public int deleteUser(int userId) {
            return 0;
        }
}
```

10．在 UserServlet 中增加相关方法

单击主界面中的“用户列表”按钮，出现用户列表界面。在 UserServlet 类中完善 doPost()方法，并增加 view()、addOrEidtUserJsp()、addOrEidt()、dissmission()方法，代码如下：

```
    protected void doPost(HttpServletRequest request,
        HttpServletResponse response)throws ServletException,
            IOException {
            request.setCharacterEncoding("UTF-8");
            response.setContentType("text/html;charset=UTF-8");
            String action = request.getParameter("action");
            if (StringUtils.isNotEmpty(action)) {
        switch (action) {
            case "view":
                view(request, response);
                break;
            case "add":
                addOrEidt(request, response, action);
                break;
            case "edit":
                addOrEidt(request, response, action);
                break;
            case "dismission":
                dissmission(request, response);
                break;
            case "addOrEidtUserJsp":
                addOrEidtUserJsp(request, response);
                break;
            case "login" :
```

```
                    checkLogin(request , response);
                        break;
                default:
                    view(request, response);
                    break;
            }
        } else {
            view(request, response);
        }
        }
        private void view(HttpServletRequest request,
          HttpServletResponse response) {
        RequestDispatcher rd = request.getRequestDispatcher("/jsp/user/user_list.jsp");
        try {
            rd.forward(request, response);
        } catch (ServletException e) {
            e.printStackTrace();
        } catch (IOException e) {
            e.printStackTrace();
        }
}
    private void addOrEidtUserJsp(HttpServletRequest request,
          HttpServletResponse response) {
        String motion = request.getParameter("motion");
        String userId = request.getParameter("userId");
        if (StringUtils.isNotEmpty(motion)) {
            if (motion.equals("add")) {
                request.setAttribute("user", null);
            } else if (motion.equals("edit") && StringUtils.isNotEmpty(userId)) {
                Map<String, Object> paramMap = new HashMap<>();
                paramMap.put("ID", userId);
                userServiceI = new UserServiceImpl();
                User user = userServiceI.getUserByCondition(paramMap);
                if (user != null) {
                    request.setAttribute("user", user);
                }
            }
        }
        RequestDispatcher rd =
              request.getRequestDispatcher("/jsp/user/user_handle.jsp");
```

```
        try {
            rd.forward(request, response);
        } catch (ServletException e) {
            e.printStackTrace();
        } catch (IOException e) {
            e.printStackTrace();
        }
    }
    //此方法用于在用户列表中增加用户信息
    private void addOrEidt(HttpServletRequest request,
        HttpServletResponse response, String motion) {
        String userId = request.getParameter("userId");
        String userCode = request.getParameter("userCode");
        String loginName = request.getParameter("loginName");
        String userName = request.getParameter("userName");
        String sex = request.getParameter("sex");
        String birthday = request.getParameter("birthday");
        String idNum = request.getParameter("idNum");
        String nation = request.getParameter("nation");
        String married = request.getParameter("married");
        String hireDate = request.getParameter("hireDate");
        String postion = request.getParameter("postion");
        String job = request.getParameter("job");
        String email = request.getParameter("email");
        String deptName = request.getParameter("deptName");
        String mobile = request.getParameter("mobile");
        String password=request.getParameter("password");
        String description = request.getParameter("description");
        if (StringUtils.isNotEmpty(userCode)) {
            User user = new User();
            if (motion.equals("edit") && StringUtils.isNotEmpty(userId)) {
                user.setId(Integer.parseInt(userId));
            }
            user.setUserCode(userCode);
            user.setLoginName(loginName);
            user.setUserName(userName);
            user.setSex(sex);
            user.setBirthday(StringUtils.isNotEmpty(birthday) ?
                    "1900-01-01" : birthday);
            user.setIdNum(idNum);
```

```
            user.setNation(nation);
            user.setMarried(married);
            user.setHireDate(StringUtils.isNotEmpty(hireDate) ?
                "1900-01-01" : hireDate);
            user.setPosition(postion);
            user.setJob(job);
            user.setEmail(email);
            user.setDeptName(deptName);
            user.setMobile(mobile);
            user.setPassword(password);
            user.setDescription(description);
            UserServiceI userServiceI = new UserServiceImpl();
            try {
                if (motion.equals("add")) {
                    userServiceI.addUser(user);
                } else if (motion.equals("edit")) {
                    userServiceI.updateUser(user);
                }
                view(request, response);
            } catch (Exception e) {
                e.printStackTrace();
            }
        }
    }
//人员离职
    private void dissmission(HttpServletRequest request, HttpServletResponse response) throws IOException {
        String userId = request.getParameter("userId");
        if (StringUtils.isNotEmpty(userId)) {
            userServiceI = new UserServiceImpl();
            User user = new User();
            user.setStatus(1);
            user.setId(Integer.parseInt(userId));
            int flag =  userServiceI.updateUser(user);
            //view(request, response);
            PrintWriter out = response.getWriter();
            if(flag > 0)
                out.print(flag);
            else
                out.print(flag);
            out.flush();
```

```
            out.close();
        }
    }
}
```

11．运行程序

在主界面中，单击“用户管理”按钮，如图 S3-1 所示。选择一行要修改的人员信息，然后单击“修改人员”按钮，弹出信息界面，修改用户信息。选中一行人员信息，单击“人员离职”按钮，在状态栏显示此人已离职。用户的详细信息将在实现分页功能后才能显示。

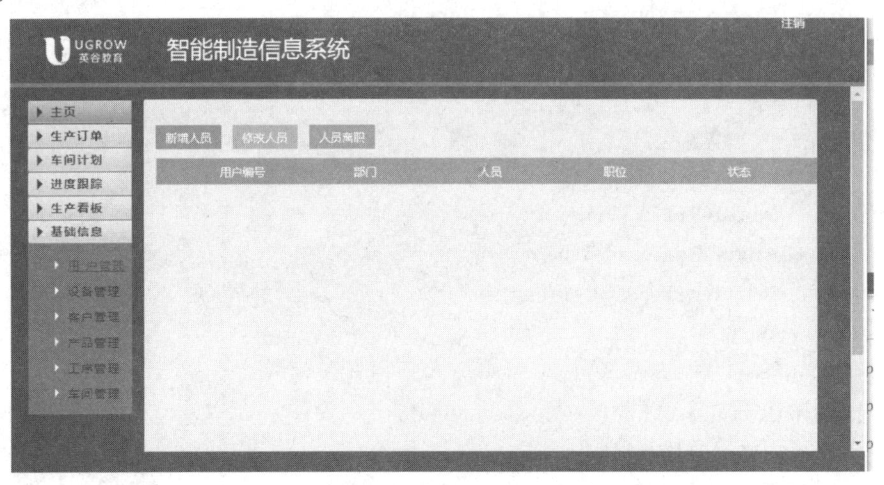

图 S3-1　用户列表界面

单击“新增人员”按钮，弹出增加用户信息界面，如图 S3-2 所示。

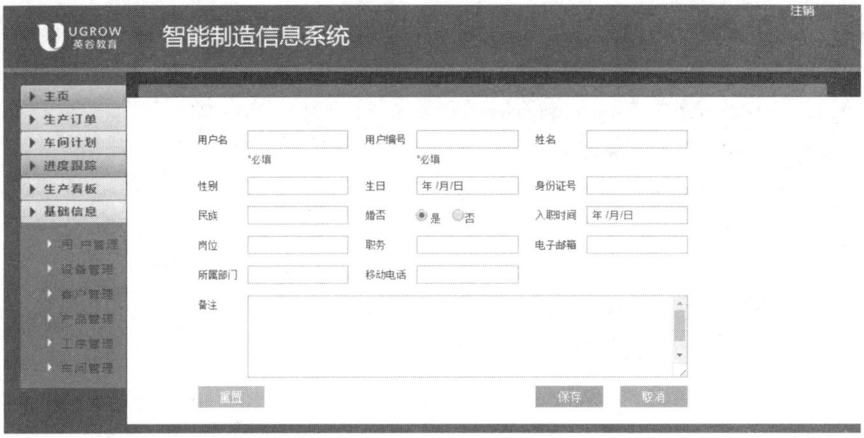

图 S3-2　增加用户界面

实践 3.2　用户模块添加分页功能

完成智能制造信息系统的用户管理模块的分页功能，具体要求如下：

(1) 实现一页显示 5 行或者 10 行的功能。

(2) 显示具体页数的数据，且可以前后换页。

(3) 显示页码总数和数据总数。

【分析】

(1) 创建 javabean 类，建立页数、总页数、数据条数等相关变量。

(2) 创建不同数据库的分析形式。

(3) 创建相关显示 jsp 页面。

(4) 在 UserServlet 中调用相关方法。

【参考解决方案】

1．创建 Pagination 类

在 com.hyg.imp.common 包中创建 Pagination 类，代码如下：

```
package com.hyg.imp.common;
import java.util.List;
public class Pagination {
        private int pageNo = 1;
        private int pageSize = 10;
        private int pageIndex   ;
        private int total ;
        private List list;
省略 get()、set()方法
```

在 com.hyg.imp.common 包中创建 Dialect.java，实现 Mysql 数据库的分页形式，代码如下：

```
package com.hyg.imp.common;
public class Dialect {
//返回 MySql 的分页形式
    private static String getMySqlString(String sql, int begin, int end) {
        return new StringBuffer(sql.length() + 20).append(sql).append(
                begin>0 ? " limit "+begin+", "+end+"" : " limit "+end).toString();
    }
    public static String getLimitString(String sql, int pageNo, int pageSize, String dbName) {
        //开始记录
        int begin = pageSize * (pageNo - 1);
        //结束记录
        int end = pageSize * pageNo;
       if (dbName.toUpperCase().contains("MYSQL")) {
            return getMySqlString(sql, begin, pageSize);
        }else{
        return null;
            }
```

```
    }
}
```

2．编写分页显示文件 pagination.jsp

在 WebContent 根目录下编写 pagination.jsp 文件，代码如下：

```
<%@ page language="java" contentType="text/html; charset=UTF-8"
        pageEncoding="UTF-8"%>
<style>
.list-bottom{
        position: relative;
    float: left;
    padding: 6px 12px;
    margin-left: -1px;
    line-height: 1.42857143;
    color: #428bca;
    text-decoration: none;
    background-color: #fff;
    border: 1px solid #ddd;
    padding: 5px 10px;
    font-size: 12px;
    }
.list-bottom input,.list-bottom select{
        border:1px;
        padding:0 !important;
        height:17px;
}
</style>
<script type="text/javascript">
$(function(){
        var  mod = ${pagination.total%pagination.pageSize} ;
        var  index =
                        Math.floor("${pagination.total}"/"${pagination.pageSize}");
        if(mod > 0){
                $("#index").val(index + 1 );
        }else{
                $("#index").val(index);
        }
        $("#pageSize").val("${pagination.pageSize}");
});
</script>
<div >
```

```
        <nav>
                <ul class="pagination pagination-sm " style="width: 100%">
                        <li class="list-bottom" >
                        <select  id="pageSize" name="pageSize" onchange="query()">
                                <option value="5">5</option>
                                <option value="10">10</option>
                        </select>
                        </li>
                        <li ><a href="###" onclick = "query(1)">首页</a></li>
                        <li ><a href="###" onclick = "queryLast()"><<</a></li>
                        <li class="list-bottom" >第<input type="text" style="width:
                        24px ;text-align:center;margin:0 3px;" id="pageNo"
                                name="pageNo" onchange="query(this.value)" value="${pagination.pageNo}"
                                />页
                        </li>
                        <li ><a href="###" onclick = "queryNext()">>></a></li>
                        <li ><a href="###" onclick =
                                  "query(${pagination.pageIndex})">尾页</a></li>
                        <li class="list-bottom">共 ${pagination.pageIndex}  页
                        </li>
                        <li class="list-bottom">共 ${pagination.total} 条</li>
                </ul>
        </nav>
</div>
```

3. 创建 BaseServlet

在 com.hyg.imp.common 包中创建继承自 HttpServlet 的 BaseServlet，代码如下：

```
package com.hyg.imp.common;
import javax.servlet.annotation.WebServlet;
import javax.servlet.http.HttpServlet;
import javax.servlet.http.HttpServletRequest;
@SuppressWarnings("serial")
@WebServlet("/BaseServlet")
public class BaseServlet extends HttpServlet {
        public Pagination pagination = new Pagination();
        public void initPagination(Pagination pagination , HttpServletRequest
                 request) {
                String pageNo = request.getParameter("pageNo");
                String pageSize = request.getParameter("pageSize");
                //此方法用于显示一页显示多少行数据
                pagination.setPageSize(StringUtils.isEmpty(pageSize) ? 10 :
                        Integer.valueOf(pageSize) );
```

```
            //此方法用于显示当前是第几页
            pagination.setPageNo(StringUtils.isEmpty(pageNo) ? 1 :
                    Integer.valueOf(pageNo) );
            //此方法用于显示当前有多少行数据
            if ((pagination.getTotal() % pagination.getPageSize()) == 0) {
                    pagination.setPageIndex(pagination.getTotal() /
                    pagination.getPageSize());
            } else {
                    pagination.setPageIndex(pagination.getTotal() /
                    pagination.getPageSize() + 1);
            }
    }
}
```

4．增加 queryByPage 方法

在 com.hyg.imp.common 包的 DBUtil 类中增加 queryByPage 方法，代码如下：

```
public static List<Map<String, Object>> queryByPage
  (Pagination pagination, String sql,
Object... params) throws SQLException {
 if (log.isDebugEnabled()) {
     log.debug("JdbcUtils.queryByPage(con,sql,params,pageNo,pageSize)
          -------in");
 }
 Connection conn = tt.getConnection();
 //自动提交为false
 //conn.setAutoCommit(false);
 //判断sql是否为空
 if (StringUtils.isEmpty(sql)) {
     throw new IllegalArgumentException("sql is null.");
 }
 //参数为空判断
 if (params == null) {
     throw new IllegalArgumentException("params[]数组 is null");
 }
 //声明PreparedStatement
 PreparedStatement ps = null;
 //查询结果存放到记录集
 ResultSet rs = null;
 //返回结果
 List<Map<String, Object>> resultList = null;
 if (log.isDebugEnabled()) {
```

```
        log.debug("查询SQL = [" + sql + "]");
    }
    try {
        String finalSql = Dialect.getLimitString(sql, pagination.getPageNo(), pagination.getPageSize(),
                tt.dbName);
        //prepareStatement的生成
        ps = conn.prepareStatement(finalSql);
        //参数的设置
        fillStatement(ps, params);
        //查询结果存放到记录集
        rs = ps.executeQuery();
        //查询结果的存放
        resultList = putResultSetIntoMap(rs);
        //异常的捕获
    } catch (SQLException ex) {
        log.error(ex);
        //抛出异常
        rethrow(ex, sql);
    }finally{
        try{
            //关闭游标
            if(ps != null){
                ps.close();
                ps = null;
            }
            //关闭结果集
            if(rs != null){
                    rs.close();
            }
        }catch (SQLException e) {
            rethrow(e, sql);
            log.error(e);
        }
        if (conn != null) {
            tt.closeConnection(conn);
        }
    }
    if (log.isDebugEnabled()) {
        log.debug("JdbcUtils.queryByPage(con,sql,params)--------out");
    }
```

```
        //返回结果记录集
        return resultList;
    }
```

5．增加 getPagedUserList()方法声明

在 com.hyg.imp.dao 包的接口 UserDaoI 中增加 getPagedUserList()方法声明：

```
List<User> getPagedUserList(Pagination pagination, String sql, Object...params);
```

6．实现 getPagedUserList()方法

在 com.hyg.imp.dao.impl 包的 UserDaoImpl 类中实现 getPagedUserList()方法：

```
@Override
    public List<User> getPagedUserList(Pagination pagination, String sql, Object... params) {
    List<User> userList = null;
    try {
        List<Map<String, Object>> resultList =
                super.queryByPage(pagination, sql, params);
        if (resultList != null && resultList.size() > 0) {
            userList = new ArrayList<>();
            for (Map<String, Object> map : resultList) {
                User user = new User();
                user.setId(Integer.parseInt(map.get("ID").toString()));
                user.setUserCode(map.get("USERCODE").toString());
                user.setLoginName(map.get("LOGINNAME").toString());
                user.setUserName(map.get("USERNAME").toString());
                user.setSex(map.get("SEX").toString());
                user.setBirthday(map.get("BIRTHDAY").toString());
                user.setIdNum(map.get("IDNUM").toString());
                user.setNation(map.get("NATION").toString());
                user.setMarried(map.get("MARRIED").toString());
                user.setHireDate(map.get("HIREDATE").toString());
                user.setPosition(map.get("POSITION").toString());
                user.setJob(map.get("JOB").toString());
                user.setEmail(map.get("EMAIL").toString());
                user.setDeptName(map.get("DEPTNAME").toString());
                user.setMobile(map.get("MOBILE").toString());
                user.setDescription(map.get("DESCRIPTION").toString());
                 user.setStatus(Integer.valueOf(map.get("STATUS")
                        .toString()));
                userList.add(user);
            }
        }
```

```
    } catch (SQLException e) {
        e.printStackTrace();
    }
    return userList;
    }
```

7．声明并实现 getPagedUserList()方法

在 com.hyg.imp.service 包的接口 UserServiceI 中增加 getPagedUserList()方法：

```
List<User> getPagedUserList(Pagination pagination, Map<String, Object> paramMap);
```

在 com.hyg.imp.service.impl 包的 UserServiceImpl 中实现 getPagedUserList()方法：

```
@Override
public List<User> getPagedUserList(Pagination pagination, Map<String, Object> paramMap) {
            userDaoI = new UserDaoImpl();
            String sql = "select * from sys_user ";
            List<Object> paramList = new ArrayList<>();
            if (paramMap != null && paramMap.size() > 0) {
                for (Map.Entry<String, Object> paramEntry :
                    paramMap.entrySet()) {
            sql += String.format(" and %s=? ", paramEntry.getKey());
                    paramList.add(paramEntry.getValue());
                }
            }
                return userDaoI.getPagedUserList(pagination, sql, paramList.toArray());
    }
```

8．升级 UserServlet

改变 UserServlet，使其继承 BaseServlet，并修改 view()方法，代码如下：

```
private void view(HttpServletRequest request,
        HttpServletResponse response) {
    userServiceI = new UserServiceImpl();
    super.pagination.setTotal(userServiceI.getListTotal(null));
    super.initPagination(pagination, request);
    List<User> userList = userServiceI.getPagedUserList(pagination,
      null);
    request.setAttribute("userList", userList);
    request.setAttribute("pagination", pagination);
    RequestDispatcher rd =
      request.getRequestDispatcher("/jsp/user/user_list.jsp");
    try {
        rd.forward(request, response);
    } catch (ServletException e) {
```

```
            e.printStackTrace();
        } catch (IOException e) {
            e.printStackTrace();
        }
}
```

在根目录 WebContent 下 jsp 文件夹中的 user 文件夹中，去掉上一节 user_list.jsp 文件中的代码注释：

```
<jsp:include page="/pagination.jsp" flush="true"/>
```

9．运行程序

单击左下角的选择按钮，根据按钮中的“5”或“10”来改变页面中显示的行数。结果如图 S3-3 和 S3-4 所示。

UGROW 英谷教育　智能制造信息系统

主页
生产订单
车间计划
进度跟踪
生产看板
基础信息

新增人员　修改人员　人员离职

	用户编号	部门	人员	职位	状态	备注
	0001	经理办公室	王三	经理	在职	
	0002	技术部	金五	技术部	离职	技术部长
	0003	生产部	李四	生产部长	在职	管理生产
	0004	测试1	测试1	测试1	在职	
	0005	测试02	测试02	测试02	在职	测试02

5 ▼　首页　<<　第 1 页　>>　尾页　共3页　共11条

图 S3-3　显示 5 行用户列表

注销

UGROW 英谷教育　智能制造信息系统

主页
生产订单
车间计划
进度跟踪
生产看板
基础信息
用户管理
设备管理
客户管理
产品管理
工序管理

新增人员　修改人员　人员离职

	用户编号	部门	人员	职位	状态
	0001	经理办公室	王三	经理	在职
	0002	技术部	金五	技术部	离职
	0003	生产部	李四	生产部长	在职
	0004	测试1	测试1	测试1	在职
	0005	测试02	测试02	测试02	在职
	0006	测试03	测试03	测试03	在职
	0007	测试04	测试04	测试04	在职
	0008		测试05	无职位	在职

图 S3-4　显示 10 行用户列表

拓展练习

(1) 在 JSP 页面输出九九乘法表。

(2) 编写一个留言页面，留言信息有标题、内容，标题不能为空。当往数据库插入留言信息时，自动添加时间和留言者，时间是当前系统时间，留言者是发表留言的当前登录用户，如果没有登录则缺省为“游客”。

实践 4　JSP 指令和动作

实践指导

实践　设备管理模块

设备管理模块实现以下功能：

(1) 增加、修改、删除功能。

(2) 显示设备编号、设备型号、设备名称以及备注信息。

【分析】

(1) 创建数据库表，用于存放设备数据基本信息。

(2) 创建实体类 Device.java。

(3) 创建接口 DeviceDaoI.java，声明增加、删除、修改等方法，并通过 Device DaoImpl.java 实现接口中声明的方法。

(4) 创建服务接口类并实现声明方法。

(5) 创建设备管理界面 device_list.jsp 和设备增加界面 device_handle.jsp。

(6) 创建 DeviceServlet.java，把提取的表单数据插入数据库表格中。

【参考解决方案】

1．创建数据库表

在数据库 im 中创建表 sys_device，其中包括 ID、DeviceCode(设备编号)、DeviceSpec(设备型号)、DeviceName(设备名称)、Description(备注)，如图 S4-1 所示。

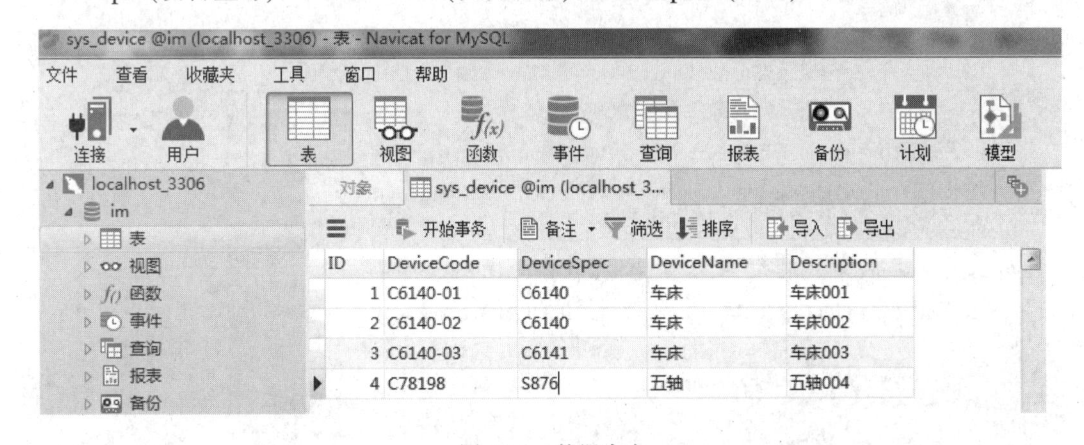

图 S4-1　数据库表

2．创建实体类 Device

在 com.hyg.imp.beans 中创建实体类 Device，根据数据库表中字段创建实体类，并增加相应的 get()、set()方法。

3．创建设备接口类

在 com.hyg.imp.dao 包中创建 DeviceDaoI.java，声明 add()、update()、delete()、getPageDeviceList()方法，代码如下：

```
package com.hyg.imp.dao;
public interface DeviceDaoI {
    List<Device> getDeviceListByCondition(String sql, Object... params);
     List<Device> getPagedDeviceList(Pagination pagination, String sql,
     Object... params);
    int getTotal(String sqlParam, Object[] params);
    int add(Device device) throws SQLException;
    int update(Device device) throws SQLException;
    int delete(int deviceId) throws SQLException;
}
```

4．实现接口类中的方法

在 com.hyg.imp.dao.impl 包中创建 DeviceDaoImpl.java，继续<DBUtil>类，实现接口 DeviceDaoI.java 中声明的 add()、delete()、update()、getPageDeviceList()方法，代码如下：

```
    @Override
        public List<Device> getDeviceListByCondition
                (String sql, Object... params) {
            List<Device> deviceList = null;
            try {
                List<Map<String, Object>> userMapList
                    = super.executeQuery(sql, params);
                if (userMapList != null && userMapList.size() > 0) {
                    deviceList = new ArrayList<>();
                    for (Map<String, Object> deviceMap : userMapList) {
                        Device device = new Device();
    device.setId(Integer.parseInt(deviceMap.get("ID").toString()));
    device.setDeviceCode(deviceMap.get("DEVICECODE").toString());
    device.setDeviceSpec(deviceMap.get("DEVICESPEC").toString());
    device.setDeviceName(deviceMap.get("DEVICENAME").toString());
    device.setDescription(deviceMap.get("DESCRIPTION").toString());
                        deviceList.add(device);
                    }
                }
            } catch (SQLException e) {
```

```
                //TODO Auto-generated catch block
                e.printStackTrace();
            } finally {
        }
        return deviceList;
    }
 @Override
    public int getTotal(String sqlParam, Object[] params) {
        int resultCount = 0;
        try {
            resultCount = super.getResultTotal(sqlParam, params);
        } catch (SQLException e) {
            e.printStackTrace();
        }
        return resultCount;
    }
@Override
public List<Device> getPagedDeviceList(Pagination pagination, String sql, Object... params) {
    List<Device> deviceList = null;
    try {
            List<Map<String, Object>> resultList = super.queryByPage(pagination, sql, params);
        if (resultList != null && resultList.size() > 0) {
            deviceList = new ArrayList<>();
            for (Map<String, Object> map : resultList) {
                Device device = new Device();
                device.setId(Integer.parseInt(map.get("ID").toString()));
                device.setDeviceCode(map.get("DEVICECODE").toString());
                device.setDeviceSpec(map.get("DEVICESPEC").toString());
                device.setDeviceName(map.get("DEVICENAME").toString());
                device.setDescription(map.get("DESCRIPTION").toString());
                deviceList.add(device);
            }
        }
    } catch (SQLException e) {
        e.printStackTrace();
    }
    return deviceList;
}
@Override
public int add(Device device) throws SQLException {
```

```
        String sql = "insert into sys_device " +
                "(DeviceCode,DeviceSpec,DeviceName,Description) values " +
                "(?,?,?,?)";
        List paramsList = new ArrayList();
        paramsList.add(device.getDeviceCode());
        paramsList.add(device.getDeviceSpec());
        paramsList.add(device.getDeviceName());
        paramsList.add(device.getDescription());
        return super.executeUpdate(sql, paramsList.toArray());
    }
//此方法用于实现更新相关设备的数据
    @Override
    public int update(Device device) throws SQLException {
        String sql = "";
        if (device != null && device.getId() != null) {
            sql = "update sys_device set ";
            List<Object> params = new ArrayList<Object>();
            if (StringUtils.isNotEmpty(device.getDeviceCode())) {
                sql += "DeviceCode=?,";
                params.add(device.getDeviceCode());
            }
            if (StringUtils.isNotEmpty(device.getDeviceSpec())) {
                sql += "DeviceSpec=?,";
                params.add(device.getDeviceSpec());
            }
            if (StringUtils.isNotEmpty(device.getDeviceName())) {
                sql += "DeviceName=?,";
                params.add(device.getDeviceName());
            }
            if (StringUtils.isNotEmpty(device.getDescription())) {
                sql += "Description=?,";
                params.add(device.getDescription());
            }
            sql = sql.substring(0, sql.length() - 1);
            sql += " where ID=?";
            params.add(device.getId());
            return super.executeUpdate(sql, params.toArray());
        }
        return 0;
    }
```

```
    //此方法实现通过 id 删除相关行的数据
    @Override
    public int delete(int deviceId) throws SQLException {
        int result = 0;
        if (deviceId > 0) {
            String sql = "delete from sys_device where id=?";
            result = super.executeUpdate(sql, deviceId);
        } else {
            result = 0;
        }
        return result;
    }
}
```

5．创建设备服务接口

在 com.hyg.imp.service 包中创建 DeviceServiceI.java，代码如下：

```
package com.hyg.imp.service;
public interface DeviceServiceI {
    Device getDeviceByCondition(Map<String, Object> paramMap);
    List<Device> getPagedDeviceList(Pagination pagination, Map<String, Object> paramMap);
    int getListTotal(Map<String, Object> paramsMap);
    int addDevice(Device device);
    int updateDevice(Device device);
    int deleteDevice(int DeviceId);
}
```

6．实现设备接口类中的方法

在 com.hyg.imp.service.impl 包中创建 DeviceServiceImpl.java，实现 DeviceServiceI 中的 getDeviceByCondition()、getPagedDeviceList()方法，代码如下：

```
    DeviceDaoI deviceDaoI = null;
    @Override
    public int getListTotal(Map<String, Object> paramMap) {
        String sqlParam = " from sys_device where 1=1 ";
        List<Object> paramList = new ArrayList<>();
        if (paramMap != null && paramMap.size() > 0) {
            for (Map.Entry<String, Object> paramEntry : paramMap.entrySet()) {
                sqlParam += String.format(" and %s=? ", paramEntry.getKey());
                paramList.add(paramEntry.getValue());
            }
        }
        deviceDaoI = new DeviceDaoImpl();
```

```
        return deviceDaoI.getTotal(sqlParam, paramList.toArray());
    }
    @Override
    public int addDevice(Device device) {
        int result = 0;
        deviceDaoI = new DeviceDaoImpl();
        try {
            result = deviceDaoI.add(device);
        } catch (Exception e) {
            e.printStackTrace();
        }
        return result;
    }
    @Override
    public int updateDevice(Device device) {
        int result = 0;
        deviceDaoI = new DeviceDaoImpl();
        try {
            result = deviceDaoI.update(device);
        } catch (SQLException e) {
            e.printStackTrace();
        }
        return result;
    }
    @Override
    public int deleteDevice(int deviceId) {
        int result = 0;
        if (deviceId > 0) {
            deviceDaoI=new DeviceDaoImpl();
            try {
                result = deviceDaoI.delete(deviceId);
            } catch (SQLException e) {
                e.printStackTrace();
            }
        } else {
            result = 0;
        }
        return result;
    }
    @Override
```

```
public Device getDeviceByCondition(Map<String, Object> paramMap) {
    List<Object> paramList = new ArrayList<>();
    Device device = null;
    if (paramMap != null && paramMap.size() > 0) {
        String sql = "select * from sys_device where 1=1 ";
        for (Map.Entry<String, Object> paramEntry : paramMap.entrySet()) {
            sql += String.format(" and %s=? ", paramEntry.getKey());
            paramList.add(paramEntry.getValue());
        }
        deviceDaoI = new DeviceDaoImpl();
        try {
            List<Device> deviceList = deviceDaoI.getDeviceListByCondition(sql, paramList.toArray());
            if (deviceList != null && deviceList.size() > 0) {
                device = deviceList.get(0);
            }
        } catch (Exception e) {
            e.printStackTrace();
        }
    }
    return device;
}
@Override
public List<Device> getPagedDeviceList(Pagination pagination, Map<String, Object> paramMap) {
    deviceDaoI = new DeviceDaoImpl();
    String sql = "select * from sys_device where 1=1 ";
    List<Object> paramList = new ArrayList<>();
    if (paramMap != null && paramMap.size() > 0) {
        for (Map.Entry<String, Object> paramEntry : paramMap.entrySet()) {
            sql += String.format(" and %s=? ", paramEntry.getKey());
            paramList.add(paramEntry.getValue());
        }
    }
    return deviceDaoI.getPagedDeviceList(pagination, sql, paramList.toArray());
}
```

7．创建显示页面

在 WebContent 的根目录 jsp 文件夹中创建 device 文件夹，在此文件夹中创建 device_list.jsp 和 device_handle.jsp。创建 device_list.jsp 的代码如下：

```
<%@ page import="com.hyg.imp.beans.Device" %>
<%@ page import="java.util.List" %>
<%@ page language="java" contentType="text/html; charset=UTF-8"
```

```
        pageEncoding="UTF-8" %>
<%@include file="/common/taglibs.jsp" %>
<!DOCTYPE html PUBLIC "-//W3C//DTD HTML 4.01 Transitional//EN"
    "http://www.w3.org/TR/html4/loose.dtd">
<html>
<head>
    <meta http-equiv="Content-Type" content="text/html; charset=UTF-8">
    <title>设备管理</title>
    <link href="${basePath}/css/bootstrap.min.css" type="text/css" rel="stylesheet"/>
    <link href="${basePath}/css/styles.css" type="text/css" rel="stylesheet"/>
    <script type="text/javascript" src="${basePath}/js/jquery/jquery-3.1.1.min.js"></script>
    <script type="text/javascript" src="${basePath}/js/bootstrap.min.js"></script>
    <script type="text/javascript">
        $(function () {
            $(".main-list-cont tr:odd").css("background", "#e8f3ff");
            selectChecked();
        });
        function query(pageNo) {
            if (pageNo != undefined) {
                $("#pageNo").val(pageNo);
            }
            $("#deviceListForm").submit();
        }
        function queryLast() {
            var pageNo = $("#pageNo").val();
            if (pageNo != undefined) {
                $("#pageNo").val(pageNo);
            }
            if (parseInt(pageNo) > 1) {
                query(parseInt(pageNo) - 1);
            }
        }
        function queryNext() {
            var pageNo = $("#pageNo").val();
            if (pageNo != undefined) {
                $("#pageNo").val(pageNo);
            }
            if (parseInt(pageNo) < parseInt("${pagination.pageIndex}")) {
                query(parseInt(pageNo) + 1);
            }
```

```
}
function editInit(motion) {
    if (motion == "add") {
        $("#myModalLabel").html("新增设备");
        $("#iframeDialog").attr("src", "${basePath}/DeviceServlet?action=addOrEidtJsp&motion=" +
            motion  + "&pageNo=" + $("#pageNo").val() + "&pageSize=" + $("#pageSize").val());
    } else if (motion == "edit") {
        $("#myModalLabel").html("修改设备");
        var selectedChks = $(".main-list-
                cont").find('input[type="checkbox"][id^="chkDevice"]:checked');
        if (selectedChks.length == 0) {
            alert("请选中一个要修改的设备！");
            return false;
        }
        if (selectedChks.length > 1) {
            alert("只能选择一条数据！");
            return false;
        }
        $("#iframeDialog").attr("src", "${basePath}/DeviceServlet?action=addOrEidtJsp&motion=" +
                motion + "&deviceId=" + selectedChks.val()
            + "&pageNo=" + $("#pageNo").val() + "&pageSize=" + $("#pageSize").val());
    }
    else {
        return false;
    }
    //设置提交按钮的方向
    $("#hidEditMotion").val(motion);
    $("#myModal").modal({backdrop: "static"});
}
//选择人员编辑时检查其他选项，以确保只选中一条数据
function singleSelect(thisObj) {
    var thisId = $(thisObj).attr("id");
    $(".main-list-cont").
        find('input[type="checkbox"][id^="chkDevice"]:checked')
                .each(function () {
        if ($(this).attr("id") != thisId) {
            $(this).prop("checked", false);
        }
    });
}
```

```
//新增或更新方法
  function doSubmit(motion) {
      if (motion.length > 0) {
          path = "${basePath}/DeviceServlet?action=" + motion +
                      "&pageNo=" + $("#pageNo").val() + "&pageSize=" +
                      $("#pageSize").val();
          var deviceForm = window.frames["iframeDialog"].
                          document.getElementById("deviceForm");
          deviceForm.action = path;
          deviceForm.submit();
      }
  }
  function del() {
      var selectedChks = $(".main-list-cont")
                  .find('input[type="checkbox"][id^="chkDevice"]:checked');
      if (selectedChks.length == 0) {
          alert("请选中一个要删除的设备！ ");
          return false;
      }
      if (selectedChks.length > 1) {
          alert("只能选择一条数据！ ");
          return false;
      }
      if (confirm("确定删除该设备吗?")) {
          window.location = "${basePath}/DeviceServlet?action=del&deviceId="
                      + selectedChks.val() + "&pageNo=" + $("#pageNo").val()
                      + "&pageSize=" + $("#pageSize").val();
      }
  }
  //关闭 Modal 框
  function closeModal() {
      $("#myModal").modal('hide');
  }
      function selectChecked(){
        var id = $(window.parent.document).find("#deviceId").val();
        $("input[type=checkbox]").each(function() {
                  if(id == $(this).val()){
                        this.checked = true ;
                  }
      });
```

```
        }
        function selectDevice(){
                var id    ;
                var checkTotal = 0;
                $("input[type=checkbox]").each(function() {
                        if (this.checked) {
                                id = $(this).val();
                                checkTotal++;
                        }
                });
                if (checkTotal == 0) {
                        alert("请选中一条数据！");
                        return;
                } else if (checkTotal > 1) {
                        alert("只能选择一条数据！");
                        return;
                }
                $(window.parent.document).find("#deviceId").val(id);
                $(window.parent.document).find("#deviceCode")
                  .val($("#chkDevice"+ id).attr("deviceCode"));
                parent.closeModal();
        }
          </script>
</head>
<body>
<!-- 中间开始 -->
<div class="main">
    <form action="${basePath}/DeviceServlet" method="POST" id="deviceListForm">
        <input type="hidden" id="hidEditMotion"   />
        <div class="main-right">
            <div class="content">
                <div class="main-button">
                    <input class="bta" type="button" value="新增"
                                   onclick="editInit('add');"/>
                    <input class="btc" type="button" value="修改" onclick="editInit('edit');"/>
                    <input class="btd" type="button" value="删除" onclick="del();"/>
                    <input class="btd" type="button" value="选择" onclick="selectDevice();"/>
                </div>
                <div class="main-list">
                    <div class="main-list-top">
```

```
            <table width="100%" cellspacing="0" cellpadding="0">
                <thead>
                <tr align="center">
                    <td width="5%"></td>
                    <td width="25%">设备编号</td>
                    <td width="25%">设备型号</td>
                    <td width="25%">设备名称</td>
                    <td width="20%">备注</td>
                </tr>
                </thead>
            </table>
        </div>
        <div class="main-list-cont">
            <table width="100%" cellspacing="0" cellpadding="0">
                <tbody>
                <%
                    List<Device> deviceList = null;
                    deviceList = request.getAttribute("deviceList")
                                                    != null ? (List<Device>)
                                    request.getAttribute("deviceList") : null;
                    if (deviceList != null) {
                        for (Device device : deviceList) {
                            out.println("<tr>");
                            out.println("<td width='5%'>");
                            out.println(String.format("<input type='checkbox' id='chkDevice%s'
                                        deviceCode='%s'    value='%s'
                                        onclick='singleSelect(this);' />", device.getId(),
                                        device.getDeviceCode(),   device.getId()));
                            out.println("</td>");
                            out.println("<td width='25%'>");
                            out.println(device.getDeviceCode());
                            out.println("</td>");
                            out.println("<td width='25%'>");
                            out.println(device.getDeviceSpec());
                            out.println("</td>");
                            out.println(String.format("<td width='ss'
                                        id='deviceName%s' >","25%",device.getId()));
                            out.println(device.getDeviceName());
                            out.println("</td>");
                            out.println("<td width='20%'>");
```

```
                        out.println(device.getDescription());
                        out.println("</td>");
                        out.println("</tr>");
                    }
                }
            %>
            </tbody>
        </table>
    </div>
</div>
<jsp:include page="/pagination.jsp" flush="true"/>
        </div>
    </div>
  </form>
</div>
<%--<!-- 底部开始 -->
<div class="bottom">©青岛英谷教育科技股份有限公司 版权所有 电话：0532-88979016</div>
<!-- 底部结束 -->--%>
<!-- 模态框（Modal） -->
<div class="modal fade" id="myModal" tabindex="-1" role="dialog"
     aria-labelledby="myModalLabel" aria-hidden="true">
    <div class="modal-dialog">
        <div class="modal-content">
            <iframe frameborder="0" width="100%" height="350px;" id="iframeDialog" name="iframeDialog"
                    marginwidth="0" marginheight="0" frameborder="0" scrolling="no">
            </iframe>
        </div>
    </div>
  </div>
</body>
</html>
```

设备管理页面创建完成后，单击页面上的“新增”或“修改”按钮，弹出 device_handle 页面，代码如下：

```
<%@ page import="com.hyg.imp.beans.Device" %>
<%@ page language="java" contentType="text/html; charset=UTF-8"
        pageEncoding="UTF-8" %>
<%@include file="/common/taglibs.jsp" %>
<html>
<head>
    <meta http-equiv="Content-Type" content="text/html; charset=UTF-8">
```

```
    <link href="${basePath}/css/styles.css" type="text/css"
            rel="stylesheet"/>
    <link href="${basePath}/css/bootstrap.min.css" type="text/css"
            rel="stylesheet"/>
    <script type="text/javascript" src="${basePath}/js/jquery/jquery-
            3.1.1.min.js">
     </script>
    <script type="text/javascript" src="${basePath}/js/bootstrap.min.js">
    </script>
   <script src="${basePath}/js/base.js"></script>
   <style type="text/css">
       .table {
           font-size: 14px;
       }
   </style>
   <script type="text/javascript">
           function doSubmit(){
                       if(checkNull("deviceCode","设备编号")){
                               return;
                       }
                       parent.doSubmit($('#hidEditMotion',parent.document).val());
                   }
   </script>
</head>
<body>
<%
   Device device = null;
   device = request.getAttribute("device") != null ? (Device) request.getAttribute("device") : null;
%>
<form id="deviceForm" action="" method="POST" target="_parent">
   <input type="hidden" name="deviceId" value="<%=device!=null?device.getId():0%>" />
       <div id="base" class="box">
             <ul class="cont-list">
               <li><span>设备编号</span>
                       <input type="text" id="deviceCode" name="deviceCode"
                        value='<%=device!=null?device.getDeviceCode():""%>'/>              </li>
               <li class="box_warning" ><p style="color:red"> *必填 </p>
               <li><span>设备型号</span>
                       <input type="text" id="deviceSpec" name="deviceSpec"
                      value="<%=device!=null?device.getDeviceSpec():""%>"/>
```

```
            </li>
            <li><span>设备名称</span>
                    <input type="text" id="deviceName" name="deviceName"
                    value="<%=device!=null?device.getDeviceName():""%>"/>
            </li>
            <li><span>备注</span>
                    <textarea id="description" name="description" cols="22"
                      rows="5"><%=device != null ? device.getDescription() : ""%>
                     </textarea>
            </li>
          </ul>
          <div class="box-b">
            <input class="bta" type="button"   value="确定"
                        onclick="doSubmit();"/>
            <input class="btd" type="button"   value="取消"
                        onclick="parent.closeModal();"/>
          </div>
        </div>
</form>
</body>
</html>
```

8．导入相关 jar 包

在 lib 文件夹中导入 commons-collections-3.2.1.jar，如图 S4-2 所示。

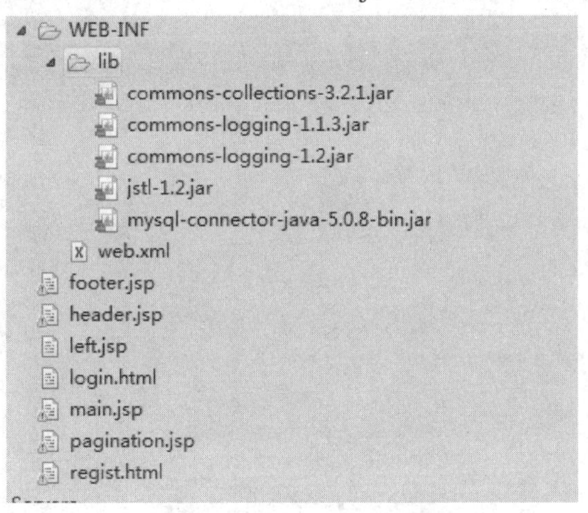

图 S4-2　导入 commons-collections-3.2.1.jar 包

9．创建 DeviceServlet.java

在 com.hyg.imp.servlet 中创建 DeviceServlet.java，代码如下：

```
package com.hyg.imp.servlet;
import org.apache.commons.collections.map.HashedMap;
```

```
@WebServlet("/DeviceServlet")
public class DeviceServlet extends BaseServlet {
        private static final long serialVersionUID = 1L;
        private DeviceServiceI deviceServiceI = null;
    protected void doGet(HttpServletRequest request, HttpServletResponse response) throws ServletException,
          IOException {
        doPost(request, response);
    }
    protected void doPost(HttpServletRequest request, HttpServletResponse response) throws ServletException,
          IOException {
        request.setCharacterEncoding("UTF-8");
        response.setCharacterEncoding("UTF-8");
        String action = request.getParameter("action");
        if (StringUtils.isNotEmpty(action)) {
            switch (action) {
                case "view":
                    view(request, response);
                    break;
                case "add":
                    addOrEidt(request, response, action);
                    break;
                case "edit":
                    addOrEidt(request, response, action);
                    break;
                case "del":
                    del(request, response);
                    break;
                case "addOrEidtJsp":
                    addOrEidtJsp(request, response);
                    break;
                default:
                    view(request, response);
                    break;
            }
        } else {
            view(request, response);
        }
    }
    private void view(HttpServletRequest request, HttpServletResponse response) {
        deviceServiceI = new DeviceServiceImpl();
```

```
        super.pagination.setTotal(deviceServiceI.getListTotal(null));
        super.initPagination(pagination, request);
        List<Device> deviceList = deviceServiceI.getPagedDeviceList(pagination, null);
        request.setAttribute("deviceList", deviceList);
        request.setAttribute("pagination", pagination);
        RequestDispatcher rd = request.getRequestDispatcher("/jsp/device/device_list.jsp");
        try {
            rd.forward(request, response);
        } catch (ServletException e) {
            e.printStackTrace();
        } catch (IOException e) {
            e.printStackTrace();
        }
    }
    private void addOrEidtJsp(HttpServletRequest request, HttpServletResponse response) {
        String action=request.getParameter("action");
        String motion = request.getParameter("motion");
        String deviceId = request.getParameter("deviceId");
        if (StringUtils.isNotEmpty(motion)) {
            if (motion.equals("add")) {
                request.setAttribute("deviceBean", null);
            } else if (motion.equals("edit") && StringUtils.isNotEmpty(deviceId)) {
                Map<String, Object> paramMap = new HashedMap();
                paramMap.put("ID", deviceId);
                deviceServiceI = new DeviceServiceImpl();
                Device device = deviceServiceI.getDeviceByCondition(paramMap);
                if (device != null) {
                    request.setAttribute("device", device);
                }
            }
            RequestDispatcher rd = request.getRequestDispatcher("/jsp/device/device_handle.jsp");
            try {
                rd.forward(request, response);
            } catch (ServletException e) {
                e.printStackTrace();
            } catch (IOException e) {
                e.printStackTrace();
            }
        }
    }
```

```
private void addOrEidt(HttpServletRequest request, HttpServletResponse response, String motion) {
    String deviceId = request.getParameter("deviceId");
    String deviceCode = request.getParameter("deviceCode");
    String deviceSpec = request.getParameter("deviceSpec");
    String deviceName = request.getParameter("deviceName");
    String description = request.getParameter("description");
    if (StringUtils.isNotEmpty(deviceCode)) {
        Device device = new Device();
        if (motion.equals("edit") && StringUtils.isNotEmpty(deviceId)) {
            device.setId(Integer.parseInt(deviceId));
        }
        device.setDeviceCode(deviceCode);
        device.setDeviceSpec(deviceSpec);
        device.setDeviceName(deviceName);
        device.setDescription(description);
        DeviceServiceI deviceServiceI = new DeviceServiceImpl();
        try {
            if (motion.equals("add")) {
                deviceServiceI.addDevice(device);
            } else if (motion.equals("edit")) {
                deviceServiceI.updateDevice(device);
            }
            view(request, response);
        } catch (Exception e) {
            e.printStackTrace();
        }
    }
}
private void del(HttpServletRequest request, HttpServletResponse response) {
    String deviceId = request.getParameter("deviceId");
    if (StringUtils.isNotEmpty(deviceId)) {
        deviceServiceI = new DeviceServiceImpl();
        try {
            deviceServiceI.deleteDevice(Integer.parseInt(deviceId));
        } catch (Exception e) {
            e.printStackTrace();
        }
    }
    this.view(request,response);
}
```

```
}
```

10. 运行程序

登录后在主界面单击“设备管理”按钮，弹出的页面如图 S4-3 所示。

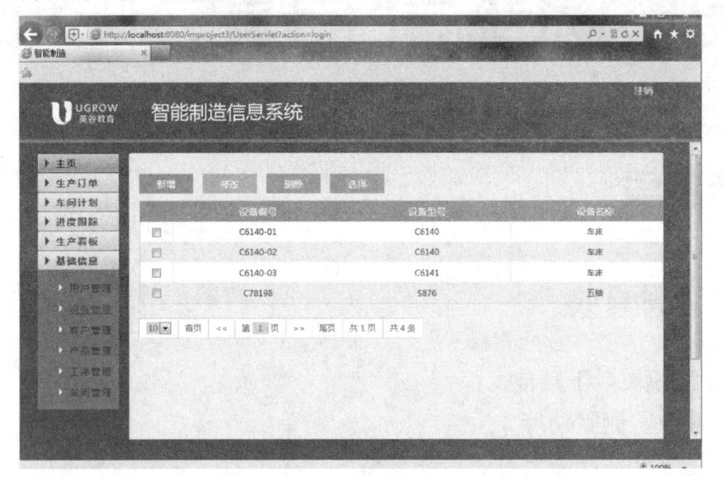

图 S4-3　设备管理页面

单击“新增”按钮，弹出增加设备页面，如图 S4-4 所示。

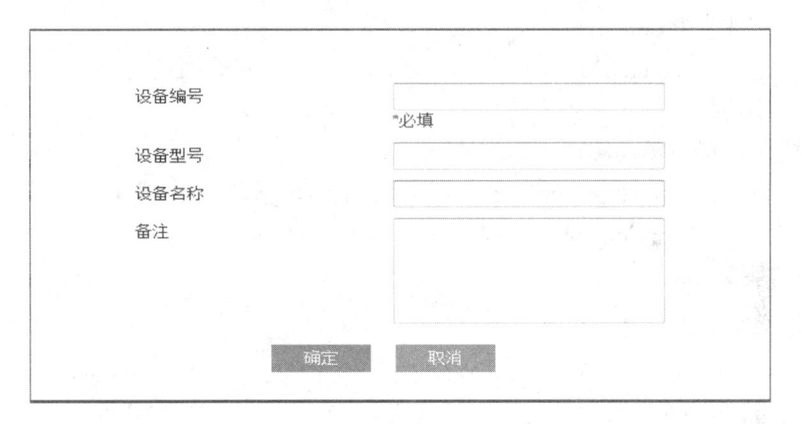

图 S4-4　增加设备页面

拓展练习

实现客户管理模块，具体要求如下：

(1) 显示客户的编号、客户名称、联系人、联系电话、地址和备注。

(2) 拥有增加、修改、删除等功能。

(3) 拥有分页显示功能。

实践 5　系统后台开发之 EL 和 JSTL

实践指导

实践　产品管理模块

实现产品管理模块以下功能：

(1) 增加、修改、删除功能。

(2) 显示产品编号、产品名称、产品规格、产品型号、单价以及备注信息。

【分析】

(1) 先创建数据库表，用于存放产品数据信息。

(2) 创建实体类 Product.java。

(3) 创建接口 ProductDaoI.java，声明增加、删除、修改等方法，并通过 Product DaoImpl.java 实现接口中声明的方法。

(4) 创建服务接口类并实现声明方法。

(5) 创建设备管理界面 product.jsp 和设备增加界面 product_add.jsp。

(6) 创建 ProductServlet.java，把提取的表单里的数据插入数据库表格中。

【参考解决方案】

1. 创建数据库表

在数据库 im 中，创建表 sys_product，其中包含 ID、ProdCode(产品编号)、ProdName(产品名称)、ProdSpec(产品规格)、ProdType(产品型号)、Price(单价)、Description(备注)，如图 S5-1 所示。

名	类型	长度	小数点	不是 null	
ID	int	11	0	☑	1
ProdCode	varchar	50	0	☐	
ProdName	varchar	50	0	☐	
ProdSpec	varchar	50	0	☐	
ProdType	varchar	50	0	☐	
Price	decimal	18	2	☐	
Description	varchar	255	0	☐	

图 S5-1　产品数据库表

2．创建实体类 Product.java

在 com.hyg.imp.beans 包中创建实体类，并创建相应的 get()、set()方法。

3．创建产品接口类

在 com.hyg.imp.dao 包中创建 ProductDaoI.java，声明 insert()、delete()、update()、queryList()、getTotal()方法，代码如下：

```
package com.hyg.imp.dao;

public interface ProductDaoI {

    public List<Product> queryList(Pagination pagination, String sql,

                Object[] array) throws SQLException;
    public int getTotal(String whereSql, Object[] objects)
    throws SQLException;
    public void insert(Product p) throws SQLException;
    public void update(Product p) throws SQLException;
    public void delete(String id) throws SQLException;
}
```

4．实现产品接口类中的方法

在 com.hyg.imp.dao.impl 包中创建 ProductDaoImpl.java，实现 insert()、delete()、update()、queryList()、getTotal()方法，代码如下：

```
package com.hyg.imp.dao.impl;

public class ProductDaoImpl extends DBUtil implements ProductDaoI {

    protected final String SQL_INSERT = "INSERT INTO SYS_PRODUCT ( ProdCode, ProdName,
    ProdSpec, ProdType, Price, Description) VALUES ( ?, ?, ?, ?, ?, ?)";
     protected final String SQL_UPDATE = "UPDATE SYS_PRODUCT SET ProdCode
     = ?, ProdName= ? , ProdSpec= ? , ProdType= ?, Price = ?, Description
     = ? WHERE ID = ?";
    protected final String SQL_DELETE = "DELETE FROM SYS_PRODUCT where ID
        = ?";
    @Override
    public List<Product> queryList(Pagination pagination, String sql,
                Object[] array) throws SQLException {
                    List<Map<String, Object>> resultSetList = queryByPage(pagination, sql,
                        array);
        List<Product> list = new ArrayList<>();
        for (Map<String, Object> map : resultSetList) {
            Product product = new Product();
```

```
                product.setId(Integer.valueOf(StringUtils.isEmpty(map.get(
                "ID").toStr
                ing()) ? "0" : map.get("ID").toString()));
                product.setProdCode(map.get("PRODCODE").toString());
                product.setProdName(map.get("PRODNAME").toString());
                product.setProdSpec(map.get("PRODSPEC").toString());
                product.setProdType(map.get("PRODTYPE").toString());
                product.setPrice(map.get("PRICE").toString());
                product.setDescription(map.get("DESCRIPTION").toString());
                list.add(product);
        }
        return list;
}
public int getTotal(String whereSql, Object[] array) throws
            SQLException {
        //final String SQL = " select count(1) from   sys_product   where 1=1 " ;
        int count = this.getResultTotal(whereSql, array);
        return count;
}
@SuppressWarnings({ "rawtypes", "unchecked" })
@Override
public void insert(Product p) throws SQLException {
        //TODO Auto-generated method stub
        List params = new ArrayList();
        params.add(p.getProdCode());
        params.add(p.getProdName());
        params.add(p.getProdSpec());
        params.add(p.getProdType());
        params.add(p.getPrice());
        params.add(p.getDescription());
            //注意 executeUpdate 传参数 params 的时候，不能用 List 集合类型的，需要将该 List 集
            合转成数组
        int rows = this.executeUpdate(SQL_INSERT, params.toArray());
}
@Override
public void update(Product p) throws SQLException {
        //TODO Auto-generated method stub
        List params = new ArrayList();
        params.add(p.getProdCode());
        params.add(p.getProdName());
```

```
            params.add(p.getProdSpec());
            params.add(p.getProdType());
            params.add(p.getPrice());
            params.add(p.getDescription());
            params.add(p.getId());
            //注意 executeUpdate 传参数 params 的时候，不能用 List 集合类型的，需要将该 List 集合
            转成数组
            int rows = this.executeUpdate(SQL_UPDATE, params.toArray());
    }
    @Override
    public void delete(String id) throws SQLException {
            //TODO Auto-generated method stub
            List params = new ArrayList();
            params.add(id);
                //注意 executeUpdate 传参数 params 的时候，不能用 List 集合类型的，需要将该 List 集
                合转成数组
            int rows = this.executeUpdate(SQL_DELETE, params.toArray());
    }
}
```

5. 创建产品服务接口类

在 com.hyg.imp.service 包中创建 ProductServiceI.java，声明 getProductList()、getTotal()、insertProduct()、updateProduct()、delete()方法，代码如下：

```
package com.hyg.imp.service;

public interface ProductServiceI {
        public List<Product> getProductList(Pagination pagination ,
                    HttpServletRequest request ) throws SQLException;
        public int getTotal() throws SQLException;
        public void insertProduct(Product p) throws SQLException;
        public void updateProduct(Product p)   throws SQLException;
        public void delete(HttpServletRequest request)throws SQLException;
}
```

6. 实现服务接口类中的方法

在 com.hyg.imp.service.impl 包中创建 ProductServiceImpl.java，实现接口 ProductServiceI 类中声明的 getProductList()、getTotal()、insertProduct()、updateProduct()、delete()方法，代码如下：

```
package com.hyg.imp.service.impl;

public class ProductServiceImpl implements ProductServiceI {
```

```
        String selectSQL = "select * from   sys_product where 1=1 ";
        String countSQL = "   from sys_product" ;
        ProductDaoI productDao = new ProductDaoImpl();
                @Override
         public List<Product> getProductList(Pagination pagination ,
         HttpServletRequest request) throws SQLException {
            return productDao.queryList(pagination , selectSQL   , new Object[]{});
        }
        @Override
        public int getTotal() throws SQLException {
                return productDao.getTotal( countSQL ,   new Object[]{});
        }
        @Override
        public void insertProduct(Product p) throws SQLException {
                productDao.insert(p);
        }
        @Override
        public void updateProduct(Product p) throws SQLException {
                productDao.update(p);
        }
        @Override
        public void delete(HttpServletRequest request) throws SQLException {

                String id = request.getParameter("id");

                productDao.delete(id);

        }
}
```

7．创建显示页面

在 WebContent 的根目录 jsp 文件夹中创建增加产品界面 product_add.jsp，其中包含产品编号、产品名称、产品规格、产品型号、单价和备注等基本信息，代码如下：

```
<%@ page language="java" contentType="text/html; charset=UTF-8"

        pageEncoding="UTF-8"%>
<%@include file="/common/taglibs.jsp"%>
      <form id="insertProdForm"
         action="${basePath}/ProductServlet?action=insert"
        method="POST" >
        <input type="hidden" id="proid" name="proid" value="${product.id}" />
```

```
        <input type="hidden" id="act" name="act"   />
        <div id="base" class="box">
              <ul class="cont-list">
                <li><span>产品编号</span>
                        <input type="text" id="prodCode" name="prodCode"
                                        value="${product.prodCode}" />
                        </li>
                        <li class="box_warning" ><p style="color:red"> *必填 </p>
                <li><span>产品名称</span>
                        <input type="text" id="prodName" name="prodName"
                                        value="${product.prodName}" />
                </li>
                <li><span>产品规格</span>
                        <input type="text" id="prodSpec" name="prodSpec"
                                        value="${product.prodSpec}" />
                </li>
                <li><span>产品型号</span>
                        <input type="text" id="prodType" name="prodType"
                                        value="${product.prodType}" />
                </li>
                <li><span>单价</span>
                        <input type="text" id="price" name="price"
                                        value="${product.price}" />
                </li>
                <li><span>备注</span>
                        <textarea id="description" name="description" cols="20"
                                                rows="5">${product.description}</textarea>
                </li>
              </ul>
              <div class="box-b">
                    <input class="bta" type="button" onclick="editbtn()"
                              value="确定"/>
                    <input class="btd" type="button" onclick="closeModal()"
                              value="取消"/>
              </div>
            </div>
</form>
```

在 WebContent 的根目录 jsp 文件夹中创建 product 文件夹，在 product 文件夹中创建 product.jsp，代码如下：

```
<%@ page language="java" contentType="text/html; charset=UTF-8"
        pageEncoding="UTF-8"%>
<%@include file="/common/taglibs.jsp"%>
<!DOCTYPE html PUBLIC "-//W3C//DTD HTML 4.01 Transitional//EN"
"http://www.w3.org/TR/html4/loose.dtd">
<html>
<head>
<meta http-equiv="Content-Type" content="text/html; charset=UTF-8">
<title>产品管理</title>
<link href="${basePath}/css/bootstrap.min.css" type="text/css" rel="stylesheet" />
<link href="${basePath}/css/styles.css" type="text/css" rel="stylesheet" />
<script type="text/javascript" src="${basePath}/js/jquery/jquery-3.1.1.min.js"></script>
<script type="text/javascript" src="${basePath}/js/bootstrap.min.js"></script>
<script src="${basePath}/js/base.js"></script>
<script type="text/javascript">
        $(function(){
                $("tr:odd").css("background","#bbffff");
        });
        function query(pageNo) {
                if (pageNo != undefined) {
                        $("#pageNo").val(pageNo);
                }
                $("#prodForm").submit();
        }
        function queryLast(){
                var pageNo = $("#pageNo").val();
                if (pageNo != undefined) {
                                $("#pageNo").val(pageNo);
                        }
                if(parseInt(pageNo) > 1 ){
                        query(parseInt(pageNo) - 1);
                }
        }
        function queryNext(){
                var pageNo = $("#pageNo").val();
                if (pageNo != undefined) {
                                $("#pageNo").val(pageNo);
                        }
                if(parseInt(pageNo) < parseInt( "${pagination.pageIndex}")){
                        query(parseInt(pageNo) + 1);
```

```
            }
    }
    function  editbtn(){
            if(checkNull("prodCode","产品编号")){
                    return;
            }
            var act =  $("#act").val();
            if(act=="insert")
                    insertData();
            else
                    updateData();
    }
    function insertData(){
            var path = "${basePath}/ProductServlet?action=insert&pageNo="
                    +$("#pageNo").val() + "&pageSize="+ $("#pageSize").val();
                    $('#insertProdForm').attr("action", path).submit();
    }
    function updateData(){
            var path = "${basePath}/ProductServlet?action=update&pageNo="
                            +$("#pageNo").val() + "&pageSize="+
                            $("#pageSize").val();
                $('#insertProdForm').attr("action", path).submit();
    }
    function deleteProd(){
            var id;
            var checkTotal = 0;
            $("input[type=checkbox]").each(function() {
                    if (this.checked) {
                            id = $(this).val();
                            checkTotal++;
                    }
            });
            if (checkTotal == 0) {
                    alert("请选中一条数据！");
                    return;
            } else if (checkTotal > 1) {
                    alert("只能选择一条数据！");
                    return;
            }
            var path = "${basePath}/ProductServlet?action=delete&id="
```

```
            + id+"&pageNo="+$("#pageNo").val()
            + "&pageSize="+ $("#pageSize").val();
        window.parent.mainFrame.location.href=path;
}
function editInit(act){
        if(act == "update"){
                var id = getChecked();
                if(id){
                        $("#proid").val(id);
                        $("#prodCode").val($("#"+id+"_prodCode").html());
                        $("#prodName").val($("#"+id+"_prodName").html());
                        $("#prodSpec").val($("#"+id+"_prodSpec").html());
                        $("#prodType").val($("#"+id+"_prodType").html());
                        $("#price").val($("#"+id+"_price").html());
                        $("#description").
                            val($("#"+id+"_description").html());
                }else{
                        return ;
                }
        }else{
                $("#proid").val("");
                $("#prodCode").val("");
                $("#prodName").val("");
                $("#prodSpec").val("");
                $("#prodType").val("");
                $("#price").val("");
                $("#description").val("");
        }
                $("#act").val(act);
                $("#myModal").modal({backdrop:"static"});
}
function getChecked(){
        var id;
        var checkTotal = 0;
        $("input[type=checkbox]").each(function() {
                if (this.checked) {
                        id = $(this).val();
                        checkTotal++;
                }
        });
```

```
            if (checkTotal == 0) {
                alert("请选中一条数据！");
                return;
            } else if (checkTotal > 1) {
                alert("只能选择一条数据！");
                return;
            }
            return id ;
        }
        function  getSelect(){
                var id = getChecked();
            if(id){
                window.opener.document.getElementById('prodCodeAdd')
                            .value=$("#"+id+"         _prodName").html();
                window.opener.document.getElementById('prodNameAdd')
                            .value=$("#"+id+"_prodCode").html();
                window.opener.document.getElementById('prodid')
                            .value = id ;
                window.close();
            }else{
                return ;
            }
        }
        function closeModal(){
            $("#myModal").modal('hide');
        }
</script>
</head>
<body>
        <div class="main">
            <%-- <jsp:include page="../../left.jsp" flush="true" /> --%>
            <form action="${basePath}/ProductServlet" method="POST"
                id="prodForm">
                <div class="main-right">
                    <div class="content">
                        <div class="main-button">
                            <input class="bta" type="button"
                                    value="查询" onclick="query()">
                            <input class="btd" type="button"
                             value="新建" onclick="editInit('insert')">
```

```
            <input class="btc" type="button"
             value="修改" onclick="editInit('update')">
            <input class="bta" type="button"
             value="删除" onclick="deleteProd()">
            <input class="btd" type="button" value = "
             选择" onclick="getSelect()">
        </div>
        <div class="main-list">
            <div class="main-list-top">
                <table width="915px" cellspacing="0"
                        cellpadding="0">
                    <thead>
                        <tr>
                    <td></td>
                    <td width="150">产品编号</td>
                    <td width="150">产品名称</td>
                    <td width="150">产品规格</td>
                    <td width="150">产品型号</td>
                    <td width="150">单价</td>
                    <td width="135">备注</td>
                        </tr>
                    </thead>
                </table>
            </div>
            <div class="main-list-cont">
                <table width="915px" cellspacing="0"
                        cellpadding="0">
                    <tbody>
                    <c:forEach var="product"
                         items="${list}">
        <tr>
                <td>
                    <input type="checkbox"
                    id="${product.id}_id"
                    value="${product.id}">
                 </td>
                <td id="${product.id}_prodCode"
                width="150">${product.prodCode}
                </td>
                <td id="${product.id}_prodName"
```

```
                                    width="150">${product.prodName}
                                </td>
                                <td id="${product.id}_prodSpec"
                                width="150">${product.prodSpec}
                                </td>
                                    <td id="${product.id}_prodType"
                                    width="150">${product.prodType}
                                     </td>
                                    <td id="${product.id}_price"
                                    width="150">${product.price}
                                    </td>
                                    <td id="${product.id}_description"
                                       width="135">${product.description}
                                    </td>
                        </tr>
                                            </c:forEach>
                                        </tbody>
                                </table>
                            </div>
                        </div>
                            <jsp:include page="../../pagination.jsp" flush="true" />
                    </div>
                </div>
        </form>
</div>
<!--
  <div class="bottom">©青岛英谷教育科技股份有限公司 版权所有 电话：0532-88979016</div>
  底部结束 -->
<!-- 模态框（Modal） -->
<div class="modal fade" id="myModal" tabindex="-1" role="dialog"
        aria-labelledby="myModalLabel" aria-hidden="true">
        <div class="modal-dialog">
                <div class="modal-content">
                        <jsp:include page="product_add.jsp" flush="true" />
                </div>
                <!-- /.modal-content -->
        </div>
        <!-- /.modal-dialog -->
</div>
<!-- /.modal -->
```

```
</body>

</html>
```

8．创建 ProductServlet 类

在 com.hyg.imp.servlet 中创建继承 BaseServlet 的 ProductServlet.java，代码如下：

```
package com.hyg.imp.servlet;

    @WebServlet("/ProductServlet")

public class ProductServlet extends BaseServlet {

    private static final long serialVersionUID = 1L;
    public ProductServlet() {
        super();
    }
    protected void doGet(HttpServletRequest request,
        HttpServletResponse response) throws ServletException, IOException {
            doPost(request, response);
    }
        protected void doPost(HttpServletRequest request,
            HttpServletResponse response) {
        try {
            request.setCharacterEncoding("UTF-8");
            response.setCharacterEncoding("UTF-8");
            String action = request.getParameter("action");
            request.setAttribute("action",action);
            if ("insert".equals(action)) {
                insert(request, response);
            } else if("update".equals(action)){
                update(request, response);
            } else if ("delete".equals(action)){
                delete(request, response);
            } else if("orderSelect".equals(action)) {
                searchSelectList(request,response);
            }
            else {
                search(request,response);
            }
        } catch (ServletException e) {
            e.printStackTrace();
        } catch (IOException e) {
```

```
                e.printStackTrace();
        } catch (SQLException e) {
                e.printStackTrace();
        }
}
private void search(HttpServletRequest request,
                      HttpServletResponse response )
                      throws ServletException, IOException {
        List<Product> list = searchData(request, response);
        String action = request.getParameter("action");
        request.setAttribute("pagination", pagination);
        request.setAttribute("list", list);
        RequestDispatcher rd =
         request.getRequestDispatcher("jsp/product/product.jsp");
        if(StringUtils.isEmpty(action)){
                rd.forward(request, response);
        }else{
                rd.include(request, response);
        }
}
private void insert(HttpServletRequest request,
        HttpServletResponse response) throws ServletException, IOException {
                ProductServiceI service = new ProductServiceImpl();
                String prodCode = request.getParameter("prodCode");
                String prodName = request.getParameter("prodName");
                String prodSpec = request.getParameter("prodSpec");
                String prodType = request.getParameter("prodType");
                String price = request.getParameter("price");
                String description = request.getParameter("description");
                Product p = new Product();
                if (StringUtils.isNotEmpty(prodCode)) {
                        p.setProdCode(prodCode);
                }
                if (StringUtils.isNotEmpty(prodName)) {
                        p.setProdName(prodName);
                }
                if (StringUtils.isNotEmpty(prodSpec)) {
                        p.setProdSpec(prodSpec);
                }
                if (StringUtils.isNotEmpty(prodType)) {
```

```
                p.setProdType(prodType);
            }
            if (StringUtils.isNotEmpty(price)) {
                p.setPrice(price);
            }
            if (StringUtils.isNotEmpty(description)) {
                p.setDescription(description);
            }
            try {
                service.insertProduct(p);
            } catch (SQLException e) {
                e.printStackTrace();
            }
            search(request, response);
        }
    private void update(HttpServletRequest request,
            HttpServletResponse response) throws ServletException, IOException {
            ProductServiceI service = new ProductServiceImpl();
            String id = request.getParameter("proid");
            String prodCode = request.getParameter("prodCode");
            String prodName = request.getParameter("prodName");
            String prodSpec = request.getParameter("prodSpec");
            String prodType = request.getParameter("prodType");
            String price = request.getParameter("price");
            String description = request.getParameter("description");
            Product p = new Product();
            if(StringUtils.isNotEmpty(id)){
                p.setId(Integer.valueOf(id));
            }
            if (StringUtils.isNotEmpty(prodCode)) {
                p.setProdCode(prodCode);
            }
            if (StringUtils.isNotEmpty(prodName)) {
                p.setProdName(prodName);
            }
            if (StringUtils.isNotEmpty(prodSpec)) {
                p.setProdSpec(prodSpec);
            }
            if (StringUtils.isNotEmpty(prodType)) {
                p.setProdType(prodType);
```

```
			}
			if (StringUtils.isNotEmpty(price)) {
				p.setPrice(price);
			}
			if (StringUtils.isNotEmpty(description)) {
				p.setDescription(description);
			}
			try {
					service.updateProduct(p);
			} catch (SQLException e) {
				e.printStackTrace();
			}
			search(request, response);
	}
	private void delete(HttpServletRequest request,
		HttpServletResponse response) throws SQLException,
		ServletException, IOException {
			ProductServiceI service = new ProductServiceImpl();
			service.delete(request);
			search(request, response);
	}
	private void searchSelectList(HttpServletRequest request,
		HttpServletResponse response) throws ServletException,
		IOException, SQLException {
			ProductServiceI service = new ProductServiceImpl();
			pagination.setPageSize(99999);
		List<Product> list =  service.getProductList
			(pagination , request);
			request.setAttribute("list", list);
			RequestDispatcher rd = request
					.getRequestDispatcher("jsp/product/product.jsp");
			rd.forward(request, response);
	}
	private List<Product> searchData(HttpServletRequest request,
		HttpServletResponse response) throws ServletException,
		IOException {
			ProductServiceI service = new ProductServiceImpl();
			List<Product> list = null;
			try {
				pagination.setTotal(service.getTotal());
```

```
                initPagination(pagination, request);
                list = service.getProductList(pagination , request);

            } catch (SQLException e) {

                e.printStackTrace();

            }

            return list;

        }

}
```

9．运行程序

登录后在主界面单击“产品管理”按钮，弹出的页面如图 S5-2 所示。

图 S5-2　产品管理页面

单击“新建”按钮，弹出增加产品数据页面，如图 S5-3 所示。

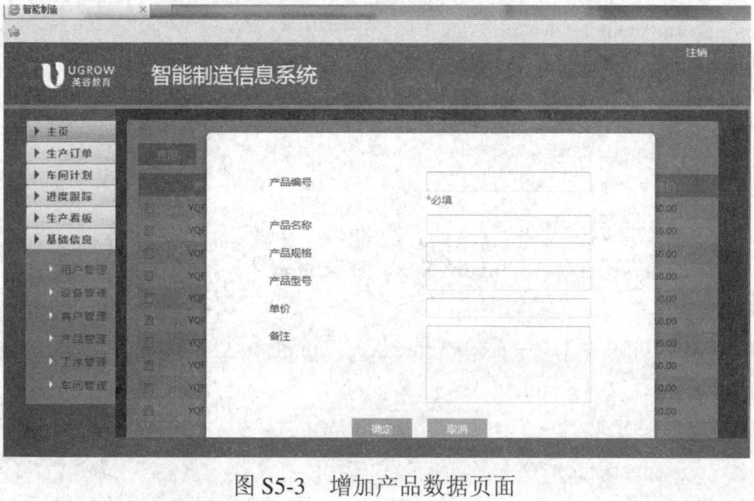

图 S5-3　增加产品数据页面

拓展练习

完成车间管理模块，实现如下功能：

(1) 显示车间编号、车间名称、备注。

(2) 车间管理界面上方有新增、修改、删除按钮。当单击新增按钮时，弹出增加界面，可以实现车间编号、车间名称和备注的添加；修改按钮可修改任一行数据；删除按钮可删除任一行数据。

实践 6　系统后台开发之监听器和过滤器

实践指导

实践 6.1　监听用户登录

当监听到用户成功登录系统的信息时，在数据库中存入相关数据。

【分析】

(1) 创建数据库表，用于存放用户登录的基本信息，如用户名、登录时间、登录状态等。

(2) 创建相关服务类，实现往数据库里插入相关登录基本信息的功能。

(3) 创建监听器类，实现对登录状态的监听，并能调用服务类中的相关方法。

【参考解决方案】

1．创建数据库表

在数据库 im 中创建表 sys_log，其中包含 ID、loginName(登录用户)、actionDate(登录时间)、status(登录状态)，如图 S6-1 所示。

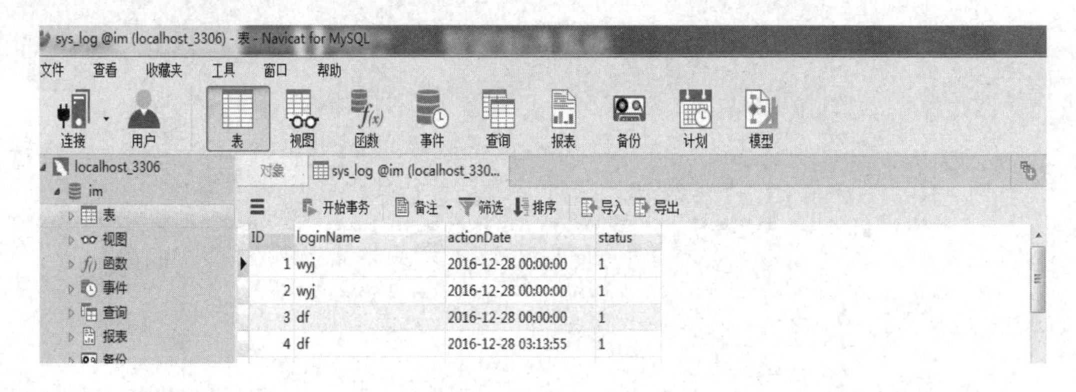

图 S6-1　表 sys_log

2．导入相关包

在根目录 WebContent 中的 lib 文件中导入 servlet-api.jar，如图 S6-2 所示。

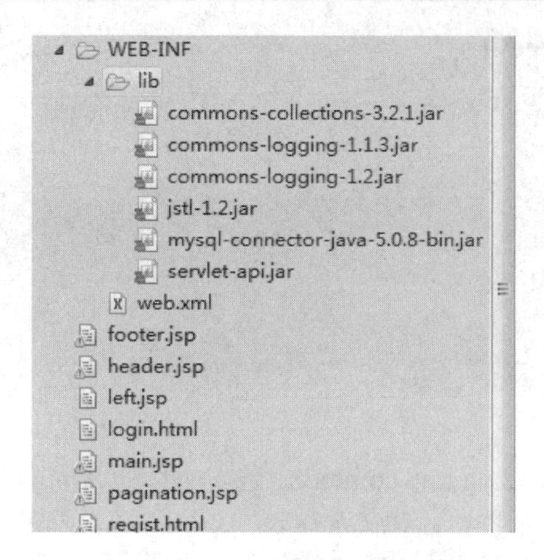

图 S6-2　导入 servlet-api.jar

3．创建服务类

在 com.hyg.imp.common 包中创建 CommonService 类，其中包含 useLoginLog 方法，用于往表 sys_log 中插入登录的基本信息，代码如下：

```
package com.hyg.imp.common;
import java.text.SimpleDateFormat;
import javax.servlet.http.HttpServletRequest;
public class CommonService {
    @SuppressWarnings({ "unchecked", "rawtypes" })
    public int userLoginLog(String userName ,  String status)
            throws SQLException{
                String sql = "INSERT INTO sys_log ( loginName, actionDate , status ) VALUES
                (?, ? , ?);";
            List paramsList = new ArrayList();
                paramsList.add(userName);
                paramsList.add(new SimpleDateFormat("yyyy-MM-dd hh:mm:ss").format(new
            Date()));
                paramsList.add(status);
            return DBUtil.executeUpdate(sql, paramsList.toArray());
    }
}
```

4．创建 SessionUtil 类

在 com.hyg.imp.common 包中创建 SessionUtil 类，用于判读用户是否存在集合中，如果存在则返回当前用户，否则返回 null，代码如下：

```
package com.hyg.imp.common;
public class SessionUtil {
  //根据 SessionId 判断当前用户是否存在集合中，如果存在返回当前用户，否则返回 null
  public static String[] getUserBySessionId(List<String[]> userList,String sessionId) {
```

```
        for (String[] user : userList) {
            if(sessionId.equals(user[0])){
                return user;
            }
        }
        return null;
    }
}
```

5. 创建监听器

右击项目中的 com.hyg.imp.common 包，创建 OnlineListener 类，用于实现 HttpSessionAttributeListener 接口，代码如下：

```
package com.hyg.imp.common;
@WebListener
public class OnlineListener implements HttpSessionAttributeListener {
        @Override
        public void attributeAdded(HttpSessionBindingEvent se) {
                //sessionCreated 用户数+1
        String userName = (String) se.getSession().getAttribute("userName");
                @SuppressWarnings("unchecked")
                List<String[]> userList = (List<String[]>) se.getSession()
                                .getServletContext().getAttribute("userList");
                String sessionId = se.getSession().getId();
                if (userList != null
                                && SessionUtil.getUserBySessionId(userList, sessionId)
                                        == null) {
                        userList.add(new String[] { sessionId, userName });
                } else if (userList == null && StringUtils.isNotEmpty(userName)) {
                        userList = new ArrayList<>();
                        userList.add(new String[] { sessionId, userName });
                }
                                se.getSession().getServletContext().setAttribute("userList", userList);
                        //在数据库中保存 userCounts
                    CommonService servce = new CommonService();
                try {
                        servce.userLoginLog(userName, "1");
                } catch (SQLException e) {
                        e.printStackTrace();
                }
        }
        @Override
```

```
    public void attributeRemoved(HttpSessionBindingEvent se) {
            String userName = (String)
            se.getSession().getAttribute("userName");
        @SuppressWarnings("unchecked")
        List<String[]> userList = (List<String[]>) se.getSession()
                    .getServletContext().getAttribute("userList");
        String sessionId = se.getSession().getId();
        //如果当前用户在 userList 中，在 session 销毁时把当前用户移出 userList
        String[] user = SessionUtil.getUserBySessionId
            (userList, sessionId);
        if (userList != null && user != null) {
            userName = user[1];
            userList.remove(user);
        }
        //在数据库中保存 userCounts
        CommonService servce = new CommonService();
        try {
            servce.userLoginLog(userName, "0");
        } catch (SQLException e) {
            e.printStackTrace();
        }
    }
    @Override
    public void attributeReplaced(HttpSessionBindingEvent se) {
        attributeAdded(se);
    }
}
```

6．升级 UserServlet

在 UserServlet 类的 doPost()方法的 switch 语句中增加 logOut 选项：

```
case "logout" :
            logOut(request , response);
            break;
```

并在 UserServlet 类中增加一个 logOut 方法：

```
private void logOut(HttpServletRequest request, HttpServletResponse
    response) throws ServletException, IOException {
    RequestDispatcher rd = request.getRequestDispatcher("/login.Html");
        request.getSession().removeAttribute("userName");
        rd.forward(request, response);
    }
```

7. 运行程序

当用户输入正确的用户名和密码登录成功后，在数据库表 sys_log 中就插入了相关登录信息。可通过 Navicat for MySQL 进行查看，如图 S6-3 所示。

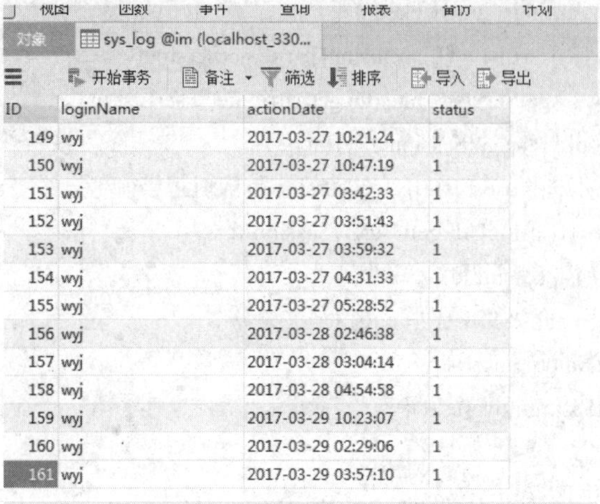

ID	loginName	actionDate	status
149	wyj	2017-03-27 10:21:24	1
150	wyj	2017-03-27 10:47:19	1
151	wyj	2017-03-27 03:42:33	1
152	wyj	2017-03-27 03:51:43	1
153	wyj	2017-03-27 03:59:32	1
154	wyj	2017-03-27 04:31:33	1
155	wyj	2017-03-27 05:28:52	1
156	wyj	2017-03-28 02:46:38	1
157	wyj	2017-03-28 03:04:14	1
158	wyj	2017-03-28 04:54:58	1
159	wyj	2017-03-29 10:23:07	1
160	wyj	2017-03-29 02:29:06	1
161	wyj	2017-03-29 03:57:10	1

图 S6-3　登录信息

实践 6.2　过滤器

实现智能制造信息系统后台管理用户的过滤功能，具体要求如下：

(1) 禁止用户非法访问，只有登录成功才能访问后台页面。

(2) 不登录直接访问后台其他页面，将跳转到登录页面。

【分析】

(1) 不允许不登录只通过“http://localhost:8080/improject/main.jsp”直接访问后台管理主界面。

(2) 为杜绝后台的非法访问，可以在项目中添加一个过滤处理类 CheckUserFilter。

(3) CheckUserFilter 类用于获取用户请求的页面，如果请求页面不是登录页面，则应查看 Session 中是否有用户信息(登录成功时用户名将保存到 Session 中，如果没有登录过，则 Session 中无此用户名)。若有，属于合法访问，使用 chain.doFilter()方法放行，否则重定向到登录页面。

【参考解决方案】

1. 创建过滤器

在 src 中创建 com.hyg.imp.filter 包，右击“选择”按钮，单击“New→Filter”，创建 CheckUserFilter 类程序的代码如下：

```
package com.hyg.imp.filter;
	@WebFilter("/CheckUserFileter")
public class CheckUserFilter implements Filter {
	private FilterConfig filterConfig;
	private String loginPage = "/login.html";
```

```
    public CheckUserFileter() {
    }
    public void destroy() {
        filterConfig = null ;
    }
      public void doFilter(ServletRequest request,
                ServletResponse response, FilterChain chain)
                throws IOException, ServletException {
        HttpServletRequest req = (HttpServletRequest) request;
        HttpServletResponse res = (HttpServletResponse) response;
        //获得请求页面
        String uri = req.getRequestURI();
        //通过判断 session 是否具有 adminuser 参数来判断用户是否已经登录
        HttpSession session = req.getSession(true);
        //如果访问登录页面或已经登录
        if(uri.endsWith(loginPage) || uri.endsWith("login") ||
                session.getAttribute("userName") !=null){
                chain.doFilter(request, response);
                return ;
        }
        else{
                res.sendRedirect(loginPage);
        }
    }
    public void init(FilterConfig fConfig) throws ServletException {
         filterConfig = fConfig ;
         if(filterConfig.getInitParameter("loginPage")!=null){
                loginPage = filterConfig.getInitParameter("loginPage");
         }
    }
}
```

2．配置过滤器

在 web.xml 配置文件中配置 CheckUserFilter 过滤器，代码如下：

```
<?xml version="1.0" encoding="UTF-8"?>
<web-app xmlns:xsi="http://www.w3.org/2001/XMLSchema-instance"
    xmlns="http://java.sun.com/xml/ns/javaee" xsi:schemaLocation="http://java.sun.com/xml/ns/javaee
    http://java.sun.com/xml/ns/javaee/web-app_3_0.xsd" id="WebApp_ID" version="3.0">
  <display-name>improject</display-name>
  <welcome-file-list>
    <welcome-file>login.html</welcome-file>
```

```
        <welcome-file>main.jsp</welcome-file>
    </welcome-file-list>
    <filter>
        <display-name>用户过滤器</display-name>
        <filter-name>CheckUserFilter</filter-name>
        <filter-class>com.hyg.imp.filter.CheckUserFilter</filter-class>
        <init-param>
            <param-name>loginPage</param-name>
            <param-value>/improject/login.html</param-value>
        </init-param>
    </filter>
    <filter-mapping>
        <filter-name>CheckUserFilter</filter-name>
        <url-pattern>*.jsp</url-pattern>
    </filter-mapping>
</web-app>
```

3. 运行程序

启动 Tomcat，在 IE 中访问“http://localhost:8080/improject/main.jsp”，若从没有登录过，过滤器处理后会显示登录页面，如图 S6-4 所示。

图 S6-4　登录页面

也可以输入其他页面进行测试，如注册页面 regist.jsp 等。

实践 6.3　AJAX

运用 AJAX 技术升级用户管理模块。

【分析】

(1) 运用 AJAX 技术升级用户列表，实现离职功能。

(2) 在 UserServlet 中增加相关方法。

【参考解决方案】

1．升级 user_list.jsp

运用 AJAX 技术升级 user_list.jsp 中的 dismission()方法的代码如下：

```
<%@ page import="com.hyg.imp.beans.User"%>
<%@ page import="java.util.List"%>
<%@ page language="java" contentType="text/html; charset=UTF-8"
        pageEncoding="UTF-8"%>
<%@include file="/common/taglibs.jsp"%>
<!DOCTYPE html PUBLIC "-//W3C//DTD HTML 4.01 Transitional//EN"
    "http://www.w3.org/TR/html4/loose.dtd">
<html>
<head>
<meta http-equiv="Content-Type" content="text/html; charset=UTF-8">
<title>产品管理</title>
<link href="${basePath}/css/bootstrap.min.css" type="text/css"
        rel="stylesheet" />
<link href="${basePath}/css/styles.css" type="text/css" rel="stylesheet" />
<script type="text/javascript"
        src="${basePath}/js/jquery/jquery-3.1.1.min.js"></script>
<script type="text/javascript" src="${basePath}/js/bootstrap.min.js"></script>
<style type="text/css">
</style>
<script type="text/javascript">
        $(function() {
                $(".main-list-cont tr:odd").css("background", "#e8f3ff");
        });
        function query(pageNo) {
                if (pageNo != undefined) {
                        $("#pageNo").val(pageNo);
                }
                $("#userListForm").submit();
        }
        function queryLast() {
                var pageNo = $("#pageNo").val();
                if (pageNo != undefined) {
                        $("#pageNo").val(pageNo);
                }
                if (parseInt(pageNo) > 1) {
                        query(parseInt(pageNo) - 1);
                }
```

```
}
function queryNext() {
        var pageNo = $("#pageNo").val();
        if (pageNo != undefined) {
                $("#pageNo").val(pageNo);
        }
        if (parseInt(pageNo) < parseInt("${pagination.pageIndex}")) {
                query(parseInt(pageNo) + 1);
        }
}
function editInit(motion) {
        if (motion == "add") {
                $("#myModalLabel").html("新增人员");
                $("#iframeDialog").attr(
                                "src",
"${basePath}/UserServlet?action=addOrEidtUserJsp&motion="
                                                + motion);
        } else if (motion == "edit") {
                $("#myModalLabel").html("修改人员");
                var selectedChks = $(".main-list-cont").find(
                                'input[type="checkbox"][id^="chkUser"]:checked');
                if (selectedChks.length == 0) {
                        alert("请选中一个要修改的人员！");
                        return false;
                }
                if (selectedChks.length > 1) {
                        alert("只能选择一条数据！");
                        return false;
                }
                  $("#iframeDialog").attr("src",
                 "${basePath}/UserServlet?action=addOrEidtUserJsp&motion="
                                        + motion + "&userId=" + selectedChks.val());
        } else {
                return false;
        }
        //设置提交按钮的方向
        $("#hidEditMotion").val(motion);
        $("#myModal").modal({
                backdrop : "static"
        });
}
```

```
//选择人员编辑时检查其他选项，以确保只选中一条数据
function singleSelect(thisObj) {
        var thisId = $(thisObj).attr("id");
        $(".main-list-cont").find(
                'input[type="checkbox"]
                [id^="chkUser"]:checked').each(
                        function() {
                                if ($(this).attr("id") != thisId) {
                                        $(this).prop("checked", false);
                                }
                        });
}
function doSubmit(motion) {
        if (motion.length > 0) {
                path = "${basePath}/UserServlet?action="
                             + motion + "&pageNo="
                             + $("#pageNo").val()
                             + "&pageSize=" + $("#pageSize").val();
                var userForm = window.frames["iframeDialog"].document
                                  .getElementById("userForm");
                userForm.action = path;
                userForm.submit();
        }
}
//使用原始 AJAX 的方式进行修改离职状态的操作
function dismission() {
        var selectedChks = $(".main-list-cont").find(
                        'input[type="checkbox"][id^="chkUser"]:checked');
        if (selectedChks.length == 0) {
                alert("请选中一个要离职的人员！");
                return false;
        }
        if (selectedChks.length > 1) {
                alert("只能选择一条数据！");
                return false;
        }
        if (confirm("确定该人员要离职吗?")) {
                                        //定义 AJAX 必需的 XMLHttpRequest 对象
                var xmlHttp;
                if (window.ActiveXObject) {
//判断是否为 ie 等不支持 XMLHttpRequest 的浏览器，如果是就使用 ActiveXObject 对象
```

```
                xmlHttp = new ActiveXObject("Microsoft.XMLHTTP");
            } else if (window.XMLHttpRequest) {
                xmlHttp = new XMLHttpRequest();
            }
            //XMLHttpRequest 对象状态发生变化时的回调函数
            xmlHttp.onreadystatechange = function() {
                if (xmlHttp.readyState == 4) {//判断响应完成的状态
                    if (xmlHttp.status == 200) {//判断响应成功的状态
                        var flag = xmlHttp.responseText;
      //获取 AJAX 返回的内容
                        if (flag > 0) {
                        $("#chkUser" + selectedChks.val()).parent()
                                    .siblings()[4]
                                        .innerHTML = "离职";
                        } else {
                            alert("删除失败");
                        }
                    }
                }
            }
            //使用 get 方式发送请求
            xmlHttp.open("GET",
                "${basePath}/UserServlet?action=dismission&userId="
                                    + selectedChks.val());
    //如果是 post，则以“action=dismission&userId=id”字符串的形式添加请求参数
            xmlHttp.send(null);
        }
    }
    //关闭 Modal 框
    function closeModal() {
        $("#myModal").modal('hide');
    }
</script>
</head>
<body>
    <div class="main">
        <form action="${basePath}/UserServlet"
                method="POST" id="userListForm">
            <input type="hidden" id="hidEditMotion" />
            <div class="main-right">
                <div class="content">
```

```
<div class="main-button">
        <input class="bta"
                type="button" value="新增人员"
              onclick="editInit('add');" />
        <input class="btc" type="button"
                value="修改人员"
              onclick="editInit('edit');" />
        <input class="btd"
              type="button"value="人员离职" onclick="dismission();"
              />
</div>
<div class="main-list">
        <div class="main-list-top">
              <table width="915px"
                     cellspacing="0" cellpadding="0">
                     <thead>
                            <tr align="center">
                                   <td width="30px"></td>
                                   <td width="150">
                                    用户编号
                                    </td>
                                   <td width="150">
                                      部门
                                      </td>
                                   <td width="150">
                                      人员
                                      </td>
                                   <td width="150">
                                      职位
                                      </td>
                                   <td width="150">
                                        状态
                                        </td>
                                   <td width="135">
                                        备注
                                        </td>
                            </tr>
                     </thead>
              </table>
        </div>
        <div class="main-list-cont">
```

```
<table width="915px"
        cellspacing="0" cellpadding="0">
        <tbody>
<c:forEach items="${userList}"
                        var="user">
                <tr>
                <c:set var="userId"
                value="${user.id }" />
        <tdwidth='30px'>
                <input type='checkbox'
                        id='chkUser${userId}'
                        name='chkUserId'
                        value='${user.id}'
        onclick='singleSelect(this);' />
        </td>
        <td width='150px'>
        ${user.userCode}
        </td>
<td width='150px'>${user.deptName}</td>
<td width='150px'>${user.userName}</td>
    <td width='150px'><c:if test="${empty user.position}">
  无职位</c:if>
<c:if test="${!empty user.position}"> ${user.position}</c:if>
    </td>
    <td width='150px'><c:choose>
<c:when test="${user.status eq 0   }">
        在职
</c:when>
<c:otherwise>
        离职
</c:otherwise>
</c:choose></td>
    <td width='150px'>${user.description}</td>
                </tr>
            </c:forEach>
        </tbody>
    </table>
</div>
</div>
<jsp:include page="/pagination.jsp"
        flush="true" />
```

```
                    </div>
                </div>
            </form>
        </div>
        <%--<!-- 底部开始 -->
    <div class="bottom">©青岛英谷教育科技股份有限公司 版权所有
    电话：0532-88979016</div>
        <!-- 底部结束 -->--%>
        <!-- 模态框(Modal) -->
        <div class="modal fade" id="myModal" tabindex="-1" role="dialog"
            aria-labelledby="myModalLabel" aria-hidden="true">
            <div class="modal-dialog" style="width: 900px;">
                <div class="modal-content">
                    <div align="center" style="margin: 0 0 0 0;
                            padding: 0;">
                        <iframe frameborder="0"
                                width="100%" height="450px;"
                                id="iframeDialog" name="iframeDialog"
                                marginwidth="0"marginheight="0"
                                frameborder="0"
                                 scrolling="no" src=""></iframe>
                    </div>
                </div>
                <!-- /.modal-content -->
            </div>
            <!-- /.modal-dialog -->
        </div>
        <!-- /.modal -->
</body>
</html>
</html>
```

2. 修改相关 UserServlet.java

在 UserServlet.java 类中修改 checkLogin()方法，代码如下：

```
private void checkLogin(HttpServletRequest request,
        HttpServletResponse response) throws
        ServletException, IOException {
          userServiceI = new UserServiceImpl();
          Map<String, Object> map = new HashMap<String,Object>();
         String loginName = request.getParameter("loginName");
         String pwd = request.getParameter("pwd");
```

```
            map.put("loginName", loginName);
            map.put("password", pwd);
            int checkResult = userServiceI.getListTotal(map) ;
            RequestDispatcher rd = request.getRequestDispatcher("/main.jsp");
            if(checkResult == 0 ){
                    request.setAttribute("msg", "用户名或者密码错误！");
                    rd = request.getRequestDispatcher("/login.jsp");
            }else{
                    request.getSession().setAttribute("userName", loginName);
                    Cookie cookie = new Cookie("userName" , loginName) ;
                    cookie.setMaxAge(60*60*24*30);
                    response.addCookie(cookie);
            }
            rd.forward(request, response);
    }
```

实践 6.4　jQuery 中的 AJAX 技术

使用 jQuery 中的 AJAX 技术来实现校验用户名和登录名不能重复。

【分析】

(1) 升级 user_handle.jsp，使用 jQuery 中的 AJAX 技术来判断用户名和用户编号是否重复。

(2) 在 CommonService 中增加方法，并升级 BaseServlet。

(3) 最后在 UserServlet 中调用相关方法。

【参考解决方案】

1. 导入相关包

在 lib 中导入 commons-beanutils-1.9.2.jar、commons-collections-3.2.1.jar、commons-lang-2.6.jar、ezmorph-1.0.6.jar 和 json-lib-2.4-jdk15.jar，如图 S6-5 所示。

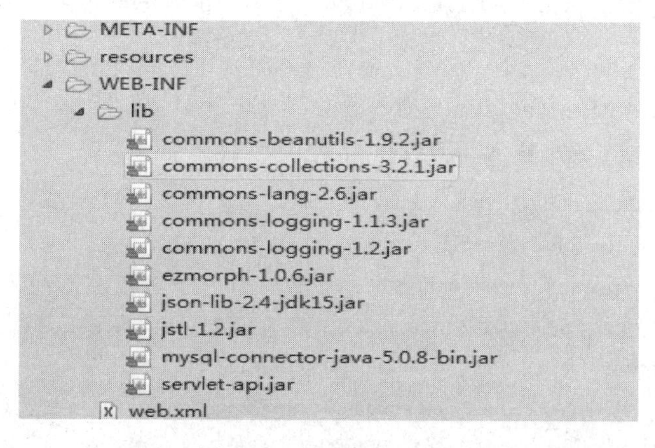

图 S6-5　导入相关 jar 包

2．升级 user_handle.jsp

在 user_handle.jsp 中增加 checkRepeat()方法，代码如下：

```
function checkRepeat(obj){
        var column = obj.id ;
        var value = obj.value;
        if(value != ""){
                $.ajax({
                                type : "POST",
                                url : "${basePath}/UserServlet?
                                        action=checkRepeat&column="
                                          + column + "&value=" + value,
                                datatype:"json",
                                success : function(data) {
                                        var   m = eval( "(" + data + ")");
                                        console.info(m.total);
                                                if(m.total > 0){
                                                        if(obj.id == "loginName"){
                                                                alert("用户名重复！");
                                                                $("#loginName").val("");
                                                        }else{
                                                                alert("用户编号重复！");
                                                                $("#userCode").val("");
                                                        }
                                                }
                                }
                        });
        }
}
```

3．增加 checkRepeat()方法

在 CommonService 类中增加判断用户名和登录名是否重复的 checkRepeat()方法，代码如下：

```
@SuppressWarnings({ "unchecked", "rawtypes" })
public int checkRepeat(HttpServletRequest request)
     throws SQLException {
        String table = "";
        String columnName = request.getParameter("column");
        List list = new ArrayList();
        String value = request.getParameter("value");
        list.add(value);
```

```
            if ("orderCode".equals(columnName)) {
                    table = "mm_prod_order";
              } else if ("userCode".equals(columnName)
                            || "loginName".equals(columnName)) {
                    table = "sys_user";
            } else if ("workshopCode".equals(columnName)) {
                    table = "sys_workshop";
            }
            String sqlParam = " from " + table + " where "
                                        + columnName + " = ?";
            return DBUtil.getResultTotal(sqlParam, list.toArray());
    }
}
```

4．升级 BaseServlet

在 BaseServlet 中增加 checkRepeat()、writeToJson()方法，代码如下：

```
    //ajax 验证重复公用方法
  public void checkRepeat(HttpServletRequest request,
                  HttpServletResponse response) throws SQLException {
    CommonService service = new CommonService();
    int total = service.checkRepeat(request);
            JSONObject json = new JSONObject();
            json.put("total", total);
            writeToJson(response, json);
    }
    //以 JSON 格式响应到前台
    @SuppressWarnings("null")
public void   writeToJson(HttpServletResponse response
        ,JSONObject json) {
            response.setContentType("text/html;charset=utf-8");
            response.setCharacterEncoding("UTF-8");
            PrintWriter out = null;
            try {
                    out = response.getWriter();
                    if (json == null) {
                            json.put("success", false);
                    }
                    out.println(json);//向客户端输出 JSONObject 字符串
            out.flush();
            out.close();
            } catch (IOException e) {
```

```
                        e.printStackTrace();
                }
        }
}
```

5．在 UserServlet 类中增加相关代码

在 dopost()方法的 switch 语句中增加如下代码：

```
case  "checkRepeat" :
                        try {
                                checkRepeat(request, response);
                        } catch (SQLException e) {
                                //TODO Auto-generated catch block
                                e.printStackTrace();
                        }
                break;
```

6．运行程序

登录系统界面，单击“用户管理”按钮，添加新的用户，当输入的用户名和登录名一样时，弹出提示框，如图 S6-6 所示。

图 S6-6　提示用户名和登录名重复

拓展练习

完成订单管理，验证订单号不能重复。

实践 7　生产订单模块

实践指导

实践　生产订单模块

创建生产订单并进行派工。

【分析】

(1) 创建订单类。

(2) 创建订单接口类以及接口实现类。

(3) 创建订单 Servlet 类以及订单 jsp 页面。

【参考解决方案】

1. 创建客户管理模块

在进行生产订单模块设计前，应先完成实践 4 练习中客户管理功能模块的创建。

2. 创建实体类

在 com.hyg.imp.beans 中创建 Order 类，并根据 Order 类在 im 中创建 mm_prod_order 表及对应字段，Order 类的代码如下：

```
package com.hyg.imp.beans;
import com.hyg.imp.common.StringUtils;
public class Order {
        private Integer id ;
        private Integer customId ;
        private Integer productId;
        private String orderCode;
        private Integer quantity;
        private Date deliveryDate;
        private String deliveryDateStr;
        private Date planStartDate;
        private String planStartDateStr;
        private Date planFinishDate;
        private String planFinishDateStr;
        private String RFIDCode ;
        private Integer createUserId ;
```

```
        private Date createDate ;
        private String description;
        private Product product;
        private Customer customer;
        private String status ;
        private String processStr;
        private String processIds;
        private String[] processArr;
        private String dateStatus;
省略相应的 get()、set()方法
}
```

3．创建日期类

在 com.hyg.imp.common 包中创建 DateUtils 类的代码如下：

```
package com.hyg.imp.common;
import java.text.ParseException;
import java.text.SimpleDateFormat;
//日期实用类
public class DateUtils {
//取得当月天数
    public static int getDaysOfMonth() {
        Calendar a = Calendar.getInstance();
        a.set(Calendar.DATE, 1);//把日期设置为当月第一天
        a.roll(Calendar.DATE, -1);//日期回滚一天，也就是最后一天
        int maxDate = a.get(Calendar.DATE);
        return maxDate;
    }
//取得当前年份
    public static int getCurrentYear() {
        Calendar calendar = Calendar.getInstance();
        return calendar.get(Calendar.YEAR);
    }
//取得指定年月的天数
    public static int getDaysOfMonth(int year, int month) {
        Calendar a = Calendar.getInstance();
        a.set(Calendar.YEAR, year);
        a.set(Calendar.MONTH, month - 1);
        a.set(Calendar.DATE, 1);//把日期设置为当月第一天
        a.roll(Calendar.DATE, -1);//日期回滚一天，也就是最后一天
        int maxDate = a.get(Calendar.DATE);
```

```
        return maxDate;
    }
//取得当前月份
    public static int getMonth() {
        Calendar calendar = Calendar.getInstance();
        return calendar.get(Calendar.MONTH) + 1;
    }
 //获取当前日期的日期格式
    public static String formatDate(String pattern) {
        if (StringUtils.isEmpty(pattern)) {
            pattern = "yyyyMMddHHmm";
        }
        SimpleDateFormat dateFormat = new SimpleDateFormat(pattern);
        return dateFormat.format(new Date());
    }
    //根据指定的字符串和日期格式，把字符串转换成指定的日期格式
    public static String formatDate(String pattern, String date) {
        SimpleDateFormat dateFormat = new SimpleDateFormat("yyyyMMddHHmm");
        Date d = null;
        try {
            d = dateFormat.parse(date);
        } catch (ParseException e) {
            e.printStackTrace();
        }
        dateFormat.applyPattern(pattern);
        return dateFormat.format(d);
    }
//根据指定的日期字符串和日期格式，把字符串转换成指定的日期格式
    public static String formatDate(String orgPattern, String date,String pattern ) {
        SimpleDateFormat dateFormat = new SimpleDateFormat(orgPattern);
        Date d = null;
        try {
            d = dateFormat.parse(date);
        } catch (ParseException e) {
            e.printStackTrace();
        }
        dateFormat.applyPattern(pattern);
        return dateFormat.format(d);
    }
  //根据指定的字符串和日期格式，把字符串转换成指定日期格式的日期
```

```
    public static Date toDate(String pattern, String date) {
        if(pattern == null){
            pattern = "yyyy-MM-dd";
        }
        SimpleDateFormat dateFormat = new SimpleDateFormat(pattern);
        Date d = null;
        try {
            d = dateFormat.parse(date);
        } catch (ParseException e) {
            e.printStackTrace();
        }
        return d;
    }
//根据指定的字符串和日期格式，把字符串转换成指定的日期格式
    public static String formatDate(String pattern, Date date) {
          SimpleDateFormat dateFormat = new SimpleDateFormat("yyyyMMddHHmm");
        dateFormat.applyPattern(pattern);
        return dateFormat.format(date);
    }
//把符合条件的日期/时间字符串转换成<code>yyyy-MM-dd<code>或<code>yyyy-MM-dd HH:mm<code>的
        日期格式
    public static String forDateFormat(String date) {
        String rtn = "";
        if (date == null) {
            return rtn;
        }
        if (date.length() == 8) {
            String year = date.substring(0, 4);
            String month = date.substring(4, 6);
            String day = date.substring(6, 8);
            rtn = year + "-" + month + "-" + day;
        } else if (date.length() == 12) {
            String year = date.substring(0, 4);
            String month = date.substring(4, 6);
            String day = date.substring(6, 8);
            rtn = year + "-" + month + "-" + day
                        + " "   + date.substring(8, 10)
                    + ":" + date.substring(10, 12);
        }
        return rtn;
```

```
}
//将指定的日期/时间字符串进行格式化，并返回一个格式化后的日期/时间字符串
public static String getFormatDate(String strDateIn) {
    //定义一个字符串变量
    String strDate = "";
    //空值返回字符串
    if (strDateIn == null || "".equals(strDateIn.trim())) {
        return "";
    }
    //时分的情况
    if (strDateIn.trim().length() == 4) {
        strDate = strDateIn.substring(0, 2)
       + ":"   + strDateIn.substring(2, 4);
    } else if (strDateIn.trim().length() == 8) {
        //只有年月日
        strDate = strDateIn.substring(0, 4) + "-"
                + strDateIn.substring(4, 6) + "-"
                + strDateIn.substring(6, 8);
    } else if (strDateIn.trim().length() == 6) {
        //只有年月
        strDate = strDateIn.substring(0, 4) + "-"
                + strDateIn.substring(4, 6);
    } else if (strDateIn.trim().length() == 12) {
        //只有年月日时分
        strDate = strDateIn.substring(0, 4) + "-"
                + strDateIn.substring(4, 6) + "-"
                + strDateIn.substring(6, 8) + " "
                + strDateIn.substring(8, 10) + ":"
                + strDateIn.substring(10, 12);
    } else if (strDateIn.trim().length() == 14) {
        //只有年月日时分秒
        strDate = strDateIn.substring(0, 4) + "-"
                + strDateIn.substring(4, 6) + "-"
                + strDateIn.substring(6, 8) + " "
                + strDateIn.substring(8, 10) + ":"
                + strDateIn.substring(10, 12) + ":"
                    + strDateIn.substring(12, 14);
    } else {
        throw new NumberFormatException(
                "日期格式错误：日期类型应为长度为6位,8位,12位或14位的数字。"
```

```
                    + "如，2005 年 7 月 11 日 13 点 45 分应为“200507111345””);
        }
        //返回结果
        return strDate;
    }
//获取指定年月的首日
    public static String getStartDate(String yearMM) {
        String strStartDate = "";
        if (yearMM == null) {
            return "";
        }
        if (yearMM.length() != 6) {
            throw new NumberFormatException("日期格式错误：(" + yearMM+ ")日期类型应为长度为 6 位
                的数字。" + "如，200507");
        }
        //指定年月的第一天
        strStartDate = yearMM + "01";
        return strStartDate;
    }
//获取指定年月的结束日期
    public static String getEndDate(String yearMM) {
        if (yearMM == null || "".equals(yearMM.trim())) {
            return "";
        }
        if (yearMM.length() != 6) {
            throw new NumberFormatException("日期格式错误：(" + yearMM+ ") 日期类型应为长度为 6
                    位的数字。" + "如，200507");
        }
        //格式化为整形
        int time = Integer.parseInt(yearMM);
        //日历控件
        Calendar cal = Calendar.getInstance();
        //设置年，月，日
        cal.set((time / 100), (time % 100 - 1), 1);
        cal.add(Calendar.MONTH, 1);
        cal.add(Calendar.DATE, -1);
        //指定年月的最后一天
        return yearMM + String.valueOf(cal.get(Calendar.DATE));
    }
//获取一个 8 位的当前日期字符串，例：20050816
```

```
    public static String getDate8() {
        String pattern = "yyyyMMdd";
        String today = formatDate(pattern);
        //返回结果
        return today;
    }
 //获取一个 12 位的当前日期字符串， 例：200508161127
    public static String getDate12() {
        String pattern = "yyyyMMddHHmm";
        String today = formatDate(pattern);
        //返回结果
        return today;
    }
//获取一个 14 位的当前日期字符串， 例：20050816112711
    public static String getDate14() {
        String pattern = "yyyyMMddHHmmSSS";
        String today = formatDate(pattern);
        //返回结果
        return today;
    }
//获取一个 6 位的当前年月字符串， 例：200508
    public static String getYYYYMM() {
        return getDate8().substring(0, 6);
    }
  //获取一个 4 位的当前字符串， 例：2005
    public static String getYYYY() {
        return getDate8().substring(0, 4);
    }
//用户输入一个 8 位或 12 位数字的日期字符串，返回该日期所在周的周一和周日的 8 位日期
    public static String[] dayInWeek(String day) throws NumberFormatException {
        //未输入日期时，日期默认为"00000000"
        if (day == null || "".equals(day.trim())) {
            day = "00000000";
        }
        //去空格
        day = day.trim();
        //判断日期长度是否为 8 位或 12 位，否则抛出异常
        if (!(day.length() == 8 || day.length() == 12))
            throw new NumberFormatException(
```

```
            "日期长度错误：日期类型应为长度为 8 位或 12 位的数字。如，2005 年 7 月 11 日 13
                    点 45 分应为“200507111345””");
//判断输入的日期是否能转换成数字，否则抛出异常
try {
    Long.parseLong(day);
} catch (Exception e) {
    e.printStackTrace(System.err);
    throw new NumberFormatException(
            "日期格式错误：日期类型应为长度为 8 位或 12 位的数字。如，2005 年 7 月 11 日 13
                    点 45 分应为“200507111345””");
}
SimpleDateFormat format = null;
if (day.length() == 8) {
    format = new SimpleDateFormat("yyyyMMdd");
} else {
    format = new SimpleDateFormat("yyyyMMddHHmm");
}
Date date = null;
try {
    date = format.parse(day);
} catch (ParseException ex) {
    ex.printStackTrace(System.err);
    throw new NumberFormatException(
            "日期格式错误：日期类型应为长度为 8 位或 12 位的数字。如，2005 年 7 月 11 日 13
                    点 45 分应为“200507111345””");
}
if (date == null)
    throw new NumberFormatException(
            "日期格式错误：日期类型应为长度为 8 位或 12 位的数字。如，2005 年 7 月 11 日 13
                    点 45 分应为 “200507111345” ");
//星期几
int weekDay = date.getDay();
if (weekDay == 0){
        weekDay = 7;
}
String[] towDay = new String[2];
//星期一
towDay[0] = addDate(day, 1 - weekDay)
    .substring(0, 8);
//星期日
```

```
        towDay[1] = addDate(day, 7 - weekDay)
            .substring(0, 8);
        return towDay;
    }
    //获取当前日期所在周的周一和周日
    public static String[] dayInWeek() throws NumberFormatException {
        SimpleDateFormat format =  new SimpleDateFormat("yyyyMMdd");
        Date date = new Date();
        //星期几
        int weekDay = date.getDay();
        if (weekDay == 0)
            weekDay = 7;
        String day = format.format(date);
        String[] towDay = new String[2];
        //星期一
        towDay[0] = addDate(day, 1 - weekDay)
                            .substring(0, 8);
        //星期日
        towDay[1] = addDate(day, 7 - weekDay)
                            .substring(0, 8);
                return towDay;
    }
//日期加减(按天数)
    public static String addDate(String day, int x)
            throws NumberFormatException {
        //未输入日期时，日期默认为"00000000"。
        if (day == null || "".equals(day.trim())) {
            day = "00000000";
        }
        //去空格
        day = day.trim();
        //判断日期长度是否为 8 位或 12 位，否则抛出异常
        if (!(day.length() == 8 || day.length() == 12))
            throw new NumberFormatException(
                    "日期长度错误：日期类型应为长度为 8 位或 12 位的数字。如，2005 年 7 月 11 日 13
                        点 45 分应为"200507111345"");
        //判断所输入的日期是否能转换成数字，否则抛出异常
        try {
            Long.parseLong(day);
        } catch (Exception e) {
```

```
            e.printStackTrace(System.err);
            throw new NumberFormatException(
                    "日期格式错误：日期类型应为长度为 8 位或 12 位的数字。如，2005 年 7 月 11 日 13
                        点 45 分应为“200507111345”");
        }
        SimpleDateFormat format = null;
        if (day.length() == 8) {
            format = new SimpleDateFormat("yyyyMMdd");
        } else {
            format = new SimpleDateFormat("yyyyMMddHHmm");
        }
        Date date = null;
        try {
            date = format.parse(day);
        } catch (ParseException ex) {
            ex.printStackTrace(System.err);
            throw new NumberFormatException(
                    "日期格式错误：日期类型应为长度为 8 位或 12 位的数字。如，2005 年 7 月 11 日 13
                        点 45 分应为“200507111345”");
        }
        if (date == null)
            throw new NumberFormatException(
                    "日期格式错误：日期类型应为长度为 8 位或 12 位的数字。如，2005 年 7 月 11 日 13
                        点 45 分应为“200507111345”");
         Calendar cal = Calendar.getInstance();
                cal.setTime(date);
                cal.add(Calendar.DAY_OF_MONTH, x);
                date = cal.getTime();
         cal = null;
         return format.format(date);
    }
   //按特定日期格式获取当前日期的字符串(14 位)， 例：2005 年 08 月 16
    public static String getToday() {
        String pattern = "yyyy 年 MM 月 dd 日";
        String today = formatDate(pattern);
        //返回结果
        return today;
    }
//获取指定的开始日期和结束日期间的天数
    public static long betweenDays(String beginDay, String endDay) {
```

```
        SimpleDateFormat format = null;
        if (beginDay.length() == 8) {
            format = new SimpleDateFormat("yyyyMMdd");
        } else if (beginDay.length() == 12) {
            format = new SimpleDateFormat("yyyyMMddHHmm");
        }
        Date beginDate = null;
        Date endDate = null;
        try {
            beginDate = format.parse(beginDay);
            endDate = format.parse(endDay);
        } catch (ParseException ex) {
            ex.printStackTrace(System.err);
            throw new NumberFormatException("日期格式：日期类型的长度应为 8 位或 12 位。如，2005
                    年 7 月 11 日 13 时 45 分应为"200507111345"");
        }
        long beginTime = beginDate.getTime();
        long endTime = endDate.getTime();
        long betweenDays = (long) ((endTime - beginTime)
                / (1000 * 60 * 60 * 24) + 0.5);
        return betweenDays;
    }
}
```

4．创建订单接口

在 com.hyg.imp.service 中创建接口 OrderServiceI 类，代码如下：

```
package com.hyg.imp.service;
public interface OrderServiceI {
    public int getTotal() throws SQLException;
    public void insertOrder(Order p) throws SQLException;
    public void updateOrder(Order p)   throws SQLException;
    public void delete(HttpServletRequest request)throws SQLException;
    public List<Order> getOrderList(Pagination pagination,
            HttpServletRequest request) throws SQLException, ParseException;
    public void updatePlanDate(Order order) throws SQLException;
}
```

5．创建接口 OrderDaoI 类

在 com.hyg.imp.dao 中创建接口 OrderDaoI 类，代码如下：

```
package com.hyg.imp.dao;
import java.text.ParseException;
```

```
public interface OrderDaoI {
        public List<Order> queryList(Pagination pagination, String sql,
                    Object[] array) throws SQLException, ParseException;
        public int getTotal(String whereSql, Object[] objects)
            throws SQLException;
        public void insert(Order p) throws SQLException;
        public void update(Order p) throws SQLException;
        public void delete(String id) throws SQLException;
        void updatePlanDate(Order order) throws SQLException;
        public void updateStatus(Integer id, String status)
        throws SQLException;
}
```

6．创建 OrderDaoImpl 类

在 com.hyg.imp.dao.impl 中创建 OrderDaoImpl 类，代码如下：

```
package com.hyg.imp.dao.impl;
import java.text.ParseException;
import java.text.SimpleDateFormat;
public class OrderDaoImpl extends DBUtil implements OrderDaoI {
        protected final String SQL_INSERT = "INSERT INTO mm_prod_order"
                                        + " (OrderCode, CustomID, ProductID, Quantity,
                                DeliveryDate, RFIDCode,CreateUserID, CreateDate, Description)
                                "+
                            "   VALUES (?,?,?,?,?,?,?,?,?)";
                protected final String SQL_UPDATE = "UPDATE SYS_Order SET OrderCode = ?,
                CustomID= ? , ProductID= ?"
                + " , Quantity= ?, DeliveryDate = ?,
                 RFIDCode = ? ,Description=? WHERE ID = ?";
                protected final String SQL_DELETE = "DELETE FROM mm_prod_order
                 where ID = ?";
        public static void main(String[] args) throws ParseException {
                String dateString = "2012-12-06 ";
                System.out.println(DateUtils.toDate("yyyy-MM-dd", dateString));
        }
        public static Date parse(String strDate, String pattern)
                throws ParseException {
                return new SimpleDateFormat(pattern).parse(strDate);
        }
        @Override
        public List<Order> queryList(Pagination pagination,
            String sql, Object[] array)
```

```
            throws SQLException, ParseException {
    List<Map<String, Object>> resultSetList = queryByPage
    (pagination, sql, array);
    List<Order> list = new ArrayList<>();
    for (Map<String, Object> map : resultSetList) {
            Order order = new Order();
            order.setId(Integer.valueOf(map.get("OID").toString()));
            order.getCustomer().setId(Integer.valueOf
            (map.get("CID").toString()));
            order.getProduct().setId(
                Integer.valueOf(StringUtils.isEmpty
                (map.get("PID").toString()) ?
                "0" : map.get("PID").toString()));
            order.setOrderCode(map.get("ORDERCODE").toString());
            order.getCustomer().setCustomerName
               (map.get("CUSTOMNAME").toString());
            order.getProduct().setProdCode
                (map.get("PRODCODE").toString());
            order.getProduct().setProdName
                 (map.get("PRODNAME").toString());
            order.setQuantity(Integer.valueOf(
                StringUtils.isEmpty(map.get("QUANTITY").
             toString()) ? "0" :        map.get("QUANTITY").toString()));
             order.setDeliveryDateStr
             (map.get("DELIVERYDATE").toString());
             order.setPlanStartDateStr(map.get("PLANSTARTDATE")
             .toString());
             order.setPlanFinishDateStr(map.get("PLANFINISHDATE")
             .toString());
            order.setRFIDCode(map.get("RFIDCODE").toString());
            order.setDescription(map.get("DESCRIPTION").toString());
            order.setStatus(map.get("STATUS").toString());
            //注释部分在添加工序模块完成后进行添加
            //order.setProcessStr(map.get("PROCESSSTR").toString());
            //order.setProcessIds(map.get("PROCESSIDS").toString() );
            order.setDateStatus(map.get("DATESTATUS").toString());
            list.add(order);
    }
    return list;
}
```

```
@SuppressWarnings("static-access")
public int getTotal(String whereSql, Object[] array)
      throws SQLException {
          //final String SQL = " select count(1)
          //from sys_Order where 1=1 " ;
          int count = this.getResultTotal(whereSql, array);
          return count;
}
@SuppressWarnings({ "rawtypes", "unchecked", "static-access" })
@Override
public void insert(Order order) throws SQLException {
          List params = new ArrayList();
          params.add(order.getOrderCode());
          params.add(order.getCustomId());
          params.add(order.getProductId());
          params.add(order.getQuantity());
          params.add(order.getDeliveryDateStr());
          params.add(order.getRFIDCode());
          //TODO 用户 session
          params.add(1);
          params.add(new Date());
          params.add(order.getDescription());
          //注意 executeUpdate 传参数 params 的时候，不能用 List 集合类型的，需要将该 List 集合转
          成数组
          this.executeUpdate(SQL_INSERT, params.toArray());
}
@SuppressWarnings({ "unchecked", "rawtypes", "static-access" })
@Override
public void update(Order order) throws SQLException {
          String SQL_UPDATE = "UPDATE mm_prod_order SET OrderCode = ?, CustomID= ? ,
          ProductID= ?"+ " , Quantity= ?,
           DeliveryDate = ?, RFIDCode = ? ,Description=? WHERE ID = ?";
          List params = new ArrayList();
          params.add(order.getOrderCode());
          params.add(order.getCustomId());
          params.add(order.getProductId());
          params.add(order.getQuantity());
          params.add(order.getDeliveryDateStr());
          params.add(order.getRFIDCode());
          params.add(order.getDescription());
```

```
            params.add(order.getId());
        //注意 executeUpdate 传参数 params 的时候，不能用 List 集合类型的，需要将该 List 集合转
        成数组
            this.executeUpdate(SQL_UPDATE, params.toArray());
    }
    @SuppressWarnings({ "unchecked", "rawtypes", "static-access" })
    @Override
    public void updatePlanDate(Order order) throws SQLException {
            String SQL_UPDATE = "UPDATE mm_prod_order
              SET   PlanStartDate=?, PlanFinishDate=? WHERE ID = ?";
            List params = new ArrayList();
            params.add(order.getPlanStartDateStr());
            params.add(order.getPlanFinishDateStr());
            params.add(order.getId());
            //注意 executeUpdate 传参数 params 的时候，不能用 List 集合类型的，需要将该 List 集合
             转成数组
            this.executeUpdate(SQL_UPDATE, params.toArray());
    }
    @SuppressWarnings({ "unchecked", "rawtypes", "static-access" })
    @Override
    public void delete(String id) throws SQLException {
            List params = new ArrayList();
            params.add(id);
            //注意 executeUpdate 传参数 params 的时候，不能用 List 集合类型的，需要将//该 List 集合
           转成数组
            this.executeUpdate(SQL_DELETE, params.toArray());
    }
    @SuppressWarnings({ "unchecked", "rawtypes", "static-access" })
    @Override
public void updateStatus(Integer id, String status)
       throws SQLException {
            String SQL_UPDATE = "UPDATE mm_prod_order SET   status=?   WHERE ID = (select
            orderid from mm_work_order where id = ? )";
            List params = new ArrayList();
            params.add(status);
            params.add(id);
            //注意 executeUpdate 传参数 params 的时候，不能用 List 集合类型的，需要将//该 List 集合
            转成数组
            this.executeUpdate(SQL_UPDATE, params.toArray());
    }
```

```
}
```

7．创建 OrderServiceI 类

在 com.hyg.imp.service 包中创建 OrderServiceI 类，代码如下：

```
package com.hyg.imp.service;
import java.text.ParseException;
public interface OrderServiceI {
        public int getTotal() throws SQLException;
        public void insertOrder(Order p) throws SQLException;
        public void updateOrder(Order p) throws SQLException;
        public void delete(HttpServletRequest request)throws SQLException;
        public List<Order> getOrderList(Pagination pagination,
            HttpServletRequest request)
            throws SQLException, ParseException;
        public void updatePlanDate(Order order)
            throws SQLException;
}
```

8．创建 OrderServiceImpl 类

在 com.hyg.imp.service.impl 包中创建 OrderServiceImpl 类，代码如下：

```
package com.hyg.imp.service.impl;
public class OrderServiceImpl implements OrderServiceI {
        //注释部分为添加序列后使用的查询语句
        String selectSQL = "select o.id oid ,c.id cid ,p.id pid ,
                        o.OrderCode , o.RFIDCode , o.planStartDate ,
                        o.planFinishDate ,o.status status,"
                    + "c.CustomName,p.ProdCode,p.ProdName,o.Quantity,
                        o.DeliveryDate,o.Description"
                    + ",case when sysdate() BETWEEN PlanStartDate
                          and PlanFinishDate   then '0'when sysdate()
                        <  PlanStartDate   then '2'   else '1' end   datestatus "
                    + " from   mm_prod_order o join sys_customer c on
                        o.CustomID = c.id"
                    + " JOIN sys_product p on o.productid = p.id       "
                   + " where 1=1 ";
        String countSQL = "   from   mm_prod_order o join sys_customer c
                                on o.CustomID = c.id   join sys_product p
                                on o.productid = p.id   where 1=1 ";
        OrderDaoI orderDao = new OrderDaoImpl();
    public List<Order> getOrderList(Pagination pagination,
            HttpServletRequest request)throws SQLException, ParseException {
```

```
        List<Order> orderList = new ArrayList<>();
        List<String> params = new ArrayList<String>();
        String action = request.getParameter("action");
        String id = request.getParameter("id");
        if (StringUtils.isNotEmpty(id) && "updateInit".equals(action)) {
            selectSQL += " and  o.id =  ? ";
            params.add(id);
        }
        String customerName = request.getParameter("customerName");
        if (StringUtils.isNotEmpty(customerName)) {
            selectSQL += " and  c.customname  like ? ";
            params.add("%" + customerName + "%");
            request.setAttribute("customerName", customerName);
        }
        String prodCode = request.getParameter("prodCode");
        if (StringUtils.isNotEmpty(prodCode)) {
            selectSQL += " and  p.ProdCode  like ? ";
            params.add("%" + prodCode + "%");
            request.setAttribute("prodCode", prodCode);
        }
    String deliveryDateBegin = request.getParameter("deliveryDateBegin");
        if (StringUtils.isNotEmpty(deliveryDateBegin)) {
            selectSQL += " and  o.deliveryDate  > ? ";
            params.add(deliveryDateBegin);
        request.setAttribute("deliveryDateBegin", deliveryDateBegin);
        }
        String deliveryDateEnd = request.getParameter("deliveryDateEnd");
        if (StringUtils.isNotEmpty(deliveryDateEnd)) {
            selectSQL += " and  o.deliveryDate  < ? ";
            params.add(deliveryDateEnd);
            request.setAttribute("deliveryDateEnd", deliveryDateEnd);
        }
        orderList = orderDao.queryList(pagination,
                    selectSQL, params.toArray());
        return orderList;
    }
    public int getTotal() throws SQLException {
        return orderDao.getTotal(countSQL, new Object[] {});
    }
    public void insertOrder(Order p) throws SQLException {
```

```
            orderDao.insert(p);
        }
        public void updateOrder(Order p) throws SQLException {
            orderDao.update(p);
        }
        public void delete(HttpServletRequest request) throws SQLException {
            String id = request.getParameter("id");
            orderDao.delete(id);
        }
        @Override
        public void updatePlanDate(Order order) throws SQLException {
            orderDao.updatePlanDate(order);
        }
}
```

9．创建 Servlet 类

在 com.hyg.imp.servlet 包中创建 OrderServlet 类，代码如下：

```
package com.hyg.imp.servlet;
@WebServlet("/OrderServlet")
public class OrderServlet extends BaseServlet {
        private static final long serialVersionUID = 1L;
        public OrderServlet() {
        }
        protected void doGet(HttpServletRequest request,
                    HttpServletResponse response) {
            doPost(request, response);
        }
        protected void doPost(HttpServletRequest request,
                    HttpServletResponse response) {
            try {
                    request.setCharacterEncoding("UTF-8");
                    String action = request.getParameter("action");
                    request.setAttribute("action", action);
                    if ("insert".equals(action)) {
                            insert(request, response);
                    } else if ("update".equals(action)) {
                            update(request, response);
                    } else if ("delete".equals(action)) {
                            delete(request, response);
                    } else if ("updateInit".equals(action)){
```

```
                    request.setAttribute("act", action );
                    searchInit(request, response);
                } else if ("checkRepeat".equals(action)){
                    checkRepeat(request, response);
                }
                else {
                    search(request, response);
                }
            } catch (ServletException e) {
                e.printStackTrace();
            } catch (IOException e) {
                e.printStackTrace();
            } catch (ParseException e) {
                e.printStackTrace();
            } catch (SQLException e) {
                e.printStackTrace();
            }
    }
    private void delete(HttpServletRequest request, HttpServletResponse
        response) throws SQLException, ServletException,
        IOException, ParseException {
            OrderServiceI service = new OrderServiceImpl();
            service.delete(request);
            search(request, response);
    }
    private void update(HttpServletRequest request, HttpServletResponse
        response) throws SQLException, ServletException, IOException,
        ParseException {
            OrderServiceI service = new OrderServiceImpl();
            Order order = new Order();
            Integer id = Integer.valueOf(request.getParameter("orderid"));
            if(id > 0){
                order.setId(id);
            }
            Integer prodId = Integer.valueOf(request.getParameter("prodid"));
            if(prodId > 0){
                order.setProductId(prodId);
            }
           Integer customerId = Integer.
           valueOf(request.getParameter("customid"));
```

```
        if(customerId > 0 ){
                order.setCustomId(customerId);
        }
        Integer quantity = Integer.valueOf( StringUtils.
                    isEmpty(request.getParameter("quantity")) ?
                    "0":request.getParameter("quantity"));
        if(quantity > 0 ){
                order.setQuantity(quantity);
        }
        String deliveryDateStr = request.getParameter("deliveryDateStr");
        if(StringUtils.isNotEmpty(deliveryDateStr)){
                order.setDeliveryDateStr(deliveryDateStr);
        }
        String description   = request.getParameter("description");
        if(StringUtils.isNotEmpty(description)){
                order.setDescription(description);
        }
        String orderCode = request.getParameter("orderCode");
        if(StringUtils.isNotEmpty(orderCode)){
                order.setOrderCode(orderCode);
        }
        service.updateOrder(order);
        search(request, response);
        }
private void search(HttpServletRequest request,
    HttpServletResponse response)
                throws ServletException, IOException, ParseException {
        List<Order> list = searchData(request, response);
        request.setAttribute("pagination", pagination);
        request.setAttribute("orderList", list);
        RequestDispatcher rd = request.getRequestDispatcher
                                        ("jsp/order/order.jsp");
        rd.forward(request, response);
}
private void searchInit(HttpServletRequest request,
                HttpServletResponse response)
        throws ServletException, IOException, ParseException {
        List<Order> list = searchData(request, response);
        request.setAttribute("pagination", pagination);
        request.setAttribute("order", list.get(0));
```

```
            RequestDispatcher rd =
            request.getRequestDispatcher("jsp/order/order_add.jsp");
          rd.forward(request, response);
    }
    private void insert(HttpServletRequest request,
        HttpServletResponse response)
      throws SQLException, ServletException,
      IOException, ParseException {
          OrderServiceI service = new OrderServiceImpl();
          Order order = new Order();
          Integer prodId = Integer.valueOf(request.getParameter("prodid"));
          if(prodId > 0){
                  order.setProductId(prodId);
          }
          //TODO  客户模块完成后添加从页面获取客户id的相关代码
         Integer customerId = Integer.
         valueOf(request.getParameter("customid"));
          if(customerId > 0 ){
                  order.setCustomId(customerId);
          }
          Integer quantity = Integer.valueOf( StringUtils.
                      isEmpty(request.getParameter("quantity")) ?
                      "0":request.getParameter("quantity"));
          if(quantity > 0 ){
                  order.setQuantity(quantity);
          }
          String deliveryDateStr = request.getParameter("deliveryDateStr");
          if(StringUtils.isNotEmpty(deliveryDateStr)){
                  order.setDeliveryDateStr(deliveryDateStr);
          }
          String description  = request.getParameter("description");
          if(StringUtils.isNotEmpty(description)){
                  order.setDescription(description);
          }
          String orderCode = request.getParameter("orderCode");
          if(StringUtils.isNotEmpty(orderCode)){
                  order.setOrderCode(orderCode);
          }
          service.insertOrder(order);
          search(request, response);
```

```
	}
	private List<Order> searchData(HttpServletRequest request,
				HttpServletResponse response)
			throws ServletException, IOException, ParseException {
		OrderServiceI service = new OrderServiceImpl();
		List<Order> list = null;
		try {
			pagination.setTotal(service.getTotal());
			initPagination(pagination, request);
			list = service.getOrderList(pagination , request);
		} catch (SQLException e) {
			e.printStackTrace();
		}
		return list;
	}
}
```

10．创建 jsp 页面文件

在 WebContent 的 jsp 文件夹中创建 order 文件夹，然后在 order 文件夹中创建 order.jsp、order_add.jsp 和 selectList.jsp 文件。

创建 order.jsp 文件的代码如下：

```
<%@ page language="java" contentType="text/html; charset=UTF-8"
	pageEncoding="UTF-8"%>
<%@include file="/common/taglibs.jsp"%>
<!DOCTYPE html PUBLIC "-//W3C//DTD HTML 4.01 Transitional//EN" "
	http://www.w3.org/TR/html4/loose.dtd">
<html>
<head>
<meta http-equiv="Content-Type" content="text/html; charset=UTF-8">
<title>产品管理</title>
<link href="${basePath}/css/bootstrap.min.css" type="text/css" rel="stylesheet" />
<link href="${basePath}/css/styles.css" type="text/css" rel="stylesheet" />
<script type="text/javascript" src="${basePath}/js/jquery/jquery-3.1.1.min.js"></script>
<script src="${basePath}/js/bootstrap.min.js"></script>
<script type="text/javascript">
	$(function(){
		$("tr:odd").css("background","#bbffff");
	});
	function clearData(){
		 $("#customerName").val("")	;
		 $("#prodCode").val("") ;
```

```
            $("#deliveryDateBegin").val("") ;
            $("#deliveryDateEnd").val("") ;
    }
    function query(pageNo) {
        if (pageNo != undefined) {
            $("#pageNo").val(pageNo);
        }
        var customerName= $("#customerName").val()   ;
        var prodCode = $("#prodCode").val() ;
        var deliveryDateBegin =   $("#deliveryDateBegin").val() ;
        var deliveryDateEnd = $("#deliveryDateEnd").val() ;
        var action = "${basePath}/OrderServlet?
                        customerName=" + customerName
                       + "&prodCode=" + prodCode
                       + "&deliveryDateBegin=" + deliveryDateBegin
                       + "&deliveryDateEnd=" + deliveryDateEnd;
                         $("#prodForm").attr("action",action).submit();
    }
    function queryLast(){
            var pageNo = $("#pageNo").val();
            if (pageNo != undefined) {
                            $("#pageNo").val(pageNo);
                    }
            if(parseInt(pageNo) > 1 ){
                    query(parseInt(pageNo) - 1);
            }
    }
    function queryNext(){
            var pageNo = $("#pageNo").val();
            if (pageNo != undefined) {
                            $("#pageNo").val(pageNo);
                    }
            if(parseInt(pageNo) < parseInt( "${pagination.pageIndex}")){
                    query(parseInt(pageNo) + 1);
            }
    }
    function deleteProd(){
        var id;
        var checkTotal = 0;
        $("input[type=checkbox]").each(function() {
```

```
                if (this.checked) {
                        id = $(this).val();
                        checkTotal++;
                }
        });
        if (checkTotal == 0) {
                alert("请选中一条数据！");
                return;
        } else if (checkTotal > 1) {
                alert("只能选择一条数据！");
                return;
        }
        var path = "${basePath}/OrderServlet?action=delete&id="
                        + id+"&pageNo="+$("#pageNo").val()
                        + "&pageSize="+ $("#pageSize").val();
                        window.location.href=path;
}
function editInit(act){
            if (act == "insert") {
      $("#iframeDialog").attr("src", "${basePath}/jsp/order/order_add.jsp");
  } else if (act == "update") {
            var id = getChecked();
      if(id > 0){
                  $("#iframeDialog").attr("src",
              "${basePath}/OrderServlet?action=updateInit&action="
              + act + "&id=" + id);
      } else {
                      return false;
                  }
  }
            $("#myModal").modal({backdrop:"static"});
}
function getChecked(){
        var id;
        var checkTotal = 0;
        $("input[type=checkbox]").each(function() {
                if (this.checked) {
                        id = $(this).val();
                        checkTotal++;
                }
```

```
            });
            if (checkTotal == 0) {
                    alert("请选中一条数据！");
                    return;
            } else if (checkTotal > 1) {
                    alert("只能选择一条数据！");
                    return;
            }
            return id ;
    }
    function editbtn() {
            window.frames["iframeDialog"].editbtn();
    }
    function closeModal(){
            $('#myModal').modal("hide");
    }
</script>
</head>
<body>
    <!-- 中间开始 -->
    <div class="main">
    <form action="${basePath}/OrderServlet" method="POST" id="prodForm">
                    <div class="main-right">
                            <div class="content">
                                    <p class="content-top">
                                            <span>客户</span><input type="text"
                                                  id = "customerName"
                                                  value= "${customerName}"/>
                                            <span>产品</span><input type="text"
                                                  id = "prodCode" value= "${prodCode}"/>
                                            <span>交货日期</span>
                                                    <input class="top-data"
                                                        type="date" id="deliveryDateBegin"
                                                        value= "${deliveryDateBegin}"/>
                                                    -
                                                   <input type="date"
                                                     id="deliveryDateEnd"
                                                    value= "${deliveryDateEnd}"/>
                                                    <input class="bta" type="button" value="查询"
                                                    onclick="query()"/>
```

```
                    <input class="btd"
                            type="button" value="清除"
                             onclick="clearData()"/>
        </p>
        <div class="main-button">
                <input class="btd" type="button"
                        value="新建"
                        onclick="editInit('insert')">
                <input class="btc" type="button"
                        value="修改"
                        onclick="editInit('update')">
                <input class="bta" type="button"
                        value="删除" onclick="deleteProd()">
        </div>
        <div class="main-list">
                <div class="main-list-top">
                        <table width="100%"   cellspacing="0"
                                cellpadding="0">
                                <thead>
                                        <tr>
                                                <td width="5%">
                                                </td>
                                                <td width="15%">
                                                订单编号
                                                </td>
                                                <td width="15%">
                                                 客户
                                                 </td>
                                                <td width="15%">
                                                产品编号
                                                </td>
                                                <td width="15%">
                                                 产品名称
                                                 </td>
                                                <td width="10%">
                                                   数量
                                                </td>
                                                <td width="10%">
                                                    交货日期
                                                </td>
```

```
                                    <td width="15%">
                                        备注
                                    </td>
                                </tr>
                            </thead>
                        </table>
                    </div>
                    <div class="main-list-cont">
                            <table   width="100%" cellspacing="0"
                            cellpadding="0">
                            <tbody>
                             <c:forEach var="order" items="${orderList}">
                                    <tr>
                                            <td width="5%">
                    <input type="checkbox"
                        id="${order.id}_id"
                        value="${order.id}">
                    <input type = " hidden"
                        id="${order.id}_cid"
                        alue="${order.customer.id}"/>
                    <input type = "hidden"
                            id="${order.id}_pid"
                            value="${order.product.id}" />
                                            </td>
                    <td id="${order.id}_orderCode"
                        width="15%">${order.orderCode}</td>
                    <td id="${order.id}_customer_customerName"
                          width="15%">${order.customer.
                      customerName}</td>
                    <td id="${order.id}_product_prodCode"
                    width="15%">${order.product.prodCode}</td>
                    <td id="${order.id}_product_prodName"
                    idth="15%">${order.product.prodName}</td>
                    <td id="${order.id}_quantity"
                      width="10%">${order.quantity}</td>
                    <td id="${order.id}_deliveryDateStr"
                      width="10%">${order.deliveryDateStr}</td>
                    <td id="${order.id}_description"
                      width="15%">${order.description}</td>
                                    </tr>
```

```
                                        </c:forEach>
                                    </tbody>
                                </table>
                            </div>
                        </div>
                        <jsp:include page="/pagination.jsp"
                                        flush="true" />
                    </div>
                </div>
            </form>
        </div>
            <!-- 模态框（Modal） -->
        <div class="modal fade" id="myModal" tabindex="-1" role="dialog"
            aria-labelledby="myModalLabel" aria-hidden="true">
            <div class="modal-dialog">
                <div class="modal-content">
                    <iframe frameborder="0" width="100%"
                            height="500px;" id="iframeDialog"
                             name="iframeDialog"marginwidth="0"
                            marginheight="0" frameborder="0"
                            scrolling="no" src=""></iframe>
                </div>
                <!-- /.modal-content -->
            </div>
            <!-- /.modal-dialog -->
        </div>
</body>
</html>
```

创建 order_add.jsp 文件的代码如下：

```
<%@ page language="java" contentType="text/html; charset=UTF-8"
        pageEncoding="UTF-8"%>
<%@include file="/common/taglibs.jsp"%>
<!DOCTYPE html PUBLIC "-//W3C//DTD HTML 4.01 Transitional//EN"
        "http://www.w3.org/TR/html4/loose.dtd">
<html>
<head>
<meta http-equiv="Content-Type" content="text/html; charset=UTF-8">
<title>产品管理</title>
<link href="${basePath}/css/bootstrap.min.css" type="text/css"
        rel="stylesheet" />
<link href="${basePath}/css/styles.css" type="text/css" rel="stylesheet" />
```

```
<script type="text/javascript" src="${basePath}/js/jquery/jquery-3.1.1.min.js"></script>
<script src="${basePath}/js/bootstrap.min.js"></script>
<script src="${basePath}/js/base.js"></script>
<script type="text/javascript">
        function getProd(servletName) {
                var obj = window
                                .open(
                                                "${basePath}/" + servletName,
                                                "_blank","toolbar=no,
                                                location=no, directories=no,
                                                status=no, menubar=yes,
                                                scrollbars=yes, resizable=no,
                                                copyhistory=yes, width=1000,
                                                height=800 , top=200 , left = 400");
        }
        $(function() {
                var act = "${act}";
                if (act == "") {
                        $("#act").val("insert");
                }
                        $("#orderCode").change(function(){
                                checkRepeat(this);
                        });
        });
        function editbtn() {
                if(checkNull("orderCode","订单编号")){
                         return;
                }
                if($("#customerNameAdd").val()=="" || $("#customid").
                          val() == ""){
                        alert("请选择客户！ ");
                        return;
                 }
                 if($("#prodCodeAdd").val()=="" || $("#prodid").val() == ""){
                        alert("请选择生产的产品！ ");
                        return;
                 }
                 if(!isNum("quantity","数量")){
                        return;
                 }
                var act =  $("#act").val();
```

```
            if (act == "insert")
                    insertData();
            else
                    updateData();
    }
    function insertData() {
            var path = "${basePath}/OrderServlet?action=insert&pageNo="
                                        +$('#pageNo', window.parent.document).val()
                                        + "&pageSize="
                                        + $('#pageSize', window.parent.document).val() ;

                    $('#insertOrderForm').attr("action", path).submit();
    }
    function updateData() {
            var path = "${basePath}/OrderServlet?action=update&pageNo="
                    +$('#pageNo', window.parent.document).val()
                    + "&pageSize="
                    + $('#pageSize', window.parent.document).val() ;
                $('#insertOrderForm').attr("action", path).submit();
    }
    function checkRepeat(obj){
            var column = obj.id ;
            var value = obj.value;
             $.ajax({
                    type : "POST",
                    url :"${basePath}/OrderServlet?action=checkRepeat&column="
                            + column + "&value=" + value,
                    datatype:"json",
                    success : function(data) {
                            var   m = eval( "(" + data + ")");
                            console.info(m.total);
                                    if(m.total > 0){
                                            alert("订单编号重复！");
                                            $("#orderCode").val("");
                            }
                    }
                    });
    }
</script>
<style type="text/css">
.modal-dialog {
```

```
        width: 800px !important;
        margin: 30px auto;
        position: relative;
}
button{
    float: right;
}
#prodCodeAdd ,#customerNameAdd {
  width:176px;
  margin-right:0px;
}
#selectButton{
        margin-right:20px;
}
</style>
</head>
<body class="innerbody">
        <form id="insertOrderForm"
                action="${basePath}/OrderServlet?action=insert" method="POST"   target="_parent"   >
        <input type="hidden" id="orderid"
                name="orderid" value="${order.id}" />
            <input type="hidden" id="prodid"
                name="prodid" value="${order.product.id }"/>
            <input type="hidden" id="customid"
                name="customid" value="${order.customer.id }"/>
                    <input type="hidden" id="act" name="act" />
            <div id="base" class="box">
            <ul class="cont-list">
              <li><span>订单编号</span>
            <input type="text" id="orderCode" name="orderCode"
            value="${order.orderCode}" class="valid" />
                    </li>
                    <li class="box_warning" >
                        <p style="color:red" id="checkRepeat"> *必填 </p>
                    </li>
              <li><span>客户</span>
                    <button id="selectButton" type="button" onclick="getProd('CustomerServlet')">
                    选择
                    </button>
              <input   type="text"
                        id="customerNameAdd"
```

```
                    name="customerNameAdd"
                    value="${order.customer.customerName}" />
        </li>
         <li class="box_warning" ><p style="color:red"> *必填 </p>
        <li><span>产品编号</span>
                        <button id="selectButton" type="button" onclick="getProd('ProductServlet')">
                        选择
                        </button>
                <input   type="text" id="prodCodeAdd"
                            name="prodCode2"
                            value="${order.product.prodCode}" />
        </li>
        <li class="box_warning" ><p style="color:red"> *必填 </p>
        <li><span>产品姓名</span>
                <input type="text" id="prodNameAdd"
                    name="prodName2"   value="${order.product.prodName}"/>
        </li>
        <li><span>数量</span>
                <input type="text" id="quantity"
                 name="quantity"   value="${order.quantity}"/>
        </li>
        <li class="box_warning" ><p style="color:red"> *只能填数字</p>
        <li><span>交货日期</span>
                    <input type="date" id="deliveryDateStr"   name="deliveryDateStr"
                    value="${order.deliveryDateStr}"/>
        </li>
        <li><span>备注</span>
                <textarea id="description" name="description"
                  cols="20"rows="5">
                  ${order.description}
                 </textarea>
        </li>
      </ul>
      <div class="box-b">
   <input class="bta" type="button" onclick="editbtn()" value="确定"/>
   <input class="btd" type="button" onclick="parent.closeModal()"
           value="取消"/>
      </div>
    </div>
   </form>
</body>
```

```
</html>
```

创建 selectList.jsp 文件的代码如下：

```
<%@ page language="java" contentType="text/html; charset=UTF-8"
    pageEncoding="UTF-8"%>
<%@include file="/common/taglibs.jsp"%>
<!DOCTYPE html PUBLIC "-//W3C//DTD HTML 4.01 Transitional//EN"
"http://www.w3.org/TR/html4/loose.dtd">
<html>
<head>
<meta http-equiv="Content-Type" content="text/html; charset=UTF-8">
<title>产品管理</title>
<link href="${basePath}/css/bootstrap.min.css" type="text/css" rel="stylesheet" />
<link href="${basePath}/css/styles.css" type="text/css" rel="stylesheet" />
<script type="text/javascript" src="${basePath}/js/jquery/jquery-3.1.1.min.js"></script>
<script src="${basePath}/js/bootstrap.min.js"></script>
<script type="text/javascript">
    $(function() {
        $("#prodCode2").val("");
        $("#prodName2").val("");
        $("tr:odd").css("background", "#bbffff");
    });
    function selectData(){
        var id;
        var checkTotal = 0;
        $("input[type=checkbox]").each(function() {
            if (this.checked) {
                id = $(this).val();
                checkTotal++;
            }
        });
        if (checkTotal == 0) {
            alert("请选中一条数据！");
            return;
        } else if (checkTotal > 1) {
            alert("只能选择一条数据！");
            return;
        }
        $("#prodCode2").val($("#"+id+"_prodCode").html());
        $("#prodName2").val($("#"+id+"_prodName").html());
        $('#selectModal').modal('hide')
```

```
        }
</script>
<title>Insert title here</title>
</head>
<body>
        <div >
                <form action="${basePath}/ProductServlet"
                        method="POST" id="prodForm">
                    <div >
                            <div >
                                    <div class="main-button">
                                            <input class="bta"
                                                    type="button" value="选择"
                                                    onclick="selectData()">
                                    </div>
                                    <div class="main-list"
                                            style="width: 500px;
                                             margin-left: 30px ; margin-right: 30px" >
                                            <div class="main-list-top">
                                            <table   cellspacing="0" cellpadding="0">
                                                            <thead>
                                                                <tr>
                                                                    <td width="50"></td>
                                                                    <td width="100">产品编号</td>
                                                                    <td width="100">产品名称</td>
                                                                      <td width="50">产品规格</td>
                                                                      <td width="50">产品型号</td>
                                                                      <td width="60">单价</td>
                                                                      <td width="100">备注</td>
                                                                </tr>
                                                            </thead>
                                                    </table>
                                            </div>
                                            <div class="main-list-cont" stlye="width:">
                                            <table cellspacing="0"cellpadding="0">
                                                    <tbody>
                                            <c:forEach var="product" items="${list}">
                                                                            <tr>
                                                                                    <td width="50">
                                    <input type="checkbox" id="${product.id}_id"
```

```
                                            value="${product.id}" ></td>
                                    <td id="${product.id}_prodCode"
                                            width="100">${product.prodCode}</td>
                                    <td id="${product.id}_prodName"
                                            width="100">${product.prodName}</td>
                                    <td id="${product.id}_prodSpec"
                                            width="50">${product.prodSpec}</td>
                                    <td id="${product.id}_prodType"
                                            width="50">${product.prodType}</td>
                                    <td id="${product.id}_price"
                                            width="50">${product.price}</td>
                                    <td id="${product.id}_description"
                                            width="100">${product.description}</td>
                                                        </tr>
                                                    </c:forEach>
                                                </tbody>
                                            </table>
                                        </div>
                                    </div>
                                </div>
                            </div>
                        </form>
            </div>
</body>
</html>
```

11. 运行程序

登录主界面后，单击“生产订单”按钮，出现生产订单页面，可以实现新建、修改、删除功能，可查询交付日期、客户和产品，如图 S7-1 所示。

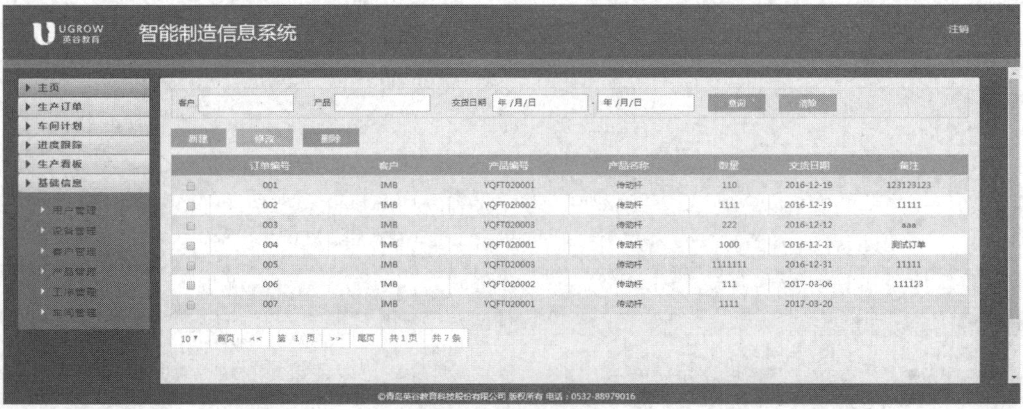

图 S7-1　生产订单页面

单击“新建”按钮，增加订单页面，如图 S7-2 所示。

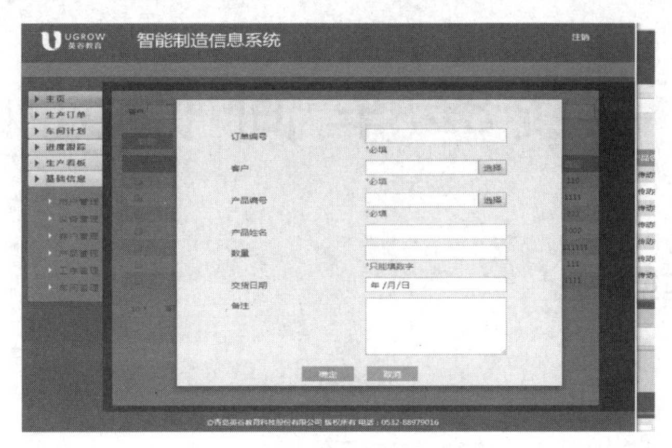

图 S7-2　新建生产订单页面

拓展练习

根据订单编号实现查询功能。

实践8 车间计划

实践 车间计划模块

实现对生产订单的派工功能。

【分析】

(1) 首先创建车间计划类。

(2) 创建车间计划接口及其实现类。

(3) 创建服务接口及其实现类。

(4) 创建 Servlet 以及车间计划界面。

【参考解决方案】

1．完成前期功能相关代码

要实现车间计划模块需要提前完成实践 5 中车间管理模块的创建。

2．创建实体类

在 com.hyg.imp.beans 包中创建实体类 ProdPlan，代码如下：

```
package com.hyg.imp.beans;
public class ProdPlan {
        private Integer id ;
        private Integer orderId ;
        private Integer quantity ;
        private Integer processId ;
        private String processIds;
        private Integer workShopId ;
        private int finishNum;
        private int QuantityNum;
        private String status ;
        private String description;
        private Order order ;
        private Customer customer;
        private Product product;
        private Process process ;
```

```
        private Device device;
        private WorkShop workShop;
```

省略相应的 get()、set()方法。

3. 接口 ProdPlanDaoI 类

在 com.hyg.imp.dao 包中创建接口 ProdPlanDaoI，代码如下：

```
package com.hyg.imp.dao;
public interface ProdPlanDaoI {
    public List<ProdPlan> queryList(Pagination pagination, String sql,
                    Object[] array) throws SQLException;
    public int getTotal(String whereSql, Object[] objects)
      throws SQLException;
    public void insert(ProdPlan p) throws SQLException;
    public void update(ProdPlan p) throws SQLException;
    public void delete(String id) throws SQLException;
    public List<ProdPlan> selectDetailList(String id)
      throws SQLException;
    public List<ProdPlan> selectProdTrackList(Pagination pagination,
                    HttpServletRequest request)throws SQLException;
    public Map<String, Integer> excuteQuery(String sql, Object[]
              objects) throws SQLException;
}
```

4. 实现 ProdPlanDaoImpl 类

在 com.hyg.imp.dao.impl 包中实现 ProdPlanDaoImpl 类，代码如下：

```
package com.hyg.imp.dao.impl;
@SuppressWarnings({ "static-access", "unchecked", "rawtypes" })
public class ProdPlanDaoImpl extends DBUtil implements ProdPlanDaoI {
        protected final String SQL_INSERT = "INSERT INTO
                        mm_work_order (OrderID, processId,
                      WorkshopID,   Quantity, Description)"
                    + " VALUES ( ?, ?, ?, ?, ? )";
    protected   String SQL_UPDATE = "UPDATE mm_work_order SET
                    status = ? ";
    protected final String SQL_DELETE = "DELETE FROM
                    mm_work_order where orderid = ?";
  protected String selectDetailSQL = "select w.id , o.QUANTITY ,
          o.OrderCode , o.RFIDCode , p.ProcessCode, p.ProcessName ,
          p.Description ,pro.ProdCode , pro.ProdName "
           + " , d.DeviceCode , w.FinishNum , w.QuantityNum ,
            s.WorkshopName , w.Status "
```

```
            + " from mm_prod_order o   JOIN mm_work_order w
              on   o.id = w.OrderID    LEFT JOIN sys_process p on w.processId =
              p.ID    "+ " LEFT JOIN   sys_device d on p.DeviceID=d.ID   left
              join sys_workshop s on   w.workshopid = s.id"
                + " LEFT JOIN sys_product pro on o.ProductID=
                    pro.id    where   1=1 " ;
    @Override
    public List<ProdPlan> queryList(Pagination pagination, String sql,
                Object[] array) throws SQLException {
            List<Map<String, Object>> resultSetList = queryByPage
                (pagination, sql,
                        array);
            List<ProdPlan> list = new ArrayList<>();
            for (Map<String, Object> map : resultSetList) {
                ProdPlan prodPlan = new ProdPlan();
                prodPlan.setId(Integer.valueOf(StringUtils.isEmpty(map.
                  get("ID").toString()) ? "0" : map.get("ID").toString()));
                prodPlan.setDescription(map.get("DESCRIPTION").toString());
                list.add(prodPlan);
            }
            return list;
    }
public int getTotal(String whereSql, Object[] array)
    throws SQLException {
            int count = this.getResultTotal(whereSql, array);
            return count;
    }
    @Override
    public void insert(ProdPlan p) throws SQLException {
            List params = new ArrayList();
            params.add(p.getOrderId());
            params.add(p.getProcessId());
            params.add(p.getWorkShopId());
            params.add(p.getQuantity());
            params.add(p.getDescription());
    //注意：executeUpdate 传参数 params 时，不能用 List 集合类型的，需要将该 List 集合转成数组
            this.executeUpdate(SQL_INSERT, params.toArray());
    }
    @Override
    public void update(ProdPlan p) throws SQLException {
```

```
            List params = new ArrayList();
            params.add(p.getStatus());
            if(p.getFinishNum() > 0 ){
                    SQL_UPDATE += " , finishNum = ? " ;
                    params.add(p.getFinishNum());
            }
            if(p.getQuantityNum() > 0 ){
                    SQL_UPDATE += " , QuantityNum = ? " ;
                    params.add(p.getQuantityNum());
            }
            SQL_UPDATE += " where id = ?" ;
            params.add(p.getId());
            //注意：executeUpdate 传参数 params 时，不能用 List 集合类型的，需要将该 List 集合转成
              数组
        this.executeUpdate(SQL_UPDATE, params.toArray());
    }
    @Override
    public void delete(String id) throws SQLException {
            List params = new ArrayList();
            params.add(id);
            //注意：executeUpdate 传参数 params 时，不能用 List 集合类型的，需要将该 List 集合转成
              数组
            this.executeUpdate(SQL_DELETE, params.toArray());
    }
    @Override
public List<ProdPlan> selectDetailList(String id)
        throws SQLException {
            List<ProdPlan> list = new ArrayList<>();
            List   param = new ArrayList<>();
            if(StringUtils.isNotEmpty(id)){
                    selectDetailSQL += "   and o.id = ? " ;
                    param.add(id);
            }
             List<Map<String, Object>>   resultSetList = executeQuery(selectDetailSQL , param.toArray()) ;
            for (Map<String, Object> map : resultSetList) {
                    ProdPlan prodPlan = new ProdPlan();
    prodPlan.getOrder().setOrderCode(map.get("ORDERCODE")==null?""
            :map.get("ORDERCODE").toString());
    prodPlan.getOrder().setRFIDCode(map.get("RFIDCODE")==null?""
```

```
            :map.get("RFIDCODE").toString());
    prodPlan.getProcess().setProcessCode(map.get("PROCESSCODE")==null?""
            :map.get("PROCESSCODE").toString());
    prodPlan.getProcess().setProcessName(map.get("PROCESSNAME")==null?""
            :map.get("PROCESSNAME").toString());
    prodPlan.getProcess().setDescription(map.get("DESCRIPTION")==null?""
            :map.get("DESCRIPTION").toString());
    prodPlan.getProduct().setProdCode(map.get("PRODCODE")==null?""
            :map.get("PRODCODE").toString());
    prodPlan.getProduct().setProdName(map.get("PRODNAME")==null?""
            :map.get("PRODNAME").toString());
    prodPlan.getDevice().setDeviceCode(map.get("DEVICECODE")==null?""
            :map.get("DEVICECODE").toString());
    prodPlan.setFinishNum(Integer.valueOf(StringUtils.isEmpty
                (map.get("FINISHNUM").toString())?"0":map.
                  get("FINISHNUM").toString()));
    prodPlan.setQuantityNum(Integer.valueOf(StringUtils.isEmpty
                (map.get("QUANTITYNUM").toString())?"0":map.
                get("QUANTITYNUM").toString()));
                 prodPlan.getWorkShop().setWorkShopName(
                map.get("WORKSHOPNAME")==null?""
                :map.get("WORKSHOPNAME").toString());
                 prodPlan.setStatus(map.get("STATUS")==null?""
                :map.get("STATUS").toString());
                 list.add(prodPlan);
        }
        return list;
    }
    @Override
    public List<ProdPlan> selectProdTrackList(
      Pagination pagination,HttpServletRequest request)
      throws SQLException {
        List<ProdPlan> list = new ArrayList<>();
        List   param = new ArrayList<>();
        String id = request.getParameter("orderId");
        if(StringUtils.isNotEmpty(id)){
            selectDetailSQL += "   and o.id = ? " ;
            param.add(id);
        }
        String RFIDCode = request.getParameter("RFIDCode");
```

```
if(StringUtils.isNotEmpty(RFIDCode)){
        selectDetailSQL += " and o.RFIDCode like  ?" ;
        param.add("%" + RFIDCode + "%");
        request.setAttribute("RFIDCode", RFIDCode);
}
String orderCode = request.getParameter("orderCode");
if(StringUtils.isNotEmpty(orderCode)){
        selectDetailSQL += " and o.orderCode like ?" ;
        param.add("%" + orderCode + "%");
        request.setAttribute("orderCode", orderCode);
}
String prodCode = request.getParameter("prodCode");
if(StringUtils.isNotEmpty(prodCode)){
        selectDetailSQL += " and pro.ProdCode  like ?" ;
        param.add("%" + prodCode + "%");
        request.setAttribute("prodCode", prodCode);
}
          List<Map<String, Object>>  resultSetList = queryByPage(pagination, selectDetailSQL,
                    param.toArray()) ;
for (Map<String, Object> map : resultSetList) {
        ProdPlan prodPlan = new ProdPlan();
        prodPlan.setId(Integer.valueOf(StringUtils.isEmpty
                    (map.get("ID").toString()) ? "0"
                    : map.get("ID").toString()));
        prodPlan.setQuantity(StringUtils.getIntegerFromString
                    (map.get("QUANTITY").toString()));
        prodPlan.getOrder().setOrderCode
                    (map.get("ORDERCODE")==null?""
                    :map.get("ORDERCODE").toString());
        prodPlan.getOrder().setRFIDCode
                    (map.get("RFIDCODE")==null?""
                    :map.get("RFIDCODE").toString());
        prodPlan.getProcess().setProcessCode
                (map.get("PROCESSCODE")==null?""
                :map.get("PROCESSCODE").toString());
        prodPlan.getProcess().setProcessName
                (map.get("PROCESSNAME")==null?""
                :map.get("PROCESSNAME").toString());
        prodPlan.getProcess().setDescription
                (map.get("DESCRIPTION")==null?""
```

```
                    :map.get("DESCRIPTION").toString());
                prodPlan.getProduct().setProdCode
                    (map.get("PRODCODE")==null?""
                    :map.get("PRODCODE").toString());
                prodPlan.getProduct().setProdName
                    (map.get("PRODNAME")==null?""
                     :map.get("PRODNAME").toString());
                prodPlan.getDevice().setDeviceCode
                     (map.get("DEVICECODE")==null?""
                     :map.get("DEVICECODE").toString());
                prodPlan.setFinishNum(Integer.valueOf(StringUtils.isEmpty
                     (map.get("FINISHNUM").toString())?"0"
                     :map.get("FINISHNUM").toString()));
               prodPlan.setQuantityNum(Integer.valueOf(StringUtils.isEmpty
                     (map.get("QUANTITYNUM").toString())?"0"
                     :map.get("QUANTITYNUM").toString()));
                prodPlan.getWorkShop().setWorkShopName
                     (map.get("WORKSHOPNAME")==null?""
                     :map.get("WORKSHOPNAME").toString());
                prodPlan.setStatus(map.get("STATUS")==null?""
                     :map.get("STATUS").toString());
                list.add(prodPlan);
            }
            return list;
        }
        @Override
        public Map<String , Integer> excuteQuery(String sql,
                Object[] params) throws SQLException {
                Map<String,Integer>   map = new HashMap<>();
                List<Map<String , Object>> resultMap =
                 super.executeQuery(sql, params );
                for(Map<String, Object> result : resultMap){
                    Integer value = Integer.valueOf(result.get("COUNT").toString());
                 String key = result.get("STATUS").toString();
                    map.put(key, value);
                }
                return map ;
        }
}
```

5．创建 ProdPlanServiceI 类

在 com.hyg.imp.service 包中创建接口类 ProdPlanServiceI，代码如下：

```
package com.hyg.imp.service;
public interface ProdPlanServiceI {
        public List<ProdPlan> getProductList(Pagination pagination ,
        HttpServletRequest request ) throws SQLException;
        public int getTotal() throws SQLException;
        public void insertProdPlan(ProdPlan p) throws SQLException;
        public void updateProduct(ProdPlan p)   throws SQLException;
        public void delete(HttpServletRequest request)throws SQLException;
        public   List<ProdPlan> searchDetailList(String id)throws SQLException;
        public List<ProdPlan> searchProdTrackList(Pagination pagination,
                        HttpServletRequest request)throws SQLException;
        public void updateOrderStatus(ProdPlan p) throws SQLException;
}
```

6．创建 ProdPlanServiceImpl 类

在 com.hyg.imp.service.impl 包中创建 ProdPlanServiceImpl 类，代码如下：

```
package com.hyg.imp.service.impl;
public class ProdPlanServiceImpl implements ProdPlanServiceI {
        String selectSQL = "select * from   sys_product where 1=1 ";
        String countSQL = "   from sys_product" ;
        ProdPlanDaoI dao = new ProdPlanDaoImpl();
        @Override
    public List<ProdPlan> getProductList(Pagination pagination ,
    HttpServletRequest request) throws SQLException {
                return dao.queryList(pagination , selectSQL   , new Object[]{ });
        }
        @Override
        public int getTotal() throws SQLException {
                return dao.getTotal( countSQL ,   new Object[]{ });
        }
        @SuppressWarnings({ "unchecked", "rawtypes" })
        @Override
        public void insertProdPlan(ProdPlan p) throws SQLException {
                if(StringUtils.isNotEmpty(p.getProcessIds())){
                        String[] processIdArray = p.getProcessIds().split(",");
                        for(String processId : processIdArray){
                                String   whereSql = " from mm_work_order where orderid
                                                                  =  ?  and processid = ? ";
```

```
                List list = new ArrayList<>();
                list.add(p.getOrderId());
                list.add(processId);
                int total = dao.getTotal(whereSql, list.toArray());
                if(StringUtils.isNotEmpty(processId) && total == 0){
                        p.setProcessId(Integer.valueOf(processId));
                        dao.insert(p);
                }
            }
        }
        }
    @Override
    public void updateProduct(ProdPlan p) throws SQLException {
        dao.update(p);
    }
    @Override
    public void delete(HttpServletRequest request) throws SQLException {
        String id = request.getParameter("id");
        dao.delete(id);
    }
    @Override
    public  List<ProdPlan> searchDetailList(String id)
       throws SQLException {
        return dao.selectDetailList(id);
    }
    @Override
    public List<ProdPlan> searchProdTrackList(Pagination pagination,
                HttpServletRequest request) throws SQLException {
        return dao.selectProdTrackList(pagination , request);
    }
    @Override
    public void updateOrderStatus(ProdPlan p) throws SQLException {
        OrderDaoI orderDao = new OrderDaoImpl();
        String sql = " select   count(w.Status)   count ,
                        w.Status from   mm_prod_order p , mm_work_order w"
                      + "   where p.id = w.orderid and   p.id in
                         ( select wo.orderid from mm_work_order   wo
                           where Wo.id =   ? )   group by w.status ";
        List<String> list = new ArrayList<>();
        list.add(p.getId()+"");
```

```
            Map<String,Integer> map =  dao.excuteQuery(sql , list.toArray());
            if("1".equals(p.getStatus()) && map.get("1")
                        ==null && map.get("2")==null && map.get("3")==null ){
                orderDao.updateStatus(p.getId() , p.getStatus());
            }else if("2".equals(p.getStatus()) && map.get("2")==null
                    && map.get("3")==null ){
                orderDao.updateStatus(p.getId() , p.getStatus());
            }else if("3".equals(p.getStatus()) && map.get("3")==null   ){
                orderDao.updateStatus(p.getId() , p.getStatus());
            }
        }
}
```

7．创建 ProdPlanServlet 类

在 com.hyg.imp.servlet 包中创建 ProdPlanServlet 类，代码如下：

```
package com.hyg.imp.servlet;
import net.sf.json.JSONObject;
@WebServlet("/ProdPlanServlet")
public class ProdPlanServlet extends BaseServlet {
    private static final long serialVersionUID = 1L;

    public ProdPlanServlet() {
        super();
    }
    protected void doGet(HttpServletRequest request,
                    HttpServletResponse response) {
        doPost(request, response);
    }
    protected void doPost(HttpServletRequest request,
                    HttpServletResponse response) {
        try {
            request.setCharacterEncoding("UTF-8");
            String action = request.getParameter("action");
            request.setAttribute("action", action);
            if ("insert".equals(action)) {
                insert(request, response);
            } else if ("detail".equals(action)) {
                searchDetailData(request, response);
            } else if ("selectInit".equals(action)) {
                select(request, response);
            } else if ("readRFID".equals(action)) {
```

```
                readRFID(request, response);
            } else {
                search(request, response);
            }
        } catch (UnsupportedEncodingException e) {
            e.printStackTrace();
        } catch (ServletException e) {
            e.printStackTrace();
        } catch (IOException e) {
            e.printStackTrace();
        } catch (ParseException e) {
            e.printStackTrace();
        } catch (SQLException e) {
            e.printStackTrace();
        }
    }
    private void searchDetailData(HttpServletRequest request,
                                HttpServletResponse response) throws SQLException, ServletException,
        IOException {
        String id = request.getParameter("orderId");
        ProdPlanServiceI service = new ProdPlanServiceImpl();
        List<ProdPlan> list = new ArrayList<>();
        list = service.searchDetailList(id);
        request.setAttribute("prodPlanList", list);
        RequestDispatcher rd = request
                .getRequestDispatcher("jsp/prodPlan/prodPlan_detail.jsp");
        rd.forward(request, response);
    }
    private void insert(HttpServletRequest request,
        HttpServletResponse response)
            throws SQLException, ServletException,
        IOException, ParseException {
        ProdPlanServiceI service = new ProdPlanServiceImpl();
        ProdPlan p = new ProdPlan();
        String orderId = request.getParameter("orderId");
        if (StringUtils.isNotEmpty(orderId)) {
            p.setOrderId(Integer.valueOf(orderId));
        }
        String processIds = request.getParameter("processId");
        if (StringUtils.isNotEmpty(processIds)) {
```

```
            p.setProcessIds(processIds);
        }
        String workShopId = request.getParameter("workShopId");
        if (StringUtils.isNotEmpty(workShopId)) {
            p.setWorkShopId(Integer.valueOf(workShopId));
        }
        String quantity = request.getParameter("quantity");
        if (StringUtils.isNotEmpty(quantity)) {
            p.setQuantity(Integer.valueOf(quantity));
        }
        String status = request.getParameter("status");
        if (StringUtils.isNotEmpty(status)) {
            p.setStatus(status);
        }
        String description = request.getParameter("description");
        if (StringUtils.isNotEmpty(description)) {
            p.setDescription(description);
        }
        service.insertProdPlan(p);
        OrderServiceI orderService = new OrderServiceImpl();
        Order order = new Order();
        order.setId(p.getOrderId());
        String planStartDateStr = request.getParameter("planStartDateStr");
        if (StringUtils.isNotEmpty(planStartDateStr)) {
            order.setPlanStartDateStr(planStartDateStr);
        }
        String planFinishDateStr = request.getParameter("planFinishDateStr");
        if (StringUtils.isNotEmpty(planFinishDateStr)) {
            order.setPlanFinishDateStr(planFinishDateStr);
        }
        orderService.updatePlanDate(order);
        search(request, response);
    }
    private void select(HttpServletRequest request,
            HttpServletResponse response) {
        WorkshopServiceI workshopServiceI = new WorkshopServiceImpl();
        List<WorkShop> workShopList = workshopServiceI.
            getWorkshopList(new HashMap<>());
        JSONObject json = new JSONObject();
        json.put("list", workShopList);
```

```
        writeToJson(response, json);
    }
    private void search(HttpServletRequest request,
            HttpServletResponse response)
            throws ServletException, IOException, ParseException {
        List<Order> list = searchData(request, response);
        request.setAttribute("pagination", pagination);
        request.setAttribute("orderList", list);
        RequestDispatcher rd = request
                .getRequestDispatcher("jsp/prodPlan/prodPlan.jsp");
        rd.forward(request, response);
    }
    private List<Order> searchData(HttpServletRequest request,
                                   HttpServletResponse response) throws ServletException, IOException,
            ParseException {
        OrderServiceI service = new OrderServiceImpl();
        List<Order> list = null;
        try {
            pagination.setTotal(service.getTotal());
            initPagination(pagination, request);
            list = service.getOrderList(pagination, request);
        } catch (SQLException e) {
            e.printStackTrace();
        }
        return list;
    }
    //读取RFID识别码
    private void readRFID(HttpServletRequest request,
        HttpServletResponse response) {
        Socket client = null;
        OutputStream outToServer = null;
        DataOutputStream dataOutputStream = null;
        InputStream inFromServer = null;
        PrintWriter printWriter = null;
        JSONObject jsonObject=new JSONObject();
        String serverName = "192.168.2.99";
        int port = 1003;
        try {
            System.out.println("Connecting to " + serverName +
                " on port " + port);
```

```
        client = new Socket(serverName, port);
        System.out.println("Just connected to " + client.getRemoteSocketAddress());
        outToServer = client.getOutputStream();
        dataOutputStream = new DataOutputStream(outToServer);
        dataOutputStream.writeUTF("Hi there!");
        inFromServer = client.getInputStream();
                int len;
        byte[] buffer = new byte[100];
        Tools tools = new Tools();
        String readResult = "";
        String byteCount = "";
        //返回的第二个字节(也就是第 3 和第 4 位字符)记录了卡号是多少位
        while ((len = inFromServer.read(buffer)) != -1) {
            //"6804056dbffe9e00001600000000"//返回十六进制的信息，其中包含了卡号
          readResult = tools.byte2String(buffer);
          if(org.apache.commons.lang.StringUtils.isNotBlank(readResult)) {
                break;
            }
        }
        if (org.apache.commons.lang.StringUtils.isNotBlank(readResult)) {
            byteCount = readResult.substring(3 - 1, 4);
            readResult = readResult.substring(7 - 1, 6 + Integer.parseInt(byteCount) * 2);
            jsonObject.put("success",true);
            jsonObject.put("RFIDCode",readResult);
            printWriter = response.getWriter();
            printWriter.print(jsonObject);
            printWriter.flush();
            printWriter.close();
        }
        client.close();
    } catch (IOException e) {
        jsonObject.put("success",false);
        jsonObject.put("msg",e.getMessage());
        try {
            printWriter = response.getWriter();
            printWriter.print(jsonObject);
            printWriter.flush();
            printWriter.close();
        } catch (IOException e1) {
            e1.printStackTrace();
```

```
            }
            e.printStackTrace();
        } finally {
            if (client != null) {
                try {
                    client.close();
                } catch (IOException e) {
                    e.printStackTrace();
                }
            }
            if (outToServer != null) {
                try {
                    outToServer.close();
                } catch (IOException e) {
                    e.printStackTrace();
                }
            }
            if (dataOutputStream != null) {
                try {
                    dataOutputStream.close();
                } catch (IOException e) {
                    e.printStackTrace();
                }
            }
            if (inFromServer != null) {
                try {
                    inFromServer.close();
                } catch (IOException e) {
                    e.printStackTrace();
                }
            }
            if (printWriter != null) {
                printWriter.close();
            }
        }
    }
}
```

8．创建车间计划页面

在根目录 WebContent 的 jsp 文件夹中创建 prodPlan 文件，在 prodPlan 文件中分别创建 prodPlan.jsp、prodPlan_add.jsp 和 prodPlan_detail.jsp。

创建 prodPlan.jsp 的代码如下：

```
<%@ page language="java" contentType="text/html; charset=UTF-8"
        pageEncoding="UTF-8"%>
<%@include file="/common/taglibs.jsp"%>
<!DOCTYPE html PUBLIC "-//W3C//DTD HTML 4.01 Transitional//EN"
"http://www.w3.org/TR/html4/loose.dtd">
<html>
<head>
<meta http-equiv="Content-Type" content="text/html; charset=UTF-8">
<title>产品管理</title>
<link href="${basePath}/css/bootstrap.min.css" type="text/css"
        rel="stylesheet" />
<link href="${basePath}/css/styles.css" type="text/css" rel="stylesheet" />
<script type="text/javascript" src="${basePath}/js/jquery/jquery-3.1.1.min.js"></script>
<script src="${basePath}/js/bootstrap.min.js"></script>
<style type="text/css">
  /*添加重复功能的样式时，定义的先后顺序会影响覆盖，如先定义 even 样式，后定义 seleceted 样式，
则 even 样式覆盖 selected 样式，反之 selected 样式覆盖 even 样式 */
.even{
 background:#bbffff;
}
.selected{
        background-color: #aaa;
}
</style>
<script type="text/javascript">
        $(function(){
                $("#orderTableList tr:odd").addClass("even");
                $("#planTableList tr:odd").addClass("even");

                $("#orderTableList>tbody>tr").click(function(){
                        if($(this).hasClass("even")){
                                $(this).removeClass("even");

        $(this).addClass('selected').addClass("even").siblings().removeClass(             'selected').end();
                        }else{
    //siblings 查找每个 p 元素的所有类名为 "selected" 的所有同胞元素
        $("p").siblings(".selected")
                                $(this).addClass('selected').siblings().removeClass('selected').end();
                        }
```

```
//$("#orderTableList input[type=checkbox]").attr("checked" , false );
        $("#orderTableList input[type=checkbox]").prop("checked" , false );
                            $(this).children(":first-child").children("input[type=checkbox]")
                                .prop("checked" , true );
                    var orderid   = $(this)[0].childNodes[1]
                                        .childNodes[1].value ;
                    getProdPlanDetail(orderid);
            });
        });
        function getProdPlanDetail(orderid){
                document.getElementById("detailIframeDialog")
            .src = "${basePath}/ProdPlanServlet?action=detail&orderId=" +
            orderid;
                //方法一: 通过替换 iframe 的 src 来实现局部刷新
        }
        function clearData(){
                $("#customerName").val("")   ;
                $("#prodName").val("") ;
                $("#deliveryDateBegin").val("") ;
                $("#deliveryDateEnd").val("") ;
        }
        function query(pageNo) {
                if (pageNo != undefined) {
                        $("#pageNo").val(pageNo);
                }
                var customerName= $("#customerName").val()   ;
                var prodName = $("#prodName").val() ;
                var deliveryDateBegin =   $("#deliveryDateBegin").val() ;
                var deliveryDateEnd = $("#deliveryDateEnd").val() ;
                var action = "${basePath}/ProdPlanServlet?customerName="
                                + customerName
                                + "&prodName=" + prodName
                                + "&deliveryDateBegin="
                                + deliveryDateBegin
                                + "&deliveryDateEnd=" + deliveryDateEnd;
                                $("#prodForm").attr("action",action).submit();
        }
        function queryLast(){
                var pageNo = $("#pageNo").val();
                if (pageNo != undefined) {
```

```
                    $("#pageNo").val(pageNo);
                }
            if(parseInt(pageNo) > 1 ){
                    query(parseInt(pageNo) - 1);
            }
    }
    function queryNext(){
            var pageNo = $("#pageNo").val();
            if (pageNo != undefined) {
                    $("#pageNo").val(pageNo);
                }
            if(parseInt(pageNo) < parseInt( "${pagination.pageIndex}")){
                    query(parseInt(pageNo) + 1);
            }
    }
    function insertData(){
            window.frames["iframeDialog"].insertData();
    }
    function deleteProd(){
            var id;
            var checkTotal = 0;
            $("input[type=checkbox]").each(function() {
                    if (this.checked) {
                            id = $(this).val();
                            checkTotal++;
                    }
            });
            if (checkTotal == 0) {
                    alert("请选中一条数据！");
                    return;
            } else if (checkTotal > 1) {
                    alert("只能选择一条数据！");
                    return;
            }
            var path = "${basePath}/ProdPlanServlet?action=delete&id="+
              id+"&pageNo="+$("#pageNo").val()
            + "&pageSize="+ $("#pageSize").val();
            window.location.href=path;
    }
    function getChecked(){
```

```
            var id;
            var checkTotal = 0;
            $("input[type=checkbox]").each(function() {
                if (this.checked) {
                    id = $(this).val();
                    checkTotal++;
                }
            });
            if (checkTotal == 0) {
                alert("请选中一条数据！");
                return;
            } else if (checkTotal > 1) {
                alert("只能选择一条数据！");
                return;
            }
            return id ;
        }
        function editInit(){
            if(getChecked() > 0){
          $("#iframeDialog").attr("src",
                        "${basePath}/jsp/prodPlan/prodPlan_add.jsp");
              $("#myModal").modal({backdrop:"static"});
            }
        }
        function closeModal(){
             $("#myModal").modal('hide');
        }
</script>
</head>
<body>
        <!-- 中间开始 -->
        <div class="main">
            <form action="${basePath}/ProdPlanServlet" method="POST" id="prodForm"   >
                <div class="main-right">
                    <div class="content">
                        <p class="content-top">
                    <span>客户</span><input type="text" id="customerName"
                    value="${customerName}" />
                    <span>产品</span><input type="text"
                    id="prodName" value="${prodName}" />
```

```
<span>交货日期</span> <input class="top-data"
type="date" id="deliveryDateBegin"
value="${deliveryDateBegin}" /> -
<input type="date"
        id="deliveryDateEnd" value="${deliveryDateEnd}" />
<input class="bta"
type="button" value="查询" onclick="query()" />
<inputclass="btd"
type="button" value="清除" onclick="clearData()" />
    </p>
    <div class="main-button">
    <input class="btd" type="button" value="派工"
            onclick="editInit()">
    </div>
    <div class="main-list">
        <div class="main-list-top">
            <table width="100%"
                cellspacing="0" cellpadding="0">
                <thead>
            <tr>
                    <td width="5%"></td>
                    <td width="10%">订单编号
                    </td>
                    <td width="10%">客户</td>
                <td width="10%">产品编号</td>
                <td width="15%">产品名称</td>
                <td width="10%">数量</td>
                <td width="15%">开始日期</td>
                <td width="15%">结束日期</td>
                <td width="10%">状态</td>
            </tr>
                </thead>
            </table>
        </div>
        <div class="main-list-cont">
                <table width="100%" cellspacing="0"
              cellpadding="0"
                id="orderTableList">
                 <tbody>
            <c:forEach var="order"
```

```
                                        items="${orderList}">
                                        <tr>
                                            <td width="5%">
        <input type="checkbox"  id="${order.id}_id" value="${order.id}">
        <input type="hidden" id="${order.id}_cid"
                    value="${order.customer.id}" />
        <input type="hidden"  id="${order.id}_pid"
                    value="${order.product.id}" />
        <input  type="hidden" id="
                    ${order.id}_deliveryDateStr"
                    value="${order.deliveryDateStr}">
       <input type="hidden"  id="${order.id}_pid"
                     value="${order.product.id}" />
        <input type="hidden"  id="${order.id}_pids" value="
                    ${order.processIds}" />
       <input type="hidden" id="${order.id}_RFIDCode"
                    value="${order.RFIDCode}"></td>
        <td id="${order.id}_orderCode" width="10%">
                ${order.orderCode}</td>
        <td id="${order.id}_customer_customerName" width="10%">
                ${order.customer.customerName}</td>
        <td id="${order.id}_product_prodCode" width="10%">
                ${order.product.prodCode}</td>
        <td id="${order.id}_product_prodName" width="15%">
                ${order.product.prodName}</td>
        <td id="${order.id}_quantity" width="10%">
                ${order.quantity}</td>
        <td id="${order.id}_planStartDateStr" width="15%">
                ${order.planStartDateStr}</td>
        <td id="${order.id}_planFinishDateStr" width="15%">
                ${order.planFinishDateStr}</td>
        <td id="${order.id}_status" width="10%">
                                                <c:choose>
                                                    <c:when
test="${order.status eq 3 }" >
    已结束
    </c:when>
                                                    <c:when
test="${order.status eq 1 }" >
    进行中
```

```
        </c:when>
        <c:otherwise>
        未开始
        </c:otherwise>
                                                                                    </c:choose>
                                                                               </td>
                                                                          </tr>
                                                                     </c:forEach>
                                                                </tbody>
                                                           </table>
                                                      </div>
                                                 </div>
                                  <jsp:include page="/pagination.jsp" flush="true" />
                           <iframe frameborder="0" width="100%"
                                        height="450px;" id="detailIframeDialog"
                                        name="detailIframeDialog" marginwidth="0"
                                      marginheight="0" frameborder="0" scrolling="no"
                          src=""></iframe>
                                  </div>
                          </div>
                </form>
        </div>
        <!-- 模态框（Modal） -->
        <div class="modal fade" id="myModal" tabindex="-1" role="dialog"
                aria-labelledby="myModalLabel" aria-hidden="true" >
                <div class="modal-dialog"   style="width:1100px;">
                        <div class="modal-content">
                            <iframe frameborder="0" width="100%"
                               height="700px;" id="iframeDialog" name="iframeDialog"
                        marginwidth="0" marginheight="0"
                               frameborder="0"scrolling="no"src="">
                            </iframe>
                        </div>
                        <!-- /.modal-content -->
                </div>
                <!-- /.modal-dialog -->
        </div>
</body>
</html>
```

创建 prodPlan_add.jsp 的代码如下：

```
<%@ page language="java" contentType="text/html; charset=UTF-8"
        pageEncoding="UTF-8" %>
<%@include file="/common/taglibs.jsp" %>
<!DOCTYPE html PUBLIC "-//W3C//DTD HTML 4.01 Transitional//EN"
"http://www.w3.org/TR/html4/loose.dtd">
<html>
<head>
    <meta http-equiv="Content-Type" content="text/html; charset=UTF-8">
    <title>产品管理</title>
    <link href="${basePath}/css/bootstrap.min.css" type="text/css"
          rel="stylesheet"/>
    <link href="${basePath}/css/styles.css" type="text/css" rel="stylesheet"/>
    <script type="text/javascript" src="${basePath}/js/jquery/jquery-3.1.1.min.js"></script>
    <script src="${basePath}/js/bootstrap.min.js"></script>
    <style type="text/css">
            /*添加重复功能的样式时，定义的先后顺序会影响覆盖，如先定义 even 样式，后定义 seleceted
样式，则 even 样式覆盖 selected 样式，反之 selected 样式覆盖 even 样式 */

        .even {
            background: #bbffff;
        }
        .selected {
            background-color: #aaa;
        }
        button {
            float: right;
        }
        #processCodeAdd {
            width: 156px;
            margin-right: 0px;
        }
        #selectButton {
            margin-right: 20px;
        }
    </style>
    <script type="text/javascript">
        $(function () {
            $("#orderTableList tr:odd").addClass("even");
            $.ajax({
```

```
            type: "POST",
            url: "${basePath}/ProdPlanServlet?action=selectInit&selectName=workShop",
            datatype: "json",
            success: function (data) {
                var m = eval("(" + data + ")");
                for (var l  in m.list) {
                    $("#workShopId").append(
                        "<option value=" + m.list[l].id + ">"
                        + m.list[l].workShopName + "</option>");
                }
            }
        });
        var orderId = parent.getChecked();
        $("#orderCode").val($(window.parent.document).find("#" + orderId + "_orderCode").html());
        $("#customerNameAdd").val($(window.parent.document).find("#" + orderId +
            "_customer_customerName").html());
        $("#prodCodeAdd").val($(window.parent.document).find("#" + orderId +
            "_product_prodCode").html());
        $("#prodNameAdd").val($(window.parent.document).find("#" + orderId +
            "_product_prodName").html());
        $("#quantity").val($(window.parent.document).find("#" + orderId + "_quantity").html());
        $("#deliveryDateStr").val($(window.parent.document).find("#" + o rderId +
            "_deliveryDateStr").val());
        $("#RFIDCode").val($(window.parent.document).find("#" + orderId + "_RFIDCode").val());
        $("#orderId").val($(window.parent.document).find("#" + orderId + "_id").val());
        $("#prodId").val($(window.parent.document).find("#" + orderId + "_cid").val());
        $("#customId").val($(window.parent.document).find("#" + orderId + "_pid").val());
        $("#RFIDCode").val($(window.parent.document).find("#" + orderId + "_RFIDCode").val());
        $("#pids").val($(window.parent.document).find("#" + orderId + "_pids").val());
        $("#planStartDateStr").val($(window.parent.document).find("#" + orderId +
            "_planStartDateStr").html());
        $("#planFinishDateStr").val($(window.parent.document).find("#" + orderId +
            "_planFinishDateStr").html());
        getProdPlanDetail(orderId);
    });
    function selectOption() {
        $("#iframeDialog").attr("src", "${basePath}/ProcessServlet?action=selectProcess");
        $("#myModal").modal({backdrop: "static"});
    }
    function getProdPlanDetail(orderid) {
```

```
        document.getElementById("detailIframeDialog").src =
            "${basePath}/ProdPlanServlet?action=detail&orderId=" + orderid; //方法一：通过替换 iframe 的
            src 来实现局部刷新
    }
    function closeModal() {
        $("#myModal").modal('hide');
    }
    function insertData() {
        var id = "";
        var checkTotal = 0;
        var processCodes = "";
      $("#iframeDialog").contents().
      find("input[type=checkbox]").each(function () {
            if (this.checked) {
                id += $(this).val() + ",";
                //checkTotal++;
            }
        });
        //$("#processId").val(id);
        var path = "${basePath}/ProdPlanServlet?action=insert&pageNo=" +
            $(window.parent.document).find("#pageNo").val() + "&pageSize=" +
            $(window.parent.document).find("#pageSize").val();
        $('#insertOrderForm').attr("action", path).submit();
    }
    //读取 RFID 识别码
    function funReadRFID() {
        if ($("#btnReadRFID").html() != "等待读取..") {
            $.ajax({
                url: "${basePath}/ProdPlanServlet?action=readRFID",
                type: "post",
                dataType: "json",
                timeout: 1000 * 30,
                beforeSend: function () {
                    $("#btnReadRFID").html("等待读取..");
                },
                success: function (response) {
                    if (response.success) {
                        $("#RFIDCode").val(response.RFIDCode);
                    } else {
                        alert(response.msg);
```

```
                    }
                },
                complete: function (XMLHttpRequest, status) {
                    $("#btnReadRFID").html("读取");
                },
                error: function (e) {
                    alert("连接 RFID 服务出错");
                }
            });
        }
    }
    </script>
</head>
<body class="innerbody">
<form id="insertOrderForm"
    action="${basePath}/OrderServlet?action=insert" method="POST" target="_parent">
    <input type="hidden" id="orderId" name="orderId" value="${order.id}"/>
    <input type="hidden" id="prodId" name="prodId"/>
    <input type="hidden" id="pids" name="pids"/>
    <input type="hidden" id="customId" name="customId"/>
    <input type="hidden" id="processId" name="processId">
    <input type="hidden" id="act" name="act"/>
    <div id="base" class="box clear box-list-pad">
        <div class="box-header">
            <ul class="sent">
                <li><span>订单编号</span><input type="text" id="orderCode" name="orderCode"/></li>
                <li><span>产品编号</span><input type="text" id="prodCodeAdd" name="prodCode2"/></li>
                <li><span>数量</span><input type="text" id="quantity" name="quantity"/></li>
                <li><span>计划开始</span><input type="date" id="planStartDateStr"
                                        name="planStartDateStr"/></li>
                <li>
                    <span>RFID 识别码</span>
                    <button type="button" id="btnReadRFID" value="读取" onclick="funReadRFID();"
                            style="margin-right:20px;width:80px;">读取
                    </button>
                    <input type="text" id="RFIDCode" name="RFIDCode" style="width:120px;margin-
                                right:0px;"/>
                </li>
            </ul>
            <ul class="sent">
```

```
                <li><span>客户</span><input type="text" id="customerNameAdd"
                                    name="customerNameAdd"/></li>
                <li><span>产品名称</span><input type="text" id="prodNameAdd" name="prodName2"/></li>
                <li><span>交货日期</span><input type="date" id="deliveryDateStr"
                                            name="deliveryDateStr"/></li>
                <li><span>计划结束</span><input type="date" id="planFinishDateStr"
                                            name="planFinishDateStr"/></li>
                <li><span>添加工序</span>
                    <button id="selectButton" type="button" onclick="selectOption()">添加</button>
                    <input type="text" id="processCodeAdd" name="processCodeAdd"/>
                </li>
            </ul>
        </div>
        <iframe frameborder="0" width="1000px;" height="200px;" id="detailIframeDialog"
                                name="detailIframeDialog"
                            marginwidth="0" marginheight="0" frameborder="0" scrolling="yes"
                src=""></iframe>
        <div class="box-c">
            <input class="bta" type="button"
                                onclick="insertData()" value="确定"/>
            <input class="btd" type="button"
                                  onclick="parent.closeModal()" value="取消"/>
        </div>
    </div>
</form>
<!-- 模态框(Modal) -->
<div class="modal fade" id="myModal" tabindex="-1" role="dialog"
     aria-labelledby="myModalLabel" aria-hidden="true">
    <div class="modal-dialog" style="width:1000px;">
        <div class="modal-content">
            <iframe frameborder="0" width="1000px;" height="950px;" id="iframeDialog"
                            name="iframeDialog"
                    marginwidth="0" marginheight="0" frameborder="0" scrolling="yes"
                    src=""></iframe>
        </div>
        <!-- /.modal-content -->
    </div>
    <!-- /.modal-dialog -->
</div>
</body>
```

```
</html>
```

创建 prodPlan_detail.jsp 的代码如下：

```
<%@ page language="java" contentType="text/html; charset=UTF-8"
        pageEncoding="UTF-8"%>
<%@include file="/common/taglibs.jsp"%>
<!DOCTYPE html PUBLIC "-//W3C//DTD HTML 4.01 Transitional//EN"
"http://www.w3.org/TR/html4/loose.dtd">
<html>
<head>
<meta http-equiv="Content-Type" content="text/html; charset=UTF-8">
<title>Insert title here</title>
<link href="${basePath}/css/bootstrap.min.css" type="text/css"
        rel="stylesheet" />
<link href="${basePath}/css/styles.css" type="text/css" rel="stylesheet" />
<script type="text/javascript"
        src="${basePath}/js/jquery/jquery-3.1.1.min.js"></script>
<script src="${basePath}/js/bootstrap.min.js"></script>
<style type="text/css">
.bg-f{
        background:#fff;
}
</style>
<script type="text/javascript">

</script>
</head>
<body class="bg-f">
<div class="main">
        <div class="content">
                <div class="main-list">
                        <div class="main-list-top">
                                <table width="100%" cellspacing="0" cellpadding="0">
                                        <thead>
                                                <tr>
                                                        <td width="10%">工序号</td>
                                                        <td width="15%">工序名称</td>
                                                        <td width="15%">工序内容</td>
                                                        <td width="15%">设备</td>
                                                        <td width="10%">完工数量</td>
                                                        <td width="10%">合格数量</td>
```

```
                                    <td width="15%">生产车间</td>
                                    <td width="10%">状态</td>
                              </tr>
                        </thead>
                  </table>
            </div>
            <div class="main-list-cont">
                  <table width="100%" cellspacing="0" cellpadding="0"
                        id="planTableList">
                        <tbody>
                  <c:forEach var="prodPlan" items="${prodPlanList}">
                        <tr>
                              <tdwidth="10%">
                                    ${prodPlan.process.processCode}</td>
                              <td width="15%">
                                    ${prodPlan.process.processName}</td>
                              <td width="15%">
                                    ${prodPlan.process.description}</td>
                              <td width="15%">
                                    ${prodPlan.device.deviceName}</td>
                              <td width="10%">${prodPlan.finishNum}</td>
                              <td width="10%">
                                    ${prodPlan.quantityNum}</td>
                              <td width="15%">
                                    ${prodPlan.workShop.workShopName}</td>
                        <c:if test="${prodPlan.status eq 0 }">
                                    <td width="10%">未开始</td>
                        </c:if>
                        <c:if test="${prodPlan.status eq 1 }">
                                    <td width="10%">进行中</td>
                        </c:if>
                        <c:if test="${prodPlan.status eq 2 }">
                                    <td width="10%">已完工，未转序</td>
                        </c:if>
                        <c:if test="${prodPlan.status eq 3 }">
                                    <td width="10%">已转序</td>
                                              </c:if>
                                    </tr>
                              </c:forEach>
                        </tbody>
```

```
                    </table>
                </div>
            </div>
        </div>
</div>
</body>
</html>
```

9．运行程序

单击“车间计划”按钮，结果如图 S8-1 所示。

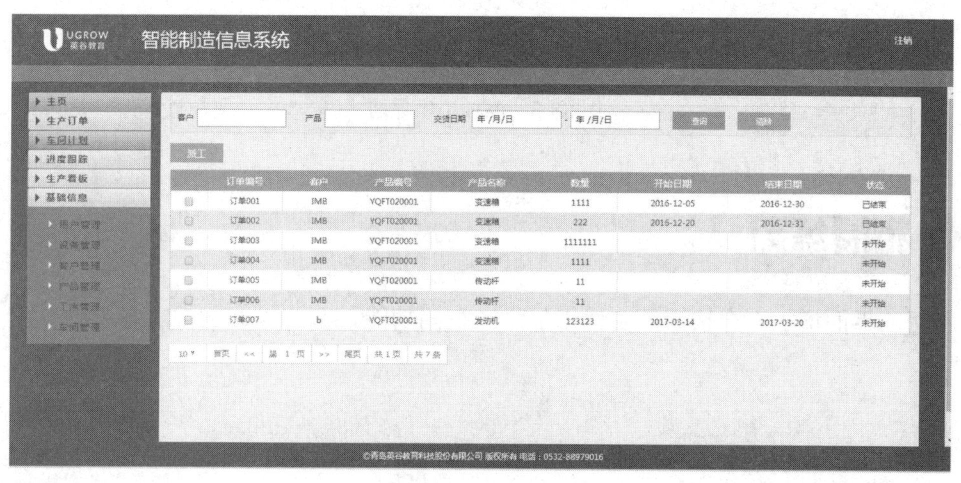

图 S8-1　车间计划界面

单击“派工”按钮，弹出派工界面，如图 S8-2 所示。从图中可以看出，派工界面包含 RFID 识别码读取功能，单击“读取”按钮，RFID 靠近后获得 RFID 识别码。

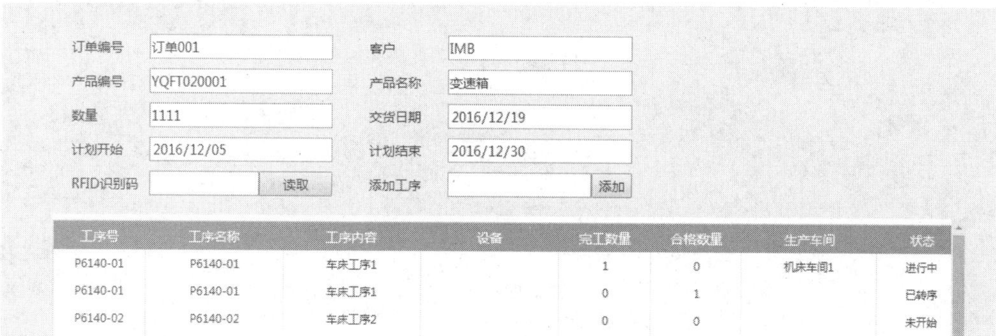

订单编号 订单001　客户 IMB

产品编号 YQFT020001　产品名称 变速箱

数量 1111　交货日期 2016/12/19

计划开始 2016/12/05　计划结束 2016/12/30

RFID识别码 读取　添加工序 添加

工序号	工序名称	工序内容	设备	完工数量	合格数量	生产车间	状态
P6140-01	P6140-01	车床工序1		1	0	机床车间1	进行中
P6140-01	P6140-01	车床工序1		0	1		已转序
P6140-02	P6140-02	车床工序2		0	0		未开始
c881	打孔			0	0	机床车间1	未开始
c881	打孔			0	0		未开始

确定　取消

图 S8-2　派工界面

单击图 S8-2 中的“添加”按钮，弹出添加工序界面，如图 S8-3 所示。

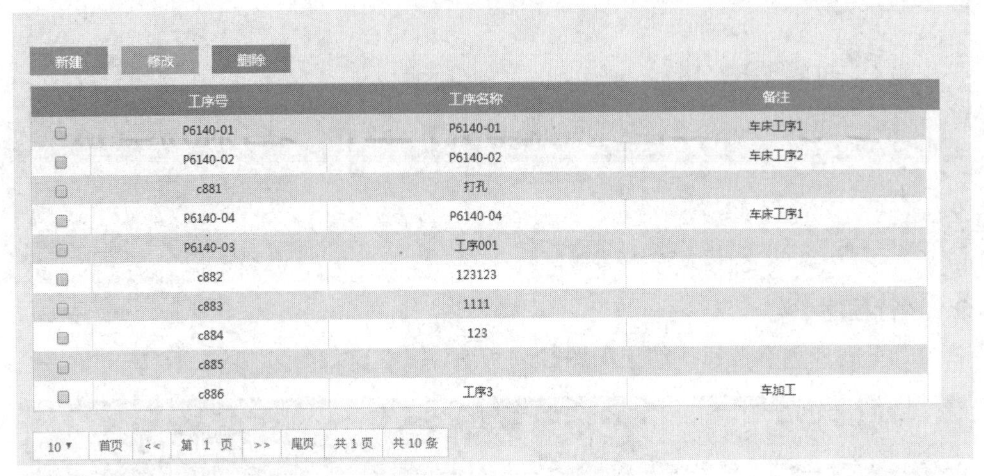

图 S8-3　添加工序界面

拓展练习

在派工界面增加一个按钮，实现添加生产车间功能。

实践 9　进度跟踪及生产看板模块

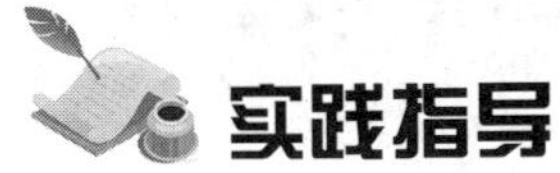

实践指导

实践 9.1　进度跟踪模块

进度跟踪模块可以实现订单的开工、完工数量以及转序功能。

【分析】

(1) 创建 ProdTrackServlet。

(2) 创建进度跟踪 jsp 页面。

【参考解决方案】

1．创建 ProdTrackServlet 类

在 com.hyg.imp.servlet 包中创建 ProdTrackServlet 类，代码如下：

```
package com.hyg.imp.servlet;
import java.io.DataOutputStream;
import java.io.IOException;
import java.io.OutputStream;
import java.net.Socket;
        @WebServlet("/ProdTrackServlet")
public class ProdTrackServlet extends BaseServlet {
        private static final long serialVersionUID = 1L;
        public ProdTrackServlet() {
        super();
    }
        protected void doGet(HttpServletRequest request,
            HttpServletResponse response)
            throws ServletException, IOException {
                        doPost(request, response);
        }
      protected void doPost(HttpServletRequest request,
      HttpServletResponse response)
        throws ServletException, IOException {
                request.setCharacterEncoding("UTF-8");
```

```
            String action = request.getParameter("action");
            request.setAttribute("action", action);
            try {   if ("update".equals(action)) {
                            updateProdPlan(request, response);
                    } else if ("detail".equals(action)) {
                    } else if ("selectInit".equals(action)) {
                    } else {
                            search(request, response);
                    }
            } catch (SQLException e) {
                    e.printStackTrace();
            } catch (ParseException e) {
                    e.printStackTrace();
            }
    }
    private void updateProdPlan(HttpServletRequest request,
            HttpServletResponse response) throws SQLException {
            ProdPlanServiceI service = new ProdPlanServiceImpl();
            ProdPlan p = new ProdPlan();
            String id = request.getParameter("id");
            p.setId(Integer.valueOf(id));
            String value = request.getParameter("status");
            p.setStatus(value);
            Integer finishNum = StringUtils.getIntegerFromString (request.getParameter("finishNum")) ;
            if(finishNum>0){
                    p.setFinishNum(finishNum);
            }
            Integer quantityNum = StringUtils.getIntegerFromString
            (request.getParameter("quantityNum"));
            if(quantityNum > 0 ){
                    p.setQuantityNum(quantityNum);
            }
            service.updateOrderStatus(p);
            service.updateProduct(p);
            //转序后通过 Socket 与机械臂通信,给机械臂发一条运动指令
            if(p.getStatus().equals("3"))
            {       //write your code here
                    String serverName = "192.168.2.99";
                    int port = 1003;
                    try {   System.out.println("Connecting to " +
```

```
                    serverName + " on port " + port);
                    Socket client = new Socket(serverName, port);
                    System.out.println("Just connected to "
                    + client.getRemoteSocketAddress());
                    OutputStream outToServer = client.getOutputStream();
        DataOutputStream out = new
                    DataOutputStream(outToServer);
                    out.writeBytes("6802010200D11416");
                    client.close();
                } catch (IOException e) {
                    e.printStackTrace();
                }
        }
    }
    private void search(HttpServletRequest request,
        HttpServletResponse response) throws
        SQLException, ServletException,
        IOException, ParseException {
        List<ProdPlan> list = searchData(request, response);
        request.setAttribute("pagination", pagination);
        request.setAttribute("prodPlanList", list);
        RequestDispatcher rd = request
                    .getRequestDispatcher("jsp/prodTrack/prodTrack.jsp");
        rd.forward(request, response);
    }
    private List<ProdPlan> searchData(HttpServletRequest request,
        HttpServletResponse response)
        throws ServletException, IOException,
                ParseException {
        ProdPlanServiceI service = new ProdPlanServiceImpl();
        List<ProdPlan> list = null;
        try {   pagination.setTotal(service.getTotal());
                initPagination(pagination, request);
                list = service.searchProdTrackList(pagination, request);
        } catch (SQLException e) {
                e.printStackTrace();
        }
        return list;
    }
}
```

2．创建进度跟踪页面

在根目录 WebContent 的 jsp 文件夹中创建 prodTrack 文件夹，在 prodTrack 文件夹中创建 prodTrack.jsp，代码如下：

```
<%@ page language="java" contentType="text/html; charset=UTF-8"
        pageEncoding="UTF-8"%>
<%@include file="/common/taglibs.jsp"%>
<!DOCTYPE html PUBLIC "-//W3C//DTD HTML 4.01 Transitional//EN"
      "http://www.w3.org/TR/html4/loose.dtd">
<html>
<head>
<meta http-equiv="Content-Type" content="text/html; charset=UTF-8">
<title>产品管理</title>
<link href="${basePath}/css/bootstrap.min.css" type="text/css"
        rel="stylesheet" />
<link href="${basePath}/css/styles.css" type="text/css" rel="stylesheet" />
<script type="text/javascript" src="${basePath}/js/jquery/jquery-3.1.1.min.js"></script>
<script src="${basePath}/js/bootstrap.min.js"></script>
<style type="text/css">
  /* 添加重复功能的样式时，定义的先后顺序会影响覆盖，如先定义 even 样式，后定义 seleceted 样式，
则 even 样式覆盖 selected 样式，反之 selected 样式覆盖 even 样式 */
.even{
 background:#bbffff;
}
.selected{
        background-color: #aaa;
}
</style>
<script type="text/javascript">
        $(function(){
                $("#orderTableList tr:odd").addClass("even");
        });
        function clearData(){
                 $("#RFIDCode").val("")   ;
                 $("#orderCode").val("") ;
                 $("#prodCode").val("") ;
        }
        function query(pageNo) {
                if (pageNo != undefined) {
                        $("#pageNo").val(pageNo);
                }
```

```
            var RFIDCode= $("#RFIDCode").val()   ;
            var orderCode = $("#orderCode").val() ;
            var prodCode =   $("#prodCode").val() ;
            var action = "${basePath}/ProdTrackServlet?RFIDCode=" + RFIDCode
                        + "&orderCode=" + orderCode + "&prodCode=" + prodCode ;
            $("#prodTrackForm").attr("action",action).submit();
    }
    function queryLast(){
            var pageNo = $("#pageNo").val();
            if (pageNo != undefined) {
                        $("#pageNo").val(pageNo);
                    }
            if(parseInt(pageNo) > 1 ){
                  query(parseInt(pageNo) - 1);
            }
    }
    function queryNext(){
            var pageNo = $("#pageNo").val();
            if (pageNo != undefined) {
                        $("#pageNo").val(pageNo);
                    }
            if(parseInt(pageNo) < parseInt( "${pagination.pageIndex}")){
                  query(parseInt(pageNo) + 1);
            }
    }
    function insertData(){
            window.frames["iframeDialog"].insertData();
    }
    function getChecked(){
            var id;
            var checkTotal = 0;
            $("input[type=checkbox]").each(function() {
                    if (this.checked) {
                            id = $(this).val();
                            checkTotal++;
                    }
            });
            if (checkTotal == 0) {
                    alert("请选中一条数据！");
                    return;
```

```
            } else if (checkTotal > 1) {
                alert("只能选择一条数据！");
                return;
            }
            return id ;
    }
    function updatePlan(data){
            var id =  getChecked() ;
            var url =  '${basePath}/ProdTrackServlet?action=update&id='
                        + id + "&status=" + data ;
            if(id > 0){
                if(data=="2"){
                        url  = url + "&finisNum=" + $("#inputNum").val();
                        $("#myLabel").html("完工数量");
                        $("#myModal").modal({backdrop:"static"});
                }else if(data=="3"){
                        url  = url + "&quantityNum=" + $("#inputNum").val();
                        $("#myLabel").html("转序数量");
                        $("#myModal").modal({backdrop:"static"});
                }else{
                        updatePlanAjax(url);
                }
            }
    }
    function updatePlanAjax(url){
                $.ajax({
                        type:'POST',
                        url : url ,
                        success: function(){
                                $("#myModal").modal("hide");
                                alert("更新成功！");
                },
                error: function(){
                        alert("更新数据失败，请联系管理员！");
                }
                });
    }
    function  updatePordTrack(){
            var id =  getChecked() ;
            var url =  '${basePath}/ProdTrackServlet?action=update&id=' + id  ;
```

```
            var actionCode  = $("#myLabel").html();
            var quantity   = $("#" + id + "_quantity").val();
            var inputNum =  $("#inputNum").val() ;
            if(actionCode == "完工数量"){
                if(inputNum > quantity){
                    alert("填写的完工数量有误，请核证！");
                    return ;
                }
                url  = url + "&status=2&finishNum=" + $("#inputNum").val();
            }else{
                if(inputNum > quantity){
                    alert("填写的转序数量有误，请核证！");
                    return ;
                }
            url  = url + "&status=3&quantityNum="
                + $("#inputNum").val();
            }
            updatePlanAjax(url);
        }
</script>
</head>
<body>
        <!-- 中间开始 -->
        <div class="main">
            <form action="${basePath}/ProdTrackServlet"
                method="POST" id="prodTrackForm"  >
                <div class="main-right">
                    <div class="content">
                        <p class="content-top">
                                <span>RFID 识别码</span>
                                    <input type="text"
                                        id="RFIDCode"
                                        value="${RFIDCode}" />
                                <span>订单编号</span>
                                    <input type="text" id="orderCode"
                                    value="${orderCode}" />
                                <span>产品编号</span>
                                    <input type="text"
                                        id="prodCode"
                                        value="${prodCode}" />
```

```
                        <input class="bta"
                               type="button"
                               value="查询"
                               onclick="query()" />
                        <input class="btd"
                               type="button"
                               value="清除"
                               onclick="clearData()" />
        </p>
        <div class="main-button">
                <input class="btd" type="button"
                        value="开工"
                        onclick="updatePlan('1')" />
                <input class="btd" type="button"
                        value="完工"
                        onclick="updatePlan('2')"/>
                <input class="btd" type="button"
                        value="转序"
                        onclick="updatePlan('3')"/>
        </div>
        <div class="main-list">
                <div class="main-list-top">
                        <table width="100%"
                        cellspacing="0" cellpadding="0">
                        <thead>
                            <tr>
                                <td width="5%"></td>
                                <td width="10%">订单编号</td>
                                <td width="10%">产品编号</td>
                                <td width="15%">产品名称</td>
                                <td width="15%">工序编号</td>
                                <td width="15%">工序名称</td>
                                <td width="15%">生产设备</td>
                                <td width="15%">RFID 码</td>
                            </tr>
                            </thead>
                        </table>
                </div>
                <div class="main-list-cont">
                    <table width="100%" cellspacing="0"
```

```
                                        cellpadding="0"
                                        id="orderTableList">
                                    <tbody>
                                        <c:forEach var="prodPlan"
                                                      items="${prodPlanList}">
                                            <tr>
                              <td width="5%"><input type="checkbox"
                             id="${prodPlan.id}_id"value="${prodPlan.id}">
                              </td>
                                <td width="10%">${prodPlan.order.orderCode}
                   <input type="hidden"
                                     id = "${ prodPlan.id}_quantity"
                         name = "${prodPlan.id}_quantity"
                                         value = "${prodPlan.quantity}">
                                </td>
                          <td width="10%">${prodPlan.product.prodCode}</td>
                          <td width="15%">${prodPlan.product.prodName}</td>
                    <td width="15%">${prodPlan.process.processCode}</td>

                    <td width="15%">${prodPlan.process.processName}</td>
                    <td width="15%">${prodPlan.device.deviceCode}</td>
                    <td width="15%">${prodPlan.order.RFIDCode}</td>
                                                  </tr>
                                             </c:forEach>
                                        </tbody>
                                   </table>
                              </div>
                         </div>
                         <jsp:include page="/pagination.jsp"
                              flush="true" />
                         <iframe frameborder="0" width="100%"
                              height="450px;"
                              id="detailIframeDialog"
                              name="detailIframeDialog"
                         marginwidth="0" marginheight="0"
                              frameborder="0" scrolling="no"
                    src="">
                         </iframe>
                   </div>
              </div>
```

```
        </form>
    </div>
    <!-- 模态框(Modal) -->
    <div class="modal fade" id="myModal" tabindex="-1" role="dialog"
        aria-labelledby="myModalLabel" aria-hidden="true" >
        <div class="modal-dialog"   style="width:400px;">
            <div class="modal-content">
                <div class="modal-header">
                <button type="button" class="close"
                                data-dismiss="modal"
                               aria-hidden="true">×
                 </button>
                    <h4 class="modal-title" id="myModalLabel">
                    新增
                    </h4>
                </div>
                <form class="form-horizontal" role="form" >
                  <div class="form-group">
                    <label for="inputEmail3"
                              class="col-sm-4 control-label" id="myLabel">
                    </label>
                    <div class="col-sm-4">
                      <input type="text" class="form-control"
                                id="inputNum" >
                    </div>
                  </div>
                </form>
                <div class="modal-footer">
                <button type="button" class="btn btn-default"
                            data-dismiss="modal">
                           关闭
                        </button>
                <button type="button"
                           class="btn btn-primary"
                           onclick="updatePordTrack()">
                        提交更改
                        </button>
                </div>
            </div>
        </div>
```

```
        </div>
</body>
</html>
```

3. 运行程序

登录程序后，单击“进度跟踪”按钮，结果如图 S9-1 所示。

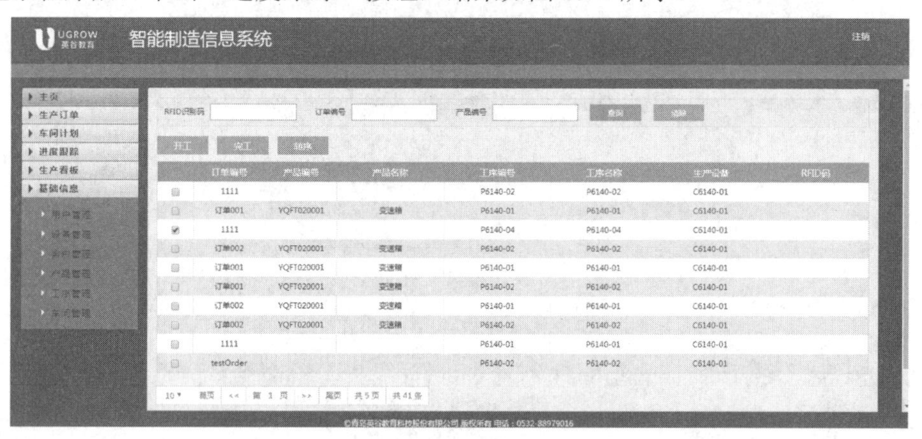

图 S9-1　进度跟踪界面

实践 9.2　生产看板模块

生产看板页面可以实现对订单产品信息的显示功能，这些信息包括订单编号、客户、产品编号、产品名称、数量、交货日期，以及此产品所有的工序。

【分析】

(1) 升级 BaseServlet，创建继承 BaseServlet 的 ProdBoardServlet。

(2) 创建生产看板页面。

【参考解决方案】

1. 增加 getProcessColumn()方法

在 BaseServlet 类中增加 getProcessColumn()方法，代码如下：

```
package com.hyg.imp.common;
import java.io.IOException;
import java.io.PrintWriter;
import net.sf.json.JSONObject;
import com.hyg.imp.beans.Order;
        @SuppressWarnings("serial")
        @WebServlet("/BaseServlet")
public class BaseServlet extends HttpServlet {
        public Pagination pagination = new Pagination();
        public void initPagination(Pagination pagination ,
                HttpServletRequest request) {
```

```
        String pageNo = request.getParameter("pageNo");
        String pageSize = request.getParameter("pageSize");
        pagination.setPageSize(StringUtils.isEmpty(pageSize) ?
                        10 : Integer.valueOf(pageSize) );
        pagination.setPageNo(StringUtils.isEmpty(pageNo) ?
                        1 : Integer.valueOf(pageNo) );
        if ((pagination.getTotal() % pagination.getPageSize()) == 0) {
                pagination.setPageIndex(pagination.getTotal() / pagination.getPageSize());
        } else {
                pagination.setPageIndex(pagination.getTotal() / pagination.getPageSize() + 1);
        }
}
//以 JSON 格式响应到前台
@SuppressWarnings("null")
public void  writeToJson(HttpServletResponse response ,
   JSONObject json) {
        response.setContentType("text/html;charset=utf-8");
        response.setCharacterEncoding("UTF-8");
        PrintWriter out = null;
        try {
                out = response.getWriter();
                if (json == null) {
                        json.put("success", false);
                }
                out.println(json);//向客户端输出 JSONObject 字符串
        out.flush();
        out.close();
        } catch (IOException e) {
                e.printStackTrace();
        }
}
//订单看板模块，动态生成工序列表
public List<String> getProcessColumn(List<Order> list) {
        List<String>  processIndexList = new ArrayList<>();
        int maxIndex = 0 ;
        for(Order order : list){
                int processArrLength = order.getProcessArr()==null ?
                        0 : order.getProcessArr().length;
                if(maxIndex == 0 || maxIndex < processArrLength){
                        maxIndex = processArrLength;
```

```
                    }
                }
                for(int i = 1 ; i <= maxIndex ; i ++){
                    processIndexList.add("工序" + i);
                }
                return processIndexList;
        }
        //AJAX 验证重复公用方法
    public void checkRepeat(HttpServletRequest request,
                    HttpServletResponse response) throws SQLException {
        CommonService service = new CommonService();
        int total = service.checkRepeat(request);
                JSONObject json = new JSONObject();
                json.put("total", total);
                writeToJson(response, json);
        }
}
```

2．创建 servlet 类

在 com.hyg.imp.servlet 包中创建 ProdBoardServlet 类，代码如下：

```
package com.hyg.imp.servlet;
@WebServlet("/ProdBoardServlet")
public class ProdBoardServlet extends BaseServlet {
        private static final long serialVersionUID = 1L;
    public ProdBoardServlet() {
        super();
    }
        protected void doGet(HttpServletRequest request,
          HttpServletResponse response)
         throws ServletException, IOException
        {
                doPost(request, response);
        }
        protected void doPost(HttpServletRequest request,
            HttpServletResponse response)
            throws ServletException, IOException {
                request.setCharacterEncoding("UTF-8");
                String action = request.getParameter("action");
                request.setAttribute("action", action);
                    try {
                            search(request, response);
```

```
                } catch (ParseException e) {
                        e.printStackTrace();
                }
    }
    private void search(HttpServletRequest request,
            HttpServletResponse response)
                throws ServletException, IOException, ParseException {
            List<Order> list = searchData(request, response);
            request.setAttribute("pagination", pagination);
            request.setAttribute("prodpoardList", list);
            List<String> processColumns = getProcessColumn(list);
            if(processColumns != null ){
                request.setAttribute("processColumns", processColumns);
            }
            RequestDispatcher rd = request.getRequestDispatcher
                    ("jsp/prodBoard/prodBoard.jsp");
            rd.forward(request, response);
    }
    private List<Order> searchData(HttpServletRequest request,
            HttpServletResponse response) throws ServletException, IOException, ParseException {
            OrderServiceI service = new OrderServiceImpl();
            List<Order> list = null;
            try {
                pagination.setTotal(service.getTotal());
                initPagination(pagination, request);
                list = service.getOrderList(pagination , request);
            } catch (SQLException e) {
                e.printStackTrace();
            }
            return list;
    }
}
```

3. 创建生产看板页面

在根目录 WebContent 的 jsp 文件夹中创建 prodBoard 文件夹，然后在 prodBoard 文件夹中，创建 prodBoard.jsp，代码如下：

```
<%@ page language="java" contentType="text/html; charset=UTF-8"
    pageEncoding="UTF-8"%>
<%@include file="/common/taglibs.jsp"%>
<!DOCTYPE html PUBLIC "-//W3C//DTD HTML 4.01 Transitional//EN"
        "http://www.w3.org/TR/html4/loose.dtd">
```

```
<html>
<head>
<meta http-equiv="Content-Type" content="text/html; charset=UTF-8">
<title>产品管理</title>
<link href="${basePath}/css/bootstrap.min.css" type="text/css" rel="stylesheet" />
<link href="${basePath}/css/styles.css" type="text/css"
        rel="stylesheet" />
<script type="text/javascript" src="${basePath}/js/jquery/jquery-3.1.1.min.js">
  </script>
<script src="${basePath}/js/bootstrap.min.js"></script>
<script type="text/javascript">
    $(function(){
        $("tr:odd").css("background","#bbffff");
    });
    function clearData(){
         $("#customerName").val("")   ;
         $("#prodName").val("") ;
         $("#deliveryDateBegin").val("") ;
         $("#deliveryDateEnd").val("") ;
    }
    function query(pageNo) {
        if (pageNo != undefined) {
            $("#pageNo").val(pageNo);
        }
        var customerName= $("#customerName").val()   ;
        var prodName = $("#prodName").val() ;
        var deliveryDateBegin =  $("#deliveryDateBegin").val() ;
        var deliveryDateEnd = $("#deliveryDateEnd").val() ;
         var action = "${basePath}/ProdBoardServlet?customerName="
                    + customerName + "&prodName=" + prodName
                    + "&deliveryDateBegin=" +
                    deliveryDateBegin + "&deliveryDateEnd="
                   + deliveryDateEnd;
        $("#prodBoardForm").attr("action",action).submit();
    }
    function queryLast(){
         var pageNo = $("#pageNo").val();
         if (pageNo != undefined) {
                    $("#pageNo").val(pageNo);
            }
```

```
            if(parseInt(pageNo) > 1 ){
                    query(parseInt(pageNo) - 1);
            }
    }
    function queryNext(){
            var pageNo = $("#pageNo").val();
            if (pageNo != undefined) {
                            $("#pageNo").val(pageNo);
                    }
            if(parseInt(pageNo) < parseInt( "${pagination.pageIndex}")){
                    query(parseInt(pageNo) + 1);
            }
    }
</script>
</head>
<body>
    <!-- 中间开始 -->
    <div class="main">
            <form action="${basePath}/ProdBoardServlet"
                      method="POST" id="prodBoardForm"   >
                    <div class="main-right">
                            <div class="content">
                                    <p class="content-top">
                                            <span>客户</span>
                                                            <input type="text"
                                                                    id = "customerName"
                                                            value= "${customerName}"/>
                                            <span>产品</span>
                                                            <input type="text"
                                                                    id = "prodName"
                                                                    value= "${prodName}"/>
                                            <span>交货日期</span>
                                                            <input class="top-data"
                                                                    type="date"
                                                                    id="deliveryDateBegin"
                                                            value= "${deliveryDateBegin}"/>
                                                            - <input type="date"
                                                                    id="deliveryDateEnd"
                                                            value= "${deliveryDateEnd}"/>
                                                              <input class="bta"
```

```
                                    type="button"
                                    value="查询"
                                    onclick="query()"/>
                              <input class="btd"
                                type="button" value="清除"
                                onclick="clearData()"/>
 </p>
<div class="main-list">
    <div class="main-list-top">
          <table width="100%"
               cellspacing="0" cellpadding="0">
               <thead>
                    <tr>
                         <td width="5%">
                         </td>
                         <td width="10%">订单编号
                         </td>
                         <td width="10%">客户
                          </td>
               <td width="10%">产品编号
               </td>
                           <td width="10%">产品名称
                          </td>
                         <td width="5%">数量
                         </td>
                         <td width="10%">交货日期
                         </td>
               <c:forEach var="prcessIndex">
   <tdwidth="${40/fn:length(processColumns)}%">
              ${prcessIndex}</td>
                                   </c:forEach>
                         </tr>
               </thead>
          </table>
    </div>
    <div class="main-list-cont">
          <table   width="100%" cellspacing="0"
                    cellpadding="0">
               <tbody>
                    <c:forEach var="order"
```

```
                                        tems="${prodpoardList}">
                                            <tr>
                                            <td width="5%">
                    <input type="checkbox" id="${order.id}_id"
                          value="${order.id}">
                     <input type = "hidden" id="${order.id}_cid"
                          value="${order.customer.id}"/>
                     <input type = "hidden" id="${order.id}_pid"
                          value="${order.product.id}" />
                                                </td>
          <td id="${order.id}_orderCode"
              width="10%">${order.orderCode}</td>
          <td id="${order.id}_customer_customerName"
              width="10%">${order.customer.customerName}</td>
          <td id="${order.id}_product_prodCode"
              width="10%">${order.product.prodCode}</td>
         <td id="${order.id}_product_prodName"width="10%">
             ${order.product.prodName}</td>
          <td id="${order.id}_quantity" width="5%">${order.quantity}</td>
          <td id="${order.id}_deliveryDateStr"width="10%">
                ${order.deliveryDateStr}</td>
<c:forEach var="prcessIndex" items="${processColumns}"
arStatus="status">
<tdwidth="${40/fn:length(processColumns)}%"> <c:choose>
<c:when test="${order.dateStatus eq 2 }" >
<p style="color:blue;">
${order.processArr[status.index]}
</p>
</c:when>
<c:when test="${order.dateStatus eq 1 }" >
<p style="color:red;">
${order.processArr[status.index]}
</p>
</c:when>
<c:otherwise>
${order.processArr[status.index]}
</c:otherwise>
</c:choose>
                                                    </td>
                                                </c:forEach>
                                            </tr>
```

```
                                                    </c:forEach>
                                                </tbody>
                                            </table>
                                        </div>
                                    </div>
                                <jsp:include page="/pagination.jsp" flush="true" />
                                    <iframe frameborder="0" width="100%"
                                                height="450px;"
                                                id="detailIframeDialog"
                                                 name="detailIframeDialog"
                                            marginwidth="0"
                                                 marginheight="0"
                                                 frameborder="0" scrolling="no"
                                            src="">
                                                 </iframe>
                                </div>
                            </div>
                        </form>
                    </div>
</body>
</html>
```

4．运行工程

登录后，单击“生产看板”按钮，结果如图 S9-2 所示。

客户 ____ 产品 ____ 交货日期 年/月/日 - 年/月/日 查询 清除

	订单编号	客户	产品编号	产品名称	数量	交货日期	工序1	工序2	工序3
	订单001	IMB	YQFT020001	变速箱	1111	2016-12-19	打孔	P6140-02	P6140-01
	订单002	IMB	YQFT020001	变速箱	222	2016-12-12	P6140-02	P6140-01	P6140-04
	订单003	IMB	YQFT020001	变速箱	1111111	2016-12-31	P6140-02	打孔	P6140-04
	订单004	IMB	YQFT020001	变速箱	1111	2016-12-31			
	订单005	IMB	YQFT020001	传动杆	11	2017-03-04			
	订单006	IMB	YQFT020001	传动杆	11	2017-03-06			
	订单007	b	YQFT020001	发动机	123123	2016-12-31	1111		

10 ▾ 首页 << 第 1 页 >> 尾页 共 1 页 共 7 条

图 S9-2　生产看板页面

拓展练习

实现完成工序和未完成工序的颜色区分功能，如未完成工序显示红色，完成工序显示绿色。

参 考 文 献

[1] 王爱民．制造执行系统(MES)实现原理与技术．北京：北京理工大学出版社，2014
[2] 罗鸿．ERP 原理・设计・实施．4 版．北京：电子工业出版社，2016
[3] 明日科技．JavaWeb 从入门到精通．北京：清华大学出版社，2012
[4] (美)迈耶．CSS 权威指南．3 版．北京：中国电力出版社，2007
[5] (美)达科特．Web 编程入门经典：HTML、XHTML 和 CSS．2 版．北京：清华大学出版社，2010
[6] 李清．制造执行系统．北京：中国电力出版社，2007
[7] 刘俊峨．制造型企业信息化建设方案设计及实施指南．北京：机械工业出版社，2010
[8] (美)罗伯茨．工业 4.0 时代 IT 与产业融合之道．2 版．北京：人民邮电出版社，2015